普通高等教育人工智能专业系列教材

机器学习导论

卢官明 编著

机 械 工 业 出 版 社

本书是一本浅显易懂的机器学习入门教材，深入浅出地介绍了机器学习的基础理论、模型与经典方法，并适当融入了深度学习的前沿知识。全书共9章，主要内容包括：机器学习概述、回归模型（线性回归、多项式回归、岭回归、套索回归、弹性网络、逻辑斯谛回归、Softmax 回归）、k-最近邻和 k-d 树算法、支持向量机、贝叶斯分类器与贝叶斯网络、决策树、集成学习（AdaBoost、GBDT、随机森林和极端随机树）、聚类（k-均值算法、BIRCH 算法、DBSCAN 算法、OPTICS 算法）、深度学习（卷积神经网络、循环神经网络、生成式对抗网络）。每章都附有小结与习题，便于读者对知识的巩固和融会贯通。

本书注重选材，内容丰富，条理清晰，通俗易懂，着重突出机器学习方法的思想内涵和本质，力求反映机器学习领域的核心知识体系和发展趋势。

本书可作为高等院校智能科学与技术、数据科学与大数据技术、电子信息类等专业的高年级本科生、研究生的教材或教学参考书，也可供人工智能、数据科学、机器学习相关行业的工程技术人员学习参考。

图书在版编目（CIP）数据

机器学习导论/卢官明编著. —北京：机械工业出版社，2021.6（2023.1 重印）

普通高等教育人工智能专业系列教材

ISBN 978-7-111-68511-1

Ⅰ. ①机… Ⅱ. ①卢… Ⅲ. ①机器学习－高等学校－教材 Ⅳ. ①TP181

中国版本图书馆 CIP 数据核字（2021）第 118022 号

机械工业出版社（北京市百万庄大街 22 号 邮政编码 100037）
策划编辑：李馨馨　　责任编辑：李馨馨 李 乐
责任校对：李 伟　　责任印制：常天培
北京中科印刷有限公司印刷
2023 年 1 月第 1 版第 4 次印刷
184mm×260mm · 15.75 印张 · 388 千字
标准书号：ISBN 978-7-111-68511-1
定价：69.00 元

电话服务
客服电话：010-88361066
010-88379833
010-68326294

网络服务
机 工 官 网：www.cmpbook.com
机 工 官 博：weibo.com/cmp1952
金 书 网：www.golden-book.com
机工教育服务网：www.cmpedu.com

前言

机器学习是人工智能的一个分支，是研究如何使用机器来模拟人类学习活动的一门学科，是人工智能的核心技术基础。近年来，随着 GPU 处理大数据的计算能力的提升，以及基于深度神经网络模型的提出，以深度学习为代表的人工智能技术突破了以前的瓶颈，在自然语言处理、机器翻译、计算机视觉等领域得到了应用，成为学术界、工业界及社会竞相追逐的热点。尽管深度学习是目前最热门的机器学习方法，但我们需要清醒地看到深度学习方法也存在很多不足。当前的人工智能还不够真正的智能，离机器自主认知还有很长的路要走，现有技术还只能做到高效地解决单一或特定的任务。此外，由于人们还缺乏对深度神经网络模型工作机制的理论理解和技术解释，深度学习算法是个“黑盒子”，还无法达到普适性要求。当前人工智能研究和发展的两大难题是机器学习算法理论的突破和跨领域应用系统的创新，而掌握机器学习理论与实践技术是学习现代人工智能科学最重要的一步。

毫无疑问，要拥抱人工智能，迈向“智能 +”时代，最迫切的任务是培养人工智能人才。2018 年 4 月教育部印发《高等学校人工智能创新行动计划》，提出了三大类 18 项重点任务，并提出“三步走”目标，要求到 2030 年，高校成为建设世界主要人工智能创新中心的核心力量和引领新一代人工智能发展的人才高地，为我国跻身创新型国家前列提供科技支撑和人才保障。

2018 年，南京邮电大学在修订“电子信息工程”“广播电视工程”等专业的培养方案时增开了“机器学习导论”课程，同时该课程被物联网学院、自动化学院（人工智能学院）选定为跨专业大类课程，面向非计算机专业的本科生普及机器学习和人工智能的基础知识。一本好的教材是教学质量和人才培养目标的重要保障。国内出版的有关机器学习的经典教材有周志华教授主编的《机器学习》和李航教授主编的《统计学习方法》(第 2 版) 等。这两本教材内容系统全面，覆盖了机器学习领域中大部分的传统方法和算法，深受专业人士的好评。然而，教材的篇幅过长，也没有包括目前主流的深度学习方法的内容。其他已出版的有关深度学习的书籍，大都偏重于算法的代码实现，对基本原理的讲解不够透彻，不太适合用作教材。基于这些考虑，作者决定编写一本适合这门课程的教材。

编写本书的指导思想是：深入浅出地介绍机器学习的基本概念、基础知识和基本原理，不涉及太多、太难的数学知识，用通俗易懂的语言阐述机器学习的理论基础，让读者透彻理解机器学习方法和原理。在实用性方面，基于机器学习的理论基础，结合实例介绍机器学习经典算法，旨在培养学生的计算思维能力，使读者从理论基础和实际应用两个层面全面掌握机器学习的核心技术，知其然且知其所以然，培养学生解决实际问题的能力。

本书的编写得到南京邮电大学教学改革研究项目（JG00218JX01）以及 2020 年校级重

点教材立项建设项目资助。在编写过程中，作者参考和引用了一些学者的研究成果、著作和论文，具体出处见参考文献。在此，向这些文献的著作者表示敬意和感谢！

鉴于作者水平所限，加之相关理论发展迅速，书中难免存在不妥之处，敬请同行专家和广大读者批评指正，提出宝贵意见和建议。

作者

目录

前言

第 1 章　机器学习概述

本章首先介绍机器学习、人工智能、深度学习的基本概念以及三者之间的关系，机器学习的三个基本要素——模型、学习准则（策略）、优化算法。然后简述回归、分类、聚类和维数约简等机器学习任务类型，以及监督式、非监督式、强化学习等机器学习方式。接着介绍数据清洗、类型转换、归一化（标准化）等数据预处理方法。最后介绍如何针对具体的实际任务选择机器学习模型以及模型的评估指标，包括分类准确率、错误率、查准率、查全率、F1-score、受试者工作特征（Receiver Operating Characteristic，ROC）曲线及 ROC 曲线下面积（Area Under the ROC Curve，AUC）等。本章介绍的相关术语和概念将贯穿全书，是学习机器学习理论和方法必须具备的基础知识。

本章学习目标

- 熟悉机器学习的概念。
- 理解人工智能、机器学习、深度学习三者之间的关系。
- 掌握机器学习的三个基本要素，了解损失函数、代价函数和目标函数之间的区别和联系。
- 了解数据清洗、归一化（标准化）等处理方法。
- 掌握模型交叉验证法的步骤，熟悉混淆矩阵、分类准确率、错误率、查准率、查全率、F1-score、ROC 曲线及 ROC 曲线下面积（AUC）等常用的分类模型评估指标及应用场合。
- 理解模型欠拟合与过拟合的概念，掌握 L_1 范数和 L_2 范数正则化的方法。

1.1　机器学习的概念与基本术语

1.1.1　机器学习的概念

人类在成长、生活过程中积累了很多历史经验。人类定期地对这些经验进行“归纳”，获得了生活的“规律”。当人类遇到未知的问题或者需要对未来进行“推测”的时候，常常使用这些“规律”，对未知问题与未来进行“推测”，从而指导自己的生活和工作。例如，人们经常听到的俗语“朝霞不出门，晚霞行千里”“瑞雪兆丰年”等，都体现了人类的智慧。人类所具有的最独特创造力在于可以通过已有经验与常识进行学习，学习是人类具有的一种重要智能行为，因此具备学习能力是人类的一个极其重要的特征。然而，人类至今对学习的机理尚不清楚。究竟什么是学习，长期以来众说纷纭。社会学家、逻辑学家、心理学家和计算机科学家都有着各自的看法，有些观点甚至差别较大。H. A. Simon 认为，学习是一个系统对环境的适应性变化，使得系统在下一次完成同样或类似的任务时更为有效。而 R. S. Michalski 认为，学习是构造或修改对于所经历事物的表示。从事专家系统研制的人们则认为学习是知识的获取。这些观点各有侧重，第一种观点强调学习的外部行为效果，第二种则强调学习的内部过程，而第三种主要是从知识工程的实用性角度出发的。

随着科学技术的发展，人们开始探索如何制造智能机器来替代人的繁复的智力劳动，并且在某些方面已经取得了巨大成功。然而，机器不是人，它不具备人的思维、学习创造能力。一个不具有学习能力的智能机器很难称得上是一个真正的智能机器，但是以往的智能机器都普遍缺少学习的能力。例如，它们遇到错误时不能自我校正；不会通过经验改善自身的性能；不会自动获取和发现所需要的知识。它们的推理仅限于演绎而缺少归纳，因此至多只能够证明已存在事实、定理，而不能发现新的定理、定律和规则等。随着人工智能的深入发展，这些局限性表现得愈加突出。如何使机器具备智能，使机器可以模拟人的大脑思维，可以像人一样地思考问题、学习新知识，就成为急需解决和发展的科学问题。正是在这种情形下，**机器学习（Machine Learning，ML）**逐渐成为人工智能领域的核心研究内容之一。

现在针对机器学习的应用已遍及人工智能领域的各个分支，如专家系统、自动推理、自然语言理解、模式识别、计算机视觉、智能机器人、生物信息学等领域。在这些研究中，如何获取知识成为突出的瓶颈，人们试图采用机器学习的方法加以克服。

机器学习是一门多领域交叉学科，其理论基础涉及概率论、统计学、逼近论、凸分析、最优化理论和计算复杂度理论等，研究如何使机器具备智能，使机器可以模拟或实现人类的学习行为，以获取新的知识或技能，重新组织已有的知识结构使之不断改善自身的性能。这里所说的“机器”，指的就是计算机；现在是电子计算机，以后还可能是量子计算机、光子计算机或神经计算机等。机器学习是人工智能的核心，是使机器具有智能的根本途径，其应用遍及人工智能的各个领域，它主要使用归纳、综合而不是演绎。目前，如何使机器具备拟人化的学习，进行更深层次的理解工作，还有很多问题有待探索和解决。

一般而言，机器学习的研究主要是从生理学、认知科学的角度出发，理解人类的学习过程，从而建立人类学习过程的计算模型或认知模型，并发展成各种学习理论和学习方法。在此基础上，研究通用的学习算法，进行理论上的分析，建立面向任务的具有特定应用的学习系统。但至今还没有统一的“机器学习”的定义，而且也很难给出一个公认的和准确的定义。

Langley（1996）给出的定义是“机器学习是一门人工智能的科学，该领域的主要研究对象是人工智能，特别是如何在经验学习中改善具体算法的性能”（Machine learning is a science of the artificial. The field's main objects of study are artifacts, specifically algorithms that improve their performance with experience）。

Tom Mitchell 在 1997 年出版的著作 *Machine Learning* 中给出的定义是“机器学习是对能通过经验自动改进的计算机算法的研究”（Machine learning is the study of computer algorithms that improve automatically through experience）。他同时给出了一个更形式化的描述：“对于某类**任务（Task）**T 和**性能度量（Performance measure）**P，如果计算机程序通过对**经验（Experience）**E 的学习使得在任务 T 上的性能度量 P 得到了提升，那么就称这个计算机程序从经验 E 中进行了学习”（A computer program is said to learn from experience（E）with respect to some class of tasks（T）and performance（P）measure，if its performance at tasks in T，as measured by P，improves with experience E）。

Ethem Alpaydin（2004）给出的定义是“机器学习是用样本数据或以往的经验对计算机编程以优化性能指标”（Machine learning is programming computers to optimize a performance criterion using example data or past experience）。

以无人驾驶汽车系统为例，机器学习的任务是根据路况确定驾驶方式。例如，遇到行人或障碍物时应当避让，遇到红灯时应当停车等。学习性能的度量可以是事故发生的概率。经验就是大量的人类驾驶数据。一般来说，训练一个无人驾驶汽车系统需要几百万千米且包含各种路况的人类驾驶数据。从这些数据中，机器学习算法能提取出在各种路况下人类的正确驾驶方式。然后，在无人驾驶的情况下，根据学习到的相应驾驶方式来操纵汽车。例如，如果路口亮起红灯，人类驾驶员就会制动。机器学习算法提取出这一模式，从而能在传感器识别出红灯时发出制动的指令。从上面的这个例子可以看出，机器学习的原理与人类学习十分相似，都是对已知的经验数据加以提炼，以掌握完成某项任务的方法。

1.1.2　基本术语

了解了机器学习的概念之后，再来关注所有机器学习方法都会涉及的一些基本术语。以“天气预报”为例，在预测之前，我们需要获取一些特征（Feature），例如是否出现了朝霞、是否出现了晚霞、温度、空气湿度、云量等。通常，“特征”也被称为属性（Attribute）。为了能够进行数学计算，需要将这些特征表示为一个 d 维的特征向量（Feature Vector），记作 $x = [x_1, x_2, \cdots, x_d]^{\mathrm{T}}$，向量的每一个维度代表一个特征，总共选取了 d 个特征。在监督式机器学习（Supervised Machine Learning）中，我们还要获得与特征向量对应的标签（Label）。特征向量及其对应的标签组成一个样本（Example）或实例（Instance）。标签可以是离散值，例如下雨、阴天、多云；标签也可以是连续值，例如下雨量、下雨持续时间等。标签的选取通常与需要完成的任务有关。当标签是连续值时，这样的机器学习任务称为回归（Regression）问题。回归用于预测输入变量与输出变量之间的关系，特别是当输入变量的值发生变化时，输出变量的值随之发生变化。回归问题是指，给定一个新的未知模式，根据以往的经验数据推断它所对应的输出值（实数）是多少，是一种定量输出，也叫作连续变量预测。例如，预测明天的气温是多少摄氏度，这是一个回归任务。当标签是有限数量的离散值时，这样的机器学习任务称为分类（Classification）问题。分类问题是指，给定一个新的未知模式，根据以往的经验数据推断它所对应的类别（例如，判断一幅图片上的动物是一只猫还是一只狗），是一种定性输出，也叫作离散变量预测。例如，预测明天天气是阴天、晴天还是下雨，就是一个分类任务。当标签是标记序列或状态序列时，这样的机器学习任务称为标注（Tagging）问题。标注问题的输入是一个观测序列，输出的是一个标记序列或状态序列。例如，自然语言处理中的词性标注就是一个典型的标注问题：给定一个由单词组成的句子，对这个句子中的每一个单词进行词性标注，即对一个单词序列预测其对应的词性标记序列。标注问题可以看成是分类问题的一个推广。分类问题的输出是一个值，而标注问题的输出是一个向量，向量的每个值属于一种标记类型。标注常用的机器学习方法有：隐性马尔可夫模型、条件随机场。

现在再回顾机器学习的定义，为了能够在任务 T 上提高性能 P，需要学习某种经验 E。

这里，需要学习的就是由一组样本或实例构成的数据集（Data Set），而为了确定性能 P 是否能够提高，还需要一个不同的数据集来测量性能 P。因此，数据集需要分为两部分，用于学习的数据集称为训练集（Training Set），用于测试最终性能 P 的数据集称为测试集（Test Set）。为了保证学习的有效性，需要保证训练集和测试集“不相交”，并且还要满足独立同分布（Independently and Identically Distributed，i. i. d）假设，即每一个样本都需要独立地从相同的数据分布中提取。“独立”保证了任意两个样本之间不存在依赖关系；“同分布”保证了数据分布的统一，从而在训练集上的训练结果对于测试集也是适用的。例如，如果训练集的数据都是高速公路上的驾驶数据，而测试集的数据都是城区街道上的驾驶数据，这显然是不合理的。

机器学习的主要任务就是如何更好地利用数据集来构建“好”的模型（Model）。给定训练集，我们希望算法能够拟合一个函数 $h(\boldsymbol{x};\boldsymbol{\theta})$ 来完成从输入特征向量 $\boldsymbol{x}$ 到标签的映射。对于连续的标签或者非概率模型，通常会直接拟合标签的值

$$\hat{y} = h(\boldsymbol{x};\boldsymbol{\theta}) \tag{1-1}$$

式中，$\boldsymbol{\theta}$ 是预测函数 $h(\boldsymbol{x};\boldsymbol{\theta})$ 的参数向量。对于离散的标签或者概率模型，通常会拟合一个条件概率分布函数

$$P(\hat{y} \mid \boldsymbol{x}) = h(\boldsymbol{x};\boldsymbol{\theta}) \tag{1-2}$$

用于预测每一类的概率值。

为了获得这样的一组模型参数 $\boldsymbol{\theta}$，需要有一套学习算法（Learning Algorithm）来优化这个函数映射，这个优化的过程就称为学习（Learning）或者训练（Training），这个需要拟合的函数就称为模型（Model）。模型定义了特征向量 $\boldsymbol{x}$ 与标签 y 之间的关系。例如，垃圾邮件检测模型可能会将某些特征与“垃圾邮件”紧密联系起来。利用训练集，使用学习算法得到的模型被称为假设（Hypothesis），在本书中会被称为学习器（Learner）。对于一个具体的回归或分类任务，所有可能的模型输入数据组成的集合称为输入空间（Input Space），所有可能的模型输出数据构成的集合称为输出空间（Output Space）。显然，机器学习任务的本质就是寻找一个从输入空间到输出空间的映射，并将该映射作为预测模型。我们将训练得到的模型称为一个假设，从输入空间到输出空间的所有可能映射组成的集合称为假设空间（Hypothesis Space）。换句话说，机器学习的目的就在于从这个假设空间中选择出一个最好的预测模型。机器学习的核心就是针对给定任务，设计出以训练数据为其输入，以模型为其输出的算法。所以，有时人们也说，机器学习算法的职责是通过训练数据来训练模型。

模型的训练可以看成是在假设空间中搜索所需模型的过程，模型训练算法在假设空间中搜索合适的映射，使得该映射的预测效果与训练样本所含的先验信息一致。事实上，满足条件的映射通常不止一个，此时需要对多个满足条件的映射做出选择。在没有足够依据进行唯一性选择的情况下，有时需要做出具有主观倾向性的选择，即更愿意选择某个映射作为预测模型。这种选择的主观倾向性称为机器学习算法的模型偏好（Model Preference）。例如，当多个映射与训练样本所包含的先验信息一致时，可选最简单的映射作为预测模型，此时模型偏好为最简单的映射。这种在同等条件下选择简单事物的倾向性原则称为奥卡姆剃刀（Occam's Razor）原则。

对于训练得到的模型（学习器），可以使用测试集来评估其性能。

1.1.3　机器学习与人类学习的类比

通过前面的分析，可以看出机器学习与人类学习经验的过程是类似的。事实上，机器学习的一个主要目的就是把人类思考归纳经验的过程转化为计算机通过对数据的处理计算得出模型的过程。经过计算机得出的模型能够以近似于人的方式解决很多灵活复杂的问题。图 1-1示意了机器学习与人类学习的类比。

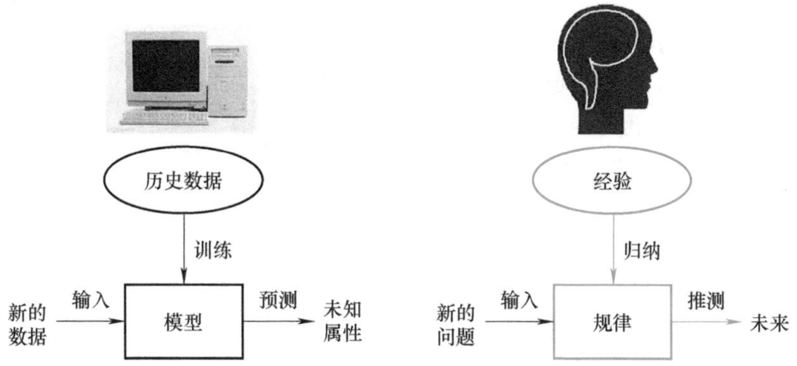

图 1-1　机器学习与人类学习的类比

机器学习中的“训练”与“预测”过程可以对应到人类的“归纳”和“推测”过程。通过这样的对应，我们可以发现，机器学习的思想并不复杂，仅仅是对人类在生活中学习成长的一个模拟。由于机器学习不是基于编程形成的结果，因此它的处理过程不是因果的逻辑，而是通过归纳思想得出的相关性结论。

那么机器学习与人类学习相比，有哪些优势？面临哪些问题？

首先，机器学习算法可以从海量数据中提取与任务相关的重要特征。例如，在人脸识别技术中，机器学习算法能从人脸面部提取很多细节特征，来区别任意两个不同的人脸，其识别准确率超过人类。

其次，机器学习算法可以自动地对模型进行调整，以适应不断变化的环境。例如，在房价预测系统中，机器学习算法能自动根据类似的小区的最新交易记录，对某小区的房价预测做出迅速调整。这样的反应速度往往非人力所能及。

然而，机器学习也并非无所不能。机器学习面临的第一个问题是：机器学习算法需要大量的训练数据来训练模型。在训练数据不足的情况下，机器学习算法往往会面临两个挑战。第一，训练数据的代表性不够好。这使得模型在面对完全陌生的任务场景时会“不知所措”。例如，如果在无人驾驶汽车算法的训练数据中没有包含雪天的行驶记录，那么经训练得到的模型很可能无法在雪天给出正确的驾驶指令。第二，训练数据的一些特殊的特征可能将模型带入过度拟合的误区。过度拟合就是指算法过度解读训练数据，从而失去了模型的可推广性。

机器学习面临的第二个问题是：目前它还没有在创造性的工作领域中取得成效。例如，艺术创作还主要依赖于人类的情感与思维，许多构造性的数学证明还无法由机器学习来完成，许多猜想性质的科学研究也仍然需要科学家的灵感与智慧。

机器的能力是否能超过人，很多人持否定意见。一个主要论据是：机器是人造的，其性能和动作完全是由设计者规定的，因此无论如何其能力也不会超过设计者本人。这种观点对不具备学习能力的机器来说的确是成立的，可是对具备学习能力的机器来说就值得深思了，因为这种机器的能力在应用中不断地提高，过一段时间之后，设计者本人也不知它的能力到了何种水平。

1.2 人工智能、机器学习、深度学习三者的关系

人工智能作为一门学科自 1956 年正式诞生至今，已经经历了 60 多年的起起落落。如今，人工智能、机器学习和深度学习这三个术语广为流传，已成为当下的热词。然而，它们之间有何区别？又存在什么关系？图 1-2 描述了人工智能、机器学习、深度学习涉及的研究内容以及三者之间的关系。

图 1-2 人工智能、机器学习及深度学习的关系示意图

人工智能是一门新理论、新技术、新方法和新思想不断涌现的前沿交叉学科，它是在控制论、信息论和系统论的基础上诞生的，涉及哲学、心理学、语言学、神经生理学、认知科学、计算机科学、信息科学、系统科学、数学以及各种工程学方法，这些学科为人工智能的研究提供了丰富的知识和研究方法。作为一门前沿交叉学科，人工智能的研究领域十分广泛，涉及机器学习、数据挖掘、知识发现、模式识别、计算机视觉、专家系统、自然语言理解、自动定理证明、自动程序设计、智能检索、多智能体、人工神经网络、博弈论、机器人学、智能控制、智能决策支持系统等领域，相关研究成果也已广泛应用到生产、生活的各个方面。

机器学习是人工智能的核心，也是使机器具有智能的根本途径。学习是人类最重要的能力，通过学习，人们可以解决过去不能解决的问题。机器学习研究的是机器怎样模拟或实现人类的学习行为，以获取新的知识或技能，重新组织已有的知识结构使之不断改善自身的性能。只有让计算机系统具有类似人的学习能力，才有可能实现人类智能水平的人工智能系统。因此，机器学习在人工智能中起着举足轻重的作用，机器学习是人工智能研究的核心问题之一，是当前人工智能理论研究和实际应用的非常活跃的研究领域。

深度学习则是机器学习的一个分支。在很多人工智能问题上，深度学习的方法突破了传统机器学习方法的瓶颈，推动了人工智能领域的快速发展。

1. 人工智能——为机器赋予人类的智能

1956 年，Marvin Minsky、John McCarthy、Nathaniel Rochester 和 Claude Shannon 四位学者在美国达特茅斯学院共同发起并组织达特茅斯会议（Dartmouth Conference），研究用机器模拟人类智能。在讨论会上，麦卡锡首先提出了“人工智能”（Artificial Intelligence，AI）这一术语，定义为制造智能机器的科学与工程，标志着人工智能学科的正式诞生。

关于人工智能的定义有很多，它本身就是很多学科的交叉融合，人们从不同的角度、不同的层面给出对人工智能的定义，因此很难给出一个大家都认可的一个定义。

人工智能是一门研究机器智能的学科，即采用人工的方法和技术，通过研制智能机器或智能系统来模仿、延伸和扩展人类的智能，实现智能行为。人工智能被称为 20 世纪世界三大尖端科技（空间技术、能源技术、人工智能）之一，也被称为 21 世纪三大尖端技术（基因工程、纳米科学、人工智能）之一。人工智能的研究目标是开发一种拥有智能行为的机器，促使智能机器会听（语音识别、机器翻译等）、会看（图像识别、文字识别、场景理解等）、会说（语音合成、人机对话等）、会思考（人机对弈、定理证明等）、会学习（机器学习、知识表示等）、会行动（机器人、自动驾驶汽车等）。

人的大脑是一个通用的智能系统，能举一反三、融会贯通，可处理视觉、听觉、判断、推理、学习、思考、规划、设计等各类问题。真正意义上完备的人工智能系统应该是一个通用的智能系统，也就是所谓强人工智能系统。

强人工智能指的是能够产生智能行为的机器，且能够表达自我意识以及真正的情感。在这个世界中，机器可以理解它所做的事情及由此带来的后果。智能产生于基于学习和推断过程的大脑生物学原理（因此智能是物质的，且遵循某种“算法”逻辑）。为了确定一台机器是否具有强人工智能功能，必须通过图灵测试。一般观点认为强人工智能系统具有以下几种特征：

1）机器有知觉和自我意识；

2）机器可以独立思考问题并制定解决问题的最优方案；

3）有自己的价值观和世界观体系；

4）有和生物一样的各种本能，例如生存和安全需求；

5）在某种意义上可以看作一种新的文明。

例如，在好莱坞出品的人工智能的题材科幻电影中，很多机器人都表现出了很强的学习认知能力以及自我意识，这样的人工智能就可以认为属于强人工智能。但遗憾的是当前科技发展水平还没有能力创造任何种类的强人工智能，主流科学研究集中在弱人工智能上。虽然面向特定任务（如下围棋）的专用人工智能领域已取得突破性进展，例如，在大规模图像识别和人脸识别中达到了超越人类的水平，但是通用人工智能领域的研究与应用仍然任重而道远，人工智能总体发展水平仍处于起步阶段。当前的人工智能系统在信息感知、机器学习等“浅层智能”方面进步显著，但是在概念抽象和推理决策等“深层智能”方面的能力还很薄弱。总体上看，目前的人工智能系统可谓有智能没智慧、有智商没情商、会计算不会“算计”、有专才而无通才，还远未达到人类的智能水平。因此，人工智能依旧存在明显的局限性，依然还有很多“不能”，与人类智慧还相差甚远。探究其原因也许要追溯到目前人类对自身的思维规律和智能行为研究仍然处于探索阶段。

人工智能的长期目标是建立达到人类智力水平的人工智能，智能科学指明了其实现的途径，发达国家都在积极开展探索。2013 年 1 月 28 日，欧盟未来新兴技术（FET）人类大脑旗舰项目正式启动，未来 10 年将投入 10 亿欧元的研发经费，目标是用超级计算机多段多层完全模拟人脑，帮助理解人脑功能。2013 年 4 月 2 日，美国总统奥巴马宣布一项重大计划，将进行历时 10 年左右、总额 10 亿美元的研究计划——BRAIN（运用先进创新型神经技术的大脑研究），目标是研究大脑中数十亿神经元的功能，探索人类感知、行为和意识，希望找出治疗阿尔茨海默氏症（老年痴呆症）等与大脑有关疾病的方法。我国也在积极酝酿开展类脑智能的研究。数字化、网络化和智能化是信息社会发展的必然趋势，智能革命将开创人类后文明史。如果说蒸汽机创造了工业社会，那么智能机也一定能奇迹般地创造出智能社会，实现社会生产的自动化和智能化，促进知识密集型经济的大发展，在这方面人工智能将发挥重大作用。

2016 年，随着谷歌公司开发的 AlphaGo 战胜人类顶级围棋大师，以及深度学习在图像识别、自然语言处理、计算机视觉、自动驾驶和商业智能等领域取得突破性成绩，人工智能产业迎来了蓬勃发展的朝阳时代。在谷歌、微软、IBM、阿里巴巴、腾讯、百度、科大讯飞等专业公司开发的通用技术与产品的支撑下，人工智能正在“赋能”各行各业，“AI + 教育”“AI + 媒体”“AI + 医学”“AI + 物流”“AI + 农业”等行业应用层出不穷。

人工智能已成为炙手可热的名词和话题，其范围和影响力已经超越了学术研究和产业科技研究，成为一个社会性热点。人工智能被广泛认为是具有颠覆性的战略技术领域，对未来的世界发展和社会进步有重大影响，是建设创新型国家和世界科技强国的重要支撑，各国也相继发布关于人工智能的国家发展战略和规划。2017 年 7 月，国务院发布了《新一代人工智能发展规划》的精神和部署，对我国在人工智能基础理论研究、核心技术、模型和算法、软硬件支撑平台、生态系统建设等方面规划了蓝图。这进一步激起了学术界、工业界、政府等社会各方面人士对人工智能的关注、学习、研究和开发。

从技术角度看，人工智能可划分为基础理论、通用技术与工具、行业应用的三层纵向结构，是云计算下的大数据与芯片加速、算法与工具，以及目标识别、图像理解、计算机视觉、语音识别、知识表示、自然语言理解、机器翻译、语音合成、智能机器人、商业智能等一项项的分支技术；而从应用角度看，人工智能则是横向的，是已渗透到医疗、通信、教育、制造、交通、金融、商业、娱乐、居家等领域的一项项智能应用（AI +）。多种人工智能分支技术组合后形成的智能应用型产品或服务，正在“赋能”当今的各行各业，掀起了一场轰轰烈烈的智能化推进热潮。车牌识别、人脸识别、电商产品推荐、语音交互、智能音箱、智能导航、手术机器人、医学影像识别、智能检测、智能安防、智能配送、自动驾驶、情感机器人、智能客服、虚拟现实、阿里城市大脑、百度大脑、讯飞超脑等一系列由人工智能驱动的应用与平台，已经广泛融入当今的工农业生产和人们的日常生活，从技术和应用两个维度构造出了一个当今蓬勃发展的人工智能产业。

2. 机器学习——人工智能的核心

人工智能是一门研究机器智能的学科，其研究目标是开发一种拥有智能行为的机器，促使智能机器具有类似人类的智能。学习是人类最重要的能力，通过学习，人们可以解决过去不能解决的问题。机器学习是研究机器怎样模拟或实现人类的学习行为，以获取新的知识或技能，重新组织已有的知识结构使之不断改善自身的性能。只有让计算机系统具有类似人类的学习能力，才有可能实现人类智能水平的人工智能系统。因此，机器学习在人工智能中起着举足轻重的作用，机器学习是人工智能研究的核心问题之一，是当前人工智能理论研究和实际应用的非常活跃的研究领域。

机器学习发源于人工智能，近 30 年来已经逐渐发展成为一门相对完备且独立的学科，广受计算机科学、统计学、认知科学等相关领域的关注。图灵奖得主 John E. Hopcroft 教授认为，计算机科学发展到今天，机器学习是核心，它是使计算机具有智能的根本途径。

机器学习的理论和实践涉及概率论、统计学、逼近论、凸分析、最优化理论、算法复杂度理论等多领域的交叉学科。除了有其自身的学科体系外，机器学习还有两个重要的辐射功能：一是为应用学科提供解决问题的方法与途径；二是为一些传统学科，如统计学、理论计算机科学、运筹优化等，找到新的研究问题。因此，大多数世界著名大学的计算机学科把机器学习列为人工智能的核心方向。

以 1956 年达特茅斯会议作为人工智能学科公认的起点，人工智能的发展经历了多次的起伏，诞生了多个思想学派，机器学习（包括深度学习）成为近 30 年的主流思想和技术。支持向量机（Support Vector Machine，SVM）、随机森林（Random Forest）、决策树（Decision Tree）、卷积神经网络、循环神经网络、生成式对抗网络和强化学习等方法层出不穷，构成了当代人工智能的华丽篇章。作为一门应用学科，机器学习的应用涵盖自然语言处理、图像识别以及一系列预测与决策问题。特别是其中的深度学习理论更是诸多高精尖人工智能技术的核心，它是 AlphaGo 计算机智能围棋博弈系统、无人驾驶汽车和工业界人工智能助理等新兴技术的灵魂。因此，掌握机器学习的理论与实践技术是学习现代人工智能科学最重要的一步。

3．深度学习——机器学习的一个分支

2006 年以来，以深度学习为代表的机器学习算法在机器视觉、图像识别、语音识别和自然语言处理等诸多领域取得了极大的成功，使人工智能再次受到学术界和产业界的广泛关注。

深度学习是机器学习研究中的一个新的领域，是机器学习的一个分支。近十年来，伴随着大数据和高性能计算硬件的迅猛发展，深度学习异军突起，为人工智能领域中的诸多应用提供了核心算法模型。

深度学习是相对浅层学习而言的。大部分深度学习是基于深层神经网络的模型，属于机器学习的一种。机器学习从提出、研究到发展，至今有 60 多年了。机器学习的发展过程可以用波浪式前进、螺旋式上升来概括。这也和每个时期的技术条件、研究水平、人们的认知水平，尤其是对人类大脑的了解，以及社会整体文明进步水平有关。

20 世纪 80 年代初，机器学习研究主要集中在对知识的描述和表达、存储，以及用知识库进行推理方面。其中，用符号表示人工智能比较流行，它集中在高层次的、人类可理解的，对问题、逻辑和搜索的符号表达上，以及基于其上的规则系统的构建，最具代表性的是专家系统。但是专家系统的功能和性能远远达不到人们的期望，而且专家系统也没有数学理论的支持，很难证明这种方法论的稳定性和正确性。

20 世纪 90 年代后期，随着 Vapnik 统计学习理论的研究成熟，迎来了统计机器学习的黄金时期。此时出现众多的统计学习模型，例如贝叶斯网络、朴素贝叶斯、最大熵、支持向量机、决策树、随机森林、矩阵分解模型等，可以说是百花齐放，在各种分类、回归、聚类问题上的准确性明显提高。因此，在搜索、广告、推荐等大量的互联网场景下获得了广泛的应用。统计机器学习模型获得成功的一个重要原因是它有稳固的统计学和最优化等数学理论的支撑，为机器学习研究和学习能力的提高提供了理论上的保证和方向上的指导。机器学习模型不是一个黑盒子，而是基于严格的数学计算，这非常重要。在整个 21 世纪的第一个十年，都是统计机器学习的天下，但是这些统计机器学习模型往往需要领域专业人士和数据科学家做大量的特征工程工作，设计有效的特征，才能输入模型，得到满意的效果。

在众多统计学习模型中，人工神经网络是一大类算法。人工神经网络的发展同样经历了高潮低谷的交替起伏。在深度学习兴起之前的约 20 年时间里，由于计算能力和数据量的限制，人工神经网络的有效训练和学习往往只能停留在浅层次的小规模神经网络上，限制了其学习性能。此外，人工神经网络学习得到的模型也缺乏直观的可解释性。这些因素使得人工神经网络逐渐失去了吸引力。

直至 2006 年，机器学习领域泰斗、加拿大多伦多大学的 Geoffrey Hinton 和他的学生 Salakhutdinov 在 *Science* 上发表了一篇使用深层结构的神经网络模型实现数据降维的论文，提出了一种针对深度置信网络（DBN）的快速训练算法，引发了人工神经网络的第二次复兴。这篇文章表达了两个主要观点：①很多隐藏层的人工神经网络具有优异的特征学习能力，学习得到的特征对数据有了更本质的刻画，从而有利于可视化或分类；②深层结构的神经网络在训练上的难度可以通过“逐层预训练”（layer-wise pre-training）来有效克服。紧接着，斯坦福大学、蒙特利尔大学、纽约大学等机构的研究人员先后发表了对深层结构模型的研究成果。2012 年基于深度学习模型的 AlexNet 夺得 ImageNet 大规模视觉识别挑战赛（ILSVRC）的冠军，开创了深度学习的新阶段。在那场挑战赛中，由 Alex Krizhevsky、Ilya Sutskever 和 Hinton 教授开发的深度神经网络（通常称为 AlexNet）以惊人的 85% 的准确率赢得了第一名，比第二名的算法高出 11%，获得了广泛关注。2013 年，大赛中所有获胜团队的算法全部是采用深度学习的。到了 2015 年，基于 CNN 的多个算法已经获得了超过 95% 的人类识别率。2016 年，谷歌（Google）公司 DeepMind 团队开发的基于深度强化学习模型的 AlphaGo 在围棋比赛中以 4 比 1 的成绩战胜了世界冠军李世乭，引起轰动。世界迎来又一轮人工智能变革的高潮。2018 年，图灵奖颁给了 Geoffrey Hinton、Yann LeCun 和 Yoshua Bengio，因为他们为深度学习算法的发展和应用奠定了基础。

深度学习本质上是对拥有深层结构的模型进行训练的一类方法的统称。深层结构是相对于浅层结构而言的。浅层结构模型通常包含不超过一层或两层的非线性特征变换，例如高斯混合模型（Gaussian Mixture Model，GMM）、支持向量机及含有单隐藏层的多层感知机（Multilayer Perceptron，MLP）等。相关研究已经证明，浅层结构对于内部结构不复杂、约束不强的数据具有较好的效果，但是当要处理现实世界中内部结构复杂的数据（如语音、自然声音、自然图像、视频等）时，这些模型就会出现表征能力不足的问题。而深层结构模型通过分层逐级地表示特征，在学习大数据内部的高度非线性关系和复杂函数表示等方面，比浅层结构模型具有更强的表征能力。

对于大多数传统的机器学习算法来说，它们的性能很大程度上依赖于给定的数据表示。因此，领域先验知识、特征工程和特征选择对于输出的性能是至关重要的。但是人工设计的特征缺乏应用于不同场景或应用领域的灵活性。此外，它们不是数据驱动的，不能适应新的数据或信息。过去人们已经注意到，一旦提取或设计出了任务的正确特征集，使用简单的机器学习算法就可以解决许多人工智能任务。例如，对于通过声音鉴别说话者的任务来说，说话者的声道大小是一个有用的特征，因为它为判断说话者是男性、女性还是儿童提供了有力线索。不幸的是，对于许多任务和各种输入（如图像、视频、音频和文本等），很难知道应该提取什么样的特征，更不用说它们在当前应用之外的其他任务上的泛化能力了。针对复杂的任务，人工设计特征不仅需要大量的领域知识，而且耗时费力。这就是设计自动、可扩展特征表示方法的强大动机。

深度学习解决的核心问题之一就是自动地将简单的特征组合成更加复杂的特征，并利用这些组合特征解决问题。深度学习归根结底也是机器学习，它是机器学习的一个分支，除了可以学习特征和任务之间的关联以外，还能自动从简单特征中提取更加复杂的特征。深度学习算法不同于传统的浅层学习算法，它舍弃了依靠手工精心设计的显式特征提取方法，通过逐层地构建一个多层的深度神经网络，让机器自主地从样本数据中学习到表征这些样本的更加本质的特征，相对于人工设计特征具有更强的特征表达能力和泛化能力，从而最终提升分类或预测的准确性。这也使得人工智能系统在无须太多人工干预的情况下，就能快速适应新的领域。

随着研究的不断深入，深度学习模型的结构不断优化，在语音识别、图像理解、自然语言处理、机器翻译等领域都取得了突破性的进展。

1.3　机器学习的三个基本要素

机器学习的基本要素包括模型、学习准则（策略）和优化算法三个部分。机器学习方法之间的不同，主要来自其模型、学习准则（策略）、优化算法的不同。确定了模型、学习准则（策略）、优化算法，机器学习的方法也就确定了。这就是将其称为机器学习三要素的原因。

1.3.1　模型

机器学习首要考虑的问题是学习什么样的模型（Model）。在监督式机器学习中，给定训练集，学习的目的是希望能够拟合一个函数 $h(\boldsymbol{x};\boldsymbol{\theta})$ 来完成从输入特征向量 $\boldsymbol{x}$ 到输出标签的映射。这个需要拟合的函数 $h(\boldsymbol{x};\boldsymbol{\theta})$ 就称为模型，它由参数向量 $\boldsymbol{\theta}$ 决定。$\boldsymbol{\theta}$ 称为模型参数向量，$\boldsymbol{\theta}$ 所在的空间称为参数空间（Parameter Space）。一般来说，模型有两种形式，一种形式是概率模型（条件概率分布），另一种形式是非概率模型（决策函数）。决策函数还可以再分为线性和非线性两种，对应的模型就称为线性模型和非线性模型。在实际应用中，将根据具体的学习方法来决定采用概率模型还是非概率模型。

我们将训练得到的模型称为一个假设，从输入空间到输出空间的所有可能映射组成的集合称为假设空间（Hypothesis Space）。在监督式机器学习中，模型就是所要学习的条件概率分布或决策函数。模型的假设空间包含所有可能的条件概率分布或决策函数。例如，假设决策函数是输入特征向量 $\boldsymbol{x}$ 的线性函数，那么模型的假设空间就是所有这些线性函数构成的函数集合。假设空间中的模型一般有无穷多个，而机器学习的目的就是从这个假设空间中选择出一个最好的预测模型，也就是在参数空间中选择一个最优的估计参数向量 $\hat{\boldsymbol{\theta}}$ 。

1.3.2　学习准则（策略）

在明确了模型的假设空间之后，接下来需要考虑的是按照什么样的准则（策略）从假设空间中选择最优的模型，即学习准则或策略问题。

机器学习最后都归结为求解最优化问题，为了实现某一目标，需要构造出一个“目标函数”（Objective Function），然后让目标函数达到极大值或极小值，从而求得机器学习模型的参数。如何构造出一个合理的目标函数，是建立机器学习模型的关键，一旦目标函数确定，接下来就是求解最优化问题。

对于监督式机器学习中的分类问题与回归问题，机器学习本质上是给定一个训练样本数据集 $T=\{(\boldsymbol{x}_1,y_1),(\boldsymbol{x}_2,y_2),\cdots,(\boldsymbol{x}_i,y_i)\cdots,(\boldsymbol{x}_N,y_N)\}$，尝试学习 $\boldsymbol{x}_i \rightarrow y_i$ 的映射函数 $\hat{y}_i = h(\boldsymbol{x}_i;\boldsymbol{\theta})$，其中 $\boldsymbol{\theta}$ 是模型的参数向量，使得给定一个输入样本数据 $\boldsymbol{x}$，即便这个 $\boldsymbol{x}$ 不在训练样本中，也能够为 $\boldsymbol{x}$ 预测出一个标签值 $\hat{y}$。

在机器学习领域，存在三个容易被混淆的术语：**损失函数（Loss Function）**、**代价函数（Cost Function）**和**目标函数（Objective Function）**，它们之间的区别和联系如下。

- 损失函数：通常是针对单个训练样本而言的，用来衡量模型在每个样本实例 $\boldsymbol{x}_i$ 上的预测值 $h(\boldsymbol{x}_i;\boldsymbol{\theta})$ 与样本的真实标签值 y_i 之间的误差，记作 $L(y_i,h(\boldsymbol{x}_i;\boldsymbol{\theta}))$。损失函数的值越小，说明预测值 $\hat{y}_i$ 与实际观测值 y_i 越接。
- 代价函数：通常是针对整个训练样本集（或者一个 mini-batch）的总损失 $J(\theta)=\sum_{i=1}^{N} L(y_i,h(\boldsymbol{x}_i;\boldsymbol{\theta}))$。常用的代价函数包括均方误差、均方根误差、平均绝对误差等。代价函数的值越小，说明模型对训练集样本数据的拟合效果越好。
- 目标函数：是一个更通用的术语，表示最终待优化的函数。例如，下文介绍的结构风险函数就是最终待优化的目标函数。

由于损失函数和代价函数只是在针对样本集上有区别，因此在有些书中统一使用损失函数这个术语，但书中的相关公式实际上采用的是代价函数的形式，请读者留意。

下面介绍机器学习中有关损失函数、风险函数、期望风险、经验风险、结构风险等概念。

1. 损失函数

（1）0-1 损失函数　0-1 损失函数（0-1 Loss Function）是最直接地反映模型正确与错误预测的损失函数，对于正确的预测，损失函数值为 0；对于错误的预测，损失函数值就为 1，其数学表达式为

$$L(y_i,h(\boldsymbol{x}_i;\boldsymbol{\theta})) = \begin{cases} 0, h(\boldsymbol{x}_i;\boldsymbol{\theta}) = y_i \\ 1, h(\boldsymbol{x}_i;\boldsymbol{\theta}) \neq y_i \end{cases} \tag{1-3}$$

可见，0-1 损失函数不考虑预测值与实际值的误差大小，只要预测错误，即使预测误差很小，损失函数值也为 1。虽然 0-1 损失函数能够直观地反映模型的错误情况，但是它的数学性质并不是很好——不连续也不可导，因此在优化时很困难。通常，我们会选择其他相似的连续可导函数来替代它。

（2）平方损失函数　平方损失函数（Quadratic Loss Function）就是模型输出的预测值与实际观测值之差的平方，其数学表达式为

$$L(y_i,h(\boldsymbol{x}_i;\boldsymbol{\theta})) = [y_i - h(\boldsymbol{x}_i;\boldsymbol{\theta})]^2 \tag{1-4}$$

从直觉上理解，平方损失函数只考虑预测值与实际观测值之间误差的大小，不考虑其正负。但由于经过平方运算，与实际观测值偏差较大的预测值会比偏差较小的预测值受到更为严重的惩罚。平方损失函数具有良好的数学性质——连续、可微分且为凸函数，是机器学习回归任务中最常用的一种损失函数，也称为 L_2 损失函数。

当模型输出预测值与实际观测值之间的误差服从高斯分布的假设成立时，最小化均方误差损失函数与极大似然估计本质上是一致的，在此情形下（如回归任务），均方误差损失是

一个很好的损失函数选择；否则（如分类任务），均方误差损失不是一个好的选择。

（3）绝对损失函数　绝对损失函数（Absolute Loss Function）就是模型输出的预测值与实际观测值之差的绝对值，其数学表达式为

$$L(y_i, h(\boldsymbol{x}_i;\boldsymbol{\theta})) = |y_i - h(\boldsymbol{x}_i;\boldsymbol{\theta})| \tag{1-5}$$

绝对损失函数也称为 L_1 损失函数。与平方损失函数类似，绝对损失函数也只考虑预测值与实际观测值之间误差的大小，不考虑其正负。所不同的是，由于绝对损失与绝对误差之间是线性关系，平方损失与误差之间是平方关系，当误差非常大的时候，平方损失会远远大于绝对损失。因此，当样本中出现一个误差非常大的离群样本（Outlier）时，平方损失会产生一个非常大的损失，对模型的训练会产生较大的影响。所以，与平方损失函数相比，绝对损失函数对于离群样本更加鲁棒，即不易受到离群样本的影响。

另一方面，当使用梯度下降算法时，平方损失函数的梯度为 $[y_i - h(\boldsymbol{x}_i;\boldsymbol{\theta})]$，而绝对损失函数的梯度为 ± 1，即平方损失函数的梯度的幅度会随误差大小变化，而绝对损失函数的梯度的幅度则一直保持为 1，即便在绝对误差 $|y_i - h(\boldsymbol{x}_i;\boldsymbol{\theta})|$ 很小时，绝对损失函数的梯度的幅度也同样为 1，这实际上是非常不利于模型的训练的。当然，也可以通过在训练过程中动态调整学习率来缓解这个问题，但是总的来说，平方损失函数通常比绝对损失函数可以更快地收敛。这也是平方损失函数更为常用的原因。

（4）对数损失函数　其定义为

$$L(y_i, h(\boldsymbol{x}_i;\boldsymbol{\theta})) = -\log P(y_i | \boldsymbol{x}_i) \tag{1-6}$$

对数损失函数（Logarithmic Loss Function）或负对数似然损失函数（Negative Log Likelihood Loss Function）源于极大似然估计的思想——极大化对数似然函数，而我们通常习惯于最小化损失函数，因此将它转变为最小化负对数似然函数。取对数是为了方便计算极大似然估计，因为在极大似然估计中，直接求导比较困难，所以通常都是先取对数再求导找极值点。$P(y_i | \boldsymbol{x}_i)$ 是指当前模型对于输入样本 $\boldsymbol{x}_i$ 的预测值为 y_i 的概率，也就是预测正确的概率。因为对数函数是单调递增的，所以在公式中加上负号之后，表示预测正确的概率越高，其损失函数值就越小，即最大化 $P(y_i | \boldsymbol{x}_i)$ 就等价于最小化损失函数。对数损失函数通常用于逻辑斯谛回归（Logistic Regression）模型的推导中。

（5）交叉熵损失函数　交叉熵（Cross Entropy）是 Shannon 信息论中一个重要概念，用于衡量同一个随机变量中的两个不同概率分布的差异程度。假设一个样本集中有两个概率分布 p 和 q，其中 p 表示真实概率分布，q 表示非真实概率分布。假如，按照真实概率分布 p 来衡量表示一个样本所需要的编码长度的期望为

$$H(p) = -\sum_i p_i \log p_i \tag{1-7}$$

但是，如果按照非真实概率分布 q 来衡量表示服从真实概率分布 p 的一个样本所需要的平均编码长度，则应该是

$$H(p,q) = -\sum_i p_i \log q_i \tag{1-8}$$

此时就将 $H(p,q)$ 称为交叉熵。

在机器学习中，交叉熵可作为损失函数。交叉熵损失函数（Cross-Entropy Loss Function）定义为

$$L(y_i, h(\boldsymbol{x}_i;\boldsymbol{\theta})) = -[y_i \log h(\boldsymbol{x}_i;\boldsymbol{\theta}) + (1 - y_i)\log(1 - h(\boldsymbol{x}_i;\boldsymbol{\theta}))] \tag{1-9}$$

交叉熵损失函数的值越小，模型预测效果就越好。交叉熵损失函数一般用于多分类任务，常常与 Softmax 回归是标配。对于一个包含 K 个类别的多分类任务，通常将类别标签写成一个 K 维的 one-hot 编码向量，仅对应目标类别的元素为 1，其余元素都为 0。针对类别的预测值，通常也会写成一个 K 维的向量，它的每个元素代表对应类别的概率值。

（6）合页损失函数　对于一个二分类的问题，数据集的标签取值是 $\{+1, -1\}$，模型的预测值是一个连续型实数值函数，那么合页损失函数（Hinge Loss Function）的定义为

$$L(y_i, h(\boldsymbol{x}_i;\boldsymbol{\theta})) = \max\{0, 1 - y_i h(\boldsymbol{x}_i;\boldsymbol{\theta})\} \tag{1-10}$$

合页损失函数的图像像一个合页，如图 1-3所示，这也是其名称的由来。在机器学习中，软间隔支持向量机（SVM）模型的原始最优化问题等价于最小化合页损失。只有当样本被正确分类且函数间隔大于 1 时，合页损失才等于 0；否则损失是 $1 - y_i h(\boldsymbol{x}_i;\boldsymbol{\theta})$，只能大于 0。

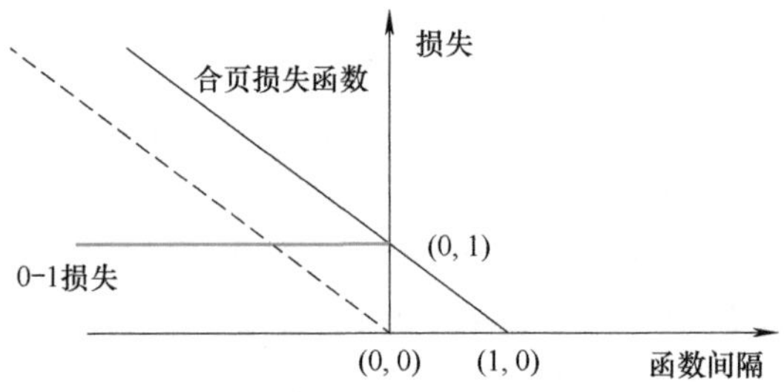

图 1-3　合页损失函数

除了上述几种损失函数外，还有其他针对特定任务的损失函数。总而言之，没有一个适合所有机器学习问题的损失函数，损失函数的设计是以能够更好地解决具体问题为目的的。针对特定问题选择损失函数涉及许多因素，例如所选机器学习模型的类型、是否易于计算导数以及训练样本集中离群样本所占比例等。

2. 期望风险

模型的输入 $\boldsymbol{x}$ 和输出 y 都可以看作是输入和输出联合空间的随机变量，服从联合概率分布 $P(\boldsymbol{X}, Y)$，我们称损失函数在该联合概率分布上的期望为期望风险（Expected Risk）或期望损失（Expected Loss）或风险函数（Risk Function），其数学表达式为

$$R_{\exp}(\boldsymbol{\theta}) = E_{(\boldsymbol{x},y)\sim P(\boldsymbol{X},Y)}[L(y, h(\boldsymbol{x};\boldsymbol{\theta}))] = \iint L(y, h(\boldsymbol{x};\boldsymbol{\theta}))P(\boldsymbol{x}, y)\mathrm{d}x\mathrm{d}y \tag{1-11}$$

期望风险是损失函数的期望，用来度量平均意义下模型预测的性能好坏。

3. 经验风险

一个好的模型应当有较小的期望风险。机器学习的目标在于从假设空间中选取最优模型，而选取最优模型的准则是期望风险最小化。显然，要使式（1-11）定义的期望风险 $R_{\exp}(\boldsymbol{\theta})$ 最小化，需要知道联合概率分布 $P(\boldsymbol{X}, Y)$，在模式分类问题中，也就是必须已知类先验概率和条件概率密度。但是，在实际的机器学习问题中，我们无法得知真实的联合概率分布函数，因此也没有办法直接计算期望风险。事实上，如果我们知道数据的联合概率分布 $P(\boldsymbol{X}, Y)$，就可以直接利用贝叶斯公式求得条件概率 $P(y_i \mid \boldsymbol{x}_i)$，也就没必要学习模型了。正因为不知道 $P(\boldsymbol{X}, Y)$，所以才需要学习模型。

然而，从另一个方面来看，我们可以利用训练样本集中的 N 个观测样本近似地求得期望风险。给定一个训练样本数据集 $\boldsymbol{T} = \{(\boldsymbol{x}_1, y_1), (\boldsymbol{x}_2, y_2), \cdots, (\boldsymbol{x}_i, y_i), \cdots, (\boldsymbol{x}_N, y_N)\}$，可以很容易计算出模型的经验风险（Empirical Risk）或经验损失（Empirical Loss），即模型关于训练样本集的平均损失

$$R_{\text{emp}}(\boldsymbol{\theta}) = \frac{1}{N}\sum_{i=1}^{N} L(y_i, h(\boldsymbol{x}_i;\boldsymbol{\theta})) \tag{1-12}$$

由于 $R_{\text{emp}}(\boldsymbol{\theta})$ 是用已知训练样本（即经验数据）定义的，因此称为经验风险。在假设空间、损失函数以及训练样本集确定的情况下，经验风险函数式（1-12）就可以确定。根据大数定律，当训练样本集中的样本数量 N 趋向于无穷大时，经验风险收敛于期望风险。这样，可用式（1-12）中的经验风险 $R_{\text{emp}}(\boldsymbol{\theta})$ 来逼近式（1-11）中的期望风险 $R_{\text{exp}}(\boldsymbol{\theta})$。使得经验风险最小的模型就是最优的模型，这就是经验风险最小化（Empirical Risk Minimization，ERM）准则。按照经验风险最小化准则，求解模型的最优参数估计就是求解如下的最优化问题：

$$\hat{\boldsymbol{\theta}} = \arg\min_{\boldsymbol{\theta}} R_{\text{emp}}(\boldsymbol{\theta}) = \arg\min_{\boldsymbol{\theta}} \frac{1}{N}\sum_{i=1}^{N} L(y_i, h(\boldsymbol{x}_i;\boldsymbol{\theta})) \tag{1-13}$$

4. 结构风险

当训练集中的样本数量足够大时，经验风险最小化（ERM）准则能保证有很好的效果，在现实中被广泛采用。例如，极大似然估计（Maximum Likelihood Estimation）就是经验风险最小化的一个例子。当模型是条件概率分布、损失函数是对数损失函数时，经验风险最小化就等价于极大似然估计。然而，通常情况下，由于训练样本集中的样本数量是有限的，而且训练集中的样本数据包含了各种噪声，因此实际所用的训练集不能很好地反映样本数据的真实分布。在这种情况下，如果利用经验风险最小化准则，则会导致模型产生“过拟合”（Overfitting）现象。

导致“过拟合”发生的因素有很多，最主要的原因是训练样本数量不足以及模型过于复杂。为了解决这一问题，我们需要引入结构风险函数，即对经验风险函数进行矫正，也就是在经验风险上加上表示模型复杂度的正则（Regularization）项或惩罚（Penalty）项。在假设空间、损失函数以及训练样本集确定的情况下，结构风险函数定义为

$$R_{\text{str}}(\boldsymbol{\theta}) = \frac{1}{N}\sum_{i=1}^{N} L(y_i, h(\boldsymbol{x}_i;\boldsymbol{\theta})) + \lambda R(\boldsymbol{\theta}) \tag{1-14}$$

式中，$\lambda(\lambda > 0)$ 为正则化系数，也称惩罚因子，用以权衡经验风险和模型复杂度，需要进行调优；$R(\boldsymbol{\theta})$ 代表模型函数的复杂度，是定义在假设空间上的泛函，简单来说就是函数的函数。模型函数的复杂度越高，$R(\boldsymbol{\theta})$ 也就越大。一般我们使用模型参数向量 $\boldsymbol{\theta}$ 的 L_2 范数或 L_1 范数来近似模型的复杂度。通过设置正则化系数 λ，来权衡经验风险和正则项，减小参数规模，达到模型简化的目的，从而使模型具有更好的泛化能力。因此，结构风险函数强制使模型的复杂度不应过高，这种学习准则（策略）称为结构风险最小化（Structural Risk Minimization，SRM）准则。结构风险最小化等价于正则化，是为了防止过拟合而提出来的策略。

结构风险小意味着经验风险小、模型复杂度低。结构风险小的模型往往对训练样本以及新的测试样本都有较好的预测性能。结构风险最小化的策略认为结构风险最小的模型是最优的模型。所以按照结构风险最小化准则，求解模型的最优参数估计就是求解如下的最优化问题：

$$\hat{\boldsymbol{\theta}} = \arg\min_{\boldsymbol{\theta}} R_{\text{str}}(\boldsymbol{\theta}) = \arg\min_{\boldsymbol{\theta}} \left[\frac{1}{N}\sum_{i=1}^{N} L(y_i, h(\boldsymbol{x}_i;\boldsymbol{\theta})) + \lambda R(\boldsymbol{\theta})\right] \tag{1-15}$$

例如，贝叶斯估计中的最大后验概率（Maximum A-Posteriori，MAP）估计就是结构风险最小化的一个例子。当模型是条件概率分布、损失函数是对数损失函数、模型复杂度由模型的先验概率表示时，结构风险最小化就等价于最大后验概率估计。

这样，监督学习问题就变成了经验风险或结构风险函数的最优化问题，即经验或结构风险函数是最优化的目标函数。

1.3.3 优化算法

在获得了训练样本集、确定了假设空间以及选定了合适的学习准则之后，就要根据学习准则（策略）从假设空间中选择最优模型，需要考虑用什么样的计算方法来求解模型的最优参数估计。

机器学习模型的训练和学习的过程，实际上就是求解最优化问题的过程。如果最优化问题存在显式的解析解，则这个最优化问题就比较简单，我们可以求出它的闭式解。但是如果不存在解析解，则需要通过数值计算的方法来不断逼近。在机器学习中，很多优化函数不是凸函数，因此，如何高效地寻找到全局最优解，是一个值得研究的问题。

目前，常用的优化算法有梯度下降法（Gradient Descent，GD）、随机梯度下降法（Stochastic Gradient Descent，SGD）、批量梯度下降法（Mini-Batch Gradient Descent，MBGD）、牛顿法、拟牛顿法、坐标下降法等。我们将在第 2 章介绍梯度下降法和坐标下降法。

1.4 机器学习模型的分类

机器学习模型的分类有多种方式，常见的方式是按任务类型分类和按学习方式分类。

1.4.1 按任务类型分类

按任务类型分类，机器学习模型可分为回归、分类、聚类和维数约简模型等。

1. 回归

“回归”（Regression）一词最早由 Francis Galton 引入。他研究了子女身高和父母身高的关系。当时他发现虽然父母的身高可以影响子女的身高，但是子女的身高却有逐渐“回归”到中等的现象。现在回归一词的含义已经发生了很大变化。在现代，回归分析主要指的是研究两个或者多个变量之间相互关系的一种方法。

在回归分析中，假设有一个数据集

$$T = \{(\boldsymbol{x}_1, y_1), (\boldsymbol{x}_2, y_2), \cdots, (\boldsymbol{x}_i, y_i)\cdots, (\boldsymbol{x}_N, y_N)\}$$

其中，$\boldsymbol{x}_i \in \mathbb{R}^d$ 是一个 $d(d \geqslant 1)$ 维特征向量，$y_i \in \mathbb{R}$ 为输入样本 $\boldsymbol{x}_i$ 的标签（期望输出）。机器学习的任务是根据该数据集推断出函数 $h(\boldsymbol{x};\boldsymbol{\theta})$，使得

$$y = h(\boldsymbol{x};\boldsymbol{\theta}) \tag{1-16}$$

这里，我们将 y 称为因变量，将 $\boldsymbol{x}$ 称为自变量。函数 $h(\boldsymbol{x};\boldsymbol{\theta})$ 称为 y 对 $\boldsymbol{x}$ 的回归函数。回归主要指的是研究 y 和 $\boldsymbol{x}$ 之间的关系，其中 y 是连续型变量。如果 $d = 1$，则称为一元回归分析，因为只有一个自变量；如果 $d > 1$，则称为多元回归分析。按照函数的类型，回归分析可分为线性回归分析和非线性回归分析。

在回归问题中，要预测的因变量是连续型的，样本标签是取值于某个区间的实数，其值

通常为连续值。房价预测是一个经典的回归问题。在房价预测问题中，每一个训练样本数据都是某地区的一笔房屋交易记录。训练样本数据中含有诸如房屋面积、房型、地段、房龄等特征，并且含有交易价格作为其标签值。显然，在房价预测问题中，既无可能也无必要完全精确地预测出给定房屋的价格，而只要预测出的房屋价格能接近其真实价格即可。这恰是一般回归问题的目标：输出接近真实标签的预测。实际上，如果一个回归问题的模型在训练数据上的预测过于准确，那么就有可能出现过拟合的问题。

回归问题在实际中有着非常广泛的应用，很多实际问题都可以转化为回归问题的形式，例如：

- 个人收入（y）与受教育程度（$\boldsymbol{x}_1$）、职业（$\boldsymbol{x}_2$）、职务（$\boldsymbol{x}_3$）之间的关系；
- 鞋子的大小（y）与人的身高（$\boldsymbol{x}_1$）、性别（$\boldsymbol{x}_2$）和体重（$\boldsymbol{x}_3$）之间的关系。

2. 分类

在分类（Classification）问题中，机器学习的任务是将对象（Object）归类到已经定义好的若干类别中。例如，我们要判定一个水果是苹果、桃子或是杏子。解决这类问题的办法是先给一些各种类型的水果让算法学习，然后根据学习得到的经验对一个水果的类型做出判定。这就像一个幼儿园的小朋友，老师先拿各种水果教他们，告诉每种水果是什么样子的，接下来这些孩子就会认识这些类型的水果了。这种学习方式称为监督式机器学习，它有训练和预测两个过程，在训练阶段，我们用大量的样本进行学习，得到一个判定水果类型的模型；在预测阶段，给一个水果，就可以用这个训练得到的模型来判定水果的类别。

每个样本数据一般表示成 $(\boldsymbol{x},y)$ 的形式，这里 $\boldsymbol{x}\in\mathbb{R}^d$ 是一个 $d(d\geqslant 1)$ 维特征向量，$y\in\mathbb{R}$ 为输入样本 $\boldsymbol{x}$ 对应的类别标签（Class Label），每一个类别标签值代表一个类。分类的目标是要根据每个样本的特征向量 $\boldsymbol{x}$ 构建一个函数 $f(\boldsymbol{x},\alpha)$，使得 $f(\boldsymbol{x},\alpha)$ 能够输出 $\boldsymbol{x}$ 对应的类别标签值。在分类中，如果类别只有两类，则称为二分类（Binary Classification）；如果多于两类，则称为多分类（Multi-class Classification），例如，在手写数字识别任务中，类别标签取 0～9 这 10 个可能值，这是含有 10 个类别的分类问题。在二分类问题中，通常使用整数来表示不同的 y 值，$y\in\{0,1\}$ 或者 $y\in\{-1,1\}$。一般而言，$y=1$ 表示正例，$y=0$ 或者 $y=-1$ 表示反例。

分类问题的任务又可以分为两种形式。第一种任务的形式是，要求对类别做出明确的预测。例如，在手写数字识别任务中，要求输出对给定图片中的数字的预测。这种任务形式就称为类别预测任务。第二种任务的形式是，要求计算出给定对象属于每一个类别的概率。例如，在点击率预测任务中，要求输出用户点击给定链接的概率。这种任务形式就称为概率预测任务。概率预测任务比类别预测任务要求更高，这是因为，一旦算出对象属于每一类别的概率，就可以将具有最大概率的那个类别作为该对象的类别预测。

根据上面的描述，我们可以知道分类问题和回归问题是非常相似的。它们的区别在于，在分类问题中，类别标签只取有限个可能值；而在回归问题中，我们要预测的因变量 y 是连续的，样本标签是连续值。

值得指出的是，分类问题与回归问题是可以相互转化的。对于一个分类问题，可以将其转化为对给定对象所属类别的概率的预测。而概率是在 $[0,1]$ 内的连续值，因此概率预测可以认为是一个回归问题。逻辑斯谛回归就是一种利用回归方法求解分类问题的算法。而对于一个回归问题，可以通过标签值的区间化将其转化为一个类别标签。例如，根据用户的特征预测用户的年龄时，可以将年龄分段：0～18岁为未成年段，19～45岁为青年段，46～65岁为中年段，66岁及以上为老年段。由此，可以将年龄表示为取4个值的类别标签，其中每个类别标签值表示一个年龄段，因而可以应用分类问题的算法来预测用户所处年龄段，从而得到一个近似的年龄预测。

3. 聚类

自然界和社会生活中经常会出现“物以类聚，人以群分”的现象，例如，羊、狼等动物总是以群居的方式聚集在一起，志趣相投的人们通常会组成特定的兴趣群体。

在聚类（Clustering）问题中，机器学习的任务就是按照某一个特定的准则（如距离），把一个数据集划分成若干个不相交的子集，每个子集被称为一个簇（Cluster），使得同一个簇内的数据对象具有尽可能高的相似性，而不同簇中的数据对象具有尽可能大的差异性，实现“物以类聚”的效果。通过这样的划分，每个簇可能对应于一些潜在的概念，如一个簇表示一个潜在的类别。例如，我们抓取了1万个网页，要完成对这些网页的归类，在这里，我们并没有事先定义好的类别，也没有已经训练好的分类模型。聚类算法要自己完成对这1万个网页的归类，保证同一类网页是同一个主题的，不同类型的网页是不一样的。

聚类问题与监督式机器学习中的分类问题类似，目的都是将数据按模式归类。二者的区别是：聚类是非监督式机器学习任务，仅限于对未知类别标签的一批数据进行归类，只把相似性高的数据对象聚合在一起，这里没有事先定义好的类别，其类别所表达的含义通常是不确定的；而分类是监督式机器学习任务，利用已知类别标签的训练样本训练出一个模型来预测未知数据的类别，其类别所表达的含义通常是确定的。

例如，对于数据集{1,2,3,4,5,6,7,8,9}，在进行聚类划分时，可以按照是否是奇数或偶数将它划分成{1,3,5,7,9}和{2,4,6,8}两个子集；也可以按照每个数除以3之后的余数进行划分，分成{1,4,7}、{2,5,8}、{3,6,9}三个子集。再如，在一个新闻门户网站中，每天都有来自多个频道的各类文章，如果希望为用户个性化地推送新闻，就需要了解每一个用户对哪一类文章感兴趣。一个可行的方法是对新闻类的文章进行聚类分析，然后，根据用户的历史浏览记录，推断该用户感兴趣的文章类别，从而为其推送该类别的文章。

聚类分析在零售、保险、银行、医学等诸多领域有广泛的应用，可以用于发现不同的企业客户群体特征、消费者行为分析、市场细分、交易数据分析、动植物种群分类、医疗领域的疾病诊断、环境质量检测等，还可用于互联网和电商领域的客户分析、行为特征分类等。聚类既可以作为一个单独的任务，用于揭示样本数据之间内在的分布规律，又可以作为分类等其他学习任务的前置步骤，用于数据的预处理。在数据分析过程中，可以先对数据进行聚类分析，发现其中蕴含的类别特点，然后进行分类等处理。

4. 维数约简

随着通信与信息技术和互联网技术的不断发展，人们收集和获得数据的能力越来越强。而这些数据已呈现出维数高、规模大和结构复杂等特点。人们想从这些大数据（维数高、规模大、结构复杂）中挖掘有意义的知识和内容以指导实际生产和具体应用。在机器学习任务中，每一条训练数据都可以用一个特征向量来表示。在许多应用中，特征向量的维数相当高，有时甚至达到以百万为数量级。然而，在分类、回归等学习任务中，特征并非越多越好。一方面，维数过高的特征会增加求解问题的复杂性和难度，容易产生所谓的“维数灾难”（Curse of Dimensionality）问题；另一方面，原始高维特征向量的不同特征之间往往存在冗余信息或噪声，一些特征没有反映出数据的本质特征，如果直接对原始高维特征向量进行处理，不会得到理想的结果。而与分类、回归等学习任务密切相关的特征仅是高维特征空间中的某个低维嵌入，在很多情况下，原始空间的高维样本点映射到低维嵌入子空间后更容易学习。所以，通常需要首先对数据进行维数约简（Dimensionality Reduction），然后对约简后的数据进行处理。顾名思义，维数约简就是降低数据的维数，即通过某些数学变换关系，将原始的 n 维数据约简成 $m(m \ll n)$ 维数据，实现将数据点从高维空间映射到低维特征空间中，并要保证约简后的数据特征能反映甚至更能揭示原数据的本质特征。那么为什么要对数据进行维数约简？

通常，我们对数据进行维数约简主要基于以下目的：

1）降低数据的维数以减少存储量和计算复杂度；

2）去除噪声的影响；

3）从数据中提取本质特征以便后续处理；

4）将高维数据投影到低维（二维或三维）可视空间，以便人们对数据分布有直观的理解。

数据维数约简的方法可以分为线性维数约简和非线性维数约简，而非线性维数约简又分为基于核函数的方法和基于特征值的方法。线性维数约简的方法主要有主成分分析（Principal Component Analysis，PCA）、独立成分分析（Independent Component Analysis，ICA）、线性判别分析（Linear Discriminant Analysis，LDA）等。基于核函数的非线性维数约简方法有基于核函数的主成分分析（Kernel Principal Component Analysis，KPCA）、基于核函数的独立成分分析（Kernel Independent Component Analysis，KICA）等。基于特征值的非线性降维方法有等距映射（Isometric Mapping，ISOMAP）、局部线性嵌入（Locally Linear Embedding，LLE）和拉普拉斯特征值映射（Laplacian Eigenmaps，LE）等。

受篇幅的限制，本书对维数约简的方法就不做具体的介绍。

1.4.2　按学习方式分类

按学习方式来分类，机器学习模型可以分为监督式（Supervised）、非监督式（Unsupervised）、强化学习（Reinforcement Learning）三大类。半监督式（Semi-supervised）或弱监督式（Weakly-supervised）机器学习可以认为是监督式机器学习与非监督式机器学习的结合。

1. 监督式机器学习

监督式机器学习，也称监督学习，通过使用带有正确标签（Label）的训练样本数据进行学习得到一个模型，然后用这个模型来对输入的未知标签的测试样本进行预测并输出预测的标签。其中，模型的输入是某一样本的特征，模型的输出结果是这一样本对应的标签。监督式机器学习模型如图 1-4 所示。监督式机器学习中的训练样本数据是带标签的。例如，要识别图像中水果的种类，则需要用带有类别标签（即标注了每张图像中水果的类别，如桃子、香蕉、苹果、梨）的样本进行训练，得到一个模型；然后就用这个训练好的模型对输入测试图像中未知种类的水果进行预测，判断图像中的水果种类。日常生活中的很多机器学习应用，如垃圾邮件分类、手写文字识别、人脸识别、语音识别等都是监督式机器学习。

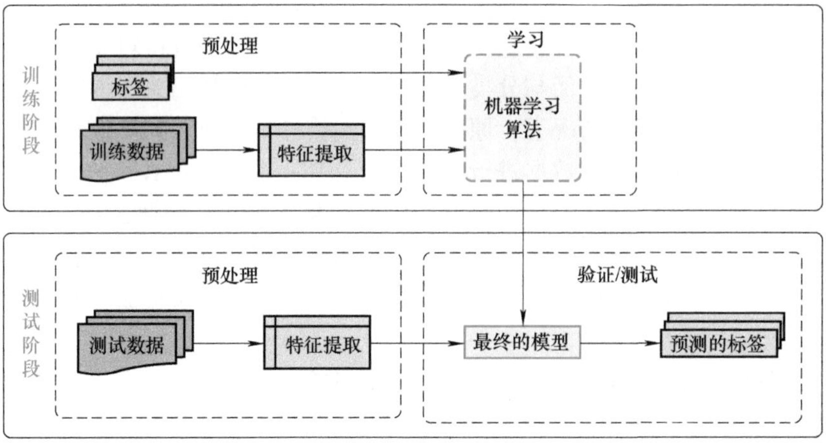

图 1-4　监督式机器学习模型

监督式机器学习中的训练样本由输入值 $\boldsymbol{x}$ 与标签值 y 组成 $(\boldsymbol{x},y)$ ，其中 $\boldsymbol{x}$ 为样本的特征向量，是模型的输入值；y 为标签值，是模型的输出值。标签值可以是整数也可以是实数，还可以是向量。

监督式机器学习的任务主要包括分类和回归两类：

- 分类：分类是根据已知样本的某些特征，判断一个新样本属于哪种类别。通过特征选择和学习，建立判别函数以对样本进行分类。分类模型是基于对带类别标签的训练样本数据的学习，来预测测试样本的类别标签。类别标签是离散的、无序的值。例如，在医学诊断中将肿瘤判断为是良性的还是恶性的。
- 回归：回归是一种统计分析方法，用于确定两个或多个变量之间的相关关系。回归的目标是找出误差最小的拟合函数作为模型，用特定的自变量来预测因变量的值。回归模型是针对连续型输出变量 y 进行预测，通过从大量的训练样本数据中寻找输出值 y 与输入值 $\boldsymbol{x}$ 之间的关系，然后根据这种关系来预测测试样本的输出值 y ，其中 y 的取值是实数值。例如，根据一个人的学历、工作年限、所在城市、行业等特征来预测这个人的收入。

2. 非监督式机器学习

现实生活中常常会有这样的问题：因缺乏足够的先验知识，难以对样本标签进行人工标注或进行人工标注的成本太高。显然，我们希望计算机能代我们完成这些工作，或至少提供一些帮助。

非监督式机器学习又称为无监督学习，它的输入样本并不需要标注，而是自动从样本中学习特征实现预测。非监督式机器学习通常使用大量的无标注数据进行学习或训练，每一个样本是一个实例。非监督式机器学习的本质是学习数据中的统计规律或潜在结构。非监督式机器学习可以将学习得到的模型用于对已有数据的分析，也可以用于对未来数据的预测。

非监督式机器学习模型主要包括高斯混合模型、隐马尔可夫模型、条件随机场模型。

非监督式机器学习的任务主要包括聚类和数据维数约简等。

3. 强化学习

机器学习是一种从经验数据中构造和改善模型的理论与方法，监督式机器学习和非监督式机器学习主要以带标签或不带标签样本数据作为反映外部环境特征的经验数据。除样本数据之外还可使用外部环境的反馈信息作为经验数据构造和改善模型，由此形成一种名为**强化学习（Reinforcement Learning，RL）**的机器学习类型。

强化学习又称为再励学习或评价学习，采用类似于人类和动物学习中的“交互—试错”机制，通过智能体（Agent）与外部环境（Environment）进行不断地交互，获取外部环境的反馈信息，学习从环境状态到行为动作（Action）的映射，来优化调整计算模型或行为动作，实现对序贯决策问题的优化求解。

强化学习具有一定的自主学习能力，无须给定先验知识，只需与环境进行不断交互获得经验指数，最终找到适合当前状态的最优动作选择策略，取得整个决策过程的最大累积奖励（Reward），基本框架如图 1-5 所示。

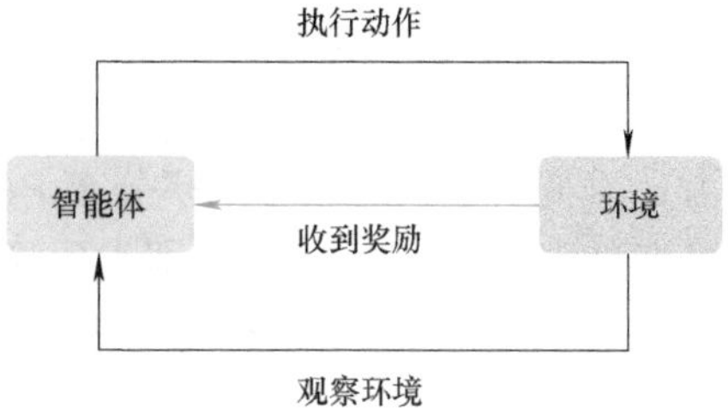

图 1-5 强化学习模式示意图

对于人类大脑的工作原理，我们知之甚少，但是我们知道大脑能通过反复尝试与环境的交互来学习知识。当我们做出合适选择时会得到奖励，做出不恰当选择时会受到惩罚，这也是人类从与环境的交互中进行学习的方式。想象一下当你是个孩子的时候，看到一团火，感觉很温暖，并尝试接触它（奖励）。可一旦你碰到了火，你的手就会被火烧伤（惩罚）。最后你才明白只有与火保持一定距离时，火才会产生温暖的感觉；但如果你离火太近的话，火就会烧伤自己。强化学习过程反映了人脑如何做出决策的反馈系统运行机理，符合人类面向实际问题时的经验性思维与直觉推理的一般决策过程。由于外部环境反馈信息的形式和内容比样本数据更加灵活广泛且可以在线获取，因而，近年来强化学习在人工智能领域得到广泛而深入的应用，并成为当前突破类人智能的关键性机器学习方法，被认为是一种最接近人类学习行为的学习方法。

很多实际问题中需要处理的状态和动作数量都非常庞大，而且有些任务的状态和动作甚至是连续的，此时使用传统强化学习方法难以取得满意的学习效果。为打破传统强化学习算法的局限，人们使用深度学习方法来解决强化学习问题并建立相应的深度强化学习理论和方法，通过在强化学习计算框架中引入深度神经网络使得智能体能够感知更为复杂的环境状态并形成更复杂的策略，由此提高强化学习算法的计算能力和泛化能力。**深度强化学习**将**强化学习**和**深度学习**有机地结合在一起，使用强化学习方法定义问题和优化目标，使用深度学习方法解决状态表示、策略表示等问题，通过各取所长的方式协同解决复杂问题。

深度强化学习理论和方法为解决复杂系统的感知决策问题提供了新的思路。目前，深度强化学习已经能够解决一部分在以前看来不可能完成的任务，在游戏博弈、机器人控制、汽车智能驾驶、人机交互、过程优化控制等多个领域得到了成功的应用。特别是谷歌（Google）公司 DeepMind 团队将深度强化学习与蒙特卡罗树搜索技术深度融合，研发出的计算机围棋程序 AlphaGo 在 2016 年 3 月的围棋比赛中以 4 比 1 的成绩战胜了世界顶级围棋棋手李世乭，AlphaGo Master 在 2017 年 5 月战胜了世界围棋冠军柯洁，展现出了强化学习的巨大潜力。很多学者认为深度强化学习将在不久的将来成为一种能够解决复杂问题的通用智能计算方式，并为人工智能领域带来革命性的变化。

1.4.3 生成式模型和判别式模型

对于监督式机器学习中的分类问题，监督式机器学习的任务就是使用训练集样本训练出一个分类模型，然后，对于给定输入的未知类别标签的样本特征向量 $\boldsymbol{x}$（输入变量），使用这个训练出的分类模型来预测其相应的标签输出 y（目标变量）。因此，要解决的分类问题是根据训练样本建立如下的分类模型：

$$y = h(\boldsymbol{x};\boldsymbol{\theta}) \tag{1-17}$$

对于这个问题，通常可以采用以下 3 种建模思路。

第一种模型称为生成式模型（Generative Model）。假设样本的特征向量为 $\boldsymbol{x}$，类别标签为 c_k，先对它们的联合概率分布 $P(\boldsymbol{X},Y)$ 进行建模，然后计算样本属于每一个类别的条件概率 $P(Y = c_k \mid \boldsymbol{X} = \boldsymbol{x})$，即类后验概率。分类问题只要预测类别，比较样本属于每一个类别的条件概率的大小，将样本归属到使得类后验概率 $P(Y = c_k \mid \boldsymbol{X} = \boldsymbol{x})$ 最大的那个类别。根据概率论的知识，有

$$P(Y = c_k \mid \boldsymbol{X} = \boldsymbol{x}) = \frac{P(\boldsymbol{X} = \boldsymbol{x},Y = c_k)}{P(\boldsymbol{X} = \boldsymbol{x})} \tag{1-18}$$

式中，$P(\boldsymbol{X} = \boldsymbol{x},Y = c_k)$ 为联合概率；$P(\boldsymbol{X} = \boldsymbol{x})$ 为样本特征向量 $\boldsymbol{x}$ 的先验概率。这种建模思路的直观解释是：已知某一个样本具有某种特征 $\boldsymbol{x}$，现在要预测它应该归属于哪个类别。而自然的因果关系是，样本之所以具有这种特征 $\boldsymbol{x}$，是因为它属于这个类别。例如，我们通常根据人的体重和脚的尺寸这两个特征来判断一个人是男性还是女性。众所周知，男性的体重总体来说比女性重，脚的尺寸也更大，因此从逻辑上来说，之所以有这么重的体重和这么大的脚，是因为这个人是男性。而在分类任务中要做的却相反，是给定某个人的体重和脚的尺寸，让你反推这个人是男性还是女性。

联合概率等于类概率 $P(Y = c_k)$ 与类条件概率 $P(\boldsymbol{X} = x \mid Y = c_k)$ 的乘积，即

$$P(\boldsymbol{X} = \boldsymbol{x},Y = c_k) = P(Y = c_k) \cdot P(\boldsymbol{X} = \boldsymbol{x} \mid Y = c_k) \tag{1-19}$$

将式（1-18）与式（1-19）合并起来，有

$$P(Y = c_k \mid \boldsymbol{X} = \boldsymbol{x}) = \frac{P(\boldsymbol{X} = \boldsymbol{x} \mid Y = c_k) \cdot P(Y = c_k)}{P(\boldsymbol{X} = \boldsymbol{x})} \tag{1-20}$$

式（1-20）就是贝叶斯（Bayes）公式。它完成了因果转换，我们要完成的是由果推断因，而在训练时我们建立的是因到果的模型及 $P(\boldsymbol{X} = \boldsymbol{x} \mid Y = c_k)$，即男性和女性的体重、脚尺寸分别服从的概率分布。

综上所述，生成式模型是对联合概率分布 $P(\boldsymbol{X},Y)$ 或者类条件概率 $P(\boldsymbol{X} = \boldsymbol{x} \mid Y = c_k)$ 建模，由此可以得到类后验概率 $P(Y = c_k \mid \boldsymbol{X} = \boldsymbol{x})$。事实上，这种建模思路不仅仅局限于分类问题，还可用于数据生成。生成式模型可以根据类别标签 c_k 生成随机的样本数据 $\boldsymbol{x}$。生成式对抗网络（GAN）就是典型的例子，它可以生成服从某种概率分布的随机变量，即拟合类条件概率密度函数 $P(\boldsymbol{X} \mid Y)$，而此时它的目的不是分类，而是生成样本。

生成式模型的典型代表是贝叶斯分类器，它对类条件概率 $P(\boldsymbol{X} = \boldsymbol{x} \mid Y = c_k)$ 建模，而 $P(\boldsymbol{X} = \boldsymbol{x} \mid Y = c_k) \cdot P(Y = c_k)$ 就是联合概率 $P(\boldsymbol{X} = \boldsymbol{x},Y = c_k)$。通过贝叶斯公式，根据联合概率就可以得到类后验概率 $P(Y = c_k \mid \boldsymbol{X} = \boldsymbol{x})$。

在对一个未知类别标签的样本 $\boldsymbol{x}$ 进行分类时，贝叶斯分类器对每个类别 c_k 计算后验概

率，选择具有最大类后验概率的类别作为该样本所属的类别。由于对所有的 c_k ，$P(\boldsymbol{X}=\boldsymbol{x})$ 都是一样的，即式（1-20）的右边式子中的分母 $P(\boldsymbol{X}=\boldsymbol{x})$ 是一个与类别无关的式子，因此不考虑 $P(\boldsymbol{X}=\boldsymbol{x})$ 是不会影响分类结果的。这样，贝叶斯分类器的判别函数表达式为

$$y=\arg\max_{c_k}P(\boldsymbol{X}=\boldsymbol{x}\mid Y=c_k)\cdot P(Y=c_k),k=1,2,\cdots,K \tag{1-21}$$

生成式模型最显著的一个特征是假设样本特征向量 $\boldsymbol{x}$ 服从何种概率分布，如正态分布、均匀分布。如果假设样本特征向量 $\boldsymbol{x}$ 的各个分量之间相互独立，则可以得到朴素贝叶斯分类器。如果假设样本特征向量 $\boldsymbol{x}$ 的各个分量服从多维正态分布，则可以得到正态贝叶斯分类器。

除了贝叶斯分类器之外，典型的生成式模型还包括高斯混合模型、隐马尔可夫模型、受限玻尔兹曼机（Restricted Boltzmann Machine，RBM）等。

第二种模型称为**判别式模型（Discriminative Model）**。已知样本的特征向量（输入变量）$\boldsymbol{x}$，**判别式模型**直接对样本的标签（目标变量）y 的条件概率 $P(Y=c_k\mid\boldsymbol{X}=\boldsymbol{x})$ 建模，即给定样本 $\boldsymbol{x}$，计算它属于每一个类别的概率，选择具有最大条件概率 $P(Y=c_k\mid\boldsymbol{X}=\boldsymbol{x})$ 的类别作为该样本所属的类别。例如，要判定一只羊是山羊还是绵羊，用判别式模型的方法是先从历史数据中学习到模型，然后通过提取这只羊的特征来预测出这只羊是山羊的概率 $P(\text{山羊}\mid\boldsymbol{x})$，以及这只羊是绵羊的概率 $P(\text{绵羊}\mid\boldsymbol{x})$，最后比较两者的大小，如果 $P(\text{山羊}\mid\boldsymbol{x})>P(\text{绵羊}\mid\boldsymbol{x})$，则判定这只羊是山羊；否则判定这只羊是绵羊。

注意，判别式模型和生成式模型有一个本质的区别，那就是没有假设样本特征向量 $\boldsymbol{x}$ 服从何种概率分布，而是直接估计出条件概率 $P(Y=c_k\mid\boldsymbol{X}=\boldsymbol{x})$。

判别式模型的典型代表是逻辑斯谛回归模型和 Softmax 回归模型，它们直接对 $P(Y=c_k\mid\boldsymbol{X}=\boldsymbol{x})$ 建模，而不是对联合概率 $P(\boldsymbol{X}=\boldsymbol{x},Y=c_k)$ 建模，即没有假设样本特征向量 $\boldsymbol{x}$ 服从何种概率分布。逻辑斯谛回归模型用于二分类问题，它直接根据样本特征向量 $\boldsymbol{x}$ 估计出其属于正样本的概率，而没有假设每个类的样本服从何种概率分布，即没有对类条件概率 $P(\boldsymbol{X}=\boldsymbol{x}\mid Y=c_k)$ 或者联合概率 $P(\boldsymbol{X}=\boldsymbol{x},Y=c_k)$ 建模。Softmax 回归模型是逻辑斯谛回归模型在多分类问题上的推广，它直接根据样本特征向量 $\boldsymbol{x}$ 估计出其属于每一个类别的概率，而没有假设每个类的样本所服从的概率分布。

第三种建模思路最直接，分类器根本就不建立概率模型，而是由训练集数据直接学习决策函数，得到分类结果。这种模型是**非概率模型**，也称为**判别式模型**。它直接根据样本特征向量 $\boldsymbol{x}$ 预测出类别标签 y。这类模型的典型代表是决策树、支持向量机、随机森林、k-最近邻（kNN）法、AdaBoost 算法、XGBoost、人工神经网络（包括全连接神经网络、卷积神经网络、循环神经网络等）。

在监督式机器学习中，**判别式模型**和**生成式模型**各有优缺点，适合于不同条件的学习问题。

判别式模型寻找不同类别之间的最优分类面，反映的是异类数据之间的差异，不能反映训练数据本身的特性。但是判别式模型简单易懂，而且可以对数据进行各种抽象、定义特征并使用特征，可以简化学习问题。

生成式模型对联合概率分布 $P(\boldsymbol{X},Y)$ 进行建模，可以从统计的角度表示数据的分布情况，能够反映同类数据本身的相似度。但它不关心划分各类的那个分类边界到底在哪里。生成式模型的学习收敛速度更快，即当样本容量增加的时候，学到的模型可以更快地收敛于真

实模型，而且对于存在隐变量的问题，仍可以使用生成式模型。但是生成式模型学习和计算过程更加复杂。

1.5 数据预处理

数据是机器学习的原料，在实际建模中，数据的质量直接决定了模型的预测和泛化能力的好坏。在大多数情况下，原始采集到的数据通常是“脏”数据，非常不利于模型的训练，不宜直接用来建模，需要对数据进行预处理之后才能进入建模环节。所谓的“脏”数据，是指数据可能存在以下几种主要问题：

- 数据缺失：属性值为空的情况。例如，一些女生不愿意填写自己的体重，高收入的人可能不愿意填写自己的收入。
- 离群点/异常值：数据值不合常理的情况。例如，由于人工录入的错误，出现人的身高为负数的情况，导致有离群点（异常值）存在。
- 数据不一致：数据前后存在矛盾的情况。例如，年龄与生日日期不符。
- 数据冗余：数据量或者属性数目超出数据分析需要的情况。
- 数据集不均衡：各个类别的数据量相差悬殊的情况。

所以，在采集到原始数据以后，在创建机器学习模型之前，需要对数据进行预处理。数据预处理是机器学习流程中非常重要的一环。在这一节中，我们将介绍几种常用的数据预处理方法。

1.5.1 数据清洗

数据清洗（Data Cleaning），顾名思义就是去除数据集中的“脏”数据。在大数据时代，我们在获取海量数据的同时，肯定会遇到很多“脏”数据，因此需要根据某种规则将它们“清洗”掉。数据清洗的主要思想是通过填补缺失值、平滑或删除离群点，并解决数据的不一致性来“清洗”数据。注意，数据清洗的工作一般是由计算机完成，而不是人工去除。数据清洗的步骤主要包括：分析数据、缺失数据的处理、离群样本数据的处理、冗余和重复数据的处理等。

1．缺失数据的处理

现实世界中，在获取数据的过程中，会存在各种原因导致数据丢失和空缺。有些缺失数据可能是由于采集数据时有遗漏或者无法采集造成的；也有些缺失数据可能是暂时无法采集，但是过一段时间后可能就能得到。在后面章节介绍的算法中，有些算法能够直接处理缺失数据，如决策树算法；而有些算法不能直接处理缺失数据，如线性回归。

对于缺失数据的处理，首先要明确缺失数据的重要性。如果有数据缺失的属性对于目标值的预测不是很重要，那么可以直接删除该属性。如果有数据缺失的属性对于目标值的预测很重要，不能直接删除，那么通常可以采用如下方法来处理。

1）使用平均值或中位数进行填补。对于服从均匀分布的数据，用该变量的平均值填补缺失；而对于数据分布不对称或倾斜的情况，采用中位数进行填补可能比采用平均值进行填补更好。

2）采用插值法进行填补。使用已有未缺失数据通过某种方法来生成该缺失数据。

- 随机插补法：随机选取一个未缺失的值来填充该缺失的部分。
- 热平台插补法：在未缺失的数据中找到一个与缺失样本最相似的样本，使用该样本对缺失的部分进行填充。
- 拉格朗日插值法或牛顿插值法。

3）模型预测法。采用能够直接处理缺失数据的模型来进行建模，然后进行推理预测。例如，可以构造一棵决策树来预测缺失的值。

以上几种方法各有优缺点，具体使用时需要根据数据的分布情况和缺失情况来综合考虑。一般而言，模型预测法是使用较多的方法，准确率较高。

2. 离群点数据的处理

在实际数据中，我们经常会碰到离群点数据，可以通过画图的方法找到这些离群点，但是画图的目的毕竟是手工判断离群点，并且数据量大时，画图的效率很低。在这里，我们介绍一些分析离群点的基本方法。

1）通过简单的数据分析。对于收集的数据，我们一般会对其中的属性值有大概的先验感受。可以利用这种先验来制定某种规则，从而筛选出异常的数据。例如，人的身高、体重不可能存在负值等。

2）3σ 法则。对于服从正态分布的数据，异常值是那些观测值与均值的偏差超过 3 倍标准差的数据。对于正态分布，我们知道 $P(|x-\mu|>3\sigma)\approx 0.003$，因此这部分数据属于小概率情况。

3）箱形图（Box plot）法。箱形图又称为盒须图、盒式图、盒状图或箱线图，是一种用作显示一组数据分散情况资料的统计图，能显示出一组数据的上边缘、下边缘、中位数、上四分位数、下四分位数，因形状如箱子而得名。首先求得数据的上四分位值 Q_3 和下四分位值 Q_1，计算四分位距 $IRQ = Q_3 - Q_1$。箱形图为我们提供了识别异常值的一个标准：异常值被定义为小于 $Q_1 - 1.5IRQ$ 或大于 $Q_3 + 1.5IRQ$ 的值。虽然这种标准有点任意性，但它来源于经验判断，经验表明它在处理需要特别注意的数据方面表现不错。这与识别异常值的经典方法有些不同。众所周知，基于正态分布的 3σ 法则是以假定数据服从正态分布为前提的，但实际数据往往并不严格服从正态分布。显然，对于非正态分布的数据，应用 3σ 法则来判断异常值的有效性是有限的。箱形图的绘制依靠实际数据，不需要事先假定数据服从特定的分布形式，没有对数据做任何限制性要求，它只是真实直观地表现数据形状的本来面貌；另一方面，箱形图判断异常值的标准以四分位数和四分位距为基础，四分位数具有一定的耐抗性，多达 25% 的数据可以变得任意远而不会很大地扰动四分位数，所以异常值不能对这个标准施加影响，箱形图识别异常值的结果比较客观。由此可见，箱形图在识别异常值方面有一定的优越性。

4）建模法。在分析离群点数据时可以通过建模的方法来判断，对于那些不能很好地拟合模型的数据，就可以判断为异常值。对于聚类的模型，那些不属于任何一类的数据被称为离群点；对于回归模型，那些偏离预测值的数据被称为离群点。在了解数据分布的时候建模的方法效果通常比较好，但是对于高维数据效果可能很差。

5）基于距离法。比较任意两个样本的空间距离，对于那个远离其他样本的样本可以视为离群点。该方法操作简单，但是计算复杂度很高，并且对于那种多簇分布、数据密度不均的情况适用度不高。

6）基于密度法。如果一个样本的局部密度低于它的大部分近邻样本的密度，我们可以视它为离群点。

离群点数据有可能是由随机因素产生的，也有可能是由不同机制产生的。如何处理离群点数据取决于离群点的产生原因以及应用目的。若是由不同机制产生的，就要重点对离群点进行分析，其中一个应用为异常行为检测，如在银行的信用卡诈骗识别中，通过对大量的信用卡用户信息和消费行为进行向量化建模和聚类，发现聚类中远离大量样本的点显得非常可疑，因为他们和一般的信用卡用户特性不同，他们的消费行为和一般的信用卡消费行为也相去甚远。若是由随机因素产生的，则要忽略或者剔除离群点。如果模型对于离群点很鲁棒，可以忽略离群点，不做处理。但是如果模型对于离群点很敏感，则要剔除离群点。

3. 冗余、重复数据的处理

在很多实际数据中，经常存在冗余甚至重复数据。在这种情况下，我们需要删除一些冗余和重复的变量。一方面，删除这些变量之后能够降低数据的规模，进而降低算法的计算时间；另一方面，有些算法在存在冗余数据时会导致性能降低。

为了删除冗余变量，可以采用主成分分析（Principal Component Analysis，PCA）来进行降维。使用主成分分析的缺点是新变量是原来变量的线性组合，这样一般难以解释新变量。因此，我们一般采用一些启发式方法来删除那些冗余甚至重复的变量。首先，我们可以计算变量两两之间的相关系数。若相关系数接近 1 或者 -1，则说明对应的这两个变量之间存在线性相关性，需要删除其中一个变量。在实际操作中，为了消除变量之间的线性相关性，可以要求任何两个变量之间的相关系数的绝对值低于一个阈值（如 0.75）。虽然这种方法只考虑了两两之间的相关系数而忽视了多个变量之间的相互关系，但是在很多情况下这种简单的处理方法也能取得较好的效果。

1.5.2 数据类型转换

数据类型可以简单划分为数值（Numeric）型和非数值型。数值型又可以分为连续（Continuous）型和离散（Discrete）型。非数值型有类别（Categorical）型和非类别型，其中类别型可进一步分为定类（Nominal）型和定序（Ordinal）型，非类别型是字符串（String）型。

在分类任务中，通常需要将连续数值型进行离散化处理。例如，年收入特征（或属性）是数值变量，其取值是数值型而非类别型，可以将年收入在 0~10 万元归类为“低”收入，年收入在 10 万~20 万元归类为“中”收入，年收入超过 20 万元归类为“高”收入，将其转化为类别型特征（或属性）。

对于非数值型，我们需要进行类型转换，即将非数值型转换为离散数值型，以方便机器学习算法后续处理。

定类变量的值只能把研究对象分类，即只能决定研究对象是同类或不同类。例如，人的性别可分为男性和女性两类；婚姻状况可分为未婚、已婚、分居、离婚、丧偶等类。这些变量的值，只能区别异同，属于定类层次。设计定类变量的各个类别时，要注意两个原则。一个是类与类之间要互相排斥，即每个研究对象只能归入一类；另一个是所有研究对象均有归属，不可遗漏。例如，人的性别分为男性和女性两类，它既概括了人的性别的全部类别，同时类别之间又具有排斥性。对于定类型，我们可以使用独热（One-hot）编码，如彩色三基色为 Red、Green、Blue，独热编码可以把三基色变为一个三维稀疏向量，Red 表示为（0，0，1），Green 表示为（0，1，0），Blue 表示为（1，0，0）。需要注意的是，在类别值较多的情况下，可以使用稀疏向量来节省空间，目前大部分算法实现均接受稀疏向量形式的输入。当然还有很多别的编码方式，如二进制编码等，感兴趣的读者可以查阅相关参考资料。

定序变量是比定类变量层次更高的变量，它不仅具有定类变量的特质，即区分类别的能力，还能决定次序，即变量的值可以区别研究对象的高低或大小，具有 > 与 < 的数学特质。例如，文化程度可以分为大学、高中、初中、小学、文盲；工厂规模可以分为大、中、小；年龄可以分为老、中、青。这些变量的值，既可以区分异同，也可以区别研究对象的高低或大小。对于定序型，我们可以使用序号编码，如成绩，分为中等、良好、优秀三档，序号编码可以按照大小关系对定序型特征赋予一个数值 ID，例如“中等”用 1 表示，“良好”用 2 表示，“优秀”用 3 表示，转换后依旧保留了大小关系。

对于字符串型，我们有多种表示方式，如词袋（Bag of Words）模型、主题模型、词嵌入（Word Embedding）模型。各种表示有不同的适用场景和优缺点，需要进一步了解的可以查阅相关参考资料。

1.5.3　构建新的变量——哑变量

在建模中，不是所有的模型都能够直接处理类别型变量。有些模型，如基于决策树的模型，能够较好地处理类别型变量。但另外一些模型，如线性回归和逻辑斯谛回归，不能直接处理类别型变量。在这种情况下，一种通用的方法是将类别型变量转化为多个哑变量（Dummy Variable）。

哑变量的取值只能为 0 或者 1。例如，人的性别只能为男或者女，因此，可以将类别型变量“性别”转化为哑变量“性别是男”。这样，在考虑“性别是男”、年龄、体重、身高这 4 个特征时，可以直接使用线性回归或者逻辑斯谛回归等模型。注意，在这个例子中，我们也可以构建“性别是女”作为新的变量，但没有必要同时构建“性别是男”和“性别是女”这两个哑变量。因为如果“性别是男”的取值是 1 的话，“性别是女”的取值肯定是 0，所以没有必要引入冗余的哑变量。另外，如果在构建哑变量的时候引入冗余信息，在有些模型如线性回归中会导致计算方面的问题。

一般来说，如果一个类别型变量 x_i 有 C 种不同的取值，我们可以建立 $C-1$ 个新的哑变量来替换。假设我们把 x_i 的 C 种不同取值记为 $\{v_{i1},v_{i2},\cdots,v_{iC}\}$，则可以将每个哑变量定义为“ x_i 的取值为 v_{ij} ”，这里 $j=1,2,\cdots,C-1$ 。

如果一个类别型变量有过多的不同取值，则需要做进一步的处理。如果直接转化为哑变量，则会生成大量的哑变量，而且大部分哑变量的值为 0。事实上，对那些能够直接处理类别型变量的模型（如决策树）来说，一个类别型变量如果有过多的不同取值，也会影响这个变量在模型中的使用。在这种情况下，一种方法是将那些取值太多的类别型变量进行简化，以减少可能的取值数目。例如，如果该类别型变量是定序变量，那么可以将相邻的几个不同值归约到同一个值。

1.5.4　特征数据的归一化

特征数据的归一化是机器学习的一项基础工作。我们搜集到的特征一般是有某种含义的，例如，在身体健康检查中，通常要采集身高、体重、血压、红细胞计数等指标特征。大部分成人的身高在150～200cm，极差大概为50cm；但是每个人的红细胞计数可能相差很大，每立方毫米的计数从4 000 000～5 500 000都是正常的，极差大概为1 500 000。由于不同的特征往往具有不同的量纲，数值间的差别可能很大，如果不进行归一化处理，则可能会影响到数据分析的结果。如果直接用原始指标特征值进行分析，就会突出数值较大的指标在综合分析中的作用，相对削弱数值较小指标的作用，影响模型的预测精度。为了消除特征数据之间的量纲和取值范围差异的影响，需要对特征进行数据归一化（标准化）处理。特征数据归一化的目标就在于使具有不同量纲的特征转换为无量纲的标量，并且将所有的特征都统一到一个大致相同的数值区间内，让不同维度上的特征在数值上具有可比性。原始数据经过数据归一化（标准化）处理后，各个特征数据处于同一数量级，适合进行综合对比评价。

当然，不是所有的机器学习模型都需要对数据进行归一化。在实际应用中，通过梯度下降法求解的模型（包括线性回归、逻辑斯谛回归、支持向量机、神经网络等模型）通常需要数据归一化，因为经过归一化后，梯度在不同特征上更新速度趋于一致，可以加快模型收敛速度。而决策树模型并不需要对数据进行归一化，以C4.5算法为例，决策树在节点分裂时主要依据数据集D关于特征的信息增益比，而信息增益比与特征是否经过归一化是无关的。

常用的归一化方法如下。

1. 线性归一化

线性归一化也称最小－最大归一化（Min-Max Normalization或Min-Max Scaling），它对原始数据进行线性变换，使结果映射到［0,1］区间，实现对原始数据的等比缩放，归一化公式为

$$x_{\text{norm}} = \frac{x - x_{\min}}{x_{\max} - x_{\min}} \tag{1-22}$$

式中，x为原始数据；$x_{\max}$为原始数据的最大值；$x_{\min}$为原始数据的最小值；x_{norm}为归一化后的值。

最小－最大归一化通过利用变量取值的最大值和最小值将原始数据转换为界于某一特定范围的数据，从而消除量纲和数量级影响，改变变量在分析中的权重来解决不同度量的问题。由于极值化方法在对变量无量纲化过程中仅仅与该变量的最大值和最小值这两个极端值有关，而与其他取值无关，这使得该方法在改变各变量权重时过分依赖两个极端取值。

2. 零均值归一化

零均值归一化（Z-score Normalization）将原始数据映射到均值为0、标准差为1的分布上（高斯分布/正态分布）。假设原始特征的均值为μ、标准差为σ，那么零均值归一化公式为

$$z = \frac{x - \mu}{\sigma} \tag{1-23}$$

即每一变量值与其平均值之差除以该变量的标准差。虽然该方法在无量纲化过程中利用了所有的数据信息，但是该方法在无量纲化后不仅使得转换后的各变量均值相同，且标准差也相同，即无量纲化的同时还消除了各变量在变异程度上的差异，从而转换后的各变量在聚类分析中的重要性程度是同等看待的。

在分类、聚类算法中，需要使用距离来度量相似性的时候，或者使用PCA技术进行降

维的时候，零均值归一化方法表现更好。在不涉及距离度量、协方差计算，以及数据不符合正态分布的时候，可以使用线性归一化方法或其他归一化方法。例如图像处理中，将 RGB 图像转换为灰度图像后将其值限定在［0,255］的范围内。

1.6　模型选择与评估

1.6.1　数据集的划分

机器学习的主要任务就是如何更好地利用数据集来构建“好”的模型（Model）。回顾机器学习的定义，为了能够在任务 T 上提高性能 P，需要学习某种经验 E。这里，需要学习的就是由一组样本或实例构成的数据集（Data Set），而为了确定性能 P 是否能够提高，还需要一个不同的数据集来测量性能 P。因此，数据集需要分为两部分，用于学习的数据集称为训练集（Training Set），用于测试最终性能 P 的数据集称为测试集（Test Set）。为了保证学习的有效性，需要保证训练集和测试集不相交，并且还要满足独立同分布（Independently and Identically Distributed，i. i. d.）假设，即每一个样本都需要独立地从相同的数据分布中提取。“独立”保证了任意两个样本之间不存在依赖关系；“同分布”保证了数据分布的统一，从而在训练集上的训练结果对于测试集也是适用的。

我们知道模型应当在训练集上进行训练，然后在测试集上对训练好的模型进行性能评估。从严格意义上讲，测试集只能在所有超参数和模型参数选定后使用一次。不可以使用测试样本来选择模型，如调参。由于无法从训练误差估计泛化误差，因此也不应只依赖训练样本来选择模型。鉴于此，我们可以预留一部分在训练集和测试集以外的样本来进行模型选择。这部分用于模型选择的数据集通常称为“验证集”（Validation Set）。例如，我们可以从给定的训练集中随机选取一小部分作为验证集，而将剩余部分作为真正的训练集。所以，在机器学习中，我们通常随机地将数据集划分成三部分，分别为训练集、验证集和测试集。训练集是已知样本标签的数据集，主要用来训练模型；验证集用于训练过程中模型的选择和调参，对模型进行验证，把在验证集上表现较好的模型当作最终的模型；测试集是样本标签未知的数据集，用来评估最终训练好的模型性能。

值得注意的是测试集不出现在模型的训练过程中。在训练模型的时候，只能用验证集来评估模型的性能，进行模型的选择和调参，而不应该在训练时直接使用测试集来评估模型，更不应该将测试集加入到训练集中参与模型的训练。在训练过程中，参与模型训练的只有训练集中的样本数据，验证集可以辅助我们调整模型的超参数等工作。

1.6.2　模型选择与交叉验证法

在监督式机器学习中，我们通常将机器学习模型输出的预测值 $h(\boldsymbol{x}_i;\boldsymbol{\theta})$ 与样本的真实标签值 y_i 之差称为误差。经过训练样本训练得到的机器学习模型在训练集上表现出的误差称为“训练误差”（Training Error）或“经验误差”（Empirical Error）；将模型在任意一个测试样本上表现出的误差的期望称为“泛化误差”（Generalization Error），特别地，在测试集上的误差称为“测试误差”（Test Error），一般用测试误差作为泛化误差的近似。计算训练误差和泛化误差可以使用之前介绍过的损失函数，例如线性回归用到的平方损失函数和

Softmax 回归用到的交叉熵损失函数。

针对具体的实际任务，往往有多种机器学习算法可供选择，甚至对同一个学习算法，当使用不同组合的参数配置时，也会产生不同的模型。那么，我们该选择哪一个学习算法、使用哪一种组合的参数配置呢？这就是机器学习中的“模型选择”问题。理想的解决方案当然是对候选模型的泛化误差进行评估，然后选择泛化误差最小的那个模型。但在实际应用中，我们无法直接获得泛化误差，通常采用交叉验证法（Cross Validation）来评估模型的泛化性能（推广能力）。

模型选择的典型方法是正则化和交叉验证，其中正则化方法将在 1.6.6 节介绍，这里介绍基于交叉验证的模型选择方法。顺便说一下，两者进行模型选择的思路是不同的：正则化方法是从模型的角度来考虑模型选择，而交叉验证其实是从数据层面来考虑模型选择的。

交叉验证，顾名思义，就是“交叉”重复地对数据集中的样本进行多次划分，可以得到多组不同的训练集和测试集，某次训练集中的某样本在下次可能成为测试集中的样本，即所谓的“交叉”；在每一次的数据集划分后，用训练集来训练模型，用测试集来评估模型的性能；这样，就可以得到多次的性能指标，最后取平均值作为评估模型的性能。

根据对数据集划分方法的不同，交叉验证法分为简单交叉验证法、K – 折交叉验证（K-Fold Cross Validation）法、留一交叉验证（Leave-one-out Cross Validation）法、留 K 交叉验证（Leave-K-out Cross Validation）法。

1. 简单交叉验证法

所谓的简单，是相对于其他交叉验证法而言的。首先，将数据集样本随机地划分为两个互不相交的集合，通常选择 70% 的样本为训练集，其余的 30% 样本为测试集。然后，用训练集来训练模型，在测试集上验证模型及参数。接着，我们再把样本打乱，重新划分训练集和测试集，重复训练模型和测试性能。这样重复多次，得到多次的测试性能，最后取平均值作为评估模型的性能。

2. K – 折交叉验证法

和简单交叉验证法不同，K – 折交叉验证法的基本操作是：首先把数据集样本随机地划分成 K 个互不相交的子集 $D_1, D_2, \cdots, D_K$，并且尽量保证每个子集的数据分布一致、大小大致相等；然后每次利用其中的 $K-1$ 个子集的并集作为训练集，剩下的 1 个子集作为验证集，将模型的训练和验证过程在 K 种可能的样本组合中重复进行，最后选择 K 次评测中平均测试误差最小的模型。具体来说对于第 $i(i = 1, 2, \cdots, K)$ 次的训练和测试，选择 D_i 为测试集，其余 $K-1$ 个子集的并集为训练样本集。这样可以获得 K 组训练集 – 测试集对，从而可以进行 K 次训练和测试。最终返回 K 次测试结果的平均值。显然，K – 折交叉验证法评估结果的稳定性和保真性很大程度上取决于 K 值。通常，K 的取值为 5、10、20。10 – 折交叉验证的示意图如图 1-6 所示。

3. 留一交叉验证法

留一交叉验证法是 K – 折交叉验证法的特例。此方法主要用于训练样本数量非常少的情况。假设数据集中有 N 个样本，每次选择 $N-1$ 个样本作为训练样本来训练模型，留一个样本作为测试样本来评估模型的性能。这样可以获得 N 组训练集 – 测试集对，从而可以进行 N 次训练和测试。最终返回 N 次测试结果的平均值。

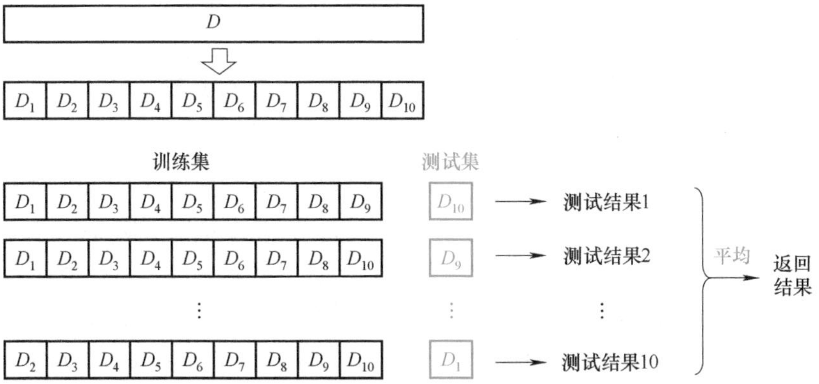

图 1-6　10 - 折交叉验证示意图

4. 留 K 交叉验证法

留 K 交叉验证法是留一交叉验证法的推广。每次取出 K 个样本作为测试样本，剩下的 $N-K$ 个样本作为训练样本来训练模型。这样可以获得 C_N^k 组训练集 - 测试集对，从而可以进行 C_N^k 次训练和测试。最终返回 C_N^k 次测试结果的平均值。

1.6.3　模型的性能度量

评估模型，不仅需要有效可行的实验评估方法，还需要有衡量模型泛化能力的评价指标，这便是性能度量（Performance Measure）。

性能度量取决于任务需求，在对比不同模型的性能时，使用不同的性能度量往往会导致不同的评价结果，也就是说，模型的好坏其实也是相对的，什么样的模型是“合适”的，不仅和算法与数据有关，还和任务需求有关。

对于回归模型的训练相当于函数拟合问题：选择一条函数曲线使其很好地拟合已知数据且很好地预测未知数据。回归模型的评价指标关注模型输出的预测值 $h(\boldsymbol{x}_i;\boldsymbol{\theta})$ 与样本的真实标签值 y_i 的误差，通常选择平均绝对误差（Mean Absolute Error，MAE）、均方误差（Mean Squared Error，MSE）及均方根误差（Root Mean Squared Error，RMSE）等指标进行评价。

聚类是将样本集划分为若干个不相交的子集，即样本簇，同样需要通过某些度量指标来评价聚类模型的性能好坏。直观地看，我们是希望同一簇内的样本能尽可能相似，而不同簇的样本之间尽可能不同。用机器学习的语言来讲，就是希望簇内相似度高，而簇间相似度低。评价聚类模型的指标分为外部指标和内部指标两类。外部指标需提供一个参考模型，然后将聚类结果与该参考模型进行比较得到一个评判值，常用的指标有 Jaccard 系数、FM 指数（Fowlkes Mallows Index，FMI）、Rand 指数（Rand Index，RI）和归一化互信息（Normalized Mutual Information，NMI）。内部指标不需要提供一个参考模型，可直接通过考察聚类结果得到，常用的指标有 DB 指数（Daviese-Bouldin Index，DBI）和 Dunn 指数（Dunn Index，DI）。因篇幅受限，这里不做介绍。

本节主要介绍用于分类任务的性能度量。分类模型的评价指标主要有混淆矩阵（Confusion Matrix）、分类准确率（Accuracy）、错误率（Error Rate）、查准率（Precision）、查全率（Recall）、P-R 曲线、F1-score、受试者工作特征（Receiver Operating Characteristic，ROC）

曲线及 ROC 曲线下面积（Area Under the ROC Curve，AUC）等。不同评价指标的侧重点可能不同，有时不同的评价指标彼此之间甚至有可能相互冲突，例如，查准率和查全率就是一对矛盾的度量指标，下面会介绍两者各自的含义及相互之间的关系。

1．混淆矩阵

在机器学习中，混淆矩阵也称为误差矩阵，常用来可视化地评估分类模型的性能。在分类问题中，假设共有 C 个类别，混淆矩阵是一个 C 行 C 列的方阵，其每一行代表了样本的真实归属类别，每一行的数据之和表示属于该类别的真实样本总数；每一列代表了样本的预测类别，每一列的数据之和表示被预测为该类别的样本总数。例如，表 1-1 给出了一个三分类的混淆矩阵。第一行说明有 43 个真正属于类别 1 的样本被正确预测为类别 1，有 2 个真正属于类别 1 的样本被错误预测为类别 2，有 5 个真正属于类别 1 的样本被错误预测为类别 3。

表 1-1　一个三分类的混淆矩阵

真实类别	预测类别		
	类别 1	类别 2	类别 3
类别 1	43	2	5
类别 2	4	45	1
类别 3	2	3	45

对于二分类问题，根据样本的真实类别与预测类别的组合，可能产生 4 种不同的结果：真正例（True Positive，TP）、假正例（False Positive，FP）、真反例（True Negative，TN）、假反例（False Negative，FN）。这里的 True 表示样本的预测类别与真实类别相同，即预测正确；False 表示样本的预测类别与真实类别不同，即预测错误；Positive 表示样本的类别标签为正（阳），Negative 表示样本的类别标签为反（阴）。

- TP——预测正确（T），预测类别标签为正（P），即将正例正确预测为正例。
- FN——预测错误（F），预测类别标签为反（N），即将正例错误预测为反例。
- FP——预测错误（F），预测类别标签为正（P），即将反例错误预测为正例。
- TN——预测正确（T），预测类别标签为反（N），即将反例正确预测为反例。

令 TP、FP、TN、FN 分别表示其对应的样本数，则样本总数为 TP + FP + TN + FN，其中，预测正确的样本数量是 TP + TN，预测错误的样本数量是 FP + FN，分类结果得到的混淆矩阵如表 1-2 所示。

表 1-2　二分类的混淆矩阵

真实类别	预测类别	
	正例（Positive）	反例（Negative）
正例（Positive）	真正例（TP）	假反例（FN）
反例（Negative）	假正例（FP）	真反例（TN）

根据混淆矩阵，我们可以导出准确率和其他常用的评价标准。

2．准确率

准确率（Accuracy）是评价分类器性能的主要指标。对于给定的测试样本集，准确率定

义为分类器正确分类的样本数与参与分类的样本总数之比。即

$$\text{Accuracy} = \frac{1}{S}\sum_{i=1}^{S} I(h(\boldsymbol{x}_i;\boldsymbol{\theta}) = y_i) \tag{1-24}$$

式中，S 为测试样本总数；$I(\cdot)$ 为示性函数（Indicative Function），即当 $h(\boldsymbol{x}_i;\boldsymbol{\theta}) = y_i$ 时，$I(h(\boldsymbol{x}_i;\boldsymbol{\theta}) = y_i) = 1$，否则，$I(h(\boldsymbol{x}_i;\boldsymbol{\theta}) = y_i) = 0$。

对于二分类问题，准确率的计算公式为

$$\text{Accuracy} = \frac{\text{TP} + \text{TN}}{\text{TP} + \text{FP} + \text{TN} + \text{FN}} \tag{1-25}$$

3. 错误率

错误率（Error Rate）是与准确率相对应的性能指标，准确率越高，则错误率越低；反之，准确率越低，则错误率越高。对于给定的测试样本集，错误率定义为分类器错误分类的样本数与参与分类的样本总数之比。即

$$\text{ErrorRate} = \frac{1}{S}\sum_{i=1}^{S} I(h(\boldsymbol{x}_i;\boldsymbol{\theta}) \neq y_i) = 1 - \text{Accuracy} \tag{1-26}$$

对于二分类问题，错误率的计算公式为

$$\text{ErrorRate} = 1 - \text{Accuracy} = \frac{\text{FP} + \text{FN}}{\text{TP} + \text{FP} + \text{TN} + \text{FN}} \tag{1-27}$$

4. 查全率

尽管准确率是一种常用的分类模型评价指标，但对于类别不平衡分布的分类任务而言，并不是一个合适的度量指标。例如，恐怖分子监测和疾病检测是典型的类别不平衡的分类问题。恐怖分子监测任务需要鉴别的类别有两个：恐怖分子（正例类别）和非恐怖分子（反例类别），其中正例类别的样本数量远远少于反例类别的样本数量。倘若某公司声称创建了一个能够识别登上飞机的恐怖分子的模型，并且准确率高达 99.9%。你相信吗？那么美国国土安全局会购买这个模型吗？我们知道美国全年平均有 8 亿人次的乘客，而从 2000 年至 2017 年登上美国航班的恐怖分子（被确认的）仅有 19 人。如果有这么一个简单的分类模型：将从美国机场出发的所有乘客都标注为非恐怖分子，相当于这个模型没有实现分类功能，然而这个模型的准确率却高达 99.9999999%。尽管这个模型具有接近完美的准确率，但是美国国土安全局肯定是不会购买这个模型的。显然，对于类似恐怖分子监测的类别不平衡的分类任务，仅仅用准确率这一个指标来评估模型是不够的！

直觉告诉我们，对于恐怖分子监测任务，应该在识别恐怖分子（正例类别）上下功夫，不应该有“漏网之鱼”，应使用查全率或召回率（Recall）的度量指标。

查全率也称为召回率（Recall），是度量二分类模型的评价指标，表示在真实类别为正例类别的所有样本（TP + FN）中被正确预测为正例类别的样本（TP）所占的比例。查全率的计算公式为

$$\text{Recall} = \frac{\text{TP}}{\text{TP} + \text{FN}} \tag{1-28}$$

另外，对不及时治疗就有较差预后的疾病做早期筛查，任何将正例错误预测为反例（即将疾病患者预测为健康的，出现假反例）都可能使患者错过最佳治疗时机。在这种情况下，也要以查全率或召回率作为评价模型的度量指标。

5. 查准率

查准率（Precision），又称为精确率或精度，是二分类模型的常用评价指标，表示在预测类别为正例类别的所有样本（TP + FP）中被正确预测为正例类别的样本（TP）所占的比例。查准率的计算公式为

$$\text{Precision} = \frac{\text{TP}}{\text{TP} + \text{FP}} \tag{1-29}$$

例如，对飞机零部件合格性进行预测，任何将反例错误预测为正例（即将不合格零件预测为合格的，出现假正例）都可能带来灾难。在这种情况下，要以查准率或精确率作为评价模型的度量指标。

6. P-R 曲线

查准率和查全率反映了模型性能的两个不同指标。单一使用查准率或查全率并不能较全面地评价模型的好坏。在通常情况下，查准率和查全率是相互影响又相互制约的，查准率高的分类模型往往查全率偏低，反之亦然。一般只有在一些简单任务中，才能使查全率和查准率都高。

例如，对于垃圾邮件检测的问题，我们希望选中垃圾邮件的准确率尽可能高，但也绝不能把有用的邮件归为垃圾邮件，因为这样显然会惹恼用户，此时，宁可查漏几封垃圾邮件，也不能不小心过滤掉对用户有用的邮件，也即使得查准率尽量高，同时查全率也就相对变低。

在很多情形下，我们可以根据分类模型的预测结果对样本进行排序，排在前面的是分类模型认为“最可能”是正例的样本，排在最后的则是分类模型认为“最不可能”是正例的样本。按此顺序逐个把样本作为正例进行预测，则每次可以计算出当前的查全率与查准率。以查准率为纵轴、查全率为横轴在二维平面上作图，得到查准率－查全率曲线，简称 P-R 曲线，显示该曲线的图称为 P-R 图。

在实际应用中，P-R 曲线是非单调、不平滑的，在很多局部有上下波动。为了绘图方便和美观，图 1-7 给出的示意图显示出单调平滑的 P-R 曲线。

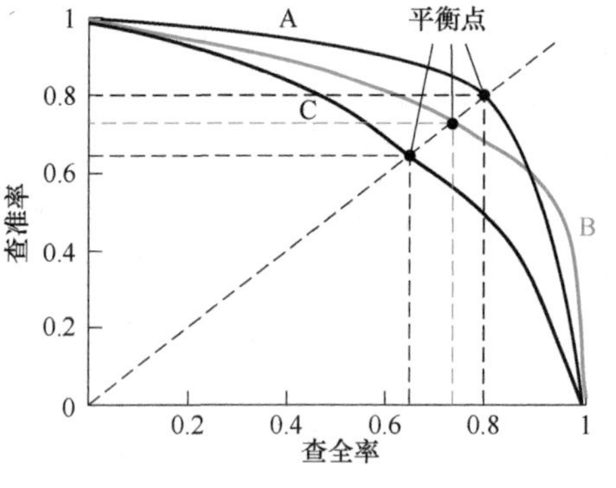

图 1-7　P-R 曲线示意图

P-R 曲线用来直观地表示分类模型的性能，即分类模型在样本总体上的查全率、查准率。在进行分类模型比较时，若一个分类模型的 P-R 曲线被另一个分类模型的 P-R 曲线完全“包住”，则可以断言后者的性能优于前者，在图 1-7 中，分类模型 A 的性能就优于分类模型 C 的性能；如果两个分类模型的 P-R 曲线发生交叉，如图 1-7 中分类模型 A 和 B 的 P-R 曲线，则比较难断言分类模型 A 和 B 孰优孰劣，只能在具体的查准率或查全率条件下进行比较。然而，在很多情形下，人们往往希望把分类模型 A 与分类模型 B 比个高低。这时一个比较合理的判据是比较 P-R 曲线下的面积大小，它在一定程度上表征了分类模型在查准率和查全率两者都相对高的情况下的性能指标。然而，P-R 曲线下的面积不太容易计算，因此，人们设计了 F1-score 来综合考察查准率与查全率的性能度量。

7. F1-score

F1-score 是权衡查准率与查全率两者关系的一个综合性指标，定义为查准率和查全率的调和平均值（Harmonic Mean），即

$$\frac{2}{F_1}=\frac{1}{\text{Recall}}+\frac{1}{\text{Precision}} \tag{1-30}$$

$$F_1=\frac{2\text{Recall}\cdot\text{Precision}}{\text{Recall}+\text{Precision}}=\frac{2\text{TP}}{2\text{TP}+\text{FP}+\text{FN}} \tag{1-31}$$

当查准率与查全率都高时，F1-score 也会高。F1-score 主要用于权衡查准率与查全率，选择使得 F1-score 最高的查准率与查全率。

8. ROC 曲线

在众多的分类模型中，如逻辑斯谛回归模型、Softmax 回归模型等，为测试样本输出的是预测概率，然后将这个预测概率与预设的一个分类决策阈值（Threshold）进行比较，若预测概率大于阈值则认为样本的类别为正例类别，反之为反例类别。这使得模型多了一个超参数，并且这个超参数会影响模型的泛化能力。然而，实际上，我们并不是只有上述这一种方法，我们还可以根据这个预测概率值，对测试样本进行排序，将“最可能”为正例类别的样本排在最前面，“最不可能”为正例类别的样本排在最后面。然后，我们规定分类操作就是在这个样本序列中以某个截断点（Cut Point）为基准将样本序列划分为两部分，排在前面的那一部分当作正例，排在后面的那一部分当作反例。这样，我们就可以根据不同的任务需求采用不同的截断点，假如我们更加强调查准率，则可将截断点移到靠前的位置（即减小 FP）；若更加强调查全率，则可将截断点移到靠后的位置（即减小 FN）。因此，排序本身的性能好坏，体现了综合考虑分类模型在不同任务下的期望泛化性能的好坏。受试者工作特征（Receiver Operating Characteristic，ROC）曲线就是从这个角度出发来研究分类模型泛化性能的工具。

受试者工作特征（ROC）的概念源于信号探测理论。ROC 曲线与 P-R 曲线类似。首先根据分类模型的预测结果对样本进行排序；然后从前往后逐个将样本作为正例进行预测，每当预测一个样本，就对已预测的所有样本计算“真正例率”（True Positive Rate，TPR）和“假正例率”（False Positive Rate，FPR）两个重要的值；最后，以 TPR 为纵轴、FPR 为横轴在二维平面上作图，就得到了 ROC 曲线。TPR 和 FPR 的定义分别为

$$\text{TPR}=\frac{\text{TP}}{\text{TP}+\text{FN}} \tag{1-32}$$

$$\text{FPR}=\frac{\text{FP}}{\text{TN}+\text{FP}} \tag{1-33}$$

TPR 表示在真实类别为正例类别的所有样本（TP + FN）中被正确预测为正例类别的样本（TP）所占的比例，其值等于查全率（召回率）；FPR 表示在真实类别为反例类别的所有样本（TN + FP）中被错误预测为正例类别的样本（FP）所占的比例。

现实中通常利用有限个测试样本来绘制 ROC 曲线，只能获得有限个（FPR，TPR）坐标对，无法绘制光滑的 ROC 曲线，只能绘制出图 1-8 所示的 ROC 曲线。

ROC 曲线的横坐标和纵坐标都在［0,1］之间，显然 ROC 曲线下的面积 AUC 值不大于 1。ROC 曲线具有以下性质：

- (0,0) 点：假正例率 FPR 和真正例率 TPR 都为 0，即分类模型将全部样本都预测为反例样本。
- (0,1) 点：假正例率 FPR 为 0，真正例率 TPR 为 1，即分类模型将全部样本都预测正确，这是“理想模型”。
- (1,0) 点：假正例率 FPR 为 1，真正例率 TPR 为 0，即分类模型将全部样本都预测错误。
- (1,1) 点：假正例率 FPR 和真正例率 TPR 为 1，即分类模型将全部样本都预测为正例样本。

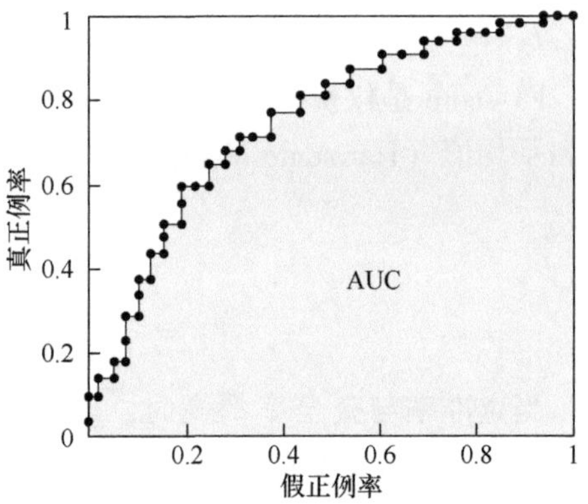

图 1-8　ROC 曲线示意图

- TPR = FPR 的对角线：分类模型将样本预测为正例样本的结果有一半是正确的，有一半是错误的，表示的是“随机猜测”模型的预测效果。

于是，我们可以得到基本的结论：若 ROC 曲线在对角线以下，则表示该分类模型的预测效果比“随机猜测”还差；反之，若 ROC 曲线在对角线以上，则表示该分类模型的预测效果比“随机猜测”要好。当然，我们希望 ROC 曲线尽量位于对角线以上，也就是向左上角 (0,1) 点凸。

在一个二分类模型中，假设采用逻辑斯谛回归模型，其给出针对每个样本为正例类别的概率，假设给定一个分类决策阈值为 0.6，则概率大于或等于 0.6 的为正例类别，小于 0.6 的为负例类别。对应的就可以算出一组（FPR，TPR）坐标对，在平面中得到对应坐标点。随着阈值的逐渐减小，越来越多的样本被划分为正例类别，但是这些正例类别中同样也掺杂着真实的负例样本，即 TPR 和 FPR 会同时增大。分类决策阈值最大时，对应坐标点为 (0,0)；分类决策阈值最小时，对应坐标点 (1,1)。

9. ROC 曲线下的面积（AUC）

ROC 曲线与 P-R 曲线类似，可以直观地表示分类模型的性能，两者的区别之处在于：ROC 曲线描述了 FPR – TPR 的关系，而 P-R 曲线描述了 Precision – Recall 的关系。在进行分类模型比较时，若一个分类模型的 ROC 曲线被另一个分类模型的 ROC 曲线完全“包住”，则可以断言后者的性能优于前者；如果两个分类模型的 ROC 曲线发生交叉，则比较难断言这两个分类模型孰优孰劣。为了将 ROC 曲线概括成单一的度量值，通常考虑使用 ROC 曲线下的面积（AUC）作为度量指标。

AUC 的值表示 ROC 曲线下的面积，取值不会大于 1。又由于 ROC 曲线一般都处于 TPR = FPR 这条对角线的上方，所以 AUC 的取值范围一般在 [0.5,1] 之间。使用 AUC 值作为评价指标的原因在于大多数情况下 ROC 曲线并不能清晰地评价哪个分类模型的性能更好，而 AUC 量化了 ROC 曲线的分类能力，AUC 值越大的分类模型，其泛化性能越好。

1.6.4　欠拟合与过拟合

在对机器学习模型进行建模的时候，我们通常会假设训练集和测试集不相交，并且还要满足独立同分布假设，因此都是使用历史数据建立模型，即使用已经产生的样本数据去训练模型，然后使用该模型去拟合新的样本数据。机器学习的基本问题是利用模型对数据进行拟合，学习的目的并非对有限训练集中的样本进行正确预测，而是对未曾在训练集中出现的新样本能够正确预测。模型对训练集以外样本的预测能力称为模型的泛化能力（Generalization Ability），泛化能力强的模型才是好模型。机器学习的目的就是希望通过训练得到泛化能力强（泛化误差小）的好模型，学到隐含在样本数据背后的规律，能够对训练集以外的新样本进行正确预测。

欠拟合（Under-fitting）和过拟合（Over-fitting）是导致模型泛化能力不强的两种常见原因，都是模型学习能力与数据复杂度之间失配的结果。“欠拟合”是指模型过于简单，学习能力不足，没有很好地捕捉到样本数据特征，无法学习到样本数据中的“一般规律”，不能很好地拟合数据的真实分布，数据点距离拟合曲线较远。欠拟合具体表现就是最终模型在训练集和测试集上的误差都较大，性能较差。与之相反，“过拟合”是指模型过于复杂，学习能力太强，以至于能捕捉到单个训练样本的特征，并将其认为是“一般规律”，具体表现就是最终模型对已知数据（即训练集中的样本）的预测性能很好，在训练集上的误差很小，而对未知数据（即测试集中的样本）的预测性能不佳，在测试集上的误差远大于训练误差，即模型的泛化能力下降。过拟合一般可以视为违反奥卡姆剃刀原则。过拟合与欠拟合的区别在于，欠拟合在训练集和测试集上的性能都较差，而过拟合往往能较好地学习训练集样本数据的特征，而在测试集上的性能较差。

图 1-9 给出了模型对数据欠拟合和过拟合的示意图。

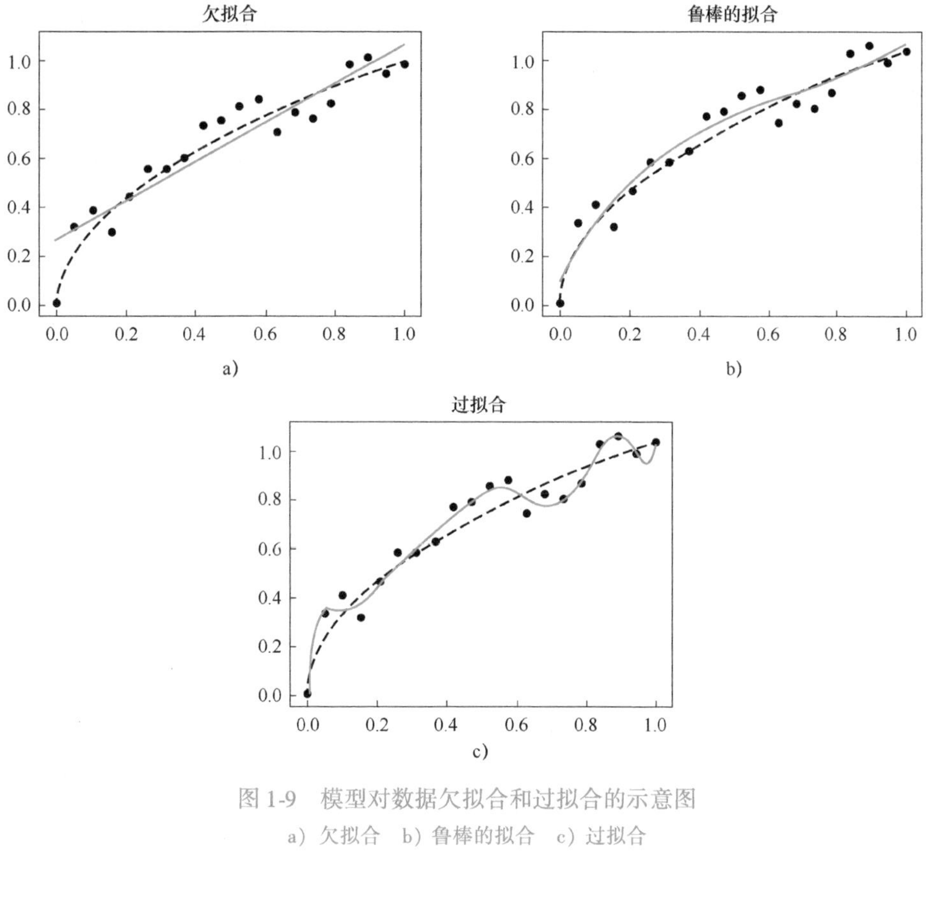

图 1-9　模型对数据欠拟合和过拟合的示意图

a）欠拟合　b）鲁棒的拟合　c）过拟合

图 1-10 给出了欠拟合和过拟合与模型复杂度之间的关系示意图。

欠拟合的现象比较容易克服，常见的解决方法是增加更多的特征，提高模型的表达能力。例如，在线性模型中通过添加二次项或者三次项，使用核 SVM、随机森林、深度学习等复杂模型。

造成过拟合的主要原因在于训练样本数量较少而样本的特征数量过多，模型参数太多而导致复杂度过高。

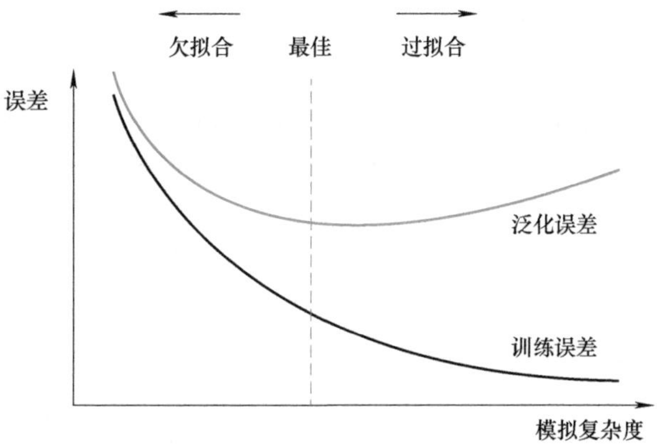

图 1-10　欠拟合和过拟合与模型复杂度之间的关系示意图

解决过拟合问题的常用方法有：

1. 增加训练样本数量

增加训练样本的数量有时可能不是那么容易实现，需要花费较多时间和精力去采集和标注更多的样本。利用现有样本数据进行扩充或许是一个好办法。例如，在图像识别中，如果没有足够的图片来训练模型，可以对已有的图片进行随机平移、旋转、缩放、镜像翻转等数据扩增（Data Augmentation）处理，扩增训练样本的数量。

2. 使用正则化约束

引入结构在模型的代价函数后面添加正则项约束，降低模型的复杂度，可以避免模型的过拟合。最常用的正则化方法就是加上 L_1 范数正则项或 L_2 范数正则项。

3. 减少特征数

欠拟合需要增加特征数，那么过拟合自然就要减少特征数。去除那些非共性特征，可以提高模型的泛化能力。

4. 使用丢弃（Dropout）法

在训练神经网络模型时，有一种称为 Dropout 的方法，通过修改神经网络中隐藏层的神经元个数来防止神经网络模型的过拟合。在训练开始时，按一定的比例（可以设定为 1/2，也可以为 1/3、1/4 等）随机地删除一些隐藏层神经元，即认为这些神经元不存在，同时保持输入层与输出层神经元的个数不变，使神经网络的结构简单化。

图 1-11 给出了一个神经网络在使用 Dropout 前后的示意图。

Dropout 不仅能减少过拟合，而且能提高预测的准确性，这可以从集成学习的角度来解释。在迭代过程中，每做一次丢弃，就相当于从原始网络中采样一个不同的子网络，并进行训练。那么通过 Dropout，相当于在结构多样性的多个神经网络模型上进行训练，最终的神经网络可以看成是不同结构的神经网络的集成模型。

5. 提前停止训练

对模型进行训练的过程即是对模型的参数进行学习更新的过程，这个参数学习的过程往往会用到一些迭代方法，如梯度下降法。提前停止训练（即 Early stopping）便是一种用于防止模型过拟合的迭代次数截断方法，即在模型对训练集迭代收敛之前停止迭代以避免出现过拟合。

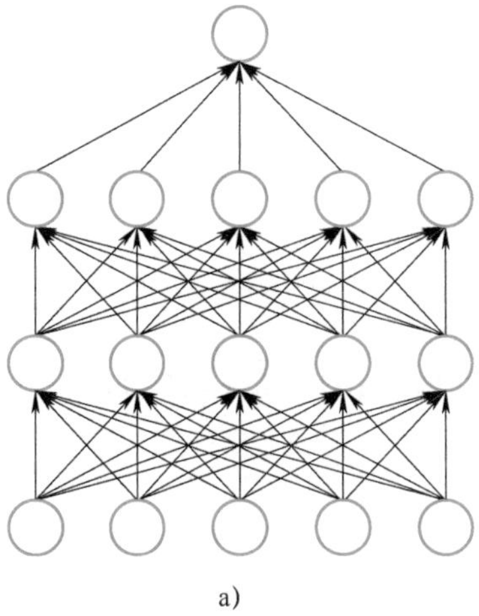

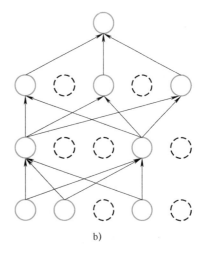

图 1-11　使用 Dropout 前后的神经网络
a）标准网络　b）Dropout 后的网络

提前停止训练的具体方法是，在每一个 Epoch（一个 Epoch 即为对所有的训练样本的一轮遍历）结束时，计算验证集上的错误率，当错误率不再下降时，就停止训练。这种做法很符合直观感受，因为错误率都不再下降了，再继续训练也是无益的，只会延长训练的时间。那么该做法的一个重点便是：怎样才认为验证集上的错误率不再下降了呢？并不是说验证集上的错误率一升上来便认为不再下降了，因为可能经过这个 Epoch 后，错误率升高了，但是在随后的 Epoch 后错误率又下降了，所以不能根据一两次的错误率升高就判断不再下降。一般的做法是，在训练的过程中，记录到目前为止最低的错误率，当连续 10 次 Epoch（或者更多次）没达到最低错误率时，则可以认为错误率不再下降了，此时便可以提前停止训练，如图 1-12 所示。

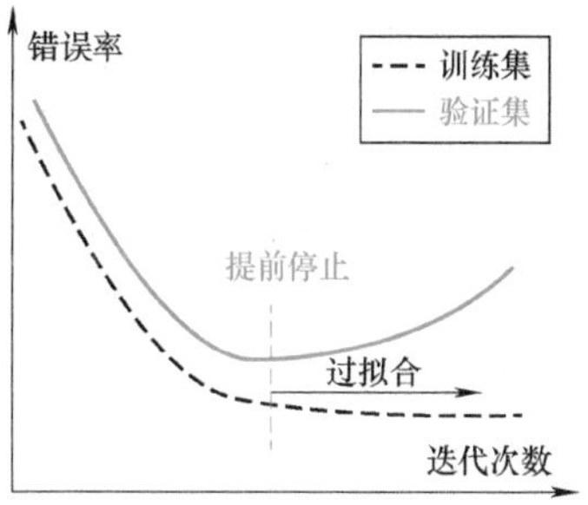

图 1-12　通过提前停止训练来防止过拟合

1.6.5　偏差与方差

偏差 - 方差分解是解释学习模型泛化能力的一种重要工具。

对于训练集中的样本 $\boldsymbol{x}$，设 y 为 $\boldsymbol{x}$ 的真实标签值，$\tilde{y}$ 为 $\boldsymbol{x}$ 的观测标签值，观测标签值与真实标签值之间的观测误差为 $\varepsilon = y - \tilde{y}$，在训练集 T 上学习得到的模型对 $\boldsymbol{x}$ 的预测输出为 $\hat{y} = h_T(\boldsymbol{x};\boldsymbol{\theta})$，则

噪声的方差为

$$\mathrm{Var}(\varepsilon) = E[(y - \tilde{y})^2] \tag{1-34}$$

模型在训练集 T 上预测期望为

$$\bar{h}_T(\boldsymbol{x};\boldsymbol{\theta}) = E[h_T(\boldsymbol{x};\boldsymbol{\theta})] \tag{1-35}$$

模型在训练集 T 上预测方差为

$$\mathrm{Var}(x)=E[(h_T(\boldsymbol{x};\boldsymbol{\theta})-\bar{h}_T(\boldsymbol{x};\boldsymbol{\theta}))^2] \tag{1-36}$$

模型在训练集 T 上预测偏差为

$$\mathrm{bias}(\boldsymbol{x})=E[(y-\bar{h}_T(\boldsymbol{x};\boldsymbol{\theta}))^2] \tag{1-37}$$

由上可得模型在训练集 T 上泛化误差期望为

$$\begin{aligned}
&E[(h_T(\boldsymbol{x};\boldsymbol{\theta})-\tilde{y})^2]\\
&=E[(h_T(\boldsymbol{x};\boldsymbol{\theta})-\bar{h}_T(\boldsymbol{x};\boldsymbol{\theta})+\bar{h}_T(\boldsymbol{x};\boldsymbol{\theta})-\tilde{y})^2]\\
&=E[(h_T(\boldsymbol{x};\boldsymbol{\theta})-\bar{h}_T(\boldsymbol{x};\boldsymbol{\theta}))^2+(\bar{h}_T(\boldsymbol{x};\boldsymbol{\theta})-\tilde{y})^2+2(h_T(\boldsymbol{x};\boldsymbol{\theta})-\bar{h}_T(\boldsymbol{x};\boldsymbol{\theta}))(\bar{h}_T(\boldsymbol{x};\boldsymbol{\theta})-\tilde{y})]\\
&=E[(h_T(\boldsymbol{x};\boldsymbol{\theta})-\bar{h}_T(\boldsymbol{x};\boldsymbol{\theta}))^2]+E[(\bar{h}_T(\boldsymbol{x};\boldsymbol{\theta})-\tilde{y})^2]\\
&\quad+2E[(h_T(\boldsymbol{x};\boldsymbol{\theta})-\bar{h}_T(\boldsymbol{x};\boldsymbol{\theta}))(\bar{h}_T(\boldsymbol{x};\boldsymbol{\theta})-\tilde{y})]\\
&=\mathrm{Var}(x)+E[(\bar{h}_T(\boldsymbol{x};\boldsymbol{\theta})-y+y-\tilde{y})^2]\\
&=\mathrm{Var}(x)+E[(\bar{h}_T(\boldsymbol{x};\boldsymbol{\theta})-y)^2]+E[(y-\tilde{y})^2]+2E[(\bar{h}_T(\boldsymbol{x};\boldsymbol{\theta})-y)(y-\tilde{y})]\\
&=\mathrm{Var}(x)+\mathrm{bias}(x)+\mathrm{Var}(\varepsilon)
\end{aligned} \tag{1-38}$$

从上可知，模型的泛化误差可以分解为偏差＋方差＋噪声，其中：

- 偏差（Bias）度量了机器学习模型的预测期望 $\bar{h}_T(\boldsymbol{x};\boldsymbol{\theta})$ 与真实标签值 y 的偏离程度，即刻画了模型本身的拟合能力。
- 方差（Variance）度量了同样大小训练集的样本变动所导致的学习性能的变化，即刻画了数据扰动所造成的影响，描述的是预测值作为随机变量的离散程度。
- 噪声 $\mathrm{Var}(\varepsilon)$ 表达了当前任务上任何学习模型所能达到的期望泛化误差下界，即刻画了学习问题本身的难度。

偏差－方差分解说明，泛化性能是由所用模型的能力、数据的充分性以及学习任务本身的难度共同决定的。对于给定的学习任务，为了取得好的泛化性能，则需使偏差较小，即能够充分拟合数据，并且使方差较小，即使数据扰动产生的影响小。一般来说，在一个实际系统中，偏差和方差是有冲突的，偏差随着模型复杂度的增加而降低，而方差随着模型复杂度的增加而增加。

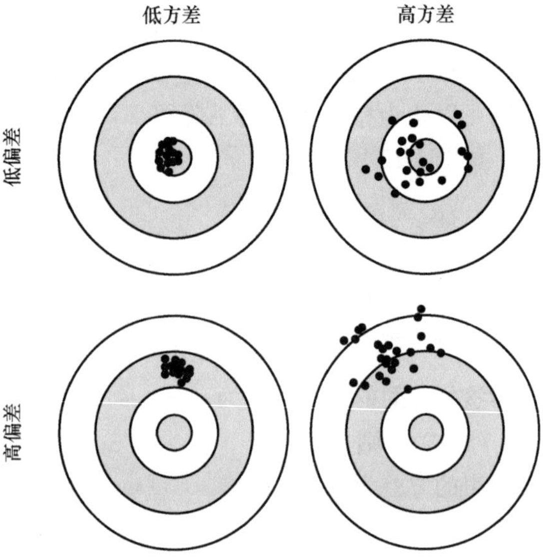

图 1-13　偏差－方差分解说明

下面，我们以打靶为例来直观地理解“偏差”“方差”的概念。如图 1-13 所示，假设圆心（靶心）为理想模型的输出结果，图中的点代表某个模型的预测结果。“低偏差”对应的点都打在靶心周围，“高偏差”对应的点都偏离靶心。“高偏差”是由于模型“欠拟合”造成的。若想降低偏差，就需要复杂化模型，增加模型参数，但这样容易造成过拟合。“过拟合”模型表现为在训练集上具有高方差和低偏差。

1.6.6　模型的正则化

正则化模型参数的目标是防止模型过拟合，这可通过限制模型的复杂度来达成。根据奥卡姆剃刀（Occam's Razor）原则，在模型能够较好地匹配已知数据的前提下，模型越简单越好。而模型的“简单”程度可通过模型的参数情况来度量，所以一般采用在经验风险的基础上加上一项关于模型参数复杂度的正则化函数 $R(\boldsymbol{\theta})$ 来平衡。加上约束项的模型称为“结构风险”，至此，我们的目标由原来的最小化经验风险变成最小化结构风险，即

$$R_{\text{str}}(\boldsymbol{\theta}) = \frac{1}{N}\sum_{i=1}^{N} L(y_i, h(\boldsymbol{x}_i;\boldsymbol{\theta})) + \lambda R(\boldsymbol{\theta}) \tag{1-39}$$

式中，第一项 $\frac{1}{N}\sum_{i=1}^{N} L(y_i, h(\boldsymbol{x}_i;\boldsymbol{\theta}))$ 就是经验风险函数，一般由前面提到的各种损失函数组成；第二项 $R(\boldsymbol{\theta})$ 称为正则化函数，一般是一个关于待求模型参数向量 $\boldsymbol{\theta}$ 的函数，其值随模型复杂度单调递增。所以，正则化函数项的作用是选择经验风险与模型复杂度同时较小的模型，对应结构风险最小化。

和经验风险函数一样，正则化函数也有很多种选择，不同的选择对模型参数向量 $\boldsymbol{\theta}$ 的约束不同，取得的效果也不同，常用的有 L_0 范数、L_1 范数和 L_2 范数三种。

1. L_0 范数

模型参数向量 $\boldsymbol{\theta}$ 的 p 范数的定义为

$$\|\boldsymbol{\theta}\|_p = \left(\sum_{j=1}^{M} |\theta_j|^p\right)^{\frac{1}{p}} \tag{1-40}$$

L_0 范数的物理意义可以理解为向量中非 0 元素的个数。如果我们用 L_0 范数来正则化模型参数向量 $\boldsymbol{\theta}$，就是希望 $\boldsymbol{\theta}$ 中的大部分元素都是 0。换句话说，就是让模型参数向量 $\boldsymbol{\theta}$ 是稀疏的。

这里解释一下为什么我们希望模型参数向量 $\boldsymbol{\theta}$ 是稀疏的。稀疏其实能够实现特征的自动选择。在训练机器学习模型时，为了获得较小的训练误差，我们可能会利用训练样本 $\boldsymbol{x}_i$ 中的每一个特征，但实际上，$x_i^{(1)}$，$x_i^{(2)}$，…，$x_i^{(M)}$ 这 M 个全部特征中，有一些特征并不重要，如果把这样一部分并不重要的特征全部加入模型构建，反而会干扰对样本 $\boldsymbol{x}_i$ 结果的预测。针对这一事实，我们引入了稀疏正则化算子，把这些不重要特征所对应的权重系数 θ_j 置为 0。

实践中，我们并不使用 L_0 范数，而是用 L_1 范数代替 L_0。主要原因是：一方面，L_0 范数是一个非确定性多项式（Non-deterministic Polynomial，NP）问题，很难优化求解；另一方面，L_1 范数其实是 L_0 范数的最优凸近似，而且它比 L_0 范数的优化求解要容易得多。换言之，L_0 范数和 L_1 范数都可以实现稀疏，但 L_1 具有比 L_0 更好的优化求解特性，所以通常都用 L_1 范数去代替 L_0。

2. L_1 范数

L_1 范数是指向量中各个元素绝对值之和，即

$$\|\boldsymbol{\theta}\|_1 = \sum_{j=1}^{M} |\boldsymbol{\theta}_j| \tag{1-41}$$

为什么 L_1 范数也会使模型参数向量 $\boldsymbol{\theta}$ 稀疏呢？举个例子说明。假设原来的风险函数为 $J_0(\boldsymbol{\theta})$，现在加一个 L_1 范数正则化项，变为结构风险函数 $J(\boldsymbol{\theta})$，即

$$J(\boldsymbol{\theta}) = J_0(\boldsymbol{\theta}) + \|\boldsymbol{\theta}\|_1 \tag{1-42}$$

对 $\boldsymbol{\theta}$ 中的各个元素 $\theta_j, j = 1,2,\cdots,M$ 依次求偏导数，得

$$\frac{\partial J(\boldsymbol{\theta})}{\partial \theta_j} = \frac{\partial J_0(\boldsymbol{\theta})}{\partial \theta_j} + \mathrm{sgn}(\theta_j) \tag{1-43}$$

所以，根据梯度下降法，则 $\boldsymbol{\theta}$ 的权重更新公式为

$$\theta_j := \theta_j - \eta \cdot \frac{\partial J(\boldsymbol{\theta})}{\partial \theta_j} = \theta_j - \eta \cdot \left(\frac{\partial J_0(\boldsymbol{\theta})}{\partial \theta_j} + \mathrm{sgn}(\theta_j)\right) \tag{1-44}$$

式中，η 表示步长，又称为学习速率。

由式（1-44）可知，当 θ_j 为正时，每次更新时相较于不加正则化项会使 θ_j 变小；当 θ_j 为负时，每次更新时相较于不加正则化项会使 θ_j 变大，所以，整体的效果就是让 θ_j 尽量接近 0，使第 j 个特征对应的权重尽可能为 0，这里 $j = 1,2,\cdots,M$。

值得注意的是：前面没有提到一个问题，就是当 $\theta_j = 0$ 时，$|\theta_j|$ 是不可导的，此时我们只能按照原始的未经正则化的方法更新 θ_j，即去掉 $\mathrm{sgn}(\theta_j)$ 这一项。所以我们可以规定 $\mathrm{sgn}(0) = 0$，即在编程的时候，令 $\mathrm{sgn}(\theta_j = 0) = 0$，$\mathrm{sgn}(\theta_j > 0) = 1$，$\mathrm{sgn}(\theta_j < 0) = -1$，这样就可以把 $\theta_j = 0$ 的情况也统一考虑进来了。

2. L_2 范数

除了 L_1 范数，还有一种应用更广的正则化范数，那就是 L_2 范数。L_2 范数是指向量中各元素的平方和的平方根，即

$$\|\boldsymbol{\theta}\|_2 = \left(\sum_{j=1}^{M} |\theta_j|^2\right)^{\frac{1}{2}} \tag{1-45}$$

与 L_1 范数正则化类似，加 L_2 范数正则化项后的结构风险函数 $J(\boldsymbol{\theta})$ 为

$$J(\boldsymbol{\theta}) = J_0(\boldsymbol{\theta}) + \frac{1}{2}\|\boldsymbol{\theta}\|_2^2 \tag{1-46}$$

对 $\boldsymbol{\theta}$ 中的各个元素 $\theta_j, j = 1,2,\cdots,M$ 依次求偏导数，得

$$\frac{\partial J(\boldsymbol{\theta})}{\partial \theta_j} = \frac{\partial J_0(\boldsymbol{\theta})}{\partial \theta_j} + \theta_j \tag{1-47}$$

所以，根据梯度下降法，则 $\boldsymbol{\theta}$ 的权重更新公式为

$$\theta_j := \theta_j - \eta \cdot \left(\frac{\partial J_0(\boldsymbol{\theta})}{\partial \theta_j} + \theta_j\right) = (1-\eta)\theta_j - \eta\frac{\partial J_0(\boldsymbol{\theta})}{\partial \theta_j} \tag{1-48}$$

由式（1-48）可知，与没有加正则化项相比，在添加了 L_2 范数正则化项后，第 j 个特征对应的权重由原来的 θ_j 变成了 $(1-\eta)\theta_j$，由于 η 都是正数，所以 $(1-\eta) \leqslant 1$，即添加 L_2 范数正则化项的效果就是减小 θ_j，因此，L_2 范数正则化又叫作权重衰减。

1.7　小结

机器学习是人工智能的核心；而深度学习是机器学习研究中的一个新的领域，是机器学习的一个分支。机器学习的主要任务就是如何更好地利用数据集来构建“好”的模型。从数学的角度来看，机器学习方法其实就是：模型 + 学习准则（策略） + 优化算法。

模型就是对一个实际问题进行数学建模。按任务类型分类，机器学习模型可分为回归模型、分类模型、聚类模型和降维模型等；按学习方式来分类，机器学习模型可以分为监督式机器学习模型、非监督式机器学习模型、强化学习模型三大类。监督式机器学习模型可以分为单一模型和集成模型。其中单一模型包括线性模型、逻辑斯谛回归模型、k- 最近邻（kNN）、决策树、贝叶斯模型、支持向量机；集成模型包括 Bagging、Boosting、随机森林和极端随机树。非监督式机器学习模型主要包括聚类、高斯混合模型、隐马尔可夫模型、条件随机场模型。

学习准则（策略）就是定义损失函数来描述模型在每个样本实例 $\boldsymbol{x}_i$ 上的预测值 $h(\boldsymbol{x}_i;\boldsymbol{\theta})$ 与样本的真实标签值 y_i 之间的误差，将其转化为一个使代价函数最小化的优化问题。

优化算法指的是求解最优化问题的方法，我们一般将其转化为无约束优化问题，然后利用梯度下降法、坐标下降法和牛顿法等进行求解。

1.8　习题

1. 如何理解机器学习的三个基本要素？
2. 请阐述人工智能、机器学习、深度学习三者之间的关系。
3. 什么是监督式机器学习？什么是非监督式机器学习？两者的区别是什么？
4. 什么是生成式模型？什么是判别式模型？各自的特点是什么？请分别列举生成式模型和判别式模型。
5. 监督式机器学习涉及的损失函数有哪些？
6. 简述损失函数、代价函数和目标函数的区别和联系。
7. 既然代价函数已经可以度量样本集的平均误差，为什么还要设定目标函数？
8. 请解释经验风险和结构风险的含义和异同点。
9. 机器学习中常见的优化算法有哪些？
10. 为什么需要对数值类型的特征做归一化？
11. 什么是过拟合？产生过拟合的原因是什么？防止模型过拟合的常用方法有哪些？
12. 什么是欠拟合？产生欠拟合的原因是什么？防止模型欠拟合的常用方法有哪些？
13. 请解释机器学习模型的方差和偏差。
14. 为什么要将样本数据集分为训练集、验证集和测试集三个部分？它们各自的作用是什么？
15. 解释交叉验证法的工作原理？如何在 K- 折交叉验证法中选择 K 的值？
16. 回归模型和分类模型各有哪些常见的评估指标？
17. 准确率的定义是什么？准确率始终是一个好的度量指标吗？它有什么局限？

18. 什么是查准率（精确率）？什么是查全率（召回率）？如何权衡查准率（精确率）与查全率（召回率）？

19. 什么是 ROC 曲线？如何绘制 ROC 曲线？ROC 曲线相比 P-R 曲线有什么特点？

20. 什么是 AUC？AUC 与 ROC 的关系是什么？什么情形下要使用 AUC？

21. 有哪些常见的正则化方法？请解释 L_1 范数和 L_2 范数正则化的作用。L_1 范数正则化使得模型参数具有稀疏性的原理是什么？

22. 为什么加正则化项能防止模型过拟合？

第 2 章　回归模型

在统计学中，回归分析指的是确定两种或两种以上变量间相互依赖的定量关系的一种统计分析方法。回归分析按照涉及的自变量的多少，分为一元回归和多元回归分析；按照因变量的多少，可分为简单回归分析和多重回归分析；按照自变量和因变量之间的关系类型，可分为线性回归分析和非线性回归分析。

线性回归模型是最直观的机器学习模型，它通过学习因变量（输出变量）与自变量（输入变量）之间的线性关系来揭示数据的规律。本章首先介绍线性回归模型的定义、建立、学习准则（策略）以及参数的极大似然估计；然后介绍用最小二乘法和梯度下降法求解线性回归问题；接着介绍多项式回归的基本概念，多项式回归问题可以通过变量转换化为多元线性回归问题来解决；为了解决多元线性回归中容易出现的多重共线性和过拟合的问题，本章还将介绍岭回归（Ridge 回归）和套索回归（Lasso 回归）方法。

逻辑斯谛回归是线性回归的推广，属于广义线性回归模型的一种，是一种常用的机器学习分类模型，由于其算法简单高效，是目前应用最广的模型之一。本章将介绍逻辑斯谛回归的极大似然估计，以及如何将逻辑斯谛回归模型推广到适用于多分类任务的 Softmax 回归模型。

本章学习目标

- 熟悉线性回归模型的定义以及学习准则（策略）。
- 熟悉最小二乘法和正规方程。
- 掌握梯度下降法的原理。
- 熟悉岭回归（Ridge 回归）和套索回归（Lasso 回归）的原理。
- 掌握逻辑斯谛回归和 Softmax 回归的原理以及两者的区别与联系。

2.1　线性回归

2.1.1　线性回归模型的定义

在机器学习（有监督学习）中，学习的过程就是要拟合一个能将输入变量映射到输出变量的函数，从而使得每一个输入变量都能够通过这个函数和输出一一对应。而这个需要拟合的函数就称为**模型（Model）**。

回归分析是一种预测性建模技术，主要用来研究因变量（输出变量，也就是我们希望预测的结果）与自变量（也就是用来预测的输入变量）之间的关系，通常被用于预测分析时间序列、寻找变量之间的因果关系等。简单来说，回归分析就是使用曲线（直线是曲线的特例）或曲面来拟合某些已知的数据点，使数据点离曲线或曲面的距离差异达到最小。

有了这样的回归曲线或曲面后，就可以对新的自变量进行预测，即每次输入一个自变量后，根据该回归曲线或曲面，就可以得到一个对应的因变量，从而达到预测的目的。

如果因变量（输出变量）与自变量（输入变量）之间的关系可以用线性方程来表示，则称因变量与自变量的关系是线性关系。

线性回归（Linear Regression）的目标旨在找到可以描述目标值（输出变量）与一个或多个特征（输入变量）之间关系的一个线性方程或函数。该函数将 x 作为输入变量，返回 y ，即 y 是 x 的函数。在数学上一般记为 $y = f(x)$ ，但在机器学习领域，一般将假设函数记为 $h(x)$ ，h 表示英文 hypothesis（假设）。因此，可将模型表示为

$$\hat{y} = h(x) \tag{2-1}$$

如果这里的 x 只含有一个输入变量（或特征），则称为单变量线性回归，通常也称为普通线性回归，即最简单的线性回归。对于多个输入变量，一般用向量 $\boldsymbol{x}$ 代替式（2-1）中的 x，则称为多变量线性回归或多元线性回归。很多时候模型都需要一个参数的集合，一般用符号 $\boldsymbol{\theta}$ 来表示参数集合，机器学习的任务就是从给定的训练样本数据集中学习到模型参数。对于多元线性回归，如果要特别强调模型参数，可将式（2-1）改写为

$$\hat{y} = h(\boldsymbol{x};\boldsymbol{\theta}) \tag{2-2}$$

式中，$\hat{y}$ 为因变量；分号前的 $\boldsymbol{x}$ 为自变量，自变量是引起因变量发生变化的因素或条件；分号后的 $\boldsymbol{\theta}$ 是参数集合，不是自变量，因此一般用分号加以区分。模型的训练过程就是根据训练样本集来确定最佳参数集 $\boldsymbol{\theta}$ 。

在有监督学习中，将求解线性回归模型参数的问题称为线性回归问题，求解线性回归模型参数的算法统称为线性回归算法。

2.1.2 线性回归模型的建立

对于多元线性回归，假设 $\boldsymbol{x} = (x^{(1)},x^{(2)},\cdots,x^{(M)})$ 是一个 M 维的特征向量。例如，以房价预测为例子，设 $x^{(1)}$ 代表房子的面积，$x^{(2)}$ 代表房子的朝向，$x^{(3)}$ 代表房子的年限，…，$x^{(M)}$ 代表房子的地理位置，房子的价格为 y 。显然，房子价格 y 是一个由变量 $x^{(1)}$ ，$x^{(2)}$ ，…，$x^{(M)}$ 共同决定的函数，而这些不同特征属性对一套房子价格的影响是不同的，所以我们可以给每项特征属性 $x^{(m)}$ 赋予一个对应的权重 θ_m ，由此可以得到因变量 $\hat{y}$ 关于自变量 $x^{(1)}$ ，$x^{(2)}$ ，…，$x^{(M)}$ 的函数表达式：

$$\hat{y} = h(\boldsymbol{x};\boldsymbol{\theta}) = \theta_0 + \theta_1 x^{(1)} + \cdots + \theta_m x^{(m)} + \cdots + \theta_M x^{(M)} \tag{2-3}$$

式中，$\theta_m(m = 0,1,2,\cdots,M)$ 为模型参数；$x^{(m)}(m = 1,2,\cdots,M)$ 为每个样本的 M 个特征属性。

在线性回归问题中，为了简化算法描述中的记号，我们引入 $x^{(0)} = 1$ ，在 M 维特征向量 x 的首位之前增补一个常数 1，使其成为首位为 1 的 $(M+1)\times 1$ 维的列向量，即令 $\boldsymbol{x} = (x^{(0)},x^{(1)},x^{(2)},\cdots,x^{(M)})^{\mathrm{T}}$ ；同理，令 $\boldsymbol{\theta} = (\theta_0,\theta_1,\cdots,\theta_M)^{\mathrm{T}}$ ，这样，式（2-3）可以改写成如下“齐次”形式：

$$\hat{y} = h(\boldsymbol{x};\boldsymbol{\theta}) = \theta_0 x^{(0)} + \theta_1 x^{(1)} + \cdots + \theta_m x^{(m)} + \cdots + \theta_M x^{(M)} = \sum_{m=0}^{M} \theta_m x^{(m)} = \boldsymbol{\theta}^{\mathrm{T}}\boldsymbol{x} \tag{2-4}$$

式中，上标 T 表示向量转置。

得到式（2-4）的假设函数后，以后每当要预测一个新的房子的价格时，我们只需拿到房子相应的那些特征值即可。例如某套房子 $\boldsymbol{x}_i$（对于不同房子的样本，我们用不同的下标 i

来表示），相应的 M 个特征属性为 $x_i^{(1)}, x_i^{(2)}, \cdots, x_i^{(M)}$，那么我们利用式（2-4）就可以很快预测出该套房子大概的售价应该为

$$\hat{y}_i = h(\boldsymbol{x}_i;\boldsymbol{\theta}) = \sum_{m=0}^{M} \theta_m x_i^{(m)} = \boldsymbol{\theta}^{\mathrm{T}} \boldsymbol{x}_i \tag{2-5}$$

这种从一个实际问题出发得到表达式的过程就是我们常说的建立模型。

细心的读者应该发现了一个问题，那就是上面式子中的模型参数向量 $\boldsymbol{\theta}$ 不是还没确定吗？是的，所谓机器学习，实际上就是从过去的经验（训练样本数据）中学习得到 $\boldsymbol{\theta}$ 的取值，训练出模型，然后使用该模型对新样本的标签进行预测，并使得预测更加准确。在房价预测的例子中，“过去的经验”指的就是过去的房屋交易数据。那么，怎样从过去的训练样本数据中学习出模型中的未知参数？这就是下面接着要介绍的内容。

2.1.3 线性回归模型的学习准则（策略）

假设训练样本数据集 T 有 N 个训练样本 $\{(\boldsymbol{x}_1, y_1), (\boldsymbol{x}_2, y_2), \cdots, (\boldsymbol{x}_i, y_i), \cdots, (\boldsymbol{x}_N, y_N)\}$，其中，$y_i$ 表示第 i 个训练样本的标签；$\boldsymbol{x}_i = (x_i^{(0)}, x_i^{(1)}, \cdots, x_i^{(m)}, \cdots, x_i^{(M)})^{\mathrm{T}}$ 为首位为 1 的 $(M+1) \times 1$ 维的列向量，包含第 i 个训练样本的 M 个特征，$i = 1, 2, \cdots, N$。

模型的训练即寻找最佳参数向量 $\boldsymbol{\theta}$，以使模型能够尽可能好地拟合所有的样本数据。为了能够找到最佳的参数向量 $\boldsymbol{\theta}$，需要先定义什么是最佳。所谓的“最佳”就是由参数向量 $\boldsymbol{\theta}$ 所决定的模型能够尽量拟合所有的样本数据。这里我们采取的学习准则（策略）是使用均方误差的变体作为代价函数，来衡量一个模型与样本数据的拟合程度。将代价函数定义为

$$J(\boldsymbol{\theta}) = \frac{1}{2N} \sum_{i=1}^{N} (y_i - h(\boldsymbol{x}_i;\boldsymbol{\theta}))^2 = \frac{1}{2N} \sum_{i=1}^{N} (y_i - \boldsymbol{\theta}^{\mathrm{T}} \boldsymbol{x}_i)^2 \tag{2-6}$$

式中，$h(\boldsymbol{x}_i;\boldsymbol{\theta})$ 为模型的预测值；y_i 为训练样本观测数据的实际标签值。注意，公式中的 1/2 是为了方便求极值设置的，如果对 $J(\boldsymbol{\theta})$ 求导，则可以约去 1/2；$\frac{1}{N}$ 取平均是为了去除训练集样本数目大小的影响；函数 $J(\boldsymbol{\theta})$ 的自变量是参数向量 $\boldsymbol{\theta}$，而不是 $\boldsymbol{x}_i$ 和 y_i。

显然，代价函数 $J(\boldsymbol{\theta})$ 的值总是正数。代价越小，建立的预测模型 $h(\boldsymbol{x}_i;\boldsymbol{\theta})$ 拟合样本数据的效果就越好。有时候也将代价函数称为损失函数或目标函数。

构建好线性回归模型的目标函数之后，接下来就是求解目标函数的最优解，即一个优化问题。当式（2-6）的代价函数 $J(\boldsymbol{\theta})$ 取最小值时，意味着训练集中所有样本的预测值与实际值之间的误差是最小的。因此，学习的目标就是选择出使 $J(\boldsymbol{\theta})$ 的取值最小的模型参数向量 $\boldsymbol{\theta}$，作为我们所要估计的最佳参数向量 $\hat{\boldsymbol{\theta}}$，即

$$\hat{\boldsymbol{\theta}} = \arg\min_{\boldsymbol{\theta}} \frac{1}{2N} \sum_{i=1}^{N} (y_i - \boldsymbol{\theta}^{\mathrm{T}} \boldsymbol{x}_i)^2 \tag{2-7}$$

式中，argmin 的含义是使后面的表达式取最小值时的参数取值，一般将待优化的参数写在 argmin 的下面。argmax 与 argmin 类似，区别是前者取最大值而后者取最小值。

从统计意义上来说，由式（2-7）确定的最佳参数向量 $\hat{\theta}$ 所对应的回归模型的预测效果是最好的。

那么，如何求解式（2-7）的最优化问题就是下面要介绍的优化算法。这里主要介绍最小二乘法（正规方程算法）和梯度下降法。

2.1.4 线性回归模型参数的极大似然估计

下面我们用极大似然估计来解释为什么要用均方误差作为代价函数，来衡量一个模型与样本数据的拟合程度。

在机器学习领域，为了能够有效计算和表达样本出现的概率，通常假定面向同一任务的样本服从相同的、带有某种或某些参数的概率分布。如果能够求出样本概率分布的所有未知参数，则可使用该分布对所有样本进行分析。极大似然估计是一种基于概率最大化的概率分布参数估计方法。该方法将当前已出现的样本类型看作一个已发生事件。既然该事件已经发生，就可假设其出现的概率最大。因此，样本概率分布的参数估计值应使得该事件出现的概率最大。这就是极大似然估计方法的基本思想。

在多元线性回归模型中，设 $\boldsymbol{\varepsilon}_i$ 为第 i 个训练样本的实际标签值 y_i 与模型的预测标签值 $\hat{y}_i$ 之差，即

$$\boldsymbol{\varepsilon}_i = y_i - \hat{y}_i = y_i - \boldsymbol{\theta}^{\mathrm{T}}\boldsymbol{x}_i \tag{2-8}$$

根据中心极限定理，当一个事件与很多独立随机变量有关，该事件服从正态分布。$\boldsymbol{\varepsilon}_i$ 为随机噪声，假设 $\boldsymbol{\varepsilon}_i$ 独立同分布，服从均值为 0、方差为 $\boldsymbol{\sigma}^2$ 的高斯分布，所以有

$$P(\boldsymbol{\varepsilon}_i) = \frac{1}{\sqrt{2\pi}\boldsymbol{\sigma}}\exp\left(-\frac{{\boldsymbol{\varepsilon}_i}^2}{2\boldsymbol{\sigma}^2}\right) \tag{2-9}$$

假设训练样本 $\boldsymbol{x}_i$ 为独立随机变量，则 y_i 服从均值为 $\boldsymbol{\theta}^{\mathrm{T}}\boldsymbol{x}_i$ 、方差为 $\boldsymbol{\sigma}^2$ 的高斯分布，即

$$P(y_i \mid \boldsymbol{x}_i;\boldsymbol{\theta}) = \frac{1}{\sqrt{2\pi}\sigma}\exp\left[-\frac{(y_i - \boldsymbol{\theta}^{\mathrm{T}}\boldsymbol{x}_i)^2}{2\sigma^2}\right] \tag{2-10}$$

对于整个训练样本数据集 $T = \{(\boldsymbol{x}_1,y_1),(\boldsymbol{x}_2,y_2),\cdots,(\boldsymbol{x}_i,y_i),\cdots,(\boldsymbol{x}_N,y_N)\}$ ，令

$$\boldsymbol{y} = \begin{bmatrix} y_1 \\ y_2 \\ \vdots \\ y_N \end{bmatrix},\quad \boldsymbol{\theta} = \begin{bmatrix} \theta_0 \\ \theta_1 \\ \vdots \\ \theta_M \end{bmatrix},\quad \boldsymbol{X} = \begin{bmatrix} \cdots & x_1^{\mathrm{T}} & \cdots \\ \cdots & x_2^{\mathrm{T}} & \cdots \\ & \vdots & \\ \cdots & x_N^{\mathrm{T}} & \cdots \end{bmatrix}$$

式中，$\boldsymbol{y}$ 为 $N\times1$ 的列向量，称为标签向量，N 表示训练样本的个数；$\boldsymbol{\theta}$ 为 $(M+1)\times1$ 的列向量，称为模型系数向量，M 表示样本的特征数；$\boldsymbol{X}$ 为 $N\times(M+1)$ 维的矩阵，称为特征矩阵。

将“从训练样本数据集 T 中随机抽取 N 个训练样本 $\boldsymbol{x}_1,\boldsymbol{x}_2,\cdots,\boldsymbol{x}_N$ ”记为一个事件 A，由于训练样本数据集独立同分布，则事件 A 发生的概率可用式（2-11）的函数度量。

$$L(\boldsymbol{\theta}) = P(\boldsymbol{y} \mid \boldsymbol{X};\boldsymbol{\theta}) = \prod_{i=1}^{N}\frac{1}{\sqrt{2\pi}\sigma}\exp\left(-\frac{(y_i - \boldsymbol{\theta}^{\mathrm{T}}\boldsymbol{x}_i)^2}{2\sigma^2}\right) \tag{2-11}$$

式（2-11）的函数是一个关于未知参数向量 $\boldsymbol{\theta}$ 的函数，我们称之为似然函数。既然事件 A 已经发生，那么该事件发生的概率应该最大。故可将未知参数向量 $\boldsymbol{\theta}$ 的估计问题转化为求似然函数 $L(\boldsymbol{\theta})$ 最大值的优化问题，即 $\boldsymbol{\theta}$ 的极大似然估计为

$$\hat{\boldsymbol{\theta}} = \arg\max_{\boldsymbol{\theta}} L(\boldsymbol{\theta}) = \arg\max_{\boldsymbol{\theta}} \prod_{i=1}^{N}\frac{1}{\sqrt{2\pi}\sigma}\exp\left(-\frac{(y_i - \boldsymbol{\theta}^{\mathrm{T}}\boldsymbol{x}_i)^2}{2\sigma^2}\right) \tag{2-12}$$

极大似然估计的思想就是选择出使似然函数 $L(\boldsymbol{\theta})$ 的取值最大的模型参数向量 $\boldsymbol{\theta}$ ，作为我们所要估计的最佳参数向量 $\hat{\boldsymbol{\theta}}$ 。

为了方便计算，通常对似然函数取对数，即

$$
\begin{aligned}
l(\boldsymbol{\theta}) = \ln L(\boldsymbol{\theta}) &= \ln\left(\prod_{i=1}^{N}\frac{1}{\sqrt{2\pi\sigma}}\exp\left(-\frac{(y_i-\boldsymbol{\theta}^{\mathrm{T}}\boldsymbol{x}_i)^2}{2\sigma^2}\right)\right)\\
&= \sum_{i=1}^{N}\ln\left(\frac{1}{\sqrt{2\pi\sigma}}\exp\left(-\frac{(y_i-\boldsymbol{\theta}^{\mathrm{T}}\boldsymbol{x}_i)^2}{2\sigma^2}\right)\right)\\
&= N\ln\frac{1}{\sqrt{2\pi\sigma}}-\frac{1}{\sigma^2}\cdot\frac{1}{2}\sum_{i=1}^{N}(y_i-\boldsymbol{\theta}^{\mathrm{T}}\boldsymbol{x}_i)^2
\end{aligned}
\tag{2-13}
$$

使似然函数 $L(\boldsymbol{\theta})$ 最大化相当于使对数似然函数 $l(\boldsymbol{\theta})$ 最大化，即

$$
\begin{aligned}
\hat{\boldsymbol{\theta}} = \arg\max_{\boldsymbol{\theta}} l(\boldsymbol{\theta}) &= \arg\max_{\boldsymbol{\theta}}\left(N\ln\frac{1}{\sqrt{2\pi\sigma}}-\frac{1}{\sigma^2}\cdot\frac{1}{2}\sum_{i=1}^{N}(y_1-\boldsymbol{\theta}^{\mathrm{T}}\boldsymbol{x}_i)^2\right)\\
\Rightarrow\hat{\boldsymbol{\theta}} &= \arg\max_{\boldsymbol{\theta}}\left(\frac{1}{2}\sum_{i=1}^{N}(y_1-\boldsymbol{\theta}^{\mathrm{T}}\boldsymbol{x}_i)^2\right)
\end{aligned}
\tag{2-14}
$$

由此可见，式（2-14）等价于式（2-7），这就说明了从统计学的角度来看，用均方误差作为代价函数来优化模型是合理的。

2.1.5　最小二乘法和正规方程

最小二乘法（Least Square Method，LSM），又称最小平方法，是解决回归拟合问题最常用的一种优化方法。它通过最小化每个观测数据与预测值之间误差的平方和来寻找数据的最佳函数拟合。利用最小二乘法可以简便地求得回归模型的参数，并使得模型预测的数据与实际数据之间误差的平方和为最小。

对于整个训练样本数据集 $T=\{(\boldsymbol{x}_1,y_1),(\boldsymbol{x}_2,y_2),\cdots,(\boldsymbol{x}_i,y_i),\cdots,(\boldsymbol{x}_N,y_N)\}$，令

$$
\boldsymbol{y}=\begin{bmatrix}y_1\\y_2\\\vdots\\y_N\end{bmatrix},\boldsymbol{\theta}=\begin{bmatrix}\theta_0\\\theta_1\\\vdots\\\theta_M\end{bmatrix},\ \boldsymbol{X}=\begin{bmatrix}\cdots & \boldsymbol{x}_1^{\mathrm{T}} & \cdots\\\cdots & \boldsymbol{x}_2^{\mathrm{T}} & \cdots\\ & \vdots & \\\cdots & \boldsymbol{x}_N^{\mathrm{T}} & \cdots\end{bmatrix}
$$

其中，$\boldsymbol{y}$ 为 $N\times1$ 的列向量，称为标签向量，N 代表训练样本的个数；$\boldsymbol{\theta}$ 为 $(M+1)\times1$ 的列向量，称为模型系数向量，M 代表样本的特征数；$\boldsymbol{X}$ 为 $N\times(M+1)$ 维的矩阵，称为特征矩阵。

由式（2-5）可得到用矩阵形式表示的简洁表达式为

$$
\boldsymbol{y}=\boldsymbol{X}\boldsymbol{\theta}
\tag{2-15}
$$

根据式（2-15），可将式（2-6）的代价函数 $J(\boldsymbol{\theta})$ 用矩阵形式改写为

$$
J(\boldsymbol{\theta}) = \frac{1}{2N}\sum_{i=1}^{N}(y_i-\boldsymbol{\theta}^{\mathrm{T}}\boldsymbol{x}_i)^2 = \frac{1}{2N}(\boldsymbol{X}\boldsymbol{\theta}-\boldsymbol{y})^{\mathrm{T}}(\boldsymbol{X}\boldsymbol{\theta}-\boldsymbol{y})
\tag{2-16}
$$

对式（2-16）的 $J(\boldsymbol{\theta})$ 进行化简，得

$$
\begin{aligned}
J(\boldsymbol{\theta}) &= \frac{1}{2N}(\boldsymbol{X}\boldsymbol{\theta}-\boldsymbol{y})^{\mathrm{T}}(\boldsymbol{X}\boldsymbol{\theta}-\boldsymbol{y})\\
&= \frac{1}{2N}(\boldsymbol{\theta}^{\mathrm{T}}\boldsymbol{X}^{\mathrm{T}}-\boldsymbol{y}^{\mathrm{T}})(\boldsymbol{X}\boldsymbol{\theta}-\boldsymbol{y})\\
&= \frac{1}{2N}(\boldsymbol{\theta}^{\mathrm{T}}\boldsymbol{X}^{\mathrm{T}}\boldsymbol{X}\boldsymbol{\theta}-\boldsymbol{\theta}^{\mathrm{T}}\boldsymbol{X}^{\mathrm{T}}\boldsymbol{y}-\boldsymbol{y}^{\mathrm{T}}\boldsymbol{X}\boldsymbol{\theta}+\boldsymbol{y}^{\mathrm{T}}\boldsymbol{y})
\end{aligned}
$$

$$= \frac{1}{2N}(\boldsymbol{\theta}^{\mathrm{T}}\boldsymbol{X}^{\mathrm{T}}\boldsymbol{X}\boldsymbol{\theta} - 2\boldsymbol{\theta}^{\mathrm{T}}\boldsymbol{X}^{\mathrm{T}}\boldsymbol{y} + \boldsymbol{y}^{\mathrm{T}}\boldsymbol{y}) \tag{2-17}$$

注意：上式中的 $\boldsymbol{\theta}^{\mathrm{T}}\boldsymbol{X}^{\mathrm{T}}\boldsymbol{y}$ 和 $\boldsymbol{y}^{\mathrm{T}}\boldsymbol{X}\boldsymbol{\theta}$ 互为转置，且结果为标量（1×1 的矩阵），因此二者相等，可以合二为一。

在最小二乘法中，我们要求出使得代价函数 $J(\boldsymbol{\theta})$ 最小的模型系数向量 $\boldsymbol{\theta}$。为此，需要求出 $J(\boldsymbol{\theta})$ 关于 $\theta_m(m = 0,1,2,\cdots,M)$ 的偏导数，并令其等于0。这里我们省去数学推导过程，直接求得

$$\frac{\partial}{\partial\boldsymbol{\theta}}J(\boldsymbol{\theta}) = \begin{bmatrix} \frac{\partial}{\partial\theta_0}J(\boldsymbol{\theta}) \\ \frac{\partial}{\partial\theta_1}J(\boldsymbol{\theta}) \\ \vdots \\ \frac{\partial}{\partial\theta_M}J(\boldsymbol{\theta}) \end{bmatrix} = \frac{1}{N}(\boldsymbol{X}^{\mathrm{T}}\boldsymbol{X}\boldsymbol{\theta} - \boldsymbol{X}^{\mathrm{T}}\boldsymbol{y}) \tag{2-18}$$

令 $\frac{\partial}{\partial\boldsymbol{\theta}}J(\boldsymbol{\theta}) = 0$，可得

$$\boldsymbol{X}^{\mathrm{T}}\boldsymbol{X}\boldsymbol{\theta} = \boldsymbol{X}^{\mathrm{T}}\boldsymbol{y} \tag{2-19}$$

式（2-19）称为**正规方程**（Normal Equation），它是最小二乘法的矩阵形式。

当 $\boldsymbol{X}^{\mathrm{T}}\boldsymbol{X}$ 为满秩矩阵（full-rank matrix）或正定矩阵（positive definite matrix）时，$\boldsymbol{X}^{\mathrm{T}}\boldsymbol{X}$ 为可逆矩阵，上式两边左乘 $(\boldsymbol{X}^{\mathrm{T}}\boldsymbol{X})^{-1}$，得到

$$\boldsymbol{\theta} = (\boldsymbol{X}^{\mathrm{T}}\boldsymbol{X})^{-1}\boldsymbol{X}^{\mathrm{T}}\boldsymbol{y} \tag{2-20}$$

值得注意的是，式（2-20）包含逆矩阵 $(\boldsymbol{X}^{\mathrm{T}}\boldsymbol{X})^{-1}$，也就是说，仅当 $(\boldsymbol{X}^{\mathrm{T}}\boldsymbol{X})^{-1}$ 存在时式（2-20）才成立。

一般用 $\hat{\boldsymbol{\theta}}$ 来替换 $\boldsymbol{\theta}$，表示它是 $\boldsymbol{\theta}$ 的最小二乘估计，即

$$\hat{\boldsymbol{\theta}} = (\boldsymbol{X}^{\mathrm{T}}\boldsymbol{X})^{-1}\boldsymbol{X}^{\mathrm{T}}\boldsymbol{y} \tag{2-21}$$

根据训练样本集学习得到的模型系数向量 $\hat{\boldsymbol{\theta}}$，对于输入的未知标签的新样本 $\boldsymbol{x}$，可以得到其标签的预测值为

$$\hat{y} = \hat{\boldsymbol{\theta}}^{\mathrm{T}}\boldsymbol{x} = \sum_{m=0}^{M}\hat{\theta}_m x^{(m)} \tag{2-22}$$

最小二乘法是求解线性回归问题的重要算法。但是只有当 $\boldsymbol{X}^{\mathrm{T}}\boldsymbol{X}$ 可逆时，正规方程才有如式（2-20）所示的形式简单的解。通常有两种情况可能导致 $\boldsymbol{X}^{\mathrm{T}}\boldsymbol{X}$ 不可逆。第一种情况是特征向量 $\boldsymbol{x}$ 中的各个特征分量之间相互不独立。如果各个特征分量之间相互不独立，则特征矩阵 $\boldsymbol{X}$ 的各列线性相关，导致它的列秩 $\mathrm{rank}^{\mathrm{C}}(\boldsymbol{X}) < M+1$。根据线性代数中矩阵秩的理论，当 $\mathrm{rank}^{\mathrm{C}}(\boldsymbol{X}) < M+1$ 时，$\mathrm{rank}(\boldsymbol{X}^{\mathrm{T}}\boldsymbol{X}) = \min\{\mathrm{rank}^{\mathrm{C}}(\boldsymbol{X}),\mathrm{rank}^{\mathrm{R}}(\boldsymbol{X})\} < M+1$。这就意味着 $\boldsymbol{X}^{\mathrm{T}}\boldsymbol{X}$ 不满秩，显然 $\boldsymbol{X}^{\mathrm{T}}\boldsymbol{X}$ 不可逆。第二种情况是训练样本的个数 N 小于 $M+1$，则有 $\mathrm{rank}^{\mathrm{R}}(\boldsymbol{X}) \leqslant N < M+1$。由此可知，$\mathrm{rank}(\boldsymbol{X}^{\mathrm{T}}\boldsymbol{X}) < M+1$，即 $\boldsymbol{X}^{\mathrm{T}}\boldsymbol{X}$ 是不可逆的。

当上述两种情况之一发生时，式（2-20）就不成立。此时，求解线性回归问题的正规方程算法就需要涉及广义逆矩阵等较为复杂的线性代数方法，而且最优解也没有较简单的形式了。这正是正规方程算法的一个局限性。正规方程算法的另一个局限性是它的时间复杂度高。即使在 $\boldsymbol{X}^{\mathrm{T}}\boldsymbol{X}$ 可逆的情况下，当训练样本的特征向量维数为 M 时，$\boldsymbol{X}^{\mathrm{T}}\boldsymbol{X}$ 是一个 $M+1$ 阶方

阵，对 $M+1$ 阶方阵求逆算法的时间复杂度为 $O((M+1)^3)$ 。因此，求解正规方程算法的时间复杂度也是 $O((M+1)^3)$ 。这样的算法效率对于解特征较多的回归问题是无法接受的。正是基于以上两个原因，正规方程算法并不是解决所有线性回归问题的万能钥匙。下节将介绍的梯度下降法能较好地弥补正规方程算法的不足之处。

2.1.6 梯度下降法

由于正规方程算法需要计算 $\boldsymbol{X}^{\mathrm{T}}\boldsymbol{X}$ 的逆，因而当训练样本的特征向量维数 M 较大时，求解正规方程的计算量较大，时间复杂度较高。因此，对于有较多特征的线性回归问题，梯度下降法是更实用的求解方法。

在微积分里面，对多元函数的自变量求偏导数，把求得的各个自变量的偏导数以向量的形式写出来，就是梯度。例如，对于二元函数 $f(x,y)$ ，它在点 (x,y) 处的梯度是一个二维列向量，定义为

$$\nabla f(x,y) = \begin{bmatrix} \dfrac{\partial}{\partial x} f(x,y) \\ \dfrac{\partial}{\partial y} f(x,y) \end{bmatrix} = \left(\frac{\partial}{\partial x} f(x,y), \frac{\partial}{\partial y} f(x,y)\right)^{\mathrm{T}} \tag{2-23}$$

函数 $f(x,y)$ 在特定点 (x_0,y_0) 处的梯度就是 $\nabla f(x_0,y_0)$ 。

从几何上讲，梯度向量的方向就是函数最大变化率的方向。具体来说，对于函数 $f(x,y)$ ，在点 (x_0,y_0) 沿着梯度向量的方向，也就是 $\left(\frac{\partial}{\partial x} f(x_0,y_0), \frac{\partial}{\partial y} f(x_0,y_0)\right)^{\mathrm{T}}$ 的方向，是 $f(x,y)$ 值上升最快的方向。或者说，沿着梯度向量的方向，更加容易找到函数的最大值。反过来说，在点 (x_0,y_0) 沿着梯度向量相反的方向，也就是 $-\left(\frac{\partial}{\partial x} f(x_0,y_0), \frac{\partial}{\partial y} f(x_0,y_0)\right)^{\mathrm{T}}$ 的方向，$f(x,y)$ 值下降最快，也就是更加容易找到函数的最小值。

梯度下降法是机器学习最常用的模型优化方法之一，其基本思想是一直朝着函数梯度向量相反方向不断地迭代更新模型参数，可以使函数值得到最快的下降，从而能够尽可能快速地逼近函数极小值点直至收敛，得到最小化的代价函数和最优的模型参数值。

梯度下降法不是一个具体的算法，它是一种在深度神经网络、机器学习等领域中用于迭代寻找函数最优解的常用方法。梯度下降法采用逐步逼近、迭代求解的方法，在理论上它不保证求得最优解。

下面我们以下山为例来直观理解梯度下降法的基本思想。例如我们在登山探险活动中，现在已经到了一座高山上的某处位置，准备下山回家。由于找不到下山的道路，于是决定走一步算一步，也就是在每走一段路径后，往四周观察一下，看看从哪个方向下山速度最快，相当于求解当前位置的梯度，沿着梯度的负方向，也就是沿着下坡的方向继续走一段路。这样一步步地走下去，一直走到山脚。当然，这样走不一定就能走到山脚，而是走到了某一个局部的山谷处。

从上面的例子可以看出，梯度下降法不一定能够找到全局的最优解，有可能是一个局部最优解。当然，如果代价函数是凸函数，梯度下降法原则上是可以收敛到全局最优的，因为此时只有唯一的局部最优解。而实际上深度学习模型是一个复杂的非线性结构，一般属于非凸问题，这意味着存在很多局部最优点（鞍点），采用梯度下降法可能会陷入局部最优，无

法保证收敛到全局最优。梯度下降法是神经网络模型训练最常用的优化算法。对于深度学习模型，基本都是采用梯度下降法来进行优化训练的。

梯度下降法的原理：目标函数 $J(\theta)$ 关于参数 θ 的梯度将是目标函数上升最快的方向。对于最小化优化问题，只需要将参数 θ 沿着梯度相反的方向前进一个步长，就可以实现目标函数的下降。梯度下降法相当于让参数 θ 不断地向 $J(\theta)$ 的最小值位置移动。参数 θ 的更新公式如下：

$$\theta := \theta - \eta \cdot \nabla J(\theta) \tag{2-24}$$

式中，$\nabla J(\theta)$ 是 $J(\theta)$ 关于参数 θ 的梯度；η 表示步长，又称为学习速率。

如果学习速率 η 设置得过大，迭代时可能会越过局部最小值，甚至每次迭代都增加目标函数 $J(\theta)$ 的值，导致无法收敛；如果学习速率 η 设置得过小，虽然可以收敛，但是收敛速度慢，训练时间可能无法接受；如果学习速率 η 设置得稍微大一些，训练速度会很快，但是当接近最优点会发生振荡，甚至无法稳定。经验的做法是：初始时设置较大的学习速率 η，从而有较快的收敛速度，然后逐渐降低学习速率，保证稳定到达最优点。

用梯度下降法求解多元线性回归问题时，设定代价函数为均方误差，即

$$J(\theta) = \frac{1}{2N}\sum_{i=1}^{N}(h(\boldsymbol{x}_i;\boldsymbol{\theta}) - y_i)^2 = \frac{1}{2N}\sum_{i=1}^{N}\left(\sum_{m=0}^{M}\theta_m x_i^{(m)} - y_i\right)^2 \tag{2-25}$$

优化目标是找出使代价函数 $J(\boldsymbol{\theta})$ 最小的参数向量 $\boldsymbol{\theta}$。为了求 $J(\boldsymbol{\theta})$ 的最小值，需要对一组参数 θ_m（$m = 0,1,2,\cdots,M$）求代价函数 $J(\boldsymbol{\theta})$ 的偏导数，即

$$\frac{\partial}{\partial\theta_m}J(\boldsymbol{\theta}) = \frac{\partial}{\partial\theta_m}\frac{1}{2N}\sum_{i=1}^{N}\left(\sum_{m=0}^{M}\theta_m x_i^{(m)} - y_i\right)^2, \quad m = 0,1,2,\cdots,M \tag{2-26}$$

当 $m = 0$ 时，

$$\begin{aligned}\frac{\partial}{\partial\theta_0}J(\boldsymbol{\theta}) &= 2 \times \frac{1}{2N}\sum_{i=1}^{N}\left(\sum_{m=0}^{M}\theta_m x_i^{(m)} - y_i\right)\cdot\frac{\partial}{\partial\theta_0}\left(\sum_{m=0}^{M}\theta_m x_i^{(m)} - y_i\right)\\ &= \frac{1}{N}\sum_{i=1}^{N}\left(\sum_{m=0}^{M}\theta_m x_i^{(m)} - y_i\right)\cdot x_i^{(0)}\end{aligned} \tag{2-27}$$

当 $m \geqslant 1$ 时，

$$\begin{aligned}\frac{\partial}{\partial\theta_m}J(\boldsymbol{\theta}) &= 2 \times \frac{1}{2N}\sum_{i=1}^{N}\left(\sum_{m=0}^{M}\theta_m x_i^{(m)} - y_i\right)\cdot\frac{\partial}{\partial\theta_m}\left(\sum_{m=0}^{M}\theta_m x_i^{(m)} - y_i\right)\\ &= \frac{1}{N}\sum_{i=1}^{N}\left(\sum_{m=0}^{M}\theta_m x_i^{(m)} - y_i\right)\cdot x_i^{(m)}\end{aligned} \tag{2-28}$$

由于 $x_i^{(0)} = 1$，式（2-27）和式（2-28）可统一写为一个公式，即当 $m \geqslant 0$ 时，代价函数 $J(\boldsymbol{\theta})$ 的偏导数的计算公式为

$$\frac{\partial}{\partial\theta_m}J(\boldsymbol{\theta}) = \frac{1}{N}\sum_{i=1}^{N}\left(\sum_{m=0}^{M}\theta_m x_i^{(m)} - y_i\right)\cdot x_i^{(m)} \tag{2-29}$$

将式（2-29）代入式（2-24）中，参数 $\theta_m(m = 0,1,2,\cdots,M)$ 的更新公式如下：

$$\theta_m := \theta_m - \eta\frac{1}{N}\cdot\sum_{i=1}^{N}\left(\sum_{m=0}^{M}\theta_m x_i^{(m)} - y_i\right)\cdot x_i^{(m)}, \quad m = 0,1,2,\cdots,M \tag{2-30}$$

梯度下降算法是否已经收敛的判定依据是模型参数向量 $\boldsymbol{\theta}$ 不再变化。实践中，可规定一个最大迭代次数，达到该次数后，不论是否收敛，都停止运算；也可以比较前后两次迭代的

模型参数向量 $\boldsymbol{\theta}$，根据差值是否小于某个预设阈值来判断是否收敛；也可以通过绘制迭代次数与代价函数的关系图表来观察梯度下降法何时趋于收敛。

从式（2-30）可以看出，每一次迭代更新模型参数 θ_m 的过程都需要用到全部的训练样本数据。式中加 $\frac{1}{N}$ 是为了便于理解，由于学习速率 η 为常数，所以，$\eta\frac{1}{N}$ 可以用一个常数表示。

根据计算目标函数梯度所用的训练样本数量的不同，梯度下降法又可以分为批量梯度下降法（Batch Gradient Descent，BGD）、随机梯度下降法（Stochastic GradientDescent，SGD）和小批量梯度下降法（Mini-batch Gradient Descent，MBGD）。

批量梯度下降法，是梯度下降法最普通的形式，是在整个训练样本集上计算目标函数 $J(\theta)$ 的梯度，每一次迭代更新参数 θ 的过程都需要用到全部的训练样本数据，如果训练样本集比较大，可能会面临内存不足问题，而且其收敛速度一般比较慢。

随机梯度下降法（SGD）是梯度下降法的一种改进算法，在每次迭代更新参数 θ 时可以从训练样本集中随机选取一个训练样本来计算目标函数 $J(\theta)$ 的梯度，并不需要用到全部的训练样本数据才进行更新参数 θ，因此计算速度较快，能够大幅度地降低算法的时间复杂度。在批量梯度下降算法还没有完成一次迭代时，随机梯度下降算法就已经更新多次。SGD 通过每次随机选用不同的样本进行迭代达到对整体数据的拟合。采用随机梯度下降法可以进行在线学习，即得到了一个样本，就可以执行一次参数更新。但这种只根据一个训练样本更新参数的办法也存在一个问题：并不是每一次迭代的移动方向都向着整体最优化的“正确”方向。因此，SGD 最终求得的最优解往往不是全局最优解，而只是局部最优解。然而，大的整体方向是向着全局最优解的，最终的结果往往是在全局最优解附近。在大多数情况下，SGD 无论是运行速度还是结果正确性都优于批量梯度下降法。

小批量梯度下降法介于批量梯度下降法和随机梯度下降法之间，选取训练样本集中给定数量（一般取值为 2～100）的训练样本来计算目标函数 $J(\theta)$ 的梯度，更新参数。这样可以保证训练过程更稳定，而且采用批次训练方法也可以利用矩阵计算的优势。这是目前最常用的梯度下降法。

2.2　多项式回归

在 2.1.2 节的房价预测问题中，用一个线性回归模型来拟合房屋特征及房价之间的关系。考虑采用线性模型假设的一个前提是标签与特征属性之间呈近似线性关系。然而，在有些实际问题中，标签与特征属性的关系并非线性的，而是呈多项式关系。在这种情形下，标签与特征属性之间的关系就称为多项式关系。当标签与特征属性之间呈近似多项式关系时，可以使用线性回归的一个变形——多项式回归（Polynomial Regression）来拟合标签与特征属性之间的关系。

假设在一个回归问题中，训练样本数据中只含有一个特征，并且标签与该特征之间呈现图 2-1 所示的关系。从图中可以清晰地看出标签与特征之间并不存在线性关系。随着特征值的增大，标签值经历了先下降后上升的过程，呈现出一元二次多项式的变化趋势。如果要用一个模型来拟合标签与特征的关系，可以考虑采用次数不超过 2 的一元多项式回归模型。

从这个例子可以看到，尽管训练样本数据中只有一个特征 x ，但是如果将 1、x 、x^2 均看作特征，则一元二次多项式回归模型 $h(x;\boldsymbol{\theta}) = \theta_0 + \theta_1 x + \theta_2 x^2$ 也可以看作标签关于这 3 个特征的线性回归模型，从而可以直接应用梯度下降法或正规方程算法来求解线性回归问题。将上述分析推广到一般情况，一元 d 次多项式回归模型为 $h(x;\boldsymbol{\theta}) = \theta_0 + \theta_1 x + \cdots + \theta_d x^d$ 。当自变量有多个时，可以推广到多元多项式回归模型。例如，二元二次多项式回归模型为

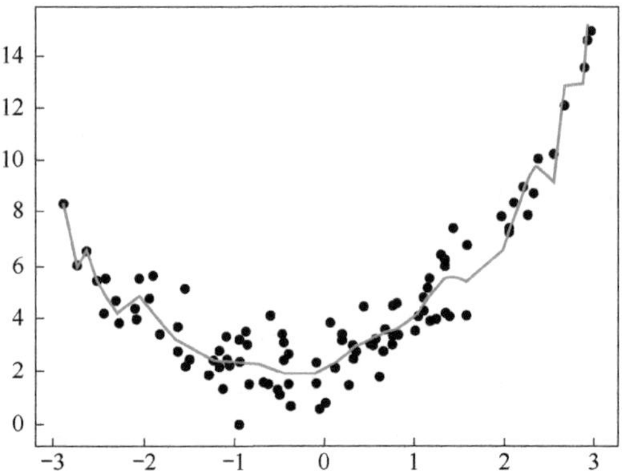

图 2-1　多项式模型拟合

$$h(\boldsymbol{x};\boldsymbol{\theta}) = \theta_0 + \theta_1 x_1 + \theta_2 x_2 + \theta_3 x_1^2 + \theta_4 x_2^2 + \theta_5 x_1 x_2 \tag{2-31}$$

多项式回归问题可以通过变量替换化为多元线性回归问题来解决。

对于一元 d 次多项式回归模型，令 $x_1 = x$, $x_2 = x^2$ ，…, $x_d = x^d$ ，则一元 d 次多项式回归模型就转化为 d 元线性回归模型

$$h(x;\boldsymbol{\theta}) = \theta_0 + \theta_1 x_1 + \cdots + \theta_d x_d \tag{2-32}$$

对于二元二次多项式回归模型（2-31），令 $z_1 = x_1$, $z_2 = x_2$, $z_3 = x_1^2$, $z_4 = x_2^2$, $z_5 = x_1 x_2$ ，则二元二次多项式回归模型就转化为五元线性回归模型

$$h(\boldsymbol{x};\boldsymbol{\theta}) = \theta_0 + \theta_1 z_1 + \theta_2 z_2 + \theta_3 z_3 + \theta_4 z_4 + \theta_5 z_5 \tag{2-33}$$

通常，随着自变量个数和多项式模型阶次的增加，曲线呈现更为拟合训练样本数据的趋势。但是，对于训练样本之外的数据，高阶次模型并不一定比低阶次模型更能反映数据的本质。在机器学习领域，将模型在训练样本集上表现很好（甚至是完美拟合），但在测试样本集上表现不佳，模型泛化能力差的现象称为“过拟合”。过拟合的根本问题在于训练样本数量过少，特征向量维数过高（通常比样本数量还多），模型过于复杂。

学习器在训练样本集上的误差称为训练误差，在新样本上的误差称为泛化误差。好的学习器必须泛化误差小，得到的模型才具有较好的泛化能力。

那么，怎样避免过拟合呢？一般可以采用扩大训练样本集的方法或正则化方法。有时往往因为条件有限，如人力、物力、财力的不足，不能收集到更多的训练样本数据，则只能采用正则化方法。

2.3　线性回归的正则化——岭回归和套索回归

前面介绍了如何使用线性回归算法来拟合学习器，但在多元线性回归中，当自变量数量较多的时候容易出现多重共线性和过拟合的问题。针对上述问题，通常可以采用以下两种方案来解决（但不局限于这两种方案）：一是进行特征变量筛选，直接减少特征数量（硬方法）；二是使用正则化方法，不一定减少特征数量，通过添加正则项（惩罚约束）来解决（软方法）。

下面介绍的岭回归和套索回归都是线性回归的正则化方法，能够处理较为复杂的数据回归问题。所谓正则化，就是在模型的代价函数上增加一个正则项（Regularizer，也叫作惩罚

项）。由于求解回归模型的目标是使得代价函数最小，显然加上正则项可以防止回归系数变得过大而使模型变得复杂。最常用的正则化方法就是加上 L_1 范数正则项或 L_2 范数正则项。其防止过拟合的原理从本质上来说属于数学上的特征缩减（Shrinkage）。由于过拟合过分追求“小偏差”使模型过于复杂，导致拟合的数据分布与真实分布偏差很小但方差很大。此时拟合出的曲线斜率的绝对值大，也就是函数的偏导数大。因而要避免偏导数过大就要减小参数，即通过设置惩罚因子，使得影响较小的特征的系数衰减到 0，只保留重要特征，从而降低模型复杂度，进而达到避免过拟合的目的。这里的模型复杂度并非指多项式的阶次高低，而是指模型空间中可选模型的数量多少。

需要注意的是，在进行岭回归和套索回归之前，数据一般都要先进行中心化和标准化（Normalization），就是减去所有数据的均值，再除以标准差。从几何上看，就是先将所有数据平移到原点，再把所有数据赋予相同的量纲，这样有助于之后的计算。

2.3.1　岭回归

线性回归的 L_2 范数正则化通常称为岭回归（Ridge Regression）。它和一般线性回归的区别是在代价函数上增加了一个 L_2 范数正则项，L_2 范数正则项有一个调节线性回归项和正则项权重的系数 λ 。岭回归的目标函数表达式为

$$J(\boldsymbol{\theta}) = \frac{1}{2}\sum_{i=1}^{N}\left(\sum_{m=0}^{M}\theta_m x_i^{(m)} - y_i\right)^2 + \frac{1}{2}\lambda\sum_{m=0}^{M}\theta_m^2 \tag{2-34}$$

式中，$\lambda(\lambda > 0)$ 为正则化系数，也称惩罚因子，需要进行调优。通过确定 λ 的值可以使得模型在方差和偏差之间达到平衡。随着 λ 的增大，模型方差减小而偏差增大。

将式（2-34）改写成矩阵形式是

$$J(\boldsymbol{\theta}) = \frac{1}{2}(\boldsymbol{X\theta} - \boldsymbol{y})^{\mathrm{T}}(\boldsymbol{X\theta} - \boldsymbol{y}) + \frac{1}{2}\lambda\ \|\boldsymbol{\theta}\|_2^2 \tag{2-35}$$

式中，$\|\boldsymbol{\theta}\|_2^2$ 为 $\boldsymbol{\theta}$ 的 L_2 范数。

岭回归的求解与一般的线性回归求解方法是类似的。加入了惩罚项后，在求解参数时仍然要求偏导数。令 $\frac{\partial}{\partial\boldsymbol{\theta}}J(\boldsymbol{\theta}) = 0$ ，可得

$$(\boldsymbol{X}^{\mathrm{T}}\boldsymbol{X} + \lambda\boldsymbol{I})\boldsymbol{\theta} = \boldsymbol{X}^{\mathrm{T}}\boldsymbol{y} \tag{2-36}$$

式中，$\boldsymbol{I}$ 为单位矩阵。

式（2-36）的方程是岭回归下的正规方程（Normal Equation）。如果矩阵 $\boldsymbol{X}^{\mathrm{T}}\boldsymbol{X} + \lambda\boldsymbol{I}$ 可逆，则在岭回归中 $\boldsymbol{\theta}$ 的最优估计为

$$\hat{\boldsymbol{\theta}} = (\boldsymbol{X}^{\mathrm{T}}\boldsymbol{X} + \lambda\boldsymbol{I})^{-1}\boldsymbol{X}^{\mathrm{T}}\boldsymbol{y} \tag{2-37}$$

由式（2-37）可知，在岭回归中，我们计算 $\boldsymbol{X}^{\mathrm{T}}\boldsymbol{X} + \lambda\boldsymbol{I}$ 的逆矩阵，这里 $\lambda > 0$ 是正则化系数，是控制参数，$\boldsymbol{I}$ 为单位矩阵，这样，我们就在矩阵 $\boldsymbol{X}^{\mathrm{T}}\boldsymbol{X}$ 的所有对角元素上都加上了 λ ，因而可解决 $\boldsymbol{X}^{\mathrm{T}}\boldsymbol{X}$ 不可逆的问题。

如果采用梯度下降法求解，则 $\boldsymbol{\theta}$ 的迭代更新公式为

$$\boldsymbol{\theta} := \boldsymbol{\theta} - \eta \cdot (\boldsymbol{X}^{\mathrm{T}}(\boldsymbol{X\theta} - \boldsymbol{y}) + \lambda\boldsymbol{\theta}) \tag{2-38}$$

式中，η 为步长，又称为学习速率。

岭回归在保留所有特征变量的情况下，缩小了回归系数，使得模型相对而言比较稳定，

但相应模型的特征变量过多，模型解释性较差。有没有折中的办法，既可以防止过拟合，又能够克服岭回归模型特征变量多的缺点呢？答案是有，这就是下面介绍的套索回归。

2.3.2 套索回归与稀疏解

线性回归的 L_1 范数正则化通常称为套索回归（Lasso Regression），它和一般线性回归的区别是在代价函数上增加了一个 L_1 范数正则项，L_1 范数正则项有一个系数 λ 来调节代价函数的均方差项和正则项的权重。与岭回归的区别是套索回归的正则项是 L_1 范数，而岭回归的正则项是 L_2 范数。套索回归的目标函数表达式为

$$J(\boldsymbol{\theta}) = \frac{1}{2N}\sum_{i=1}^{N}\left(\sum_{m=0}^{M}\theta_m x_i^{(m)} - y_i\right)^2 + \lambda\sum_{m=0}^{M}|\theta_m| \tag{2-39}$$

式中，$\lambda(\lambda > 0)$ 为正则化系数，也称惩罚因子，需要进行调优。通过确定 λ 的值可以使得模型在方差和偏差之间达到平衡。随着 λ 的增大，模型方差减小而偏差增大。

将式（2-39）改写成矩阵形式是

$$J(\boldsymbol{\theta}) = \frac{1}{2N}(\boldsymbol{X\theta} - \boldsymbol{y})^{\mathrm{T}}(\boldsymbol{X\theta} - \boldsymbol{y}) + \lambda\|\boldsymbol{\theta}\|_1 \tag{2-40}$$

式中，$\|\boldsymbol{\theta}\|_1$ 为 $\boldsymbol{\theta}$ 的 L_1 范数。

L_1 范数正则化的主要作用是使各个特征的权重系数 θ_m（$m = 1,2,\cdots,M$）尽量接近 0，系数 θ_m 为 0 意味着对应的特征可以被剔除，从而在某种程度上起到特征变量筛选的作用，容易得到稀疏解。如果模型的特征非常多，需要压缩，那么套索回归是很好的选择。

由于 L_1 范数用的是绝对值之和，导致套索回归的目标函数在很多点是不可导的，这样前面介绍的最小二乘法（正规方程）、梯度下降法就不能应用在套索回归问题的求解上。那么，我们怎么才能求解套索回归问题呢？

套索回归的求解方法一般有坐标下降法（Coordinate Descent）和最小角回归法（Least Angle Regression），这里我们只介绍坐标下降法。

顾名思义，坐标下降法是沿着坐标轴的方向下降，这和梯度下降不同。梯度下降是沿着梯度的负方向下降。不过梯度下降法和坐标下降法的共同点都是迭代搜索算法，通过启发式的方式一步步迭代求解函数的最小值。坐标下降法在每次迭代搜索中，都选取一个要调整的坐标分量，且固定参数的其他各分量的值。然后，在当前点处沿着选取的分量的坐标轴方向进行一维搜索，移动到该方向上目标函数值最小的那个点。如此循环使用不同的坐标轴方向，直至沿着任何一个坐标轴方向移动都无法降低目标函数值为止。

坐标下降法的数学依据主要是以下结论（此处不做证明）：一个可微分的凸函数 $J(\boldsymbol{\theta})$，其中 $\boldsymbol{\theta}$ 是 $(M+1)\times 1$ 的列向量，即有 $(M+1)$ 个维度。如果在某一点 $\tilde{\boldsymbol{\theta}}$，使得 $J(\boldsymbol{\theta})$ 在每一个坐标轴 $\tilde{\theta}_m(m = 0,1,2,\cdots,M)$ 上都是最小值，那么 $J(\tilde{\boldsymbol{\theta}})$ 就是一个全局的最小值。

于是我们的优化目标就是在 $\boldsymbol{\theta}$ 的 $(M+1)$ 个坐标轴上（或者说向量的方向上）对目标函数做迭代的下降，当所有坐标轴上的 $\theta_m(m = 0,1,2,\cdots,M)$ 都达到收敛时，目标函数最小，此时的 $\boldsymbol{\theta}$ 即为我们要求解的结果。

坐标下降法的具体步骤如下：

1）首先，随机取一个 $\boldsymbol{\theta}$ 向量的初值，记为 $\boldsymbol{\theta}^{(0)}$，其中括号里面的数字代表迭代的轮数，

当前初始轮数为0。

2）对于第 k 轮的迭代：从 $\theta_0^{(k)}$ 开始，到 $\theta_M^{(k)}$ 为止，依次求 $\theta_m^{(k)}$ ，$\theta_m^{(k)}$ 的表达式为

$$\theta_m^{(k)} \in \arg\min_{\theta_m} J(\theta_0^{(k)},\theta_1^{(k)},\cdots,\theta_{m-1}^{(k)},\theta_m,\theta_{m+1}^{(k-1)},\theta_{m+2}^{(k-1)},\cdots,\theta_M^{(k-1)}) \tag{2-41}$$

也就是说 $\theta_m^{(k)}$ 是使 $J(\theta_0^{(k)},\theta_1^{(k)},\cdots,\theta_{m-1}^{(k)},\theta_m,\theta_{m+1}^{(k-1)},\cdots,\theta_M^{(k-1)})$ 最小化时的 θ_m 的值。此时 $J(\boldsymbol{\theta})$ 只有 $\theta_m^{(k)}$ 是变量，其余均为常量，因此最小值容易通过求导或者一维搜索求得。

如果式（2-41）不好理解，再具体一点，在第 k 轮，$\boldsymbol{\theta}$ 向量的（$M+1$）个维度的迭代式如下：

$$\theta_0^{(k)} \in \arg\min_{\theta_0} J(\theta_0,\theta_1^{(k-1)},\theta_2^{(k-1)},\cdots,\theta_M^{(k-1)}) \tag{2-42}$$

$$\theta_1^{(k)} \in \arg\min_{\theta_1} J(\theta_0^{(k)},\theta_1,\theta_2^{(k-1)},\cdots,\theta_M^{(k-1)}) \tag{2-43}$$

$$\theta_2^{(k)} \in \arg\min_{\theta_2} J(\theta_0^{(k)},\theta_1^{(k)},\theta_2,\theta_3^{(k-1)},\cdots,\theta_M^{(k-1)}) \tag{2-44}$$

$$\vdots$$

$$\theta_M^{(k)} \in \arg\min_{\theta_M} J(\theta_0^{(k)},\theta_1^{(k)},\cdots,\theta_m^{(k)},\cdots,\theta_{M-1}^{(k)},\theta_M) \tag{2-45}$$

3）检查 $\boldsymbol{\theta}^{(k)}$ 向量和 $\boldsymbol{\theta}^{(k-1)}$ 向量在各个维度上的变化情况，如果在所有维度上变化都足够小，那么 $\boldsymbol{\theta}^{(k)}$ 即为最终结果，否则转入步骤2），继续第 $k+1$ 轮的迭代。

与梯度下降法比较，坐标下降法有下列特点：

1）坐标下降法在每次迭代搜索中，在当前点处沿着选取的分量的坐标轴方向进行一维搜索 ，而固定参数的其他各分量的值，找到一个函数的局部极小值。而梯度下降总是沿着梯度的负方向求函数的局部最小值。

2）坐标下降法是一种非梯度优化算法。在整个过程中依次循环使用不同的坐标轴方向进行迭代，一个周期的一维搜索迭代过程相当于一个梯度下降的迭代。

3）坐标下降法是利用当前坐标轴方向进行搜索，不需要求目标函数的导数，只按照某一坐标轴方向进行搜索最小值。而梯度下降法是利用目标函数的导数来确定搜索方向的，该梯度方向可能不与任何坐标轴平行。

4）坐标下降法有两个最为重要且优于梯度下降法的应用场合。第一个场合是梯度不存在或梯度函数较为复杂而难以计算。此时，坐标下降法是一个比梯度下降类算法更为简便且易于实现的算法。套索回归就是一个这样的例子。第二个场合是需要求解带约束的优化问题。梯度下降类算法都是针对无约束的优化问题，而坐标下降算法可以用来求解带约束的优化问题。支持向量机的对偶优化问题就是一个这样的例子。

2.3.3 弹性网络

弹性网络（Elastic Net）是岭回归和套索回归的结合，同时使用 L_2 范数和 L_1 范数正则化。弹性网络的目标函数表达式为

$$J(\boldsymbol{\theta}) = \frac{1}{2N}\sum_{i=1}^{N}\left(\sum_{m=0}^{M}\theta_m x_i^{(m)} - y_i\right)^2 + \lambda_1\sum_{m=0}^{M}|\theta_m| + \lambda_2\sum_{m=0}^{M}\theta_m^2 \tag{2-46}$$

这里有两个控制参数 $\lambda_1 > 0$ 和 $\lambda_2 > 0$ 。

将式（2-46）改写成矩阵形式是

$$J(\boldsymbol{\theta}) = \frac{1}{2N}(\boldsymbol{X\theta}-\boldsymbol{y})^{\mathrm{T}}(\boldsymbol{X\theta}-\boldsymbol{y}) + \lambda_1\|\boldsymbol{\theta}\|_1 + \lambda_2\|\boldsymbol{\theta}\|_2^2 \tag{2-47}$$

与岭回归相比，弹性网络能够得到稀疏的模型系数向量 $\hat{\boldsymbol{\theta}}$ ；与套索回归相比，弹性网络能够更加有效地处理成组的相关性的变量。一般来说，弹性网络能够取得更好的预测性能，但代价是引入了更多的控制参数，增加了计算复杂度。

2.4 逻辑斯谛回归

2.4.1 逻辑斯谛回归模型

逻辑斯谛回归，是线性回归的推广，属于广义线性回归模型的一种。所谓广义线性回归，本质上仍然是线性回归，只是把线性回归中的 y 变成了关于 y 的函数。举个例子，最简单的单变量线性回归模型为 $y = \theta_0 + \theta_1 x$ ，现在把 y 在自然对数尺度上进行变换，即变换成 $\ln y = \theta_0 + \theta_1 x$ ，也就是 $y = \exp(\theta_0 + \theta_1 x)$ 。回归模型 $y = \exp(\theta_0 + \theta_1 x)$ 显然是非线性的，但实质上可以通过对 y 取自然对数，使其变换成线性回归（显然当 y 已知时，$\ln y$ 也是已知的）。所以，通常把这种对 y 进行一定变换后可以变换成线性回归的模型叫作广义线性回归模型。

虽然逻辑斯谛回归被称为回归，但其实际上是在线性回归的基础上构造的一种分类模型，并常用于二分类。即在逻辑斯谛回归中，因变量 y 不再是连续数值型变量，而是类别变量（尤其是二分类变量）。

既然逻辑斯谛回归的输出是离散型的类别标签，那么我们有必要引入一种函数，该函数将数值型的数据转化为类别值，对于二分类问题，只有两种输出：$y \in \{0,1\}$ 。在数学中，赫维赛德（Heaviside）函数（或称为单位阶跃函数）就具有这样的性质，如图 2-2 所示。假设输入的值为 x ，则单位阶跃函数的输出 y 为

$$y = \begin{cases} 1, & x \geqslant 0 \\ 0, & x < 0 \end{cases} \tag{2-48}$$

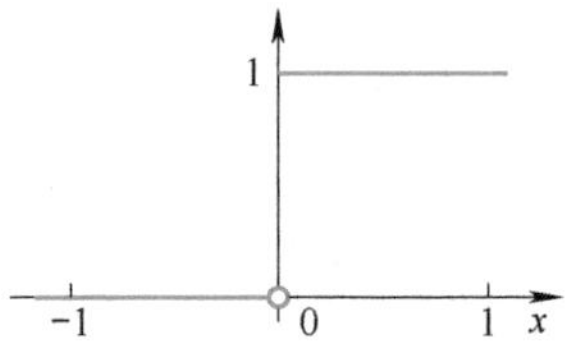

图 2-2 单位阶跃函数

从单位阶跃函数的表达式可以看到，单位阶跃函数在定义域上是不连续的，其在 $x = 0$ 处既不连续也不可微分，属于奇异函数，这不利于我们处理连续值并进行最优化，因此，我们引入一种近似单位阶跃函数——Sigmoid 函数，其数学表达式为

$$y = \frac{1}{1 + e^{-z}} \tag{2-49}$$

Sigmoid 函数也称为逻辑斯谛函数，其图形是一个 S 形曲线，如图 2-3 所示。Sigmoid 函数可以将任意实数值映射到介于 0 和 1 之间的值，然后使用阈值分类器将 0 和 1 之间的值转换为 0 或 1，可以用来完成二分类任务。Sigmoid 函数具有很好的数学性质，可以用于预测类别，并且任意阶可微分，因此可用于求解最优解。

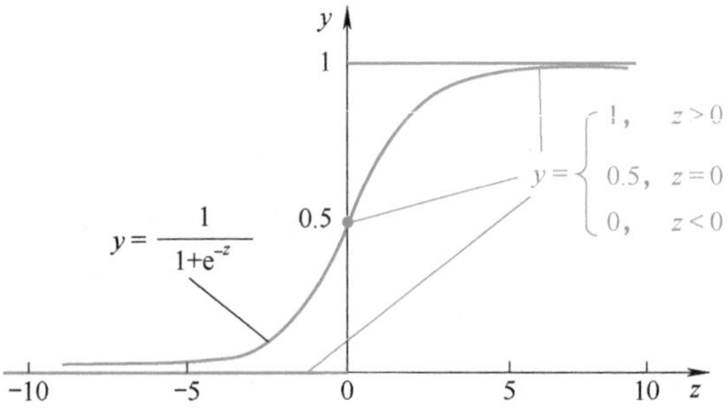

图 2-3 Sigmoid 函数

从图 2-3 可以看到，当 $z = 0$ 时，Sigmoid 函数值为0.5。当 $z > 0$ 时，随着 z 的增大，对应的Sigmoid值将逼近1；而当 $z < 0$ 时，随着 z 的减小，Sigmoid值将逼近0。如果横坐标刻度足够大，此时Sigmoid函数的形式就很接近单位阶跃函数的取值形式了。

根据式（2-4）可以得到线性回归模型如下：

$$z = \theta_0 x^{(0)} + \theta_1 x^{(1)} + \cdots + \theta_m x^{(m)} + \cdots + \theta_M x^{(M)} = \sum_{m=0}^{M} \theta_m x^{(m)} = \boldsymbol{\theta}^{\mathrm{T}} \boldsymbol{x} \tag{2-50}$$

但是从线性回归模型得到的只是预测的数值而非类别标签，假设我们现在面临二分类任务，类别标签值为0和1，因此就要用到刚才介绍的Sigmoid函数，即逻辑斯谛回归模型的形式为

$$y = \frac{1}{1 + \mathrm{e}^{-\theta^{\mathrm{T}} x}} \tag{2-51}$$

在得到式（2-51）所示的模型后，我们可以对其进行变形，得到

$$\ln \frac{y}{1 - y} = \boldsymbol{\theta}^{\mathrm{T}} \boldsymbol{x} \tag{2-52}$$

这样，式（2-52）的右端就和线性回归一样了，因此，逻辑斯谛回归模型是一种广义线性回归模型。在统计学中，通常把某一事件发生的概率与该事件不发生的概率的比值定义为几率（Odds）。如果某一事件发生的概率是 p，那么该事件发生的几率是 $\frac{p}{1-p}$。如果我们把 y 看作是 $\boldsymbol{x}$ 的预测标签为1的后验概率 $P(y = 1 \mid \boldsymbol{x};\boldsymbol{\theta})$，$(1 - y)$ 看作是 $\boldsymbol{x}$ 的预测标签为0的后验概率 $P(y = 0 \mid \boldsymbol{x};\boldsymbol{\theta})$，则 $\boldsymbol{x}$ 的预测标签为1的对数几率就是线性回归模型输出的预测值，所以，逻辑斯谛回归也称为对数几率回归。

逻辑斯谛回归通过使用Sigmoid函数来估计 $\boldsymbol{x}$ 的预测标签为1的后验概率 $P(y = 1 \mid \boldsymbol{x};\boldsymbol{\theta})$，以此建立因变量（我们要预测的标签）与一个或多个自变量（特征）之间的关系。

2.4.2 逻辑斯谛回归的极大似然估计

逻辑斯谛回归模型的数学形式确定后，接下来就是如何求解模型中的参数。在统计学中，常常使用极大似然估计法来求解，即找到使似然函数最大化的一组参数。

在逻辑斯谛回归模型中，$\boldsymbol{x}$ 的预测标签为1的后验概率为

$$P(y = 1 \mid \boldsymbol{x};\boldsymbol{\theta}) = \frac{1}{1 + \mathrm{e}^{-\theta^{\mathrm{T}} x}} = \frac{\mathrm{e}^{\theta^{\mathrm{T}} x}}{\mathrm{e}^{\theta^{\mathrm{T}} x} + 1} \tag{2-53}$$

$\boldsymbol{x}$ 的预测标签为0的后验概率为

$$P(y = 0 \mid \boldsymbol{x};\boldsymbol{\theta}) = 1 - \frac{1}{1 + \mathrm{e}^{-\theta^{\mathrm{T}} x}} = \frac{1}{\mathrm{e}^{\theta^{\mathrm{T}} x} + 1} \tag{2-54}$$

对于给定训练样本数据集 $T = \{(\boldsymbol{x}_1, y_1), (\boldsymbol{x}_2, y_2), \cdots, (\boldsymbol{x}_i, y_i), \cdots, (\boldsymbol{x}_N, y_N)\}$，定义似然函数为

$$L(\boldsymbol{\theta}) = P(\boldsymbol{y} \mid \boldsymbol{X};\boldsymbol{\theta}) = \prod_{i=1}^{N} [P(y_i = 1 \mid \boldsymbol{x}_i;\boldsymbol{\theta})]^{y_i} \cdot [1 - P(y_i = 1 \mid \boldsymbol{x}_i;\boldsymbol{\theta})]^{1-y_i} \tag{2-55}$$

为了更方便求解，我们对等式两边同取对数，写成对数似然函数

$$\begin{aligned}
\ln L(\boldsymbol{\theta}) &= \sum_{i=1}^{N}\{y_i \cdot \ln[P(y_i = 1 \mid \boldsymbol{x}_i;\boldsymbol{\theta})] + (1 - y_i) \cdot \ln[1 - P(y_i = 1 \mid \boldsymbol{x}_i;\boldsymbol{\theta})]\} \\
&= \sum_{i=1}^{N}\left\{y_i \cdot \ln\frac{\mathrm{e}^{\theta^{\mathrm{T}}x_i}}{\mathrm{e}^{\theta^{\mathrm{T}}x_i}+1} + (1 - y_i) \cdot \ln\frac{1}{\mathrm{e}^{\theta^{T}x_i}+1}\right\} \\
&= \sum_{i=1}^{N}\left\{y_i \cdot \boldsymbol{\theta}^{\mathrm{T}}\boldsymbol{x}_i - y_i \cdot \ln(\mathrm{e}^{\boldsymbol{\theta}^{\mathrm{T}}x_i}+1) + (y_i - 1) \cdot \ln(\mathrm{e}^{\theta^{\mathrm{T}}\boldsymbol{x}_i}+1)\right\} \\
&= \sum_{i=1}^{N}\left\{y_i \cdot \boldsymbol{\theta}^{\mathrm{T}}\boldsymbol{x}_i - \ln(\mathrm{e}^{\boldsymbol{\theta}^{\mathrm{T}}x_i}+1)\right\}
\end{aligned} \tag{2-56}$$

逻辑斯谛回归模型的学习目标（策略）是使每个训练样本属于其真实类别的概率越大越好，即选择出使 $\ln L(\boldsymbol{\theta})$ 的取值最大的模型参数向量 $\boldsymbol{\theta}$，作为我们所要估计的最佳参数向量 $\hat{\boldsymbol{\theta}}$，即

$$\hat{\boldsymbol{\theta}} = \arg\max_{\boldsymbol{\theta}}\sum_{i=1}^{N}\left[y_i \cdot \boldsymbol{\theta}^{\mathrm{T}}\boldsymbol{x}_i - \ln(\mathrm{e}^{\boldsymbol{\theta}^{\mathrm{T}}x_i}+1)\right] \tag{2-57}$$

我们可以采用前面介绍的梯度下降法等优化算法来求解模型参数，限于篇幅这里就不再赘述。

2.4.3 逻辑斯谛回归的特点

虽然逻辑斯谛回归的名字中包含“回归”二字，但其实它是一种分类方法，下面阐述逻辑斯谛回归模型的优缺点及其与线性回归模型的异同点。

1. 优点

1）逻辑斯谛回归实际上是使用线性回归模型的预测值逼近分类任务真实标签的对数几率，直接对分类的可能性（概率）进行建模，无须事先假设数据满足某种分布类型，从而避免了假设分布不准确带来的问题。

2）逻辑斯谛回归模型不仅可以预测出样本的类别，而且还可以得到预测为某类别的近似概率，这在许多需要利用概率辅助决策的任务中比较实用。

3）逻辑斯谛回归模型中使用的对数损失函数是任意阶可导的凸函数，有很好的数学性质，可避免局部最小值问题。

4）逻辑斯谛回归模型适用于一般的分类问题，尤其适合对高维特征向量的处理，例如在处理类似广告点击率预测问题时就很有优势。

2. 缺点

1）逻辑斯谛回归模型本质上还是一种线性模型，只能做线性分类，不适合处理非线性的情况，一般需要结合较多的人工特征处理使用。

2）逻辑斯谛回归对正负样本的分布比较敏感，所以要注意样本的平衡性。

3. 与线性回归模型的区别

1）逻辑斯谛回归模型适用于分类任务，而线性回归模型适用于回归任务。

2）线性回归模型一般采用均方误差代价函数，而逻辑斯谛回归模型不能使用均方误差代价函数。如果采用均方误差代价函数，那么将逻辑斯谛回归模型的决策函数代入均方误差

函数后，得到的代价函数是非凸的，而非凸函数的极值点不唯一，因此最终可能会得到一个局部极值点。

2.5 Softmax 回归

2.5.1 Softmax 回归简介

一般而言，逻辑斯谛回归只适用于二分类问题。Softmax 回归模型是逻辑斯谛回归模型在多分类问题上的推广，类别标签 y 可以取 k 个不同的值。例如，手写数字识别问题是一个十元分类问题，有 10 个不同的类别，即 $k = 10$ 。因此，对于训练样本数据集 $T = \{(\boldsymbol{x}_1, y_1),(\boldsymbol{x}_2,y_2),\cdots,(\boldsymbol{x}_i,y_i),\cdots,(\boldsymbol{x}_N,y_N)\}$ ，我们有 $y_i \in \{1,2,\cdots,k\}$（注意此处的类别下标从 1 开始，而不是 0）。

假设有 k 个类别，每个类别的模型参数向量为 $\boldsymbol{\theta}_j(j = 1,2,\cdots,k)$ ，对于给定的训练样本 $\boldsymbol{x}_i$ ，假设函数 $h(\boldsymbol{x}_i;\boldsymbol{\theta})$ 预测的是给定样本属于每一个类别 j 的后验概率 $P(y_i = j \mid \boldsymbol{x}_i;\boldsymbol{\theta}_j)$ 。因此，假设函数 $h(\boldsymbol{x}_i;\boldsymbol{\theta})$ 输出一个 k 维的向量（向量元素的和为 1）来表示这 k 个估计的概率值。具体地说，假设函数 $h(\boldsymbol{x}_i;\boldsymbol{\theta})$ 的表达式为

$$h(\boldsymbol{x}_i;\boldsymbol{\theta}) = \begin{bmatrix} P(y_i = 1 \mid \boldsymbol{x}_i;\boldsymbol{\theta}_1) \\ P(y_i = 2 \mid \boldsymbol{x}_i;\boldsymbol{\theta}_2) \\ \vdots \\ P(y_i = k \mid \boldsymbol{x}_i;\boldsymbol{\theta}_k) \end{bmatrix} = \frac{1}{\sum_{j=1}^{k} \mathrm{e}^{\boldsymbol{\theta}_j^{\mathrm{T}}\boldsymbol{x}_i}} \begin{bmatrix} \mathrm{e}^{\boldsymbol{\theta}_1^{\mathrm{T}}\boldsymbol{x}_i} \\ \mathrm{e}^{\boldsymbol{\theta}_2^{\mathrm{T}}\boldsymbol{x}_i} \\ \vdots \\ \mathrm{e}^{\boldsymbol{\theta}_k^{\mathrm{T}}\boldsymbol{x}_i} \end{bmatrix} \tag{2-58}$$

式中，$\boldsymbol{\theta}_1,\boldsymbol{\theta}_2,\cdots,\boldsymbol{\theta}_k$ 为 $(M+1)\times 1$ 的列向量，是需要求解的模型参数向量。请注意 $1/\sum_{j=1}^{k} \mathrm{e}^{\boldsymbol{\theta}_j^{\mathrm{T}}\boldsymbol{x}_i}$ 这一项对概率分布进行归一化，使得所有概率之和为 1。

为了方便起见，我们同样使用符号 $\boldsymbol{\theta}$ 来表示全部的模型参数。在实现 Softmax 回归时，将 $\boldsymbol{\theta}$ 用一个 $k \times (M+1)$ 的矩阵来表示，该矩阵是将 $\boldsymbol{\theta}_1$ ，$\boldsymbol{\theta}_2$ ，…，$\boldsymbol{\theta}_k$ 按行排列得到的，即为

$$\boldsymbol{\theta} = \begin{bmatrix} \cdots & \boldsymbol{\theta}_1^{\mathrm{T}} & \cdots \\ \cdots & \boldsymbol{\theta}_2^{\mathrm{T}} & \cdots \\ & \vdots & \\ \cdots & \boldsymbol{\theta}_k^{\mathrm{T}} & \cdots \end{bmatrix} \tag{2-59}$$

2.5.2 Softmax 回归模型的代价函数

逻辑斯谛回归模型的代价函数为

$$\begin{aligned} J(\boldsymbol{\theta}) &= -\frac{1}{N}\sum_{i=1}^{N}\{y_i \cdot \ln[P(y_i = 1 \mid \boldsymbol{x}_i;\boldsymbol{\theta})] + (1 - y_i) \cdot \ln[1 - P(y_i = 1 \mid \boldsymbol{x}_i;\boldsymbol{\theta})]\} \\ &= -\frac{1}{N}\left[\sum_{i=1}^{N}\sum_{j=0}^{1} I\{y_i = j\}\ln[P(y_i = j \mid \boldsymbol{x}_i;\boldsymbol{\theta})]\right] \end{aligned} \tag{2-60}$$

式中，$I\{\cdot\}$ 是示性函数（Indicative Function）。

定义 Softmax 回归模型的代价函数为

$$
\begin{aligned}
J(\boldsymbol{\theta}) &= -\frac{1}{N}\left[\sum_{i=1}^{N}\sum_{j=1}^{k} I\{y_i = j\}\ln[P(y_i = j \mid \boldsymbol{x}_i;\boldsymbol{\theta}_j)]\right] \\
&= -\frac{1}{N}\left[\sum_{i=1}^{N}\sum_{j=1}^{k} I\{y_i = j\}\ln\frac{\mathrm{e}^{\boldsymbol{\theta}_j^{\mathrm{T}}\boldsymbol{x}_i}}{\sum_{l=1}^{k}\mathrm{e}^{\boldsymbol{\theta}_l^{\mathrm{T}}\boldsymbol{x}_i}}\right]
\end{aligned} \tag{2-61}
$$

可见，Softmax 回归模型的代价函数与逻辑斯谛回归模型的代价函数在形式上非常类似，只是在类别数上有差别。所以，Softmax 回归模型的代价函数是逻辑斯谛回归模型代价函数的推广。

对于 $J(\boldsymbol{\theta})$ 的最小化问题，目前还没有闭式解法。在此，我们使用梯度下降法的迭代优化算法。经过求导，得到 $J(\boldsymbol{\theta})$ 对 $\boldsymbol{\theta}_j$ 的梯度为

$$
\nabla_{\boldsymbol{\theta}_j} J(\boldsymbol{\theta}) = -\frac{1}{N}\sum_{i=1}^{N}[\boldsymbol{x}_i(I\{y_i = j\} - P(y_i = j \mid \boldsymbol{x}_i;\boldsymbol{\theta}_j))],\quad j = 1,2,\cdots,k \tag{2-62}
$$

式中，$\nabla_{\boldsymbol{\theta}_j} J(\boldsymbol{\theta})$ 是一个向量，它的第 m 个元素 $\frac{\partial}{\partial \theta_j^{(m)}}J(\boldsymbol{\theta})$ 是 $J(\boldsymbol{\theta})$ 对 $\boldsymbol{\theta}_j$ 的第 m 个分量的偏导数。

有了上面的偏导数公式以后，我们就可以将它代入到梯度下降算法中，得到 $\boldsymbol{\theta}_j (j = 1,2,\cdots,k)$ 的更新公式如下：

$$
\boldsymbol{\theta}_j := \boldsymbol{\theta}_j - \eta \cdot \nabla_{\boldsymbol{\theta}_j} J(\boldsymbol{\theta}),\quad j = 1,2,\cdots,k \tag{2-63}
$$

当实现 Softmax 回归算法时，通常会使用上述代价函数的一个改进版本。具体来说，就是和权重衰减（Weight Decay）一起使用，在此就不展开介绍。

2.5.3 Softmax 回归模型参数化的特点

Softmax 回归有一个不寻常的特点：它有一个“冗余”的参数集。为了便于阐述这一特点，假设我们从参数向量 $\boldsymbol{\theta}_j$ 中减去了向量 $\boldsymbol{\psi}$，这时，每一个 $\boldsymbol{\theta}_j$ 都变成了 $\boldsymbol{\theta}_j - \boldsymbol{\psi} (j = 1,2,\cdots,k)$。此时假设函数改写成

$$
\begin{aligned}
P(y_i = j \mid \boldsymbol{x}_i;\boldsymbol{\theta}) &= \frac{\mathrm{e}^{(\boldsymbol{\theta}_j-\boldsymbol{\psi})^{\mathrm{T}}\boldsymbol{x}_i}}{\sum_{l=1}^{k}\mathrm{e}^{(\boldsymbol{\theta}_l-\boldsymbol{\psi})^{\mathrm{T}}\boldsymbol{x}_i}} \\
&= \frac{\mathrm{e}^{\boldsymbol{\theta}_j^{\mathrm{T}}\boldsymbol{x}_i}\mathrm{e}^{-\boldsymbol{\psi}^{\mathrm{T}}\boldsymbol{x}_i}}{\sum_{l=1}^{k}\mathrm{e}^{\boldsymbol{\theta}_l^{\mathrm{T}}\boldsymbol{x}_i}\mathrm{e}^{-\boldsymbol{\psi}^{\mathrm{T}}\boldsymbol{x}_i}} \\
&= \frac{\mathrm{e}^{\boldsymbol{\theta}_j^{\mathrm{T}}\boldsymbol{x}_i}}{\sum_{l=1}^{k}\mathrm{e}^{\boldsymbol{\theta}_l^{\mathrm{T}}\boldsymbol{x}_i}}
\end{aligned} \tag{2-64}
$$

换句话说，从 $\boldsymbol{\theta}_j$ 中减去 $\boldsymbol{\psi}$ 完全不影响假设函数的预测结果。这表明前面的 Softmax 回归模型中存在冗余的参数。更正式一点来说，Softmax 模型被过度参数化了。对于任意一个用于拟合数据的假设函数，可以求出多组参数值，这些参数得到的是完全相同的假设函数 $h(\boldsymbol{x}_i;\boldsymbol{\theta})$。

进一步而言，如果参数 $(\boldsymbol{\theta}_1,\boldsymbol{\theta}_2,\cdots,\boldsymbol{\theta}_k)$ 是代价函数 $J(\boldsymbol{\theta})$ 的极小值点，那么 $(\boldsymbol{\theta}_1-\boldsymbol{\psi},\boldsymbol{\theta}_2-\boldsymbol{\psi},\cdots,\boldsymbol{\theta}_k-\boldsymbol{\psi})$ 同样也是它的极小值点，其中 $\boldsymbol{\psi}$ 可以为任意向量。因此使 $J(\boldsymbol{\theta})$ 最小化的解不是独立的。

注意，当 $\boldsymbol{\psi}=\boldsymbol{\theta}_1$ 时，我们总是可以将 $\boldsymbol{\theta}_1$ 替换为 $\boldsymbol{\theta}_1-\boldsymbol{\psi}=\mathbf{0}$（即替换为全零向量），并且这种变换不会影响假设函数。因此我们可以去掉参数向量 $\boldsymbol{\theta}_1$（或者其他 $\boldsymbol{\theta}_j$ 中的任意一个）而不影响假设函数的表达能力。实际上，与其优化全部的 $k\times(M+1)$ 个参数 $(\boldsymbol{\theta}_1,\boldsymbol{\theta}_2,\cdots,\boldsymbol{\theta}_k)$，不如令 $\boldsymbol{\theta}_1=\mathbf{0}$，只优化剩余的 $(k-1)\times(M+1)$ 个参数，这样算法依然能够正常工作。

在实际应用中，为了使算法实现更简单清楚，往往保留所有参数，而不任意地将某一参数设置为 0。但此时我们需要对代价函数做一个改动：加入权重衰减。权重衰减可以解决 Softmax 回归的参数冗余所带来的数值问题。

2.5.4 Softmax 回归与逻辑斯谛回归的关系

当类别数 $k=2$ 时，Softmax 回归退化为逻辑斯谛回归。这表明 Softmax 回归是逻辑斯谛回归的一般形式。具体地说，当 $k=2$ 时，Softmax 回归的假设函数为

$$h(\boldsymbol{x}_i;\boldsymbol{\theta})=\frac{1}{e^{\boldsymbol{\theta}_1^{\mathrm{T}}\boldsymbol{x}_i}+e^{\boldsymbol{\theta}_2^{\mathrm{T}}\boldsymbol{x}_i}}\begin{bmatrix}e^{\boldsymbol{\theta}_1^{\mathrm{T}}\boldsymbol{x}_i}\\ e^{\boldsymbol{\theta}_2^{\mathrm{T}}\boldsymbol{x}_i}\end{bmatrix} \tag{2-65}$$

利用 Softmax 回归参数冗余的特点，令 $\boldsymbol{\psi}=\boldsymbol{\theta}_1$，并且从两个参数向量中都减去向量 $\boldsymbol{\theta}_1$，得到

$$\begin{aligned}h(\boldsymbol{x}_i;\boldsymbol{\theta})&=\frac{1}{e^{\mathbf{0}^{\mathrm{T}}\boldsymbol{x}_i}+e^{(\boldsymbol{\theta}_2-\boldsymbol{\theta}_1)^{\mathrm{T}}\boldsymbol{x}i}}\begin{bmatrix}e^{\mathbf{0}^{\mathrm{T}}\boldsymbol{x}_i}\\ e^{(\boldsymbol{\theta}_2-\boldsymbol{\theta}_1)^{\mathrm{T}}\boldsymbol{x}_i}\end{bmatrix}\\&=\begin{bmatrix}\dfrac{1}{1+e^{(\boldsymbol{\theta}_2-\boldsymbol{\theta}_1)^{\mathrm{T}}\boldsymbol{x}_i}}\\ \dfrac{e^{(\boldsymbol{\theta}_2-\boldsymbol{\theta}_1)^{\mathrm{T}}\boldsymbol{x}_i}}{1+e^{(\boldsymbol{\theta}_2-\boldsymbol{\theta}_1)^{\mathrm{T}}\boldsymbol{x}_i}}\end{bmatrix}\\&=\begin{bmatrix}\dfrac{1}{1+e^{(\boldsymbol{\theta}_2-\boldsymbol{\theta}_1)^{\mathrm{T}}\boldsymbol{x}_i}}\\ 1-\dfrac{1}{1+e^{(\boldsymbol{\theta}_2-\boldsymbol{\theta}_1)^{\mathrm{T}}\boldsymbol{x}_i}}\end{bmatrix}\end{aligned} \tag{2-66}$$

因此，如果用 $\boldsymbol{\theta}'$ 来表示 $\boldsymbol{\theta}_2-\boldsymbol{\theta}_1$，我们就会发现 Softmax 回归器预测其中一个类别的概率为 $\dfrac{1}{1+e^{(\boldsymbol{\theta}')^{\mathrm{T}}\boldsymbol{x}_i}}$，另一个类别的概率为 $1-\dfrac{1}{1+e^{(\boldsymbol{\theta}')^{\mathrm{T}}\boldsymbol{x}_i}}$，这与逻辑斯谛回归是一致的。

2.6 小结

回归分析是一种研究自变量和因变量之间关系的预测模型，用于分析当自变量发生变化时因变量的变化值，要求自变量相互独立。对于回归问题，最简单的线性模型是线性回归。应用线性回归进行分析时要求自变量是连续型，线性回归用直线（回归线）建立因变量和

一个或多个自变量之间的关系。

在回归分析中有时会遇到线性回归的直线拟合效果不佳，如果发现散点图中数据点呈多项式曲线时，可以考虑使用多项式回归来分析。使用多项式回归可以降低模型的误差，但是如果处理不当易造成模型过拟合，在回归分析完成之后需要对结果进行分析，并将结果可视化以查看其拟合程度。

岭回归是线性回归的 L_2 正则化版本，在共线性数据分析中应用较多，它是一种有偏估计的回归方法，是在最小二乘估计法的基础上做了改进，通过舍弃最小二乘法的无偏性，使回归系数更加稳定和稳健。

套索回归是线性回归的 L_1 正则化版本，其特点与岭回归类似，在拟合模型的同时进行变量筛选和复杂度调整。变量筛选是逐渐把变量放入模型从而得到更好的自变量组合。复杂度调整是通过参数调整来控制模型的复杂度，例如减少自变量的数量等，从而避免过拟合。套索回归也擅长处理多重共线性或存在一定噪声和冗余的数据，可以支持连续型因变量、二元、多元离散变量的分析。

最小二乘法是一种常用的数学优化技术。它通过最小化误差的平方和来求解目标函数的最优值，以解决线性回归问题。最小二乘法适合求解单变量线性回归问题，如果存在多个特征（即多变量）时，需要借助梯度下降和正规方程等方法。梯度下降法和最小二乘法相比，梯度下降法需要选择步长（学习率），而最小二乘法不需要。梯度下降法是迭代求解，最小二乘法是计算解析解。如果样本量不算很大，且存在解析解，最小二乘法比梯度下降法要有优势，计算速度很快。但是如果样本量很大，用最小二乘法由于需要求一个超级大的逆矩阵，这时就很难求其解析解了，使用迭代的梯度下降法比较有优势。

逻辑斯谛回归算法主要用于处理二分类问题，它用 Sigmoid 函数（也称逻辑斯谛函数）预测出一个样本属于正样本的概率值。简单来说，逻辑斯谛回归模型就是将线性回归的结果输入一个 Sigmoid 函数，将回归值映射到 0 ~ 1，表示输出为类别“1”的概率。训练时，采用了极大似然估计，优化的目标函数是一个凸函数，因此能保证收敛到全局最优解。虽然有概率值，但逻辑斯谛回归是一种判别模型而不是生成模型，因为它并没有假设样本特征向量 $\boldsymbol{x}$ 所服从的概率分布，即没有对 $P(\boldsymbol{x},y)$ 建模，而是直接预测类后验概 $P(y\mid\boldsymbol{x};\boldsymbol{\theta})$ 的值。Softmax 回归算法是逻辑斯谛回归算法在多分类问题上的推广，主要用于处理多分类问题。

2.7 习题

1. 什么是回归？哪些模型可用于解决回归问题？
2. 什么是线性回归？解决线性回归的模型有哪些？
3. 什么是正规方程？
4. 请阐述梯度下降法的工作原理。什么是随机梯度下降？与通常的梯度下降有何不同？
5. 什么样的正则化技术适用于线性模型？可以使用 L_1 或 L_2 正则化进行特征选择吗？
6. 什么时候需要对线性模型进行特征归一化？什么情况下可以不做归一化？
7. 逻辑斯谛回归为什么用 Sigmoid 函数？这个函数有什么优点和缺点？

8. 逻辑斯谛回归模型是线性模型还是非线性模型？是生成式模型还是判别式模型？为什么？

9. 如果样本标签值为 0 或 1，请推导逻辑斯谛回归的对数似然函数。

10. 平方误差损失函数和交叉熵损失函数分别适合什么场景？

11. 逻辑斯谛回归为什么使用交叉熵而不使用欧氏距离作为损失函数？

12. 逻辑斯谛回归模型和线性回归模型的区别是什么？Softmax 回归和逻辑斯谛回归是什么关系？

第3章　k-最近邻和k-d树算法

k-最近邻（k-Nearest Neighbors，kNN）法是一种常用的有监督学习方法，可以用于分类和回归任务，其工作机制非常简单：给定一个训练样本集，对于待预测的新输入测试实例，基于某种距离度量找出训练样本集中与其最邻近的$k(k \geqslant 1)$个训练样本；然后基于这k个近邻训练样本的数据进行预测。通常，在分类任务中可使用“投票法”，即选择这k个样本中出现最多的类别标签作为预测结果；在回归任务中可使用“平均法”，即将这k个样本的实际值输出标签的平均值作为预测结果。当$k=1$时，kNN法便成了最近邻（Nearest Neighbor，NN）算法，即寻找最近的那个训练样本。

kNN法的优点是算法简单，缺点是当特征空间的维数和训练样本集很大时计算量相当大，非常耗时。因为每次预测时要计算待预测样本和每一个训练样本的距离，而且要对距离进行排序找到最近邻的k个训练样本。为了提高k-最近邻搜索的效率，减少计算距离的次数，本章还将介绍k-d树（k-dimensional tree）算法。

本章学习目标

- 掌握k-最近邻法的基本原理。
- 熟悉k-最近邻法的三个关键要素和优缺点。
- 熟悉k的取值对k-最近邻法的影响因素。
- 熟悉k-d树的构建过程。

3.1　k-最近邻法

3.1.1　k-最近邻法的基本思想

k-最近邻法体现了“近朱者赤，近墨者黑”的基本思想：给定一个训练样本集，对于待预测类别标签的新输入测试实例，可以在特征空间中计算它与所有训练样本的距离，然后在训练样本集中找到与该测试实例最邻近的k个训练样本（也就是上面所说的k个“邻居”），统计这k个样本所属的类别，其中样本数最多的那个类就是该测试实例所属的类别。

以二维点阵下的二分类问题为例，问题以及求解过程的形式化定义如下：给定一个训练样本集$T=\{(\boldsymbol{x}_1,y_2),(\boldsymbol{x}_2,y_2),\cdots,(\boldsymbol{x}_i,y_2),\cdots,(\boldsymbol{x}_N,y_N)\}$，其中$\boldsymbol{x}_i \in \mathbb{R}^2$为二维平面上的点，$y_i \in \{c_1,c_2\}$表示样本的类别标签。对于一个新的输入测试实例$\boldsymbol{x}$，可以用下式求解该实例的类别标签$y$：

$$y = \arg\max_{c_j} \sum_{(\boldsymbol{x}_i,y_i)\in N_k(\boldsymbol{x})} I_{c_j}(y_i) \tag{3-1}$$

式中，$N_k(\boldsymbol{x})$表示距离测试实例$\boldsymbol{x}$最近的k个样本的集合；$I_{c_j}(y_i)$为指示函数（Indicator Function），即

$$I_{c_j}(y_i) = \begin{cases} 1, & y_i = c_j \\ 0, & y_i \neq c_j \end{cases} \tag{3-2}$$

无论对于分类任务还是回归任务，kNN 算法涉及以下三个关键要素：

- 距离度量，特征空间中样本点的距离是样本点间相似程度的反映。
- 算法超参数 k 的取值。
- 决策规则，例如，对于分类任务，采取少数服从多数的“投票法”；对于回归任务，采用取平均值的规则。

对于给定的训练集，只要上述三个要素确定了，kNN 算法的预测结果也就确定了。kNN 算法用于回归和分类任务的主要区别在于最后做预测时的决策规则不同。下面主要介绍距离度量和 k 值的选择。

3.1.2　距离度量

k- 最近邻法的核心在于在训练样本集之中找到测试实例的邻居，如何找到邻居，邻居的判定标准是什么，用什么来度量？这一问题便是下面要讲的距离度量表示。

kNN 算法要求样本的所有特征都可以做可比较的量化。如果在样本特征中存在非数值的类型，必须采取手段将其量化为数值。例如，如果样本特征中包含颜色（红、黑、蓝）一项，颜色之间是没有距离可言的，可通过将颜色转换为灰度值来实现距离计算。另外，样本的特征向量有多个维度的分量，每一个维度分量都有自己的定义域和取值范围，它们对距离计算的影响也就不一样，如取值较大分量的影响力会盖过取值较小分量的影响力。为了公平，应该尽量将特征向量的每个分量做归一化处理，以减少不同特征分量所带来的干扰。

特征空间中两个实例点之间的距离是两个实例点相似程度的反映。距离越小，表示相似程度越高；相反，距离越大，相似程度越低。

对于 n 维实数向量空间 $\mathbb{R}^n$ 上的两个点 $\boldsymbol{x} = (x_1, x_2, \cdots, x_n)$ 和 $\boldsymbol{y} = (y_1, y_2, \cdots, y_n)$，我们可以定义两点之间一个较为泛化的 L_p 距离——闵可夫斯基距离（Minkowski distance）：

$$L_p(\boldsymbol{x}, \boldsymbol{y}) = \left(\sum_{i=1}^{n} |x_i - y_i|^p \right)^{\frac{1}{p}} \tag{3-3}$$

式中，$p \geqslant 1$ 时满足数学上对距离的定义。闵可夫斯基距离不是一种距离，而是一类距离的定义。

当 $p = 1$ 时，可以称之为曼哈顿距离（Manhattan distance）：

$$L_1(\boldsymbol{x}, \boldsymbol{y}) = \sum_{i=1}^{n} |x_i - y_i| \tag{3-4}$$

曼哈顿距离也称为城市街区距离。

当 $p = 2$ 时，即为最常见的欧氏距离（Euclidean distance）：

$$L_2(\boldsymbol{x}, \boldsymbol{y}) = \sqrt{\sum_{i=1}^{n} (x_i - y_i)^2} \tag{3-5}$$

欧氏距离其实就是空间中两点之间的距离，是最常用的一种距离计算公式。

当 $p = \infty$ 时，可以称之为切比雪夫距离（Chebyshev distance）：

$$L_\infty(\boldsymbol{x}, \boldsymbol{y}) = \max_i |x_i - y_i| \tag{3-6}$$

不同的距离度量所确定的最近邻点是不同的。一般来说，L_1 距离和 L_2 距离都比较常用。需要注意的是，如果两个样本距离越大，那么使用 L_2 会继续扩大距离，即对距离大的情况惩罚越大。反过来说，如果两个样本距离较小，那么使用 L_2 会缩小距离，减小惩罚。也就是说，如果想要放大两个样本之间的不同，使用 L_2 距离会更好一些。

上述距离描述的是对实数向量空间 $\mathbb{R}^n$ 上两个点的度量，只适用于连续变量。而对于文本与文本之间，一般使用汉明距离（Hamming distance）或编辑距离（Edit distance）进行度量。

汉明距离是指对两个等长的字符串而言，将其中一个字符串逐字符替换为另一字符串的最小替换次数，即字符串中所有对应位置下不同字符的数量。编辑距离则常常会在搜索提示的应用场景中作为基准策略接触到，是指对任意两个字符串之间，将其中一个字符串转换为另一个字符串所需要的最少编辑次数，编辑的操作包括把一个字符替换为另一字符、任意位置插入一个字符以及任意位置删除一个字符。汉明距离和编辑距离有一些类似，例如，都计算字符替换的次数，但也有差异，因此，即使是等长的字符串两个距离度量也不一定等价。如图 3-1 所示的例子中，字符串“scale”与“salty”的汉明距离为 4，编辑距离则为 3。

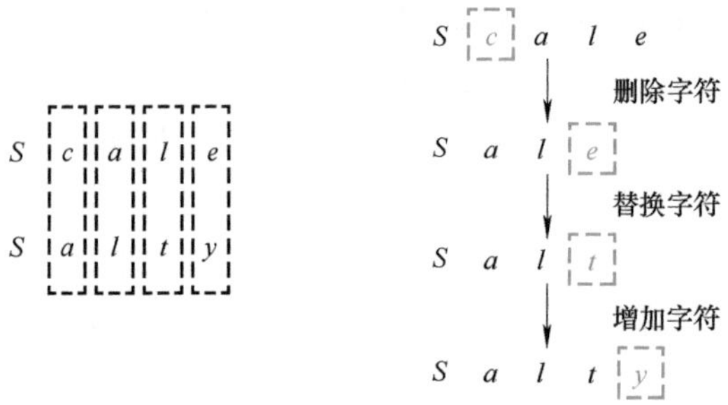

图 3-1 “scale”与“salty”的汉明距离（左）与编辑距离（右）

3.1.3 *k* 值的选择

作为 k-最近邻法中唯一的超参数，k 值的选择对算法的预测结果会产生重要的影响。例如，在图 3-2 中，圆点表示待测试的实例，其类别是未知的。

1）若取 $k=3$，则邻近 3 个训练样本中有 2 个三角形（类别Ⅰ）、1 个正方形（类别Ⅱ），依据少数服从多数的规则，待测试的实例（圆点）被判为类别Ⅰ；

2）若取 $k=5$，则邻近 5 个训练样本中有 2 个三角形（类别Ⅰ），3 个正方形（类别Ⅱ），依据少数服从多数的规则，待测试的实例（圆点）被判为类别Ⅱ。

可见，k-最近邻法中的 k 值选择至关重要。

如果选择较小的 k 值，则相当于用较小的邻域中的训练样本进行预测。

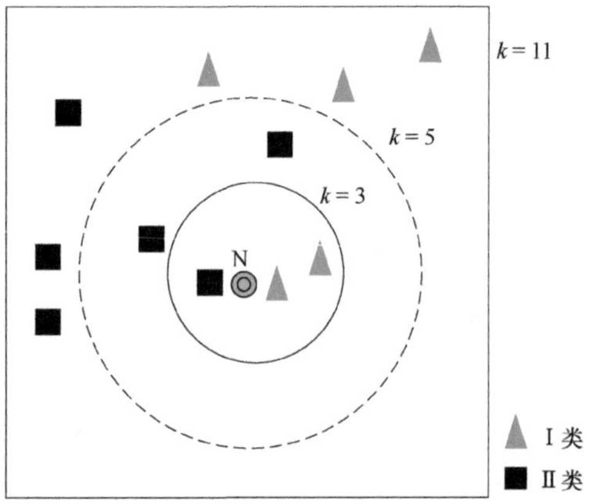

图 3-2 k-最近邻法中 k 值的选择对预测结果的影响

- 优点：训练误差会减小，只有与输入的测试实例较近或相似的训练样本才会对预测结果起作用。
- 缺点：泛化误差会增大，预测结果会对近邻的训练样本非常敏感。如果近邻的训练样本恰巧是噪声，则预测就会出错。换句话说，k 值太小会使模型易受噪声干扰，容易发生过拟合。极端的情况是 $k = 1$，称为最近邻算法，对于待预测的测试实例 $\boldsymbol{x}$，与 $\boldsymbol{x}$ 最近的训练样本决定了 $\boldsymbol{x}$ 的类别。

如果选择较大的 k 值，则相当于用较大邻域中的训练样本进行预测。

- 优点：可以减少泛化误差。
- 缺点：训练误差会增大。这时与输入实例较远（不相似）的训练样本也会起预测作用，使预测发生错误，即 k 值太大会使模型整体变得简单，容易发生欠拟合。一个极端的例子是当 $k = N$ 时，则完全没有分类，无论输入实例是什么，都将它预测为训练样本中最多的类，这样的模型过于简单，完全忽略了训练样本中大量有用的信息，是不可取的。

在实际应用中，通常取较小的 k 值，采用交叉验证法来选择一个合适的 k 值。

3.1.4　k-最近邻法的优缺点

k- 最近邻法具有如下优点：

- 算法简单，易于理解，既可以用于分类任务也可以用于回归任务，且适用于多分类和非线性分类问题。
- 没有显式的训练过程，k 值是唯一的超参数，在确定 k 值后，直接进行预测。实际上它是利用训练样本集对特征向量空间进行划分，并且作为预测的“模型”。
- 由于 k-最近邻法并不关注样本的类别数量，因此在处理类别交叉或重叠较多的待分类样本时，选用 k-最近邻法比较合适。

k -最近邻法具有如下缺点：

- 由于 k-最近邻法属于懒惰学习（Lazy Learning）方法，因此对输入的测试实例进行预测时，需要逐一计算该测试实例与训练样本集的所有训练样本之间的距离，当训练样本集较大、样本的特征向量维数较高时计算量大，耗时长，时间复杂度高；需要大量的内存，空间复杂度高。
- 当存在样本不平衡问题（即有些类别的样本数量很多，而其他类别的样本数量很少）时，对稀有类别的预测准确度低。
- k 值的选取没有一个良好的准则，在分类中需要不断地实验或者根据以往的经验来选取。
- 相比决策树模型，k-最近邻模型可解释性不强。

目前，研究人员对传统的 k-最近邻法进行了不同方面的改进，涌现出了越来越多的改进 k-最近邻法。例如，加权 k -最近邻法、模糊 k -最近邻法等。为了降低样本不平衡对预测准确度的影响，可以对类别进行加权，例如，对样本数量多的类别用较小的权重，而对样本数量少的类别，则使用较大的权重。另外，为了降低 k 值设定的影响，可以对距离进行加权。权重随着距离变化而变化，距离越近，权重越大；反之，距离越远，权重越小。

3.2 k-d 树

在使用 k- 最近邻法进行分类时，对新的实例数据，根据其 k 个最近邻的训练样本的类别，通过多数表决的方式进行预测。最简单的 k- 最近邻法是采用穷举搜索，即要计算输入实例与每一个训练样本的距离。由于在 k-最近邻法中，特征向量一般是 n 维实数向量，所以距离的计算通常采用的是欧氏距离。当特征向量的维数和训练样本集很大时，穷举搜索法的计算非常耗时。为了提高 k- 最近邻搜索的效率，可以考虑使用特殊的结构存储训练数据，以减少计算距离的次数。具体方法有很多，其中 k-d 树（k-dimensional tree）就是一种有效的方法。

k-d 树是在 k 维空间中对数据集进行划分的一种树形数据结构，被广泛用于高维空间的数据索引和查询，例如，图像检索和识别中的高维图像特征向量的 k- 最近邻查找与匹配。

3.2.1 如何构建 k-d 树

在介绍 k-d 树的相关算法前，让我们先回顾一下二叉搜索树（Binary Search Tree，BST）的相关概念，这也是在一维空间中的 k-d 树的情形。

BST 是具有如下性质的二叉树：若它的左子树不为空，则左子树上所有节点的值均小于它的根节点的值；若它的右子树不为空，则右子树上所有节点的值均大于它的根节点的值；它的左、右子树也分别为二叉搜索树。例如，图 3-3 给出了一棵二叉搜索树的例子。

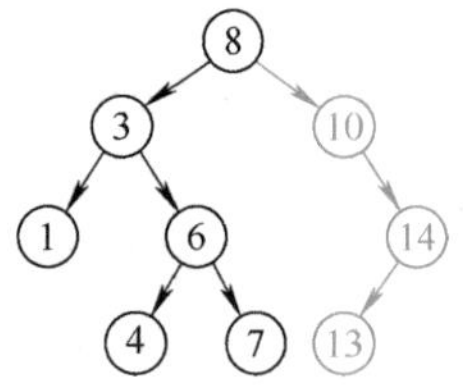

图 3-3　二叉搜索树的一个例子

给定一个一维数据集，怎样构建一棵 BST 树呢？根据 BST 的性质，将数据点一个一个插入到 BST 树中，插入后的树仍然是 BST 树，即根节点的左子树中所有节点的值均小于根节点的值，而根节点的右子树中所有节点的值均大于根节点的值。

将一个一维数据集用一棵 BST 树存储后，当我们要查询某个数据是否位于该数据集中时，只需要将查询数据与节点值进行比较，然后选择对应的子树继续往下搜索即可。例如，给出一个数据集［9 1 4 7 2 5 0 3 8 6］，需要搜索 8。如果采用全遍历算法逐个搜索，那么将会把整个数据集遍历一遍。而如果先对数据集中的数据按大小排序，数据集就变成了［0 1 2 3 4 5 6 7 8 9］，现在如果以 5 为分界点，那么数据集就被划分为两个子集［0 1 2 3 4］和［6 7 8 9］。此时，根本就没有必要进入第一个子集而直接进入第二个子集进行搜索。

如果我们要处理的对象集合是一个 k 维空间中的数据集，那么是否也可以构建一棵类似于一维空间中的二叉搜索树呢？答案是肯定的，只不过推广到 k 维空间后，创建二叉树和查询二叉树的算法会有一些相应的变化，这就是下面我们要介绍的 k-d 树算法。

对于 k-d 树这样一棵二叉树，我们首先需要确定怎样划分左子树和右子树，即一个 k 维数据是依据什么被划分到左子树或右子树的。

在构造一维 BST 树时，一个一维数据根据其与树的根节点和中间节点进行大小比较的结果来决定是划分到左子树还是右子树，同理，我们也可以按照这样的方式，将一个 k 维数据与 k-d 树的根节点和中间节点进行比较，只不过不是对 k 维数据进行整体的比较，而是选择某一个维度，然后比较两个 k 维数据在该维度上的大小，即每次选择一个维度来对 k 维数据进行划分，相当于用一个垂直于该维度方向轴的超平面将 k 维数据空间一分为二，超平面一边的所有 k 维数据在该维度上的值小于平面另一边的所有 k 维数据在对应维度上的值。也就是说，我们每选择一个维度进行如上的划分，就会将 k 维数据空间划分为两个部分，如果我们继续分别对这两个子 k 维空间进行如上的划分，又会得到新的子空间，对新的子空间又继续划分，重复以上过程直到每个子空间都不能再划分为止。以上就是构造 k-d 树的过程，上述过程涉及以下两个重要的问题：

1）每次划分子空间时，怎样确定在哪个维度上进行划分。

2）在某个维度上进行划分时，怎样确保在这一维度上的划分得到的两个子集的数量尽量相等，即左子树和右子树中的节点个数尽量相等。

1. 如何确定划分维度

最简单的方法就是轮着来，即如果这次选择了在第 i 维上进行数据划分，那下一次就在第 $j(j \neq i)$ 维上进行划分，例如，$j = (i \mod k) + 1$。想象一下我们切豆腐时，先是横着切一刀，切成两半后，再竖着切一刀，就得到了小的方块豆腐。

可是“轮着来”的方法是否可以很好地解决问题呢？再次想象一下，我们现在要切的是一根木条，按照“轮着来”的方法先是竖着切一刀，木条一分为二，干净利落，接下来就是再横着切一刀，这个时候就有点考验刀法了，如果木条的直径（横截面）较大，还可以下手，如果直径较小，就没法往下切了。因此，如果 k 维数据的分布像豆腐一样，“轮着来”的划分方法是可以奏效的，但是如果 k 维度上数据的分布像木条一样，“轮着来”就不好用了。因此，还需要想想其他的切法。

如果 k 维数据集的分布像木条一样，那就是说明这 k 维数据在木条较长方向代表的维度上的分布散得比较开，从数学上来说，就是这些数据在该维度上的方差（Variance）比较大，换句话说，正因为这些数据在该维度上分散得比较开，我们就更容易在这个维度上将它们划分开，因此，这就引出了选择维度的另一种方法：最大方差法，即每次选择维度进行划分时，都选择具有最大方差的维度。

2. 如何确保左子树和右子树中的节点个数尽量相等

假设按照最大方差法选择了在第 d 维上进行 k 维数据集 S 的划分，此时需要在第 d 维上将 k 维数据集 S 划分为两个子集 A 和 B，子集 A 中的数据在第 d 维上的值都小于子集 B 中的数据在第 d 维上的值。设 x_d 为划分数据点在第 d 维上的取值，则 S 中的其他所有 k 维数据都在第 d 维上与 x_d 进行比较，如果小于 x_d 则划入子集 A，否则划入子集 B。把子集 A 和子集 B 分别看作左子树和右子树，那么在构造一个二叉树的时候，当然希望它是一棵尽量平衡的树，即左、右子树中的节点个数相差不大。而子集 A 和子集 B 中数据的个数显然与 x_d 的值有关，所以，现在的问题就是如何确定 x_d 的值。给定一个数组，怎样才能得到两个子数组，使得这两个子数组包含的元素个数差不多且其中一个子数组中的元素值都小于另一个子数组呢？方法很简单，就是找到数组中的中值（即中位数），然后将数组中所有元素与中值进行比较，就可以得到上述两个子数组。同样，在第 d 维上进行划分时，划分数据点就选择在第 d 维上的值等于所有数据点在该维度上的中值的那个数据点，这样得到的两个子集数据个数就基本相同了。

解决了上面两个重要的问题后，就可以构造 k-d 树了。

k-d 树也是一棵二叉树，表示对 k 维空间的一个划分，树中的每一个节点对应 k 维空间的一个超矩形区域。根节点对应的超矩形区域包含了所有的数据点，子节点则对应划分后的数据点的子集。超平面将节点不断进行划分，当子节点不能再划分时，划分就会停止，此时我们得到的子节点称为叶子节点，所有数据最终都存放在叶子节点中。

设 $\boldsymbol{R}$ 表示节点中的数据点构成的超矩形，$\boldsymbol{x}$ 表示数据集中的一个划分数据点。划分超平面是经过划分数据点 $\boldsymbol{x}$ 且正交于划分维度方向轴的一个超平面，利用这个超平面把超矩形 $\boldsymbol{R}$ 划分成两个子超矩形 $\boldsymbol{R}_L$ 和 $\boldsymbol{R}_R$。如果划分维度方向轴的序号（split-dim）值取为 d，记 x_d 为划分数据点 $\boldsymbol{x}$ 在划分维度方向轴上的取值。超矩形 $\boldsymbol{R}$ 中的其他数据点在第 d 维的取值记为 x_d^*，如果 x_d^* 小于或等于 x_d，则该数据点就被划分到超矩形的左边的子超矩形 $\boldsymbol{R}_L$（左子节点）中去，反之就被划分到右边的子超矩形 $\boldsymbol{R}_R$（右子节点）中去。$\boldsymbol{R}_L$ 和 $\boldsymbol{R}_R$ 分别表示由左子节点或右子节点中数据点构成的 k-d 树。在二叉树中，一般来说每个节点既是某个节点的子节点，又是某些节点的父节点。特殊的节点有两类：没有子节点的叶子节点和没有父节点的根节点。

构建 k-d 树的过程其实就是不断地选择正交于划分维度上方向轴的超平面，将数据集所在的 k 维空间进行划分，构成一系列不重叠的 k 维超矩形区域，其流程如图 3-4 所示。

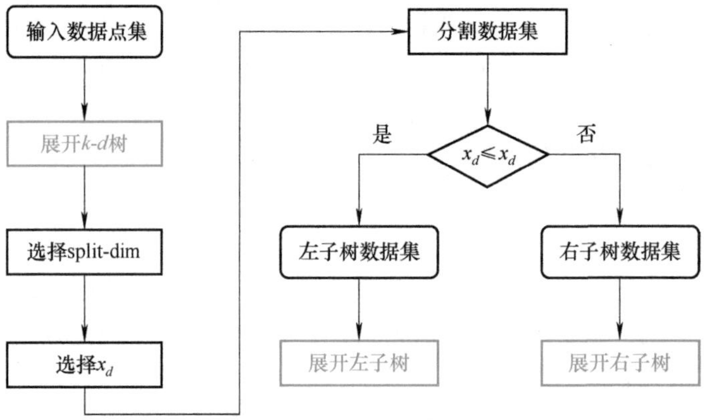

图 3-4　构建 k-d 树的流程

从上面对 k-d 树的描述可以看出，构建 k-d 树是一个逐级展开的递归过程，k-d 树的构建算法描述如下：

输入：k 维空间数据集 $T=\{(\boldsymbol{x}_1,\boldsymbol{x}_2,\cdots,\boldsymbol{x}_i,\cdots,\boldsymbol{x}_N)\}$，其中 $\boldsymbol{x}_i=(x_{i,1},x_{i,2},\cdots,x_{i,k})^{\mathrm{T}}$

输出：k-d 树

1）构建根节点，根节点对应于包含 T 的 k 维空间的超矩形。在 k 维数据集中选择具有最大方差的第 d 维作为划分维度，然后在第 d 维上求取 T 中所有数据点的中值 x_d，将 $x_{i,d} \leqslant x_d$ 的数据点 $\boldsymbol{x}_i$ 划入子超矩形 $\boldsymbol{R}_L$（左子节点），将 $x_{i,d} > x_d$ 的数据点 $\boldsymbol{x}_i$ 划入子超矩形 $\boldsymbol{R}_R$（右子节点）。正好落在划分超平面上的数据点保存在根节点。

2）对左、右两个子节点重复步骤 1）的过程，直至所有子节点都不能再划分为止；如果某个子节点不能再划分时，则将该子节点中的数据保存到叶子节点。

下面以一个简单直观的示例来介绍 k-d 树算法。假设有 6 个二维数据点 $\{(2,3)$，

(5,4),(9,6),(4,7),(8,1),(7,2)}，数据点位于二维空间内，如图 3-5 中的圆点所示。在对数据点进行划分时，*k*-*d* 树采用分而治之的思想，将整个数据集构成的空间按照某种规则依次划分为几个小空间。*k*-*d* 树算法就是要确定图 3-5 中这些划分空间的划分线（多维空间即为划分平面，一般为超平面）。首先，用 $x = 7$ 的粗直线把整个空间划分成左、右两个子空间；然后用 $y = 4$ 和 $y = 6$ 两条细直线分别对左、右两个子空间进行划分，整个空间被划分成四个子空间；最后用 $x = 2$ 、$x = 4$ 和 $x = 8$ 虚直线继续划分子空间，如图 3-5 所示。

具体的划分过程描述如下。

1）第一轮确定划分维度。计算 x 、y 方向轴上数据的方差，6 个二维数据点在 x 、y 维度上的数据方差分别为 6.97、5.37，所以第一轮选择 x 轴为划分维度方向轴。

2）第一轮确定划分维度上的划分数据点。根据 x 轴方向上的值（2，5，9，4，8，7），排序选出中值为 7，所以划分数据点为 (7,2) 。这样，该节点的划分线就是经过 (7,2) 且垂直于 x 轴的直线 $x = 7$ ，如图 3-6 所示。正好落在划分线上的数据点 (7,2) 保存在根节点。

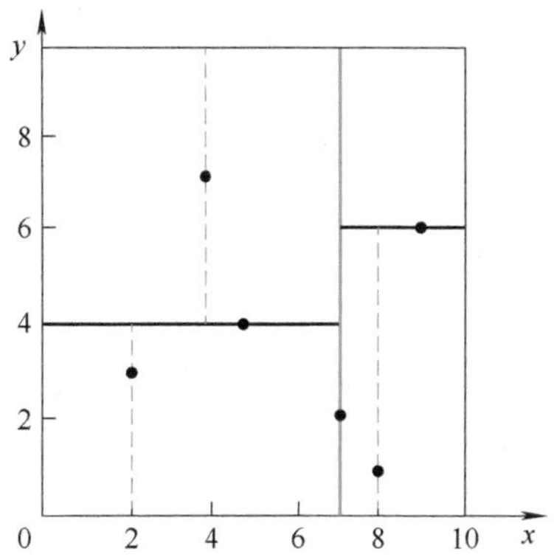

图 3-5　*k*-*d* 树对二维数据集合的空间划分示意图

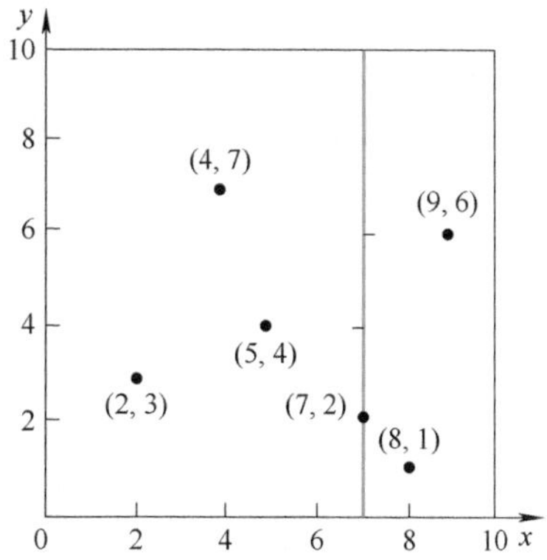

图 3-6　第一轮划分后的结果

3）确定左子空间和右子空间。划分线 $x = 7$ 将整个空间分为两部分，如图 3-6 所示。$x < 7$ 的部分为左子空间，包含 3 个数据点 {(2,3),(5,4),(4,7)}；$x > 7$ 的部分为右子空间，包含 2 个数据点 {(9,6),(8,1)}。

4）第二轮选择 y 轴为划分维度方向轴，继续对左子树的节点 {(2,3),(5,4),(4,7)} 和右子树的节点 {(9,6),(8,1)} 进行划分，就可以得到第二轮的划分数据点 (5,4) 和 (9,6) 。

5）重复上述过程，直到空间中只包含一个数据点。

最后构建的 *k*-*d* 树如图 3-7 所示。

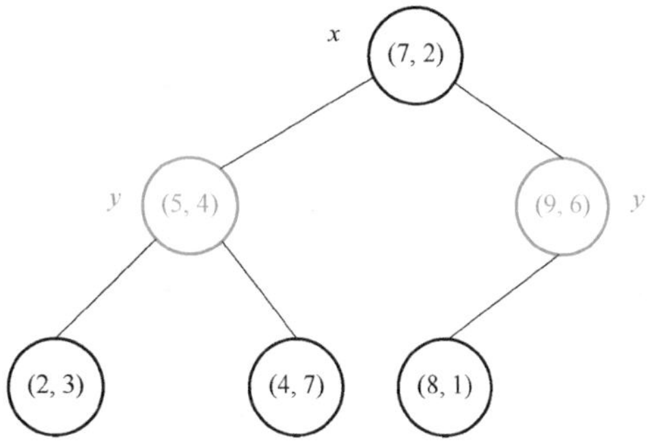

图 3-7　构建的 *k*-*d* 树

3.2.2 如何在 *k-d* 树中搜索

利用 *k-d* 树搜索最近邻样本，可省去对大部分数据的搜索，从而减少计算量。当样本集容量为 N，数据随机分布时，搜索最近邻的时间复杂度为 $O(\log N)$。

1. 最近邻搜索

给定一个输入查询实例，首先找到包含输入查询实例的叶节点。然后从该叶节点出发，依次回溯到父节点。不断搜索与输入查询实例最近邻的节点，当不存在距离更小的节点时终止搜索。

输入查询实例与其最近邻样本点形成的超球体的内部一定没有其他样本点。基于这种性质，最近邻搜索算法描述如下：

1）从根节点开始，按照输入查询实例 $\boldsymbol{x}_Q$ 与各个节点的比较结果向下访问 *k-d* 树，直至到达叶子节点。其中 $\boldsymbol{x}_Q$ 与各个节点的比较指的是将 $\boldsymbol{x}_Q$ 对应于节点中的划分维度上的值 $x_{Q,d}$ 与划分数据点在划分维度方向轴上的取值 x_d 进行比较，若 $x_{Q,d} \leqslant x_d$，则访问左子树，否则访问右子树，直到到达叶子节点。到达叶子节点时，计算 $\boldsymbol{x}_Q$ 与叶子节点上保存的实例之间的距离，记录下最小距离对应的数据点，记为“当前最近邻点” P_{cur} 和“当前最小距离” D_{cur}。

2）为了找到离输入查询实例 $\boldsymbol{x}_Q$ 更近的“最近邻点”，递归地向上回溯，对每个节点执行以下操作：

- 若该节点保存的实例比“当前最近邻点”距离输入查询实例更近，则将该实例更新为“当前最近邻点” P_{cur}，并更新 D_{cur}。
- 若“当前最近邻点”存在于该节点一个子节点对应的区域，检查该子节点的兄弟节点对应区域是否有更近的点。即若“当前最近邻点”与输入查询实例形成的超球体与“当前最近邻点”的父节点的划分超平面相交，则“当前最近邻点”的兄弟节点可能含有更近的点，此时将该兄弟节点作为根节点处理，执行步骤 1）。若不相交，则向上回溯。

3）当回溯到根节点时，搜索结束。最后的“当前最近邻点”，即为输入查询实例 $\boldsymbol{x}_Q$ 的最近邻点。

下面以查询图 3-8 中用星号（★）表示的数据点 (3,5) 为例，描述最近邻搜索的过程。

1）首先从根节点 (7,2) 出发，将“当前最近邻点”设为 (7,2)，对该 *k-d* 树做深度优先遍历。以 (3,5) 为圆心，其到 (7,2) 的距离为半径，画一个圆（多维空间为超球面），可以看出 (8,1) 右侧的区域与该圆不相交，所以 (8,1) 的右子树全部忽略。

2）接着到 (7,2) 左子树根节点 (5,4)，与原最近邻对比距离后，更新“当前最近邻点”为 (5,4)。以 (3,5) 为圆心，其到 (5,4) 的距离为半径，画一个圆，发现 (7,2) 右侧的区域与该圆不相交，忽略 (7,2) 右侧的所有节点，这样 (7,2) 的整个右子树被标记为已忽略。

3）遍历完 (5,4) 的左右叶子节点，发现与“当前最小距离”相等，不更新“当前最近邻点”。

4）回溯查找至根节点 (7,2)，搜索结束。最后的“当前最近邻点” (5,4) 即为输入查

询数据点 (3,5) 的最近邻点。

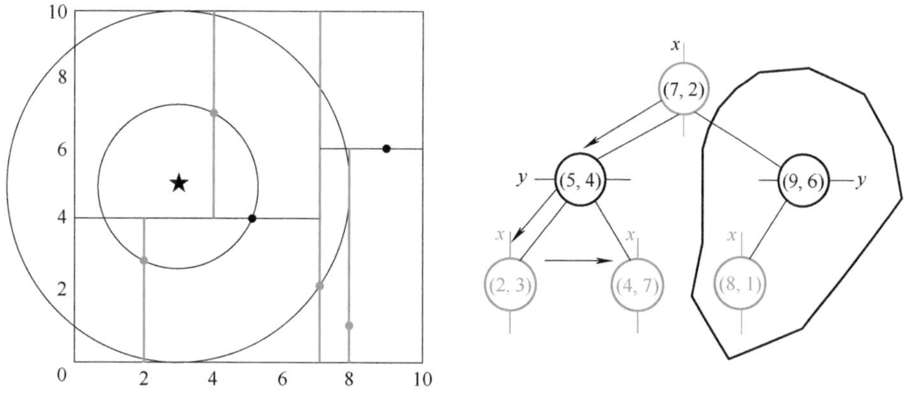

图 3-8　*k*-*d* 树中的搜索

2. *k*-最近邻搜索

注意，*k*-*d* 树中的 *k* 指特征空间的维数，但 *k* -最近邻法中的 *k* 表示最近邻的训练样本数。

最近邻的搜索算法是首先找到叶节点，再依次向上回溯，直至到达根节点。而这里介绍的 *k* -最近邻搜索算法与其相反，是从根节点开始依次向下搜索，直至到达叶节点。*k* -最近邻搜索算法描述如下：

1）首先构建空的最大堆（Heap），从根节点出发，计算当前节点与输入查询实例的距离，若最大堆元素小于 *k* 个，则将距离插入最大堆中；否则比较该距离是否小于堆顶距离值，若小于，则使用该距离替换堆顶元素。

2）递归地遍历 *k*-*d* 树中的节点，通过如下方式控制进入分支：

- 若堆中元素小于 *k* 个或该节点中的样本点与输入查询实例形成的超球体包含堆顶样本点，则进入左、右子节点搜索；
- 否则，若输入查询实例 $\boldsymbol{x}_Q$ 对应于节点中的划分维度上的值 $x_{Q,d}$ 小于划分数据点在划分维度方向轴上的取值 x_d，则进入左子节点搜索；
- 否则，进入右子节点搜索。

3）当到达叶节点时，搜索结束。最后最大堆中的 *k* 个节点，即为输入查询实例的 *k* -最近邻点。

3.3　小结

k- 最近邻法是一种最简单的机器学习算法，既可以用于分类任务也可以用于回归任务。用于分类任务时，对于新输入的测试实例，根据其 *k* 个最近邻训练样本的类别，按照少数服从多数的规则来预测类别标签。用于回归任务时，对于新输入的测试实例，取其 *k* 个最近邻训练样本标签的平均值为预测输出值。

k -最近邻法有三个关键要素，即 *k* 值的选择、距离度量方式和决策规则。其中，*k* 值的选择对 *k* -最近邻法的预测结果会产生较大的影响。

如果 *k* 值选得太小，相当于使用一个比较小的邻域中的训练样本来训练模型。这种情况下得到的模型，只有与训练样本比较靠近的样本才会对预测结果起作用，理论上来说，学习的近似误差会比较小。这种方式的缺点是模型估计误差比较大，预测结果对少部分邻近的样本点十分敏感，因为我们不能保证邻近的样本点会不会正好是噪声点，如果是噪声点，那么模型的预测结果就会出现较大偏差。

如果 k 值选得太大，相当于使用一个比较大的邻域中的训练样本来训练模型。这种情况下得到的模型的优点是可以降低学习的估计误差，缺点是学习的近似误差会增大，因为这种情况下与输入样本距离较远的训练样本（不相似的）也会对预测起作用。另外，如果 k 值选得太大，则计算量也会变得很大，所以需要根据实际情况进行权衡。

实际上，对于一个给定的包含 N 个样本的训练集，利用 k -最近邻法相当于先对这 N 个样本组成的特征空间进行划分，而 k 值的选取决定了这个特征空间被划分成的子空间数量。所以，当 k 值较大时，相当于对特征空间进行了较为复杂的划分，因而相应的模型自然会变得更加复杂，从而更容易发生过拟合。当 k 值较小时，对特征空间只是进行简单的划分，模型的复杂度降低，从而容易产生欠拟合。在实际应用中，通常取较小的 k 值，采用交叉验证法来选择最优的 k 值。

距离的度量方式也是 k -最近邻法的关键要素。距离度量方式有多种，常用的是欧氏距离。需要注意的是，在使用距离度量之前，一般应先对样本特征数据做归一化处理。因为每个样本都有多个特征，每一个特征都有自己的取值范围，不同特征之间的大小差别可能会很大，不同范围的特征取值对距离计算的影响是不一样的，如果不先做归一化处理，那些取值较小但实际比较重要的特征数据的作用可能就会被掩盖，最终结果也会受到很大影响。

在实际应用 k -最近邻法时，还需考虑计算过程优化问题。例如，在训练样本数量较多或特征空间的维数较大时，如果直接采用暴力计算的方式遍历所有点来确定 k 个最近邻点，则计算开销过大。为了提高 k -最近邻法计算效率，减少计算距离的次数，可以考虑使用特殊的数据结构来组织和存储训练样本数据。k-d 树方法就是其中的一种。

k-d 树是一种特殊的二叉树数据结构，其思路是对 k 维空间中的样本数据点进行树状划分和存储，以便对其进行快速搜索。构造 k-d 树的过程相当于不断地用垂直于坐标轴的超平面对 k 维空间进行划分，构成一系列的 k 维超矩形区域。每一个 k 维超矩形区域对应 k-d 树的一个节点。

3.4 习题

1. 请阐述 k -最近邻法的基本思想。
2. k-最近邻法的三个关键要素是什么？
3. k-最近邻法有什么优点和缺点？
4. 如何选择 k -最近邻法中 k 的取值？
5. 请列举常见的距离度量。
6. 在构建 k-d 树过程中，如何确定划分维度和划分数据点？
7. 请简述 k-d 树的构建过程。

第4章　支持向量机

支持向量机（Support Vector Machine，SVM）由统计学家 Vapnik 等人于 1995 年提出，在随后的 20 多年里它是最具影响力的监督式机器学习算法之一，其思想、原理（包括核技巧）是机器学习的重要组成部分。在深度学习技术出现之前，SVM 与核（Kernel）方法结合起来，一度取得了很好的效果，在很多领域得到了广泛的应用。SVM 不仅可以用于模式分类，还可以用于回归分析。它在解决小样本、非线性及高维模式识别中表现出许多特有的优势。支持向量机方法是建立在统计学习理论的 VC 维理论和结构风险最小化原理基础上的，在小样本的情况下，SVM 也可以训练出高精度、泛化性能好的模型，而且核函数可以规避维数灾难问题。

本章首先介绍经验风险最小化、VC 维、结构风险最小化等统计学习理论基础；然后，从最大化间隔的基本思想出发，介绍在训练样本线性可分及线性不可分情况下的 SVM 分类器的工作原理；在此基础上，引入核的概念并简要介绍常用的核函数。

本章学习目标

- 了解经验风险最小化和结构风险最小化的含义以及它们之间的区别。
- 理解“支持向量”的概念以及最大化间隔的基本思想，掌握支持向量机（SVM）的基本原理。
- 熟悉核函数的作用以及核方法的原理。
- 熟悉支持向量机（SVM）的特点及应用场合。

4.1　统计学习理论基础

统计是面对观测数据而缺乏理论模型时最基本的分析手段。统计学在机器学习中起着重要的基础性作用。但是，传统的统计学所研究的主要是渐近理论，即当样本数趋向于无穷大时的极限特征。统计学中关于估计的一致性、无偏性和无偏估计量方差的下界等，都属于这种大样本渐近理论。因此，基于传统统计理论的各种学习方法，都是在样本数足够多的前提下进行研究的，所提出的各种方法只有在样本数趋向于无穷大时其性能才有理论上的保证。但在实际应用中，样本数量往往是十分有限的，训练样本数足够多的前提条件却往往得不到满足。当训练样本数较少时，用传统统计学习方法得到的结果有时并不令人满意。例如，在普通的神经网络学习中，当训练样本数有限时，训练好的学习机（Learning Machine，LM）对输入的新样本表现出很差的预测性能，这种现象称为过拟合现象。

为了解决此类问题，早在 20 世纪 60 年代，Vapnik 等人就开始了统计学习理论的研究，于 20 世纪 60 至 70 年代建立了统计学习理论的基本理论框架。统计学习理论是一种专门研究有限样本情形下机器学习规律的理论。与传统统计学相比，该理论针对有限样本统计问题建立了一套新的理论体系，在这种体系下的统计推理规则不仅考虑了对渐近性能的要求，而且追求在有限信息条件下得到最优结果。从理论上系统地研究了经验风险最小化原则成立的条件、有限样本下经验风险与期望风险的关系以及如何利用这些理论找到新的学习原则和方法等问题，为有限样本的机器学习问题建立了一个良好的理论框架，较好地解决了小样本、非线性、高维数和局部极小点等实际问题，其核心思想就是要使学习机与有限的训练样本相适应。

机器学习问题的基本模型如图 4-1 所示。其中，系统（S）是研究的对象，在给定输入 $\boldsymbol{x}$ 下得到一定的输出 y，输出变量 y 与输入 $\boldsymbol{x}$ 之间存在一定的依赖关系，即存在一个未知联合概率分布函数 $F(\boldsymbol{x},y)$；待求学习机（LM）的预测输出为 $\hat{y}=f(\boldsymbol{x},\alpha),\alpha\in\Lambda$，其中 Λ 是预测函数 $f(\boldsymbol{x},\alpha)$ 的广义参数集。

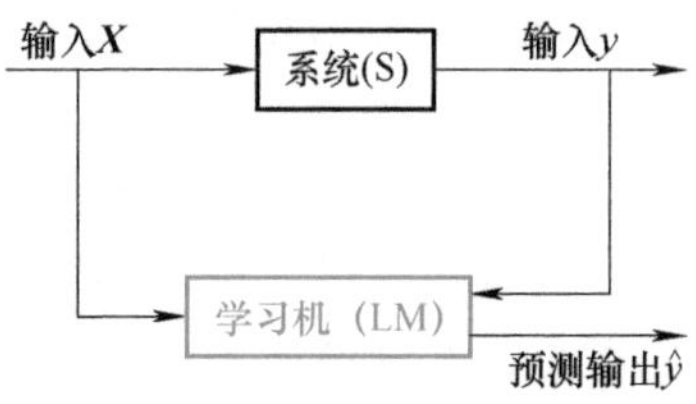

图 4-1 机器学习基本模型

机器学习的目标是根据给定的训练样本集 T 中 N 个独立同分布（i. i. d）的观测样本

$$T=\{(\boldsymbol{x}_1,y_1),(\boldsymbol{x}_2,y_2),\cdots,(\boldsymbol{x}_i,y_i),\cdots,(\boldsymbol{x}_N,y_N)\} \tag{4-1}$$

求取系统输入与输出之间的依赖关系，使之能够对未知输出做出尽可能准确的预测。

4.1.1 经验风险最小化原则

1．统计学习中的风险泛函

为了使得学习机（LM）的预测输出 $\hat{y}$ 尽可能地逼近 y，就要度量用学习机的输出 $f(\boldsymbol{x},\alpha)$ 对给定输入 $\boldsymbol{x}$ 下系统（S）的输出 y 进行预测的损失 $L(y,f(\boldsymbol{x},\alpha))$。定义预测的风险泛函 $R(\alpha)$ 为损失的数学期望，即

$$R(\alpha)=\iint L(y,f(\boldsymbol{x},\alpha))P(\boldsymbol{x},y)\,\mathrm{d}x\mathrm{d}y \tag{4-2}$$

机器学习问题可以形式化地表示为：已知输出变量 y 与输入 $\boldsymbol{x}$ 之间存在一定的依赖关系，即存在一个未知联合概率分布函数 $P(\boldsymbol{x},y)$，则机器学习就是根据训练样本集 T 中 N 个独立同分布（i. i. d）的观测样本，在一组预测函数集 $\{f(\boldsymbol{x},\alpha),\alpha\in\Lambda\}$ 中寻求一个最优的函数 $f(\boldsymbol{x},\alpha^*)$，使得式（4-2）中的期望风险 $R(\alpha)$ 最小。

2．损失函数

不同类型的学习问题有不同形式的损失函数。一般地，机器学习问题有三个经典的研究领域：模式分类、回归分析和概率密度估计。对于模式分类问题，系统的输出是类别标签。在二分类情形下，$y=\{0,1\}$ 或 $y=\{-1,1\}$，而预测函数 $f(\boldsymbol{x},\alpha)$ 则称作指示函数，损失函数可定义为经典的 0-1 损失函数，即

$$L(y,f(\boldsymbol{x},\alpha))=\begin{cases}0, & y=f(\boldsymbol{x},\alpha)\\ 1, & y\neq f(\boldsymbol{x},\alpha)\end{cases} \tag{4-3}$$

当学习机输出的预测值与系统（S）输出的值相同时，分类正确；否则分类错误。

类似地，在回归分析的函数逼近与拟合问题中，假设输出是关于输入的单值连续函数，

此时的损失函数可定义为经典的平方损失，即

$$L(y, f(\boldsymbol{x},\alpha)) = (y - f(\boldsymbol{x},\alpha))^2 \tag{4-4}$$

只要把函数的输出通过一个阈值转化为二值函数，函数拟合问题就变成了二分类问题。

对于概率密度估计问题，若记待估计的密度函数为 $p(\boldsymbol{x},\alpha)$，则其损失函数可定义为经典的似然损失，即

$$L(p(\boldsymbol{x},\alpha)) = -\log p(\boldsymbol{x},\alpha) \tag{4-5}$$

3. 经验风险最小化归纳原则

显然，要使式（4-2）定义的期望风险 $R(\alpha)$ 最小化，需要知道联合概率分布函数 $P(\boldsymbol{x}, y)$，在模式分类问题中，也就是必须已知类先验概率和条件概率密度。但是，在实际的机器学习问题中，只能利用训练样本集 T 中的 N 个观测样本。因此，期望风险无法直接计算和最小化。

根据大数定律，可用算术平均代替式（4-2）中的数学期望，由此，可定义经验风险为

$$R_{\text{emp}}(\alpha) = \frac{1}{N}\sum_{i=1}^{N} L(y_i, f(\boldsymbol{x}_i,\alpha)) \tag{4-6}$$

由于 $R_{\text{emp}}(\alpha)$ 是用已知训练样本（即经验数据）定义的，因此称为经验风险。这样，可用式（4-6）中的经验风险 $R_{\text{emp}}(\alpha)$ 来逼近式（4-2）中的期望风险 $R(\alpha)$。用对参数 $\alpha \in \Lambda$ 求解经验风险 $R_{\text{emp}}(\alpha)$ 的最小值来代替求解期望风险 $R(\alpha)$ 的最小值的归纳原则，就称为经验风险最小化（Empirical Risk Minimization，ERM）归纳原则，简称 ERM 原则。ERM 原则是统计学习的常用指导原则，在统计学习中起着重要的作用。

在回归分析的函数逼近与拟合问题中，将式（4-4）定义的损失函数代入式（4-6）中并使经验风险 $R_{\text{emp}}(\alpha)$ 最小化，就得到了传统的最小二乘拟合方法。

在概率密度估计问题中，采用式（4-5）的损失函数的经验风险最小化方法就是传统的极大似然法。

仔细研究经验风险最小化原则和期望风险最小化要求，可以发现，从期望风险最小化到经验风险最小化并没有可靠的理论依据，只是直观上合理的猜测。

首先，$R_{\text{emp}}(\alpha)$ 和 $R(\alpha)$ 都是 α 的函数，概率论中的大数定律只说明了当样本趋于无穷多时 $R_{\text{emp}}(\alpha)$ 将在概率意义上收敛于 $R(\alpha)$，但并未保证 $R_{\text{emp}}(\alpha)$ 的最小值点 α^*_{emp} 与 $R(\alpha)$ 的最小值点 α^* 相同，更不能保证 $R_{\text{emp}}(\alpha^*_{\text{emp}})$ 能够收敛于 $R(\alpha^*)$，如图 4-2所示。图中的横坐标为参数 α，纵坐标为风险值。

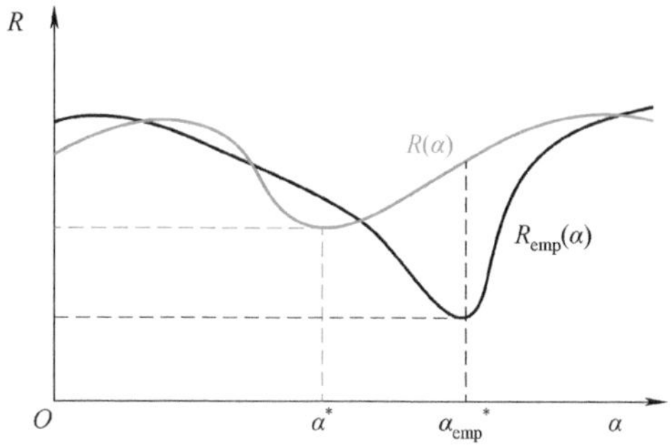

图 4-2　经验风险最小并不一定意味着期望风险最小

其次，即使有办法使得这些条件在样本数无穷大时得到保证，但是无法认定在这些前提下经验风险最小化原则在样本数有限时仍然可以取得好的结果。

4. 经验风险最小化学习过程的一致性

学习过程的一致性条件是统计学习理论的基础，也是与传统统计学的基本联系所在。所

谓学习过程的一致性，就是指当训练样本数目趋于无穷大时，经验风险的最优值能够收敛到期望风险的最优值。假设 $f(\boldsymbol{x},\alpha^*)$ 为 N 个独立同分布样本下使经验风险 $R_{emp}(\alpha)$ 最小的预测函数，且记其相应的经验风险为 $R_{emp}(\alpha^* \mid N)$，而 $R(\alpha^* \mid N)$ 为期望风险。

学习过程一致性的定义：对于预测函数集 $\{f(\boldsymbol{x},\alpha),\alpha \in \Lambda\}$ 和给定的联合概率分布函数 $F(\boldsymbol{x},y)$，如果下列两个序列依概率收敛于同一个极限 $R(\alpha_0)$，即

$$\lim_{N\to\infty} R(\alpha^* \mid N) \to R(\alpha_0) \tag{4-7}$$

$$\lim_{N\to\infty} R_{emp}(\alpha^* \mid N) \to R(\alpha_0) \tag{4-8}$$

式中，$R(\alpha_0)$ 为期望风险的下确界；$R(\alpha^* \mid N)$ 为 N 个独立同分布样本下的期望风险最小值；$R_{emp}(\alpha^* \mid N)$ 为 N 个独立同分布样本下的经验风险最小值，则 ERM 原则对预测函数集 $\{f(\boldsymbol{x},\alpha),\alpha \in \Lambda\}$ 和联合概率分布函数 $F(\boldsymbol{x},y)$ 是一致的。

学习理论的关键定理：假设存在常数 a 和 A，使得对于函数集 $\{f(\boldsymbol{x},\alpha),\alpha \in \Lambda\}$ 中的所有函数和给定的联合概率分布函数 $F(\boldsymbol{x},y)$，满足下列条件：

$$a \leqslant \int L(y,f(\boldsymbol{x},\alpha))\mathrm{d}F(\boldsymbol{x},y) \leqslant A,\alpha \in \Lambda \tag{4-9}$$

则经验风险最小化学习过程一致性的充分必要条件是：经验风险 $R_{emp}(\alpha)$ 在函数集 $\{f(\boldsymbol{x},\alpha),\alpha \in \Lambda\}$ 上在以下意义下一致收敛于期望风险 $R(\alpha)$，即

$$\lim_{N\to\infty} P\left\{\sup_{\alpha\in\Lambda}(R(\alpha) - R_{emp}(\alpha)) > \varepsilon\right\} = 0,\ \forall\varepsilon > 0 \tag{4-10}$$

式中，sup 表示上确界，$P\{\cdot\}$ 表示概率，则称这种一致收敛为一致单边收敛。

从学习理论的关键定理可以看出，基于经验风险最小化原则的学习过程一致性条件是取决于预测函数集中“最坏”的函数。因此，这一结论考虑的是最坏的情形，基于这一条件得到的模式分类方法可能会趋于保守和悲观。

虽然学习理论的关键定理给出了经验风险最小化学习过程的一致性条件，但这一条件并没有给出什么样的学习方法能够满足这些条件。为此，统计学习理论定义了一些指标来衡量函数集的学习性能，其中最重要的就是 Vapnik 和 Chervonenkis 于 1971 年的提出 VC 维（Vapnik-Chervonenkis Dimension）。

4.1.2 函数集的学习性能与 VC 维

为了研究函数集在经验风险最小化原则下的学习过程一致性问题和一致收敛速度，统计学习理论定义了一系列有关函数集学习性能的指标。这些指标大多是从二分类预测函数（即只有 0 或 1 两种取值的指示函数）提出的，后又推广到一般的实函数。

下面给出指示函数集 VC 维的一个等价定义，它强调了估计 VC 维的构造性方法。

对于一个包含 h 个样本的样本集，如果存在一个指示函数集能够以所有可能的 2^h 种方式对样本集中的 h 个样本进行二分类，则称该指示函数集能把样本数为 h 的样本集打散（Shattering）。指示函数集的 VC 维就是能够被该函数集合中的函数打散的样本集的最大样本数目。也就是说，如果存在有 h 个样本的样本集能够被指示函数集打散，而不存在有 $h+1$ 个样本的样本集能够被指示函数集打散，则该指示函数集的 VC 维就是 h。特别地，如果对于任意样本数的样本集总能被这个函数集打散，则称该函数集的 VC 维就是无穷大。

例如，对于二维平面的 3 个不共线且分别标注“+”或“-”类别标签的样本点组成

的样本集，共有 2^3 种标注方式，存在一个指示函数集对每一种标注方式都能将“＋”和“－”分开，如图 4-3 所示。显然，在二维平面上，线性指示函数集总能把由 3 个样本点组成的样本集完全打散，但不能保证将 4 个样本点组成的样本集完全打散，所以线性指示函数集的 VC 维是 3。

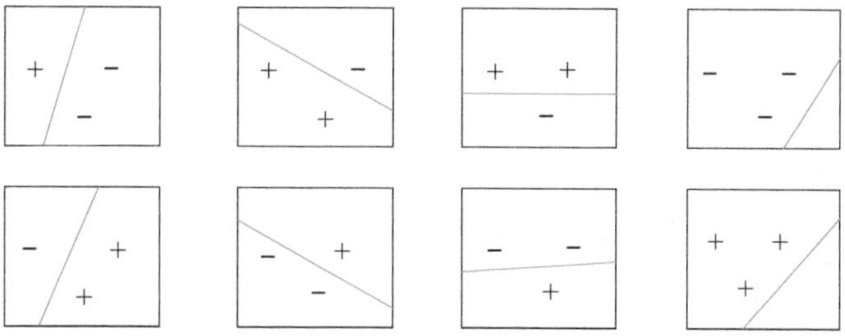

图 4-3　线性指示函数对二维平面上的 3 个样本点进行二分类的示意图

在指示函数集 VC 维的基础上，可以定义有界实函数集的 VC 维。其基本思想是通过一个阈值把实值函数转化为二值的指示函数。

VC 维是统计学习理论中的一个核心概念，它是目前对函数集学习性能最好的描述指标。但遗憾的是，目前尚没有通用的关于如何计算任意函数集的 VC 维的理论，只能对一些特殊的函数集计算其 VC 维。例如，n 维实空间中的线性函数集 $f(\boldsymbol{x},\alpha) = \sum_{i=1}^{n}(\boldsymbol{x}_i\alpha_i + b)$ 的 VC 维是 $n+1$；函数集 $f(\boldsymbol{x},\alpha) = \sin(\boldsymbol{x}\alpha)$ 实现的分类器可以打散任意数目的一维样本集合，所以，其 VC 维是无穷大。对于一些比较复杂的学习机（如神经网络），其 VC 维除了与函数集的选择有关外，通常也受学习算法等因素的影响，因此确定它们的 VC 维更加困难。对于给定的函数集，如何利用相关理论或实验的方法计算其 VC 维仍是当前统计学习理论中有待研究的一个问题。

VC 维反映了函数集的学习能力。一般而言，VC 维越大，学习机预测函数集的学习能力就越强，但学习机也越复杂（容量越大）。

4.1.3　模型的复杂度与泛化能力

早期传统的机器学习方法都是追求经验风险 $R_{\mathrm{emp}}(\alpha)$ 最小化，即在训练学习机的时候尽量使其获得正确的预测结果。然而人们却发现，单纯地追求经验风险最小并不是总能使学习机获得好的预测效果。我们衡量一个学习机的好与坏需要考虑其对未来的样本进行正确预测的能力，即模型的泛化能力或推广性能。在某些情况下，训练误差过小反而会导致学习机模型的泛化能力不强（即实际风险的增加），产生机器学习的“过学习”现象，也称为“过拟合”现象。

之所以出现“过拟合”现象，一是因为训练样本不够充分，二是由于学习机设计得不合理，这是两个互相关联的问题。理论表明，经验风险与期望风险之间具有一定的差异，这种差异在有限样本情况中尤其明显。由于样本数的限制，基于经验风险最小化准则的学习机在实际应用中普遍存在推广能力不足的问题。如果试图用一个十分复杂的模型去拟合有限的样本，将导致模型丧失推广能力。这就是有限样本下学习机的复杂度与推广性能之间的矛盾。

在很多情况下，即使已知问题中的样本来自某个比较复杂的模型，但是由于训练样本有限，若采用复杂的预测函数对样本进行学习，其学习效果通常也不如用相对简单的预测函数，当有噪声存在时就更是如此了。因此，在有限样本下可以得到以下基本结论：

1）经验风险最小并一定意味着期望风险最小，经验风险对学习机的性能存在一定的影响，但不起决定作用。

2）复杂度高的学习机往往具有较低的经验风险，因此经验风险最小化准则的结果，将使学习机变得越来越复杂。

3）学习机的复杂度对其他性能有较大的影响，它不但应与所研究的系统有关，而且要与有限数目的样本相适应。

在有限训练样本情况下，学习精度和推广性能之间的矛盾似乎是不可调和的，采用复杂的学习机容易使训练误差更小，但往往丧失推广性能。因此，人们研究了很多弥补方法，例如在训练误差中对学习机预测函数的复杂度进行惩罚，或者通过交叉验证等方法进行模型选择以控制复杂度等。这些方法虽然使原有方法得到了一定的改进，但是，这些方法多带有经验性质，缺乏完善的理论基础。在神经网络的研究中，对于具体问题可以通过合理设计网络结构和学习算法达到学习精度和推广性能的兼顾，但同样也缺乏有效的理论指导。因此，如何根据实际问题，在学习机的经验风险和模型复杂度之间取得合理的折中，从而使学习机具有更好的推广性能，是需要研究的问题。在给定学习能力的前提下，获得较好的推广能力，是一个好的学习机的设计目标。

4.1.4 推广性的界

根据统计学习理论中关于函数集的推广性的界的结论，对于取值为 0 或 1 的指示函数集中的所有函数（包括使经验风险最小的函数），经验风险 $R_{\text{emp}}(\alpha)$ 和实际风险 $R(\alpha)$ 之间至少以 $1-\eta$ 的概率满足如下关系：

$$R(\alpha) \leqslant R_{\text{emp}}(\alpha) + \sqrt{\frac{h(\ln(2N/h)+1)-\ln(\eta/4)}{N}} \tag{4-11}$$

式中，h 是学习机预测函数集的 VC 维数；N 是训练样本数。

式（4-11）表明，ERM 原则下学习机的实际风险由两部分组成：第一部分 $R_{\text{emp}}(\alpha)$ 是训练样本的经验风险；另一部分 $\sqrt{\frac{h(\ln(2N/h)+1)-\ln(\eta/4)}{N}}$ 称作置信范围，也称作 VC 信任，它不仅受置信水平 $1-\eta$ 的影响，而且还与学习机预测函数集的 VC 维数 h 以及训练样本数 N 有关。由式（4-11）所给出的关于经验风险 $R_{\text{emp}}(\alpha)$ 和实际风险 $R(\alpha)$ 之间差距的上界，它反映了根据 ERM 原则得到的学习机的推广能力，因此称为推广性的界。

进一步分析可以发现，当训练样本数较多，即 N/h 较大时，置信范围就会较小，经验风险最小化原则下的最优解就接近实际的期望风险最优解；然而，当 N/h 较小时，置信范围就较大，此时用经验风险近似实际的期望风险就有较大的误差，用经验风险最小化原则取得的最优解可能具有较差的推广性。

另外，对于一个特定的问题，其训练样本数 N 是固定的，此时学习机的 VC 维越高，即复杂度越高，置信范围就越大，导致实际的期望风险与经验风险之间的误差就越大，就会出现“过学习”现象，这就是为什么在一般情况下选用过于复杂的学习机往往得不到好的效果的原因。因此，在设计分类器时，不但要使经验风险最小化，同时还要使 VC 维尽量小，从而缩小置信范围，使实际的期望风险最小，对未来样本有较好的推广性。

然而，需要指出的是，如同学习理论的关键定理一样，推广性的界也是对最坏情况的结论，式（4-11）所给出的推广性的界在很多情形下是松弛的，尤其当 VC 维比较高时更是如此。研究表明，当 $N/h>0.37$ 时，这个推广性的界是松弛的，而且当 VC 维无穷大时这个界就不再成立了。此外，这种推广性的界往往只在对同一类预测函数进行比较时有效，可以指导从函数集中选择最优的函数，但在不同函数集之间的比较却不一定成立。事实上，寻找反映学习机能力的更好的参数从而得到更好的推广性的界是统计学习理论的重要研究方向之一。

4.1.5　结构风险最小化归纳原则

由以上对推广性的界的讨论可知，经验风险最小化（ERM）归纳原则在训练样本数有限情形下是不合理的，正确的方法应该同时最小化经验风险和置信范围。事实上，在传统的机器学习方法中，选择学习机模型和算法的过程就是优化置信范围的过程。如果选择的学习机模型比较适合现有的训练样本（相当于 N/h 值比较合适），则可以取得比较好的结果。例如，在人工神经网络中，需要根据问题和样本的具体情况来选择不同的网络结构（对应不同的 VC 维），然后进行经验风险最小化求解。

在模式分类中，选定了一种分类器形式（如线性分类器），就确定了学习机的 VC 维。

实际上，这种做法是根据式（4-11）首先通过选择模型来确定置信范围，然后固定置信范围通过经验风险最小化求最小的期望风险。由于缺乏对置信范围的认识，这种选择往往是依赖于先验知识和经验进行的，这就造成了人工神经网络等方法对使用者“技巧”的过分依赖。

为了解决上述问题，Vapnik 于 1982 年提出了结构风险最小化（Structural Risk Minimization，SRM）归纳原则。SRM 原则定义了在对给定数据逼近的精度和逼近函数的复杂度之间的一种折中，即把预测函数集 $S=\{f(\boldsymbol{x},\alpha),\alpha\in\Lambda\}$ 分解为一个函数子集序列 $S_1\subset S_2\subset\cdots\subset S_k\subset\cdots\subset S$，使各个函数子集按照置信范围的大小排列，也就是按照 VC 维的大小排列，即 $h_1\leqslant h_2\leqslant\cdots\leqslant h_k\leqslant\cdots\leqslant h$，在每一个函数子集中寻找最小的经验风险，在函数子集间折中考虑经验风险和置信范围，选择经验风险与置信范围之和最小的子集，就可以达到实际的期望风险最小。这个子集中使经验风险最小的函数就是待求的最优函数，这种思想称为有序风险最小化或结构风险最小化，如图 4-4 所示。

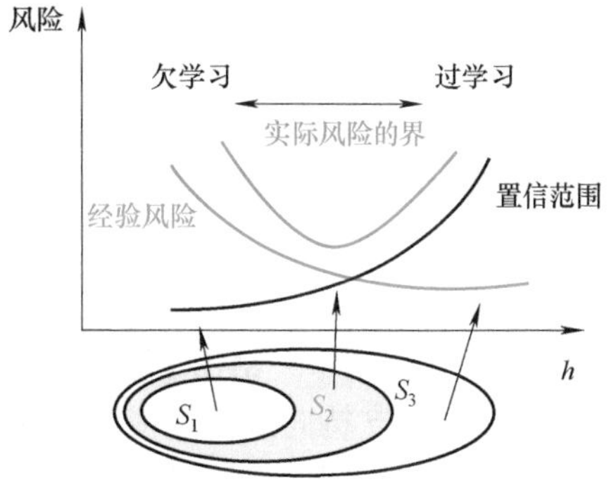

图 4-4　结构风险最小化示意图

在结构风险最小化（SRM）归纳原则下，一个分类器的设计过程包括以下两方面任务：

1）选择一个适当的函数子集，使之对问题来说有最优的分类能力。

2）从这个子集中选择一个判别函数，使得经验风险最小。

其中，第一步相当于模型选择，而第二步则相当于在确定了函数形式后的参数估计。与传统方法不同的是，模型的选择是通过对其推广性的界的估计进行的。

SRM 原则提供了一种不同于 ERM 原则的更科学的学习机设计原则。然而，由于其最终的目的是在经验风险和置信范围之间进行折中，因此，在实际操作中实施这一原则并不容易。如果能够找到一种子集划分方法，使得不必逐一计算就可知道每个子集中可能取得的最小经验风险（例如使所有子集都能把训练样本集完全正确分类，即最小经验风险均为零），则上述的两步任务就可以分开进行，即先选择使置信范围最小的子集，然后在其中选择最优函数，使得经验风险最小。

结构风险最小化（SRM）归纳原则使得学习机在允许的经验风险范围内，总是采用具有最低复杂度的函数集。该理论针对小样本统计问题建立了一套新的理论体系，在这种体系下的统计推理规则不仅考虑了对渐近性能的要求，而且追求在有限信息的条件下得到最优结果。支持向量机方法就是在该理论的基础上发展起来的一种性能优良的机器学习方法。

4.2 支持向量机的基本原理和特点

模式分类就是依据有限的观测数据（训练样本）来寻求样本中蕴涵着的分类关系，建立分类模型，进而用求得的分类模型对未知的待测试样本进行分类。

给定一组训练样本集 $T = \{(\boldsymbol{x}_1,y_1),(\boldsymbol{x}_2,y_2),\cdots,(\boldsymbol{x}_i,y_i),\cdots,(\boldsymbol{x}_N,y_N)\}$ ，其中，$\boldsymbol{x}_i$ 为输入样本，是一个 $\boldsymbol{n}$ 维向量，$\boldsymbol{x}_i \in \mathbb{R}^n$ ；y_i 为输入样本 $\boldsymbol{x}_i$ 的类别标签（期望输出），$y_i \in \{-1,1\}$ 或 $y_i \in \{1,2,\cdots,K\}$ ，K 为类别数；N 为训练样本的数量。

分类的主要任务是通过对训练样本集数据的训练学习，建立一个分类模型 $y = M(\boldsymbol{x})$ ，使其不但能够对训练样本正确分类，而且具有较强的推广（泛化）能力，能够对未知的待测试样本进行分类。

必须强调，仅仅能够对训练样本正确分类的意义不大，重要的是推广（泛化）能力。所谓推广（泛化）能力是指对于输入的待测试样本 $\boldsymbol{x}_i$ ，可以由所建立的分类模型得到正确的对应输出值 y_i 。当然，推广（泛化）能力的强弱首先依赖于训练样本数据本身的性质，这些训练样本数据是否反映了所研究过程的本质，是否具有代表性，其次才是所建立的分类模型的好坏。为了与国际文献中常用的术语保持一致，以下称建立的分类模型 $y = M(\boldsymbol{x})$ 为分类器。

当 $y_i \in \{-1,1\}$ 时，$y = M(\boldsymbol{x})$ 为最简单的二分类器。当 $y_i \in \{1,2,\cdots,K\}$ 时，$y = M(\boldsymbol{x})$ 为 K 分类器。如果分类器 $y = M(\boldsymbol{x})$ 为线性函数（直线或线性超平面），则对应的分类器为线性分类器；否则为非线性分类器。

4.2.1 支持向量机的基本原理

在前面的介绍中，给出了如何得到推广性能最好的学习机的原则，即结构风险最小化（SRM）原则。支持向量机（Support Vector Machine，SVM）是在统计学习理论框架和结构风险最小化原则下提出的一种机器学习方法。SVM 最初用于解决线性分类问题，自 20 世纪 90 年代中期引入核（Kernel）方法后能有效解决非线性分类问题。SVM 方法包含了以下三个最为重要的基本思想：

1）采用基于最大间隔（Maximal Margin）的最优超平面（Optimal Hyperplane），提升线性分类器的推广（泛化）能力；

2）采用基于“软间隔（Soft Margin）”的广义最优超平面，容许训练样本中存在一些离群样本，解决“线性不可分”的样本分类问题。

3）采用适当的核函数技巧，将非线性分类问题转化为线性分类问题求解。

1. 最大间隔与最优超平面

SVM 通过学习样本数据空间中的一个超平面（Hyperplane）达到二分类目的。在预测中，位于超平面一侧的样本被认为是一个类别的，位于超平面另一侧的样本被认为是另一个类别的。

所谓超平面在一维空间中是一个点，在二维空间中是一条线，在三维空间中是一个平面，在更高维度空间中只能被称为超平面。

在普通线性可分类问题中，给定一组训练样本，可以有多个不同的线性分类器对样本进行分类，即有多个不同的超平面符合分类要求。如图 4-5 所示，图中的实心圆点表示一类样本，空心圆圈表示另一类样本，两条不同的直线都可以将两类样本分开。于是，人们要问：在这两条不同的分类直线中哪条直线的分类效果更好？在众多分类直线中是否有最优选择？若有，是否唯一？最优分类直线如何寻求？若将上述问题推广到高维空间，那么 SVM 会选取哪一个超平面作为分类的标准（最优超平面）呢？

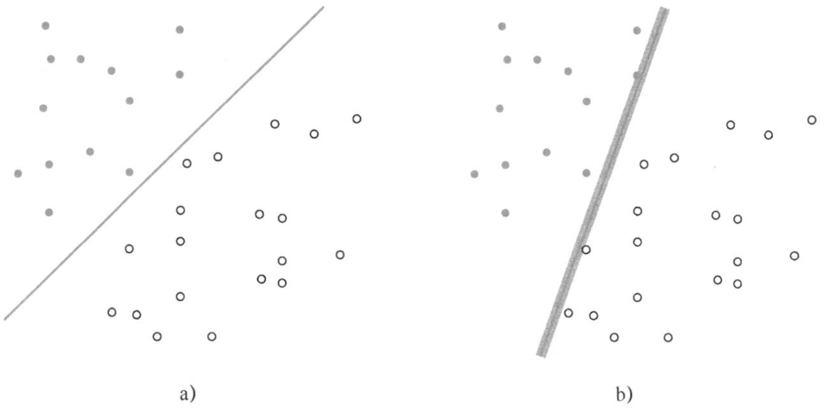

图 4-5　两个不同的线性分类器

机器学习的目的从来不只是能正确匹配训练样本数据，而是要求分类器在新的测试样本数据上有良好表现。那么，在所有可行的线性分类器中，什么样的分类器是好的？为了得到好的泛化性能，在没有任何其他已知条件的情况下，分类器应该平均分配两类样本之间的空白区域，即分类超平面应该不偏向于任何一类样本，并且离两类样本都尽可能远，使得新的测试样本能被分到它更靠近的那一侧。SVM 的目标就是寻找一个分类超平面，不仅能正确地对每一个样本进行分类，并且要使得每一类样本中离超平面最近的样本到超平面的距离尽可能远，即使得间隔（Margin）最大化。对应最大间隔的分类超平面称为最优超平面。

图 4-6 示意了二维空间中的间隔和最优超平面，图中实心圆点和空心圆圈分别代表不同类别的两类样本。$\boldsymbol{H}_0$ 是能够把两类样本完全正确区分开的分类线，$\boldsymbol{H}_1$ 和 $\boldsymbol{H}_{-1}$ 分别过两类样本

中离分类线最近的样本点且平行于分类线 $\boldsymbol{H}_0$ 的临界线，$\boldsymbol{H}_1$ 和 $\boldsymbol{H}_{-1}$ 之间的距离称为间隔。所谓最优分类线就是指不但能将不同类别的两类样本无错误地分开，而且还能使两类样本的间隔最大的分类线。前者是保证经验风险最小（为零），而后者实际上就是使推广性的界的置信范围最小，从而保证真实的期望风险最小，对未来样本有较好的推广性。推广到高维空间，最优分类线就成为最优超平面。

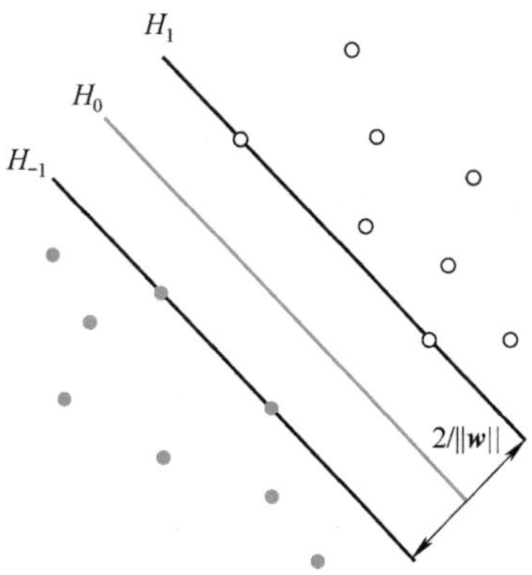

图 4-6　最优超平面示意图

最大间隔和最优超平面可以只由离最优超平面最近的正例样本和反例样本完全确定，我们称这些能确定最优超平面的训练样本为支持向量（Support Vector），这也是支持向量机（SVM）名称的由来。

支持向量是 SVM 方法中最核心的概念之一。在样本集线性可分类的情况下，支持向量都落在分类边界上，如图 4-6 中落在 $\boldsymbol{H}_1$ 和 $\boldsymbol{H}_{-1}$ 上的那些训练样本就被称为支持向量，它们距离最优超平面最近。如果能找出所有的支持向量，则可以完全确定最优超平面，从而完全确定分类模型。

由此，只由样本集中的少数训练样本（支持向量）就能把最大间隔和最优超平面完全确定，其余非支持向量的样本均不起作用，这一点具有十分重要的意义。它说明在间隔最大化原则下的最优分类不是依赖于所有点，而只由支持向量所决定。求最优超平面和最大间隔就等同于确定训练样本是否为支持向量。这预示着 SVM 方法具有好的鲁棒性和较低的算法复杂度。

由支持向量确定的线性分类器称为线性 SVM 分类器。

2. 软间隔与广义最优超平面

在实际情况下，上述线性可分的假设实在是太有局限性了。例如，由于人工标注类别标签的时候标注错了，训练样本集里存在标签错误的样本，我们称这些样本为离群样本。如图 4-7 中的实心圆点和空心圆圈分别表示两类不同的样本点，由于存在一些偏离正确类别样本点位置很远的离群样本点，我们没有办法用一条直线将实心圆点与空心圆圈完全正确地分开，即存在所谓“线性不可分”的情况。

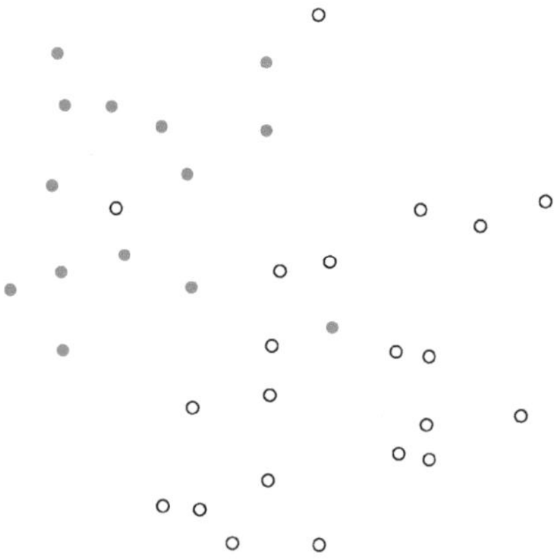
图 4-7　二维空间中线性不可分的样本点

若要将图 4-7 中的实心圆点与空心圆圈分开，有两种处理办法，一种办法是用曲线将其完全分开，如图 4-8 所示，但这是一种非线性的方法；另一种办法还是用直线将其分开，不过不能将所有的实心圆点与空心圆圈正确地分开，而是允许有少量的错分。

那么，针对这些“线性不可分”的样本点，能否构建广义最优超平面，“勉为其难”地建立 SVM 线性分类模型？为此，Cortes 和 Vapnik 提出了“软间隔（Soft Margin）”的概念，通过引入非负松弛变量（Slack Variables），希望在允许错分的情况下寻求最优的分类超平面，使得在错分的样本数尽量少的前提下将“线性不可分”的样本分开。这样得到的最优的分类超平面称为软间隔超平面或广义最优超平面。所谓松弛变量，就是对每一个训练样本 $\boldsymbol{x}_i$ 引入一个非负的变量 $\xi_i(\geqslant 0)$，相当于错分样本的“惩罚”项。ξ_i 值越大，相应的“惩罚”也就越大。当 $\boldsymbol{x}_i$ 被正确分类时，ξ_i 值为零。

图 4-9 给出了松弛变量 ξ_k 的几何解释。图中样本 $\boldsymbol{x}_k$ 被错误分类，它到其本应该归属的类所对应的边界超平面的距离（即线段 AB 的长度），就是松弛变量 ξ_k 的值。

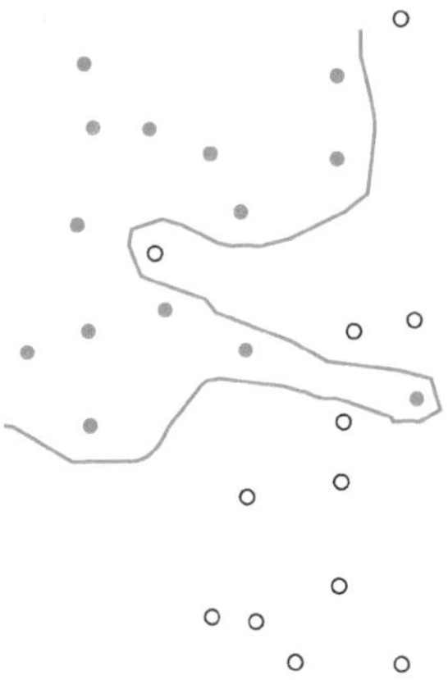

图 4-8　二维空间中的分类曲线

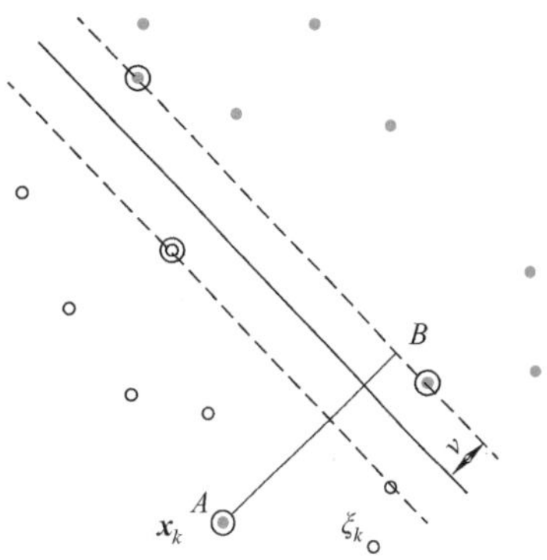

图 4-9　松弛变量几何示意图

3. 非线性分类问题与核函数

线性分类是模式分类中最简单的问题，这类问题已经有较多办法可以对其进行处理，效果还是令人满意的。单纯的线性分类问题在现实中是没有意义的。大量的实际问题都是本质上非线性的，或带有非线性特征，分类问题也不例外。前面虽然讨论了存在离群样本情况下通过引入松弛变量来解决“线性不可分”的问题，但支持向量机还是一个线性分类器，只是允许错分样本的存在。对于训练样本数据本身是非线性结构的情况，那么无论如何也是找不到一个线性分类模型的，这就是所谓的非线性分类问题。

对于非线性分类问题，SVM 方法的基本思想是：通过引入一个非线性映射函数 $\varphi(\cdot)$，将原始样本空间（欧几里得空间）中的样本映射到一个新的特征空间（希尔伯特空间）中，这个新的特征空间的维数一般比原始样本空间的维数要高，甚至可能是无穷维，但可以在高维的特征空间中利用线性分类模型解决原样本空间中的非线性分类问题。简单地说就是实现升维和线性化。

例如，在图 4-10 中，原本在二维样本空间 (x_1, x_2) 中无法实现线性分类的样本点，通过构造新的高维特征 $z_1 = x_1^2$，$z_2 = \sqrt{2}x_1x_2$，$z_3 = x_2^2$，映射到三维特征空间 (z_1, z_2, z_3) 中，然后在这个新的三维特征空间中求解最优分类面或广义最优分类面进行线性分类。

在上面的例子中，特征空间的维数只比原始样本空间的维数增加了一维，但在实际的 SVM 方法中，特征空间的维数通常要增加很多，有时甚至可能增加到无穷维。但我们可以想象：任何有限维度空间中的非线性分类问题总可以转换成更高维度特征空间中的线性分类问题。通常，升维映射都会增加计算的复杂度，甚至会引起“维数灾难”。这样，自然会产生以下两个问题：

1）如何找到非线性映射函数 $\varphi(\cdot)$ 的数学表达式？

2）如何降低升维带来的计算复杂度？

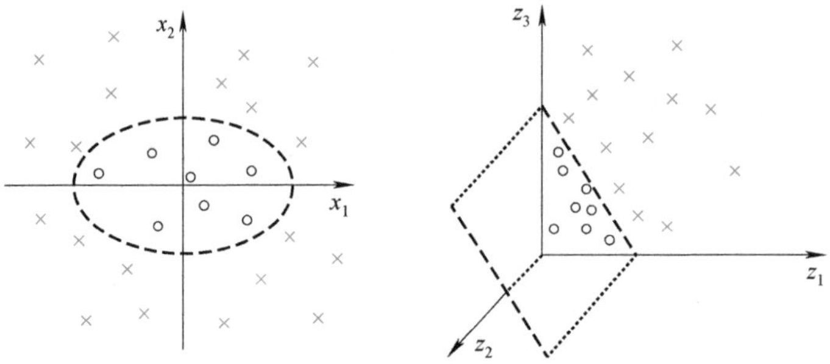

图 4-10　从二维样本空间到三维特征空间的非线性映射示意图

巧妙的是，在 SVM 方法中，通过引入“核函数（Kernel Function）”的技巧，不需要定义复杂的非线性映射函数 $\varphi(\cdot)$ 的显式表达式，即不必将训练样本真正映射到高维特征空间，而只需知道这些训练样本映射到高维特征空间后样本特征向量两两之间的内积即可。也就是说，虽然上例从二维样本空间 (x_1,x_2) 到三维特征空间 (z_1,z_2,z_3) 的映射函数是针对训练样本量身定制的，但在 SVM 方法中并不需要知道非线性映射函数 $\varphi(\cdot)$ 的显式表达式。

如果非线性映射函数 $\varphi(\cdot)$ 选取得当，在低维空间存在函数 $K(\boldsymbol{x}_i,\boldsymbol{x}_j)$，满足式（4-12）的 Mercer 条件，即

$$K(\boldsymbol{x}_i,\boldsymbol{x}_j) = <\varphi(\boldsymbol{x}_i),\varphi(\boldsymbol{x}_j)> = \varphi(\boldsymbol{x}_i)\cdot\varphi(\boldsymbol{x}_j) \tag{4-12}$$

式中，$<\varphi(\boldsymbol{x}_i)\cdot\varphi(\boldsymbol{x}_j)>$ 表示样本 $\boldsymbol{x}_i$ 和 $\boldsymbol{x}_j$ 映射到高维特征空间后的内积，则称 $K(\boldsymbol{x}_i,\boldsymbol{x}_j)$ 为核函数。

由于计算高维特征向量的内积比较困难，所以，在 SVM 方法中，只定义核函数，不显式定义非线性映射函数 $\varphi(\cdot)$，这样就只涉及样本 $\boldsymbol{x}_i$ 和 $\boldsymbol{x}_j$ 映射到高维特征空间后的内积 $\varphi(\boldsymbol{x}_i)\cdot\varphi(\boldsymbol{x}_j)$，而并不需要真正实现非线性映射 $\varphi(\cdot)$。这样，通过采用适当的核函数技巧，一方面可以解决非线性分类问题，另一方面又降低了升维带来的计算复杂度，避免了“维数灾难”问题。因此又称 SVM 方法为基于核的一种方法。

常用于 SVM 的核函数主要有线性核函数、多项式核函数、径向基核函数和 Sigmoid 核函数等。

（1）线性核函数

$$K(\boldsymbol{x}_i,\boldsymbol{x}_j) = <\boldsymbol{x}_i,\boldsymbol{x}_j> + c = \boldsymbol{x}_i\cdot\boldsymbol{x}_j + c \tag{4-13}$$

式中，c 为可选的常数。线性核（Linear Kernel）函数是原始输入空间样本向量的内积，即特征空间和输入空间的维数是一样的，参数较少，运算速度较快。一般情况下，在训练样本的特征维数比训练样本本身的数量要多时，适合采用线性核函数。

（2）多项式核函数

$$K(\boldsymbol{x}_i,\boldsymbol{x}_j) = (a<\boldsymbol{x}_i,\boldsymbol{x}_j> + c)^d = (a\boldsymbol{x}_i\cdot\boldsymbol{x}_j + c)^d \tag{4-14}$$

式中，a 表示调节参数；c 为可选常数；d 表示多项式最高次项次数。多项式核（Polynomial Kernel）函数的参数比较多，当多项式阶数较高时复杂度会很高。对于正交归一化后的数据，可优先选用多项式核函数。

（3）径向基核函数

$$K(\boldsymbol{x}_i,\boldsymbol{x}_j) = \exp\left(-\frac{\|\boldsymbol{x}_i-\boldsymbol{x}_j\|^2}{2\sigma^2}\right) \tag{4-15}$$

式中，σ 为高斯函数的宽度。径向基核（Radial Basis Kernel）函数由于类似于高斯函数，所以也称为高斯核函数。与多项式核函数相比，它的参数少，具有很强的灵活性，因此大多数情况下，都有比较好的性能。

（4）Sigmoid 核函数

$$K(\boldsymbol{x}_i,\boldsymbol{x}_j) = \tanh(a < \boldsymbol{x}_i,\boldsymbol{x}_j > + c) = \tanh(a\boldsymbol{x}_i \cdot \boldsymbol{x}_j + c) \tag{4-16}$$

式中，tanh 为双曲正切函数；a 表示调节参数；c 为可选常数。

理论分析与试验结果都表明，支持向量机的性能与核函数的类型、核函数的参数以及正则化参数都有很大的关系，其中与核函数及其参数关系最大。然而，目前没有足够的理论来指导如何选择有效的核函数及其参数值。通常，在支持向量机训练算法中，人们通过大量的试验来获得较优的参数，这种方法比较费时，而且获得的参数也不一定是最优的。因此，研究支持向量机参数值的选择，对支持向量机的应用与发展有很重要的实际意义。值得一提的是，由于径向基核函数对应的特征空间是无穷维的，有限的样本在该特征空间中肯定是线性可分的，因此径向基核是最普遍使用的核函数。

4.2.2　支持向量机的特点

支持向量机是一种基于统计学习理论和结构风险最小化原则的机器学习方法，能有效地解决小样本分类和回归任务中的“过学习”“维数灾难”和局部极小点等问题，具有良好的推广能力。下面阐述支持向量机的优缺点，以及其与逻辑斯谛回归模型的异同点。

1. 优点

1）基于统计学习理论中结构风险最小化原则和 VC 维理论，克服了“过拟合”等问题，具有良好的泛化能力，使得在有限的训练样本集上训练得到的学习模型在独立的测试集上仍能保持良好的性能。

2）通过求解凸二次规划问题，可以得到全局的最优解，避免了局部极小点问题。

3）SVM 模型的建立只依赖于被称为“支持向量”的少数样本，非支持向量样本的增减对建模结果没有影响，这不但可以帮助我们抓住关键样本、“剔除”大量冗余样本，降低算法的计算复杂度，而且具有较好的鲁棒性。

4）通过非线性映射，将原样本空间中的非线性分类问题转化为高维特征空间中的线性分类问题，使得原来在低维样本空间中无法进行分类的样本在高维特征空间中可以通过一个线性超平面实现线性分类；通过核函数的引入，只需在原样本空间中计算样本向量与支持向量的内积，而不需要知道非线性映射函数 $\varphi(\cdot)$ 的显式表达式，巧妙地避免了高维特征空间中的“维数灾难”问题。

5）由于有较为严格的统计学习理论作支撑，可以对用 SVM 方法建立模型的推广（泛化）能力做出评估。

2. 缺点

1）在样本量非常大时，核函数中内积的计算、求解拉格朗日乘子向量 $\alpha = (\alpha_1,\alpha_2,\cdots,\alpha_N)$ 的计算都是和样本个数有关的，会导致在求解模型时的计算量过大，算法的收敛速度仍然较慢，难以保证较高的实时性要求。

2）核函数的选择及核参数的确定尚无理论依据，有时候难以选择一个合适的核函数，而且像多项式核函数，需要调试的参数也非常多。一般情况下选用径向基核函数的效果不会太差，但对于具体问题仍需相应的专业知识以及对象特性来合理地选择核函数。

3）SVM 模型不方便解决多分类问题。经典的 SVM 模型只给出了二分类算法，对于多分类问题，只能采用一对多模式来间接完成。

3. SVM 模型与逻辑斯谛回归模型的异同点

1）SVM 模型与逻辑斯谛回归模型都是监督式机器学习模型，都属于判别式模型。

2）如果不考虑核函数，则二者都是线性分类模型。

3）构造原理不同：逻辑斯谛回归模型使用 Sigmoid 来映射出属于某一类别的概率，然后构造对数损失，通过极大似然估计来求解模型参数的值；而 SVM 模型使用函数间隔最大化来寻找最优超平面，对应的是 Hinge 损失。

4）SVM 模型与逻辑斯谛回归模型学习时使用的样本数据不同：逻辑斯谛回归模型学习过程中会使用训练集中全部的样本；而 SVM 模型学习过程中只使用支持向量。

5）SVM 模型通过引入核函数的方法，可以解决非线性分类问题，而逻辑斯谛回归模型一般没有核函数的概念。值得注意的是，核函数只是一种方法和思想，并不是 SVM 模型特有的技能，逻辑斯谛回归模型不使用核函数的主要原因之一是训练过程需要使用全量样本，如果使用核函数，则带来的计算复杂度会很大。

6）SVM 是一种基于统计学习理论和结构风险最小化原则的机器学习方法，SVM 模型中自带正则项，与逻辑斯谛回归模型相比，不易发生过拟合。

4.3 线性 SVM

4.3.1 线性二分类器的最优超平面

二分类是比较常见的模式分类问题，即只有两类待分类的模式，分别称为正例和反例，如天气预报中的有雨和无雨预报。

线性分类器是 n 维空间中的分类超平面，它将空间划分成两部分，对应于正例样本和反例样本所在的区域。对于二维空间，线性分类器是一条直线；对于三维空间，它是一个平面；对于更高维空间，它是一个超平面。

若样本集线性可分，n 维空间中线性判别函数为 $g(\boldsymbol{x}) = \boldsymbol{w} \cdot \boldsymbol{x} + b$，线性分类器所依赖的分类超平面方程为

$$\boldsymbol{w} \cdot \boldsymbol{x} + b = 0 \tag{4-17}$$

式中，$\boldsymbol{w}$ 是判别函数的权重向量，为法向量（类似二维平面中斜率）；b 表示偏置量，决定了分类超平面和原点之间的距离（类似二维平面中直线和 y 轴的交点）。

为了保证每个样本都被正确分类，对于正例样本，应满足

$$\boldsymbol{w} \cdot \boldsymbol{x} + b \geqslant 0 \tag{4-18}$$

对于反例样本，应满足

$$\boldsymbol{w} \cdot \boldsymbol{x} + b < 0 \tag{4-19}$$

假设正例样本的类别标签为 $+1$，反例样本的类别标签为 -1，这样，式（4-18）和式（4-19）可以统一写成如下不等式约束：

$$y_i(\boldsymbol{w} \cdot \boldsymbol{x}_i + b) \geqslant 0 \tag{4-20}$$

另外，为了求解最优超平面，应该使分类的间隔最大化。根据解析几何中点到平面的距离公式，样本空间中任意一个样本点 $\boldsymbol{x}_i$ 到分类超平面的距离为

$$d = \frac{|\boldsymbol{w} \cdot \boldsymbol{x}_i + b|}{\|\boldsymbol{w}\|} \tag{4-21}$$

式中，$\|\boldsymbol{w}\| = \sqrt{\boldsymbol{w} \cdot \boldsymbol{w}}$，是权重向量 $\boldsymbol{w}$ 的 l_2 范数。

我们知道，将方程（4-17）的两边同乘以一个不等于 0 的实数，还是同一个超平面。换言之，一个分类超平面有无数种表示方法。为了讨论的需要，考虑将线性判别函数 $g(\boldsymbol{x})$ 归一化，使得对任意的样本都满足 $|\boldsymbol{w} \cdot \boldsymbol{x}_i + b| \geqslant 1$，即两类样本中离分类超平面最近的样本满足 $|\boldsymbol{w} \cdot \boldsymbol{x}_i + b| = 1$。这样，每一类样本中离分类超平面最近的样本到超平面的距离为

$$\nu = \frac{1}{\|\boldsymbol{w}\|} \tag{4-22}$$

设正例样本的临界超平面 $\boldsymbol{H}_1$ 为

$$\boldsymbol{w} \cdot \boldsymbol{x}_i + b = 1 \tag{4-23}$$

反例样本的临界超平面 $\boldsymbol{H}_1$ 为

$$\boldsymbol{w} \cdot \boldsymbol{x}_i + b = -1 \tag{4-24}$$

对于线性可分的 SVM，为了与引入非负松弛变量的“软间隔（Soft Margin）”区分，我们称 $\boldsymbol{H}_1$ 和 $\boldsymbol{H}_{-1}$ 之间的距离为“硬间隔”，其值为 $2\nu = \frac{2}{\|\boldsymbol{w}\|}$，如图 4-11 所示。因此，求最大间隔等价于求 $\|\boldsymbol{w}\|$ 的最小值。为了后面推导的方便，它等价于求 $\frac{1}{2}\|\boldsymbol{w}\|^2$ 的最小值。

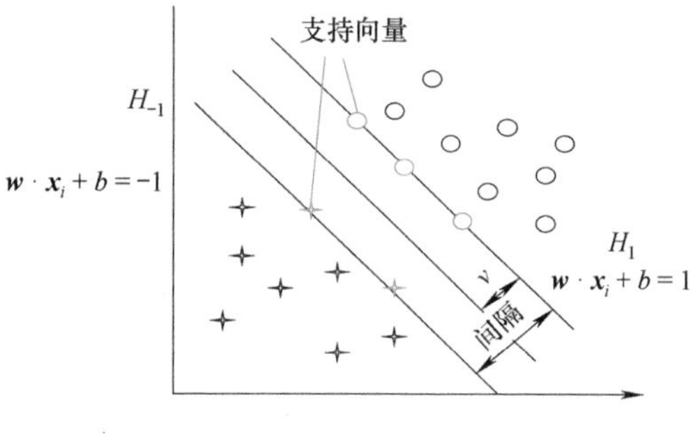

图 4-11　线性可分的 SVM 示意图

考虑到要使所有训练样本分类正确且满足最大间隔要求，分类超平面要满足以下约束条件：

$$y_i(\boldsymbol{w} \cdot \boldsymbol{x}_i + b) \geqslant 1 \quad (i = 1,2,\cdots,N) \tag{4-25}$$

这样，求解最优超平面的优化问题可以写成

$$\begin{cases} \min \dfrac{1}{2}\|\boldsymbol{w}\|^2 \\ \text{s.t.} \quad y_i(\boldsymbol{w} \cdot \boldsymbol{x}_i + b) \geqslant 1 \quad (i = 1,2,\cdots,N) \end{cases} \tag{4-26}$$

式（4-26）是一个带有一系列不等式约束条件的优化问题，可以证明这些约束条件是一个凸集，即式（4-26）是一个凸优化（凸二次规划）问题，且满足 Slater 条件。凸优化问题可以用通行的数值优化算法得到全局最优解。由于式（4-26）的优化问题带有大量不等式约束，因此不容易求解，而满足 Slater 条件的凸优化问题可以根据拉格朗日（Lagrange）对偶性将其转化为对偶问题（Dual Problem）求解，通过解相应的拉格朗日乘子可以得到原约束问题的解。

对式（4-26）的每一个约束条件添加拉格朗日乘子 $\alpha_i \geqslant 0$，上述问题的拉格朗日函数可以表示为

$$L(\boldsymbol{w},b,\boldsymbol{\alpha}) = \frac{1}{2}\|\boldsymbol{w}\|^2 - \sum_{i=1}^{N}\alpha_i[y_i(\boldsymbol{w}\cdot\boldsymbol{x}_i + b) - 1] \tag{4-27}$$

式中，$\boldsymbol{\alpha} = (\alpha_1,\alpha_2,\cdots,\alpha_N)$ 是拉格朗日乘子向量。

根据拉格朗日对偶性，原始问题的对偶问题是极大极小问题，即

$$\max_{\boldsymbol{\alpha}}\min_{\boldsymbol{w},b} L(\boldsymbol{w},b,\boldsymbol{\alpha}) \tag{4-28}$$

所以，先固定 $\boldsymbol{\alpha}$ 求 $L(\boldsymbol{w},b,\boldsymbol{\alpha})$ 关于 $\boldsymbol{w}$ 和 b 的极小值，再求关于 $\boldsymbol{\alpha}$ 的极大值。

为了计算 $\min\limits_{\boldsymbol{w},b} L(\boldsymbol{w},b,\boldsymbol{\alpha})$，对 $L(\boldsymbol{w},b,\boldsymbol{\alpha})$ 分别求对 $\boldsymbol{w}$ 和 b 的偏导数，并令其为0，可得

$$\frac{\partial L(\boldsymbol{w},b,\boldsymbol{\alpha})}{\partial \boldsymbol{w}} = \boldsymbol{w} - \sum_{i=1}^{N}\alpha_i y_i \boldsymbol{x}_i = \boldsymbol{0}$$

$$\frac{\partial L(\boldsymbol{w},b,\boldsymbol{\alpha})}{\partial b} = -\sum_{i=1}^{N}\alpha_i y_i = 0$$

从而解得

$$\boldsymbol{w} = \sum_{i=1}^{N}\alpha_i y_i \boldsymbol{x}_i \tag{4-29}$$

$$\sum_{i=1}^{N}\alpha_i y_i = 0 \tag{4-30}$$

将式（4-29）和式（4-30）代入式（4-27），消掉 $\boldsymbol{w}$ 和 b，得到

$$L(\boldsymbol{w},b,\boldsymbol{\alpha}) = \sum_{i=1}^{N}\alpha_i - \frac{1}{2}\sum_{i=1}^{N}\sum_{j=1}^{N}\alpha_i\alpha_j y_i y_j(\boldsymbol{x}_i\cdot\boldsymbol{x}_j) \tag{4-31}$$

接下来，求 $L(\boldsymbol{w},b,\boldsymbol{\alpha})$ 关于 $\boldsymbol{\alpha}$ 的极大值，求解如下的优化问题，即

$$\begin{cases}\max\limits_{\boldsymbol{\alpha}}\left\{\sum\limits_{i=1}^{N}\alpha_i - \frac{1}{2}\sum\limits_{i=1}^{N}\sum\limits_{j=1}^{N}\alpha_i\alpha_j y_i y_j(\boldsymbol{x}_i\cdot\boldsymbol{x}_j)\right\} \\ \text{s. t.}\begin{cases}\sum\limits_{i=1}^{N}\alpha_i y_i = 0 \\ \alpha_i \geqslant 0 \quad (i = 1,2,\cdots,N)\end{cases}\end{cases} \tag{4-32}$$

求解式（4-32）的优化问题，得到拉格朗日乘子向量 $\boldsymbol{\alpha} = (\alpha_1,\alpha_2,\cdots,\alpha_N)$ 的最优解 $\boldsymbol{\alpha}^*$ 后，就可以进一步求出 $\boldsymbol{w}$ 和 b 的最优解。求解上述的优化问题时，原则上可以使用各种通行的数值优化算法，但一般建议采用 SMO（Sequential Minimal Optimization，序列最小优化）算法。

现在假设已经求得 $\boldsymbol{\alpha}$ 的最优解是 $\boldsymbol{\alpha}^* = (\alpha_1^*,\alpha_2^*,\cdots,\alpha_N^*)$，则由式（4-29）得到最优超平面的权重向量为

$$\boldsymbol{w}^* = \sum_{i=1}^{N}\alpha_i^* y_i \boldsymbol{x}_i \tag{4-33}$$

另外，根据优化理论中的 KKT（Karush-Kuhn-Tucker）约束条件，最优超平面的充分必要条件是使分类超平面满足

$$\alpha_i^*[y_i(\boldsymbol{w}^*\cdot\boldsymbol{x}_i + b^*) - 1] = 0 \quad (i = 1,2,\cdots,N) \tag{4-34}$$

最优解 $\boldsymbol{\alpha}^*$ 中只有少部分的 α_i^* 不为0，由式（4-34）的约束条件可以看出，只有满足

$y_i(\boldsymbol{w}^* \cdot \boldsymbol{x}_i + b^*) = 1$ 样本的拉格朗日乘子 α_i^* 才有可能不为0。又由于 $y_i \in \{-1,1\}$，所以，$y_i(\boldsymbol{w}^* \cdot \boldsymbol{x}_i + b^*) = 1$ 等价于 $\boldsymbol{w}^* \cdot \boldsymbol{x}_i + b^* = 1$ 和 $\boldsymbol{w}^* \cdot \boldsymbol{x}_i + b^* = -1$，也就是说，只有 $\alpha_i^* > 0$ 所对应的样本对应临界超平面 $\boldsymbol{H}_1$ 和 $\boldsymbol{H}_{-1}$ 上的样本，我们将满足 $\alpha_i^* > 0$ 的这些样本称为支持向量，如图4-11所示。KKT条件的作用是删除训练过程中的非支持向量。

利用这些支持向量，就可以求出偏置量 b^*。假设样本集里一共有 S 个样本处于临界超平面上，则这些样本（支持向量）必然满足以下条件：

$$y_s(\boldsymbol{w}^* \cdot \boldsymbol{x}_s + b^*) = 1 \quad (s = 1,2,\cdots,S) \tag{4-35}$$

由于 $y_s \in \{-1,1\}$，所以 $y_s^2 = 1$，将式（4-35）两边同乘以 y_s，可得

$$\boldsymbol{w}^* \cdot \boldsymbol{x}_s + b^* = y_s \quad (s = 1,2,\cdots,S) \tag{4-36}$$

所以

$$b^* = y_s - \boldsymbol{w}^* \cdot \boldsymbol{x}_s \quad (s = 1,2,\cdots,S) \tag{4-37}$$

理论上我们只需取任何一个支持向量 $(\boldsymbol{x}_s, y_s)$ 的值即可利用式（4-37）求出 b^* 的值，但是为了增强分类模型的鲁棒性，防止训练样本中存在某些噪声，一般先求出所有支持向量 $(\boldsymbol{x}_s, y_s)$ 的 b_s^*，其中 $s = 1,2,\cdots,S$，然后取这 S 个 b_s^* 的平均值作为最后的 b^* 值，即

$$b^* = \frac{1}{S}\sum_{s=1}^{S}(y_s - \boldsymbol{w}^* \cdot \boldsymbol{x}_s) \tag{4-38}$$

求得 $\boldsymbol{w}^*$ 和 b^* 后，就可得到线性二分类的最优判别函数为

$$g(\boldsymbol{x}) = \text{sgn}(\boldsymbol{w}^* \cdot \boldsymbol{x} + b^*) = \text{sgn}\left(\sum_{i=1}^{N}\alpha_i{}^* y_i(\boldsymbol{x}_i \cdot \boldsymbol{x}) + b^*\right) \tag{4-39}$$

式中，$\text{sgn}(\cdot)$ 为符号函数，

$$\text{sgn}(x) = \begin{cases} 1, & x > 0 \\ -1, & x \leqslant 0 \end{cases}$$

根据KKT约束条件，非支持向量对应的 α_i^* 都为0，因而式（4-33）中的最优超平面的权向量 $\boldsymbol{w}^*$ 实际上是所有支持向量样本的线性组合；式（4-39）中的求和实际上只对少数的支持向量进行，即最优分类判别函数只取决于支持向量。这就是支持向量机（SVM）这一名字的来历。

4.3.2　线性不可分问题的广义最优超平面

最简单的SVM从线性分类器导出，根据最大化间隔的目标，可以得到线性可分问题的SVM分类器的模型参数。

对于给定的训练样本集，如果训练样本是线性不可分的，即训练样本集里不同类别的样本在样本空间（欧几里得空间）存在部分混叠的情况，如图4-9所示。在这种情况下，根本找不到能完全正确分类的超平面，更不用提使分类的间隔最大化了，这表现为式（4-25）的约束条件 $y_i(\boldsymbol{w} \cdot \boldsymbol{x}_i + b) \geqslant 1 (i = 1,2,\cdots,N)$ 得不到满足。当样本数量较大时，这种情况会经常发生，而绝大多数实际问题都是这样。

现在考虑到存在一些离群样本的实际情况，我们为每一个训练样本 $(\boldsymbol{x}_i, y_i)$，其中 $i = 1,2,\cdots,N$，增加一个对应的松弛变量 $\xi_i (\geqslant 0)$，将约束条件变为

$$y_i(\boldsymbol{w} \cdot \boldsymbol{x}_i + b) \geqslant 1 - \xi_i \quad (i = 1,2,\cdots,N) \tag{4-40}$$

如图 4-9 所示，当 $\xi_i=0$ 时，意味着对 $\boldsymbol{x}_i$ 的分类是正确的；当 $\xi_i>\nu$ 时，说明对 $\boldsymbol{x}_i$ 的分类是错误的；当 $0<\xi_i\leqslant\nu$ 时，意味着 $\boldsymbol{x}_i$ 位于分类超平面与它应该归属的类所对应的边界超平面之间，还能被正确分类。因为 $1-\xi_i\leqslant1$，所以这相当于对每个样本 $(\boldsymbol{x}_i,y_i)$ 降低了式（4-25）的约束条件，即“软间隔”相比于“硬间隔”的约束要求降低了。那么，与此对应的就要在式（4-26）的优化目标中对违反约束条件的训练样本进行“惩罚”。这样，对于样本集求最优分类超平面要兼顾两个方面：不但要考虑使间隔最大，还要考虑使总的惩罚最小。这可以通过使用松弛变量和惩罚因子来修正式（4-26）中的目标函数和约束条件，得到线性不可分 SVM 训练时的优化问题：

$$\begin{cases}\min \dfrac{1}{2}\|\boldsymbol{w}\|^2+C\sum\limits_{i=1}^{N}\xi_i\\ \text{s.t.}\begin{cases}y_i(\boldsymbol{w}\cdot\boldsymbol{x}_i+b)\geqslant1-\xi_i\\ \xi_i\geqslant0\quad(i=1,2,\cdots,N)\end{cases}\end{cases}\tag{4-41}$$

式中，ξ_i 是松弛变量。若 ξ_i 都为 0，式（4-41）就变成了线性可分 SVM 训练时的优化问题，等同于式（4-26）。参数 C 为惩罚因子，是人工设定的大于 0 的参数，表示对于错分的惩罚力度。C 值越大说明对于错分的惩罚越严厉，错分的样本点就会越少，但是过拟合的情况可能会比较严重；C 值越小，错分的样本点就会越多，由此得到的分类模型可能不太正确，所以如何设定 C 值也是值得研究的。

从数值计算上看，求解式（4-41）的问题与求解式（4-26）的问题本质上是一样的，同样是凸约束条件下的凸优化问题，且满足 Slater 条件，因此可以利用拉格朗日对偶性，将其转化成如下的对偶优化问题：

$$\begin{cases}\max\limits_{\boldsymbol{\alpha}}\left\{\sum\limits_{i=1}^{N}\alpha_i-\dfrac{1}{2}\sum\limits_{i=1}^{N}\sum\limits_{j=1}^{N}\alpha_i\alpha_jy_iy_j(\boldsymbol{x}_i\cdot\boldsymbol{x}_j)\right\}\\ \text{s.t.}\begin{cases}\sum\limits_{i=1}^{N}\alpha_iy_i=0\\ 0\leqslant\alpha_i\leqslant C\quad(i=1,2,\cdots,N)\end{cases}\end{cases}\tag{4-42}$$

同理，可采用 SMO 算法求解出 $\boldsymbol{\alpha}$ 的最优解 $\boldsymbol{\alpha}^*$，进一步求得 $\boldsymbol{w}^*$ 和 b^*，这样就可得到线性不可分问题的广义最优超平面

$$\boldsymbol{w}^*\cdot\boldsymbol{x}+b^*=0\tag{4-43}$$

以及最优判别函数

$$g(\boldsymbol{x})=\operatorname{sgn}(\boldsymbol{w}^*\cdot\boldsymbol{x}+b^*)=\operatorname{sgn}\left(\sum_{i=1}^{N}\alpha_i{}^*y_i(\boldsymbol{x}_i\cdot\boldsymbol{x})+b^*\right)\tag{4-44}$$

式中，$\operatorname{sgn}(\cdot)$ 为符号函数，且 $\operatorname{sgn}(x)=\begin{cases}1,\ x>0\\-1,\ x\leqslant0\end{cases}$。这和式（4-39）的线性二分类的最优判别函数是一样的，因此这种 SVM 分类器还是一个线性分类器。

值得注意的是：在式（4-41）中出现的 C 为“惩罚因子”，表示对错分的惩罚力度，C 值越大说明对错分的惩罚越严厉；在实际计算的对偶问题式（4-42）中，它又是拉格朗日乘子变量 α_i 的上界（$\alpha_i\leqslant C$）。从物理意义上看这是合理的：对错分样本的惩罚力度不能小于正确分类样本对分类超平面的“贡献”。事实上，落在临界超平面上的支持向量（当 $\xi_i=0$

时）对应的 α_i 小于 C，被错分的支持向量（当 $\xi_i>0$ 时）对应的 α_i 等于 C，而其他样本对应的 α_i 为 0。

4.4　基于核函数的非线性 SVM

线性分类问题是模式分类中最简单的情况，这类问题已经有较多处理办法，效果还是令人满意的。单纯的线性分类问题在现实中是没有意义的。虽然通过引入松弛变量和惩罚因子之后可以处理线性不可分问题，但支持向量机还是一个线性分类器，只是允许离群样本的存在。而在实际中，大量样本数据可能并不只是存在离群样本这么简单，而是完全非线性可分的。

根据前面介绍的内容，对于非线性分类问题，SVM 方法的基本思想是：通过引入一个非线性映射函数 $\varphi(\cdot)$，将原始样本空间（欧几里得空间）中的样本映射到一个高维乃至于无穷维的特征空间（希尔伯特空间）中，使得在高维的特征空间中线性可分，从而可以在高维特征空间中按照线性 SVM 的方法来优化目标函数，求解分类超平面和分类判别函数，解决原样本空间中的非线性分类问题。这种方法在机器学习中被称为核技巧或核方法。核方法的原理如图 4-12 所示。

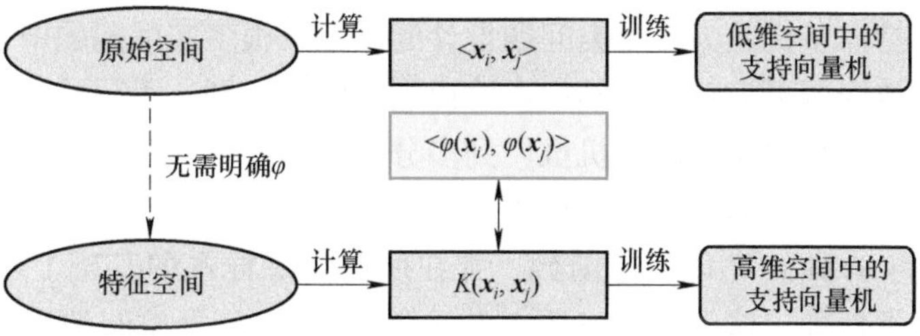

图 4-12　核方法的原理

从式（4-32）和式（4-42）可以看到，在原始样本空间的优化问题中，只用到了样本向量 $\boldsymbol{x}_i$ 和 $\boldsymbol{x}_j$ 的内积 $\boldsymbol{x}_i\cdot\boldsymbol{x}_j$。在利用式（4-39）和式（4-44）的分类判别函数对一个新样本 $\boldsymbol{x}$ 进行分类时，同样只需要计算 $\boldsymbol{x}_i\cdot\boldsymbol{x}$ 的值即可，这为非线性 SVM 方法中引入核函数提供了基础。核方法的优点是不需要显式地定义复杂的非线性映射函数 $\varphi(\cdot)$，只需要计算样本 $\boldsymbol{x}_i$ 和 $\boldsymbol{x}_j$ 映射到高维特征空间后的内积 $\varphi(\boldsymbol{x}_i)\cdot\varphi(\boldsymbol{x}_j)$，因此只需要定义合适的核函数 $K(\boldsymbol{x}_i,\boldsymbol{x}_j)$ 即可。这就是“核函数”的巧妙作用。

对样本向量 $\boldsymbol{x}_i$ 和 $\boldsymbol{x}_j$ 进行非线性映射后，新的优化问题为

$$\begin{cases}\max\limits_{\boldsymbol{\alpha}}\left\{\sum\limits_{i=1}^{N}\alpha_i-\dfrac{1}{2}\sum\limits_{i=1}^{N}\sum\limits_{j=1}^{N}\alpha_i\alpha_jy_iy_j(\varphi(x_i)\cdot\varphi(x_j))\right\}\\ \text{s.t.}\begin{cases}\sum\limits_{i=1}^{N}\alpha_iy_i=0\\ 0\leqslant\alpha_i\leqslant C\quad(i=1,2,\cdots,N)\end{cases}\end{cases}\tag{4-45}$$

引入核函数 $K(\boldsymbol{x}_i,\boldsymbol{x}_j)$ 后，式（4-45）优化问题转化为

$$\begin{cases} \max\limits_{\boldsymbol{\alpha}}\left\{\sum\limits_{i=1}^{N}\alpha_i - \frac{1}{2}\sum\limits_{i=1}^{N}\sum\limits_{j=1}^{N}\alpha_i\alpha_j y_i y_j K(\boldsymbol{x}_i,\boldsymbol{x}_j)\right\} \\ \text{s.t.}\begin{cases} \sum\limits_{i=1}^{N}\alpha_i y_i = 0 \\ 0 \leqslant \alpha_i \leqslant C \quad (i = 1,2,\cdots,N) \end{cases} \end{cases} \tag{4-46}$$

这实际上是将式（4-42）对偶问题中的内积 $\boldsymbol{x}_i \cdot \boldsymbol{x}_j$ 换成了核函数 $K(\boldsymbol{x}_i,\boldsymbol{x}_j)$，同理，把式（4-44）分类判别函数中的内积 $\boldsymbol{x}_i \cdot \boldsymbol{x}$ 用核函数 $K(\boldsymbol{x}_i,\boldsymbol{x})$ 代替，则在特征空间中的最优判别函数为

$$g(\boldsymbol{x}) = \text{sgn}\left(\sum_{i=1}^{N}\alpha_i^{\ *} y_i(\boldsymbol{x}_i \cdot \boldsymbol{x}) + b^*\right) = \text{sgn}\left(\sum_{i=1}^{N}\alpha_i^* y_i K(\boldsymbol{x}_i,\boldsymbol{x}) + b^*\right) \tag{4-47}$$

如果核函数 $K(\boldsymbol{x}_i,\boldsymbol{x})$ 是非线性函数，则分类判别函数是非线性的，因此 SVM 是非线性的。由于线性 SVM 可以看作是一种采用了特殊的核——线性核的 SVM，所以之后我们不再区别 SVM 是线性的还是非线性的，而笼统地称之为 SVM 方法。

4.5 多分类 SVM

前面介绍的支持向量机是为二分类问题设计的。但在很多实际问题中，待分类的模式并不只有两类，多分类问题更为普遍，例如人脸识别、语音识别、手写体数字识别问题等。那么，是否能够将性能优良的支持向量机推广到多分类？

目前存在的多分类支持向量机算法可以分为以下两类：

1）修改二分类 SVM 的优化目标函数，并在所有训练样本的基础上求解多分类决策函数，一次完成多分类任务。这类方法实质上是一种对 SVM 二分类器的自然扩展形式，其基本思想比较直观，但由于构建的优化目标函数过于复杂，求解一个大的二次规划问题的计算量很大，预测效果也并不理想，整体来说并不占优，一般较少采用。

2）首先构造若干个二分类器，然后按照某种规则将它们组合起来实现多分类。这类方法更适合于实际应用，主要有以下几种经典算法：一对一（One-versus-One，OvO）法、一对余（One-versus-the Rest，OvR）法、决策导向无环图（Decision Directed Acyclic Graph，DDAG）法、决策二叉树法等。

1. “一对一”多分类 SVM

“一对一”多分类 SVM 是利用二分类 SVM 方法在每两类不同的训练样本之间都构造一个最优决策面，将一个多分类问题转化为多个二分类问题来求解。对于 K 个类别（$K > 2$）的分类问题，这种方法需要构造 $\mathrm{C}_K^2 = K(K-1)/2$ 个分类平面。这种方法的本质与二分类 SVM 并没有区别。

训练时，从样本集中取出所有满足 $y_i = s$ 与 $y_i = t$ 的样本（其中 $1 \leqslant s \leqslant K, 1 \leqslant t \leqslant K, s \neq t$），如将第 s 类样本作为正例样本，第 t 类样本作为反例样本，通过二分类 SVM 方法构造最优决策函数：

$$f_{st}(\boldsymbol{x}) = \text{sgn}\left(\sum_{i=1}^{N^{st}}\alpha_i^{st} y_i K(\boldsymbol{x}_i,\boldsymbol{x}) + b_{st}\right) \tag{4-48}$$

式中，N^{st} 表示第 s 类和第 t 类样本的数量和。

对 K 类样本中的每一对类别，都构造一个决策函数，需要构造 $K(K-1)/2$ 个分类平面。图 4-13 给出了一种"一对一"三分类 SVM 的示意图。

在对新输入的待分类测试样本 $\boldsymbol{x}$ 进行分类时，常采取投票机制。即将样本 $\boldsymbol{x}$ 依次代入上述 $K(K-1)/2$ 个决策函数，对每一个决策函数 $f_{st}(\boldsymbol{x})$，若其判定 $\boldsymbol{x}$ 属于第 s 类，则第 s 类的投票数 u_s 加 1，最后得票数最多的类别就是 $\boldsymbol{x}$ 所属的类别，即样本 $\boldsymbol{x}$ 的最终所属的类别由下式决定：

$$\text{class } j = \arg\max_{j}\{u_1, u_2, \cdots, u_j, \cdots, u_K\} \tag{4-49}$$

"一对一"多分类 SVM 算法的优点在于每次投入训练的样本相对较少，所以单个分类面的训练速度较快，同时精度也较高。但其缺点是由于 K 个类别需要训练 $K(K-1)/2$ 个分类面，当 K 较大时，分类面的总数将会变得过多，直接影响到预测速度。在投票机制方面，如果有多个类别获得相同的最高票数，则将产生不确定的结果，即存在决策盲区。

2. "一对余"多分类 SVM

与"一对一"多分类 SVM 不同，"一对余"多分类 SVM 是在一类样本与剩余的多类样本之间构造决策平面，将一个 K 分类问题转化为 K 个二分类问题，从而达到多分类的目的。这种方法只需要在每一类样本和对应的剩余样本之间构造一个最优决策面，而不用在每两类不同的样本之间都构造一个最优决策面，因此对于有 K 个类别（$K>2$）的多分类问题，仅需要构造 K 个二分类平面。实际上，该方法也可以认为是二分类 SVM 方法的推广。图 4-14 给出了一种"一对余"三分类 SVM 的示意图。

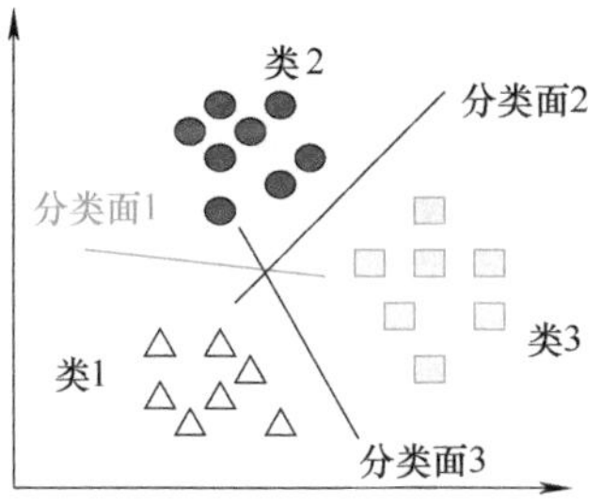

图 4-13　"一对一"三分类 SVM 的示意图

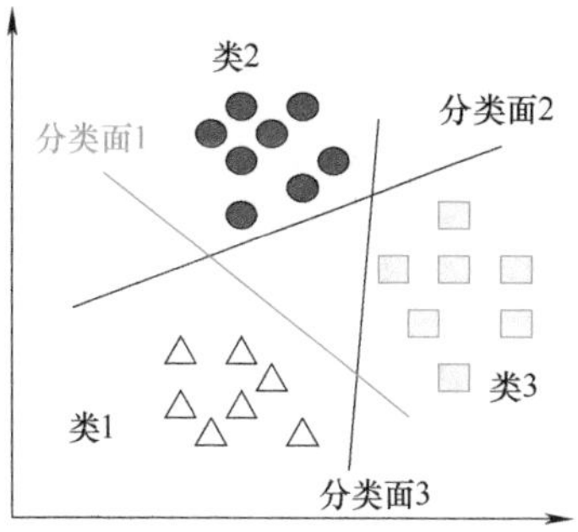

图 4-14　"一对余"三分类 SVM 的示意图

在训练第 j 个（$j=1,2,\cdots,K$）二分类 SVM 时，将第 j 类样本作为正例样本，其余类别的样本作为反例样本，通过二分类 SVM 方法求出一个决策函数：

$$f_j(\boldsymbol{x}) = \text{sgn}\left(\sum_{i=1}^{N}\alpha_i^j y_i K(\boldsymbol{x}_i, \boldsymbol{x}) + b_j\right) \quad (j=1,2,\cdots,K) \tag{4-50}$$

在对新输入的待分类测试样本 $\boldsymbol{x}$ 进行分类时，将其分别代入 K 个决策函数，第 j 个决策函数的作用是判断样本是否属于第 j 类，如果其中第 s 个决策函数判定样本 $\boldsymbol{x}$ 属于第 s 类，则 s 就是 $\boldsymbol{x}$ 所属的类别，其表达式为

$$\text{class } s = \arg\max_{s}\{f_1(\boldsymbol{x}), f_2(\boldsymbol{x}), \cdots, f_s(\boldsymbol{x}), \cdots, f_K(\boldsymbol{x})\} \tag{4-51}$$

图 4-15 说明了有 4 个类别的分类方法。如果采用"一对一"（OvO）方法（见图 4-15

的左半部），则需要训练6个二分类器：分类器f_1在训练时以类别C_1样本作为正（“+”）样本，以类别C_2样本作为负（“-”）样本；分类器f_2在训练时以类别C_1样本作为正（“+”）样本，以类别C_3样本作为负（“-”）样本；分类器f_3在训练时以类别C_1样本作为正（“+”）样本，以类别C_4样本作为负（“-”）样本；分类器f_4、f_5和f_6以此类推。在对新输入的待分类测试样本进行分类时，分类器f_2、f_4和f_6的输出结果都是类别C_3，类别C_3的得票数最多，共有3票，所以类别C_3为最终的分类结果。

如果采用“一对余”（OvR）方法（见图4-15的右半部）方法，则需要训练4个二分类器：分类器f_1在训练时以类别C_1样本作为正（“+”）样本，以类别C_2、C_3、C_4样本作为负（“-”）样本；分类器f_2在训练时以类别C_2样本作为正（“+”）样本，以类别C_1、C_3、C_4样本作为负（“-”）样本；分类器f_3和f_4以此类推。在对新输入的待分类测试样本进行分类时，分类器f_1的作用是判断样本是否属于类别C_1，分类器f_2的作用是判断样本是否属于类别C_2，分类器f_3和f_4的作用以此类推。最后，在4个二分类器f_1、f_2、f_3和f_4中，只有分类器f_3判断样本是属于类别C_3的，所以最终的分类结果就是类别C_3。

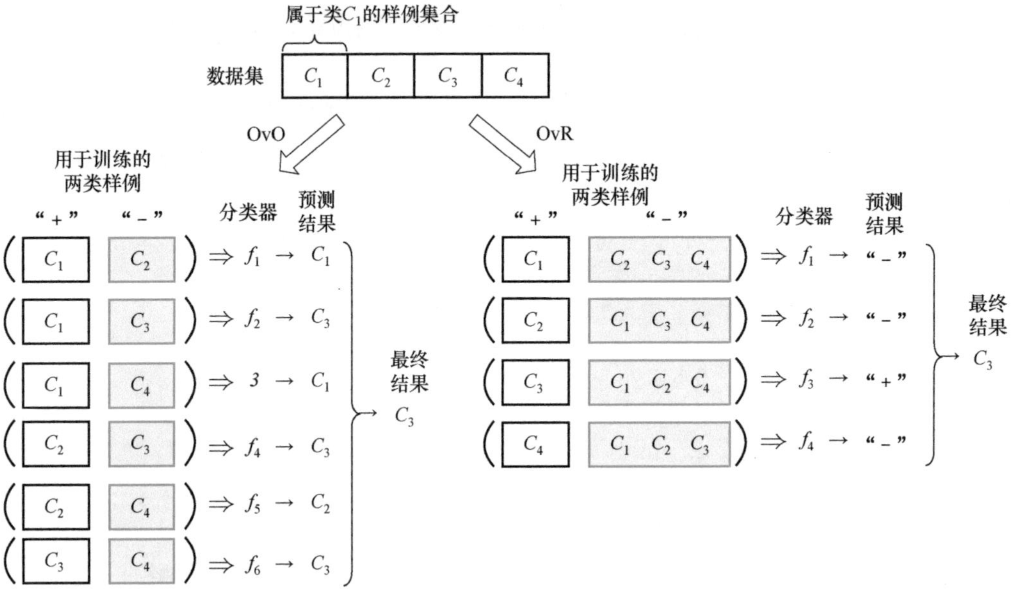

图4-15　使用“一对余”和“一对一”方法进行四分类的示意图

和“一对一”SVM相比，“一对余”SVM构造的决策平面数大大减少，因此在类别数目K较大时，其预测速度将比“一对一”SVM算法快很多。但由于它每次构造决策平面时都需要用全部的样本集，所以其训练时间并不一定比“一对一”SVM算法短。同时由于训练的时候总是将剩余的其他$(K-1)$类样本作为反例样本，正例和反例的训练样本数目极不平衡，这很可能影响预测时的识别准确率。该方法同样存在决策盲区。

3．决策导向无环图（DDAG）SVM

决策导向无环图（DDAG）SVM是基于“一对一”SVM算法提出来的一种新的学习构架。DDAG-SVM方法与前面两种方法均不太一样，“一对一”SVM和“一对余”SVM通过一系列的决策函数来依次确定样本的类别，它们可以被认为是“肯定型”的算法，而

DDAG-SVM 却是通过在每层节点处对不符合要求的类别进行排除，最后得到样本所属的类别，应该算是一种“否定型”的算法。

对于 K 个类别（$K > 2$）的分类问题，首先利用“一对一”思想构造 $K(K-1)/2$ 个分类器，再结合 DDAG 将 $K(K-1)/2$ 个分类器按一定的次序构成一个有根的有向无环图，图 4-16 所示是使用 DDAG-SVM 算法进行四分类的示意图。在训练阶段 DDAG-SVM 和“一对一”SVM 方法的步骤一样，它们的差别主要体现在预测阶段。DDAG-SVM 首先将新输入的待分类测试样本 $\boldsymbol{x}$ 代入根节点的决策函数进行判定，此决策函数将第一类样本作为正例样本，第四类样本作为反例样本进行训练得到，若在此决策函数得到的值为 -1，即样本 $\boldsymbol{x}$ 不属于第一类，那么将所有与第一类样本相关的决策函数全部排除，从根节点左侧继续执行判决；若在此决策函数值为 1，即样本 $\boldsymbol{x}$ 不属于第四类，那么将所有与第四类样本相关的决策函数全部排除，从根节点右侧继续执行判决，以此类推直到到达叶节点，判定出样本 $\boldsymbol{x}$ 的最终类别。

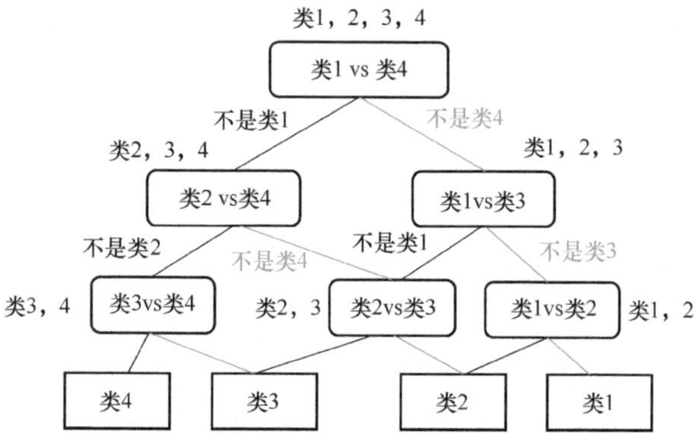

图 4-16　决策导向无环图（DDAG）算法示意图

该方法和“一对一”SVM 一样，训练的时候首先需要构造 $K(K-1)/2$ 个分类决策面。然而和“一对一”方法不同的是，在每个节点预测时排除了许多类别的可能性，因此预测时用到的总分类平面只有 $K-1$ 个，预测速度自然提高不少。但由于 DDAG-SVM 算法采取的是排除策略，所以根节点的判别准确性对整个决策树尤为重要。若开始就决策错误，则后面的步骤就没有意义。

4. 决策二叉树 SVM

$K(K > 2)$ 分类问题和二分类问题之间存在一定的对应关系。如果一个多分类问题 K 类可分，则这 K 类中的任何两类一定可分；另一方面，在一个 K 分类问题中，如果已知其任意两类可分，则可以通过一定的组合方法最终实现 K 类可分。由于经典的 SVM 是用于解决二分类问题的，可以把它和二叉树思想结合起来构造多分类器，这种多分类器称为决策二叉树 SVM。决策二叉树方法需要构造若干个二分类 SVM。对任何一棵二叉树，如果其叶子节点个数为 N_0，度为 2 的节点个数为 N_2，则有 $N_0 = N_2 + 1$。最终构造的 SVM 决策树中没有度为 1 的节点，是一棵正则二叉树。设对 K 类样本集构造一棵决策二叉树，则树的每个叶节点对应一种类别，每个度为 2 的非叶节点对应一个子 SVM 分类器。所以决策树共有 $2K-1$ 个节点，叶节点个数为 K，子 SVM 分类器的个数为 $K-1$。

决策二叉树 SVM 有以下特点：

1）决策树具有层次结构，每个层次子 SVM 的级别和重要性不同，其训练样本集的组成也是不同的。

2）测试是按照层次完成的，对某个输入样本，可使用的子 SVM 数介于 1 和决策树的深度之间，测试速度快。

3）决策树的各节点和树叶的划分没有固定的理论指导，需要有一些先验知识。

对于类别数不是很多的情况，我们可以提出一种简单的基于二叉树的多分类支持向量机。根据二叉树的定义，构造一棵有 K 个叶子节点的严格二叉树有多种方案。例如，对四分类问题，有图 4-17 所示的三种决策二叉树结构。

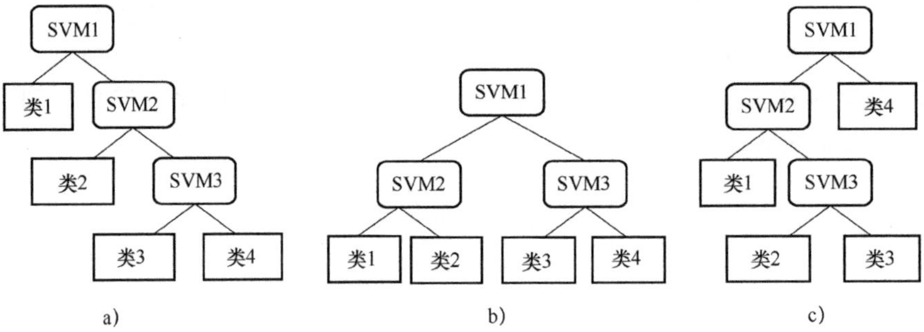

图 4-17　四分类的三种决策二叉树结构

对于一个具体问题，可以依据以下几点原则选择决策二叉树的结构。

1）若对 K 分类问题中各类基本无先验知识，无法指导树叶节点的划分，则可采用每次决策分出一类的决策二叉树结构，如图 4-17a 所示。在这种结构中，第 1 个支持向量机 SVM1 以第 1 类样本作为正例样本，其余的 $(K-1)$ 类样本作为反例样本进行训练；…；第 k 个支持向量机 SVMk 以第 k 类样本作为正例样本，剩余的第 $k+1,\cdots,K$ 类样本作为反例样本进行训练；直到第 $K-1$ 个支持向量机以第 $K-1$ 类样本作为正例样本，第 K 类样本作为反例样本进行训练。

2）若对 K 分类问题中各类基本有一些相关先验知识，可以指导树叶节点的划分，则可采用完全决策二叉树结构，如图 4-17b 所示。

3）若对 K 分类问题中各类基本有充分的相关先验知识，可以指导树叶节点的划分，则可采用结合二叉树理论，构造一棵测试速度最优的 SVM 决策二叉树，如图 4-17c 所示。

无论采用何种方式生成的决策树结构，对于 K 分类问题，都将构建 $K-1$ 个二分类 SVM，它们与各层中的分支节点一一对应。在测试阶段，从顶层节点出发，根据各中间节点的输出值，最终推进到一个终端节点，该终端节点所代表的类别即为该样本的所属类别。

这种方案的优点是所需训练的支持向量机数目少，消除了在决策时存在同时属于多类或不属于任何一类的区域。

4.6　支持向量机的训练

4.6.1　支持向量机的模型选择

要构造一个具有良好性能的支持向量机，模型选择是关键。这里所谓的模型选择，其实就是如何针对所给的训练样本，确定一个比较合适的核函数及其参数与惩罚因子 C 。

1. 核函数类型及参数的选取

因为核函数、映射函数以及特征空间是一一对应的，所以，确定了核函数就隐含地确定了映射函数和特征空间。核函数及其参数的改变实际上隐含地改变了映射函数，从而改变样本特征子空间分布的复杂程度。对于一个具体问题，如果核函数及其参数取值不合适，SVM 就无法达到预期的学习效果。特征子空间的维数决定了能在此空间构造的线性分类面的最大 VC 维，也就决定了线性分类面能达到的最小经验误差。同时，每一个特征子空间对应唯一的推广能力最好的分类超平面，如果特征子空间维数很高，则得到的最优分类面就可能比较复杂，经验风险小但置信范围大；反之亦然。这两种情况下得到的都不会有好的推广能力。只有首先选择合适的核函数，将样本映射到合适的特征空间，才可能得到推广能力良好的 SVM。

现有的支持向量机方法一般使用四种核函数：线性核函数、多项式核函数、径向基核函数、Sigmoid 核函数。

线性核函数的映射为线性变换，是原始输入空间样本向量的内积，即特征空间和输入空间的维数是一样的，参数较少，运算速度较快。一般情况下，在训练样本的特征维数比训练样本本身的数量要多时，适合采用线性核函数。

多项式核函数的参数比较多，当多项式阶数较高时复杂度会很高。对于正交归一化后的数据，可优先选用多项式核函数。

基于径向基核函数的 SVM 是一个径向基分类器，它与传统径向基函数方法的基本区别是，这里每一个基函数的中心对应于一个支持向量，它们及其输出权值都是由算法自动确定的。径向基形式的内积函数类似人类的视觉特性，径向基核函数的参数较少，具有很强的灵活性，因此大多数情况下都有比较好的性能。但是需要注意的是，选择不同的高斯函数的宽度 σ ，相应的分类面会有很大差别。

基于 Sigmoid 核函数的 SVM 是一个两层的感知器网络，但是其网络的权值、隐藏层节点数目都是由算法自动确定，而不像传统的感知器网络那样凭借个人经验确定。

理论分析与试验结果都表明，支持向量机的性能与核函数的类型、核函数的参数有很大的关系。然而，目前没有足够的理论来指导如何选择有效的核函数及其参数值，只能凭借经验、试验对比、大范围的搜索或利用软件包提供的交叉验证功能进行寻优。在实际分类应用中，人们发现径向基函数表现出的性能要优于其他几种核函数。但是需要注意的是，这些比较大多数是建立在训练样本正确率的基础上。而判断一个支持向量机分类器性能的关键指标有两个，即学习能力和推广能力。其中推广能力的强弱更能反映分类器性能的好坏，因为设计分类器的目的就是对未知数据进行分类。

2. 惩罚因子的确定

惩罚因子 C 用于控制对错分样本的惩罚程度，实现在错分样本数与模型复杂度之间的折中，即在确定的特征子空间中调节 SVM 的置信范围和经验风险的比例，使 SVM 的推广能力最强。在确定的特征子空间中，C 的取值较小表示对错分样本（经验风险）的惩罚小，SVM 模型的复杂度较低（经验风险较大）而泛化能力较强，但显然这时 SVM 的分类准确率要降低；反之，C 的取值较大表示对错分样本（经验风险）的惩罚大，SVM 模型的复杂度较高（经验风险较小）而泛化能力较弱，但这时 SVM 的分类准确率可以得到提高；如果 C 取 ∞ ，则所有的约束条件都必须满足，这意味着训练样本必须准确地分类。每个特征子空间至少存在一个合适的 C 使得 SVM 的推广能力最强。因此，为了满足结构风险最小化原则，应选择适当的惩罚因子 C。

4.6.2 支持向量机的训练流程

SVM 的核心是结构风险最小化原则。一方面对于确定 VC 维的函数子集，SVM 算法可以找到经验风险最小的函数；另一方面，对于给定的最小经验风险，SVM 得到的判别函数还要使得置信范围最小，即能达到这个经验风险的最简单的函数。由于结构风险最小化原则是针对特征空间的一个子空间而言的，不同子特征空间中数据分布不同，经验风险随 VC 维的变化与图 4-4 不同，导致在不同子特征空间得到的最优 SVM 不同，这就是对 SVM 核参数和惩罚因子 C 同时进行优化的意义。即除了在同一子特征空间中优化惩罚因子 C 以获得最优 SVM 外，还要优化核参数以获得全局最优的 SVM。统计学习理论中发展了许多估计风险上界的方法，在每一种参数的组合上均能求得对实际风险上界的估计，通过比较不同参数组合的风险上界，就可以找到适合实际可用训练样本的最好的 SVM，使得 SVM 的经验风险和置信范围接近最佳的组合，既不会出现“过学习”现象，也不会出现“欠学习”现象，因而具有很强的推广能力。

SVM 的训练流程如图 4-18 所示。首先，应该根据实际的训练样本选择合适的核函数以及惩罚因子 C 等参数，以期获得最佳的分类器性能；然后，求解凸优化问题，尽量选择简单、高效的算法，使计算时间和内存需求量最小；最后，若得到的决策函数（分类超平面）使样本特征空间风险上界最小，则终止训练，否则重新训练分类器。

通过训练，SVM 会产生一个决策模型（训练后得到的模型文件），这个决策模型对二分类问题是一个决策函数，对多分类问题是一系列决策函数。通常情况下，模型文件中的支持向量数目越多，支持向量的分类速度就越慢。可以通过测试集，来测试 SVM 决策模型的性能。分类决策模型的性能主要是通过精度、识别率及错分样本的数目等来确定。

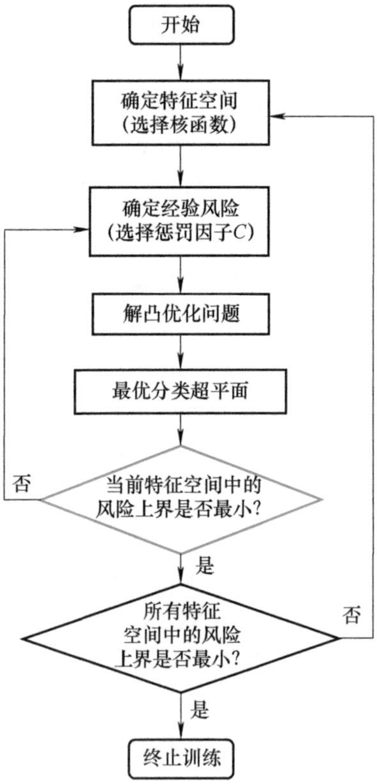

图 4-18 支持向量机的训练流程图

4.6.3 支持向量机的训练算法

训练支持向量机（SVM）的算法归结为求解一个受约束的凸二次优化问题。对于小规模的凸二次优化问题，利用牛顿法、内点法等成熟的经典最优化算法就可以很好地求解。但这些算法通常需要利用整个 Hessian 矩阵，内存占用过多，从而导致训练时间过长。当训练集很大，特别是支持向量数目也很大时，求解凸二次优化问题的经典方法不再适用。针对

SVM本身的特点，目前已存在多种SVM训练算法，下面简单介绍选块算法、分解算法、序列最小优化算法。

1．选块算法

选块（Chunking）算法的基本思想是，若预先知道在最优解中哪些样本对应的拉格朗日乘子 α_i 的值为0（即非支持向量），则可在支持向量机训练过程中忽略这些样本，从而大大降低训练过程对存储容量的要求。对于给定的样本，实际上支持向量是未知的，选块算法的目标就是通过某种迭代方式逐步排除非支持向量，选出支持向量所对应的“块”。选块算法的工作流程如下：

1）从训练样本集中任意选一个子集或者“块”作为工作样本集；

2）在工作样本集上应用某种优化算法训练支持向量机（求解最优化问题的对偶问题），得到拉格朗日乘子向量 $\boldsymbol{\alpha}$，保留该块中与非零 α_i 对应的训练样本，即当前支持向量；

3）利用得到的决策函数来检测训练样本集中除去该块后的其他样本，记录被错误分类的样本，即当前误差样本；

4）以当前支持向量和当前误差样本组成新的工作样本集；

5）重复步骤2）~4），直至算法收敛。此时工作样本集包含了所有的支持向量。

选块算法的优点是当支持向量的数目远远小于训练样本数时，能大大提高运算速度。然而，选块算法的目标是找出所有的支持向量，因而最终需要存储相应的核函数矩阵，由此可见，如果支持向量的数目本身就比较多，那么随着算法迭代次数的增多，工作样本集也会越来越大，算法依旧会变得十分复杂。

2．分解算法

与选块算法类似，分解（Decomposing）算法也是采用分解策略，但是与选块算法的不同之处在于，分解算法的目的不是找出所有的支持向量，而是每次针对很小的训练子集来求解，即使支持向量的个数超过工作样本集的大小，也不改变工作样本集的规模。分解算法将二次规划问题分解成一系列规模较小的二次规划子问题，进行迭代求解。在每次迭代中，选取拉格朗日乘子分量的一个子集作为工作样本集，利用传统优化算法求解一个二次规划的子问题。

若将原训练样本集分为工作样本集 B 和空闲集 N，则原优化问题分解为在 B 和 N 上的两个子优化问题，拉格朗日乘子向量 $\boldsymbol{\alpha}$ 也分解为 $\{\alpha_i \mid i \in B\}$ 和 $\{\alpha_j \mid j \in N\}$ 两部分，且空闲集 N 固定不变。在求解定义在工作样本集 B 上的子优化问题后，将任一 α_j，$y_j f(x_j) < 0$，$j \in N$ 和 α_i，$i \in B$ 互换，可得新的子优化问题，对此最优化问题的求解将使定义在原训练样本集上的优化问题得到进一步优化。于是分解算法步骤如下：

1）随机选取原始训练样本集中的一个小子集作为工作样本集 B，剩余样本组成空闲集 N；

2）求解定义在 B 上的子优化问题；

3）检测空闲集 N，若某个 α_j，$j \in N$ 违反KKT条件（即 $y_j f(x_j) < 0$），将其与任一 α_i，$i \in B$ 交换，得到新的 B 和 N；

4）重复步骤2）和3），直至算法收敛，N 中所有的样本都满足KKT条件。

上述算法可处理任一规模的训练样本集，但由于每次只替换一个样本，导致收敛速度很慢。在实际应用中，通常使用复杂的启发式规则每次替换多个样本。

2. 序列最小优化算法

序列最小优化（Sequential Minimal Optimization，SMO）算法是分解法中选取 $B=2$ 的特殊情况，即每次迭代只求解一个具有两个拉格朗日乘子 α_i 和 α_j 的最优化问题，这时工作样本集规模已减到最小。其优点在于，优化问题只有两个拉格朗日乘子，它用分析的方法即可解出，从而完全避免了复杂的数值解法；另外，它根本不需要巨大的矩阵存储，这样，即使是很大的 SVM 学习问题，也可在普通 PC 上实现。SMO 算法包括两个步骤：一是求解这两个拉格朗日乘子优化问题的分解步骤；二是如何选择这两个拉格朗日乘子。

假设当前（非优）解为 $\alpha_1^{\text{old}},\alpha_2^{\text{old}},\alpha_3,\cdots,\alpha_N$（初始化时令 $\boldsymbol{\alpha}=0$），需要进一步优化的参数为 α_1 和 α_2（对应训练样本 $\boldsymbol{x}_1$ 和 $\boldsymbol{x}_2$）。根据线性约束可得

$$y_1\alpha_1+y_2\alpha_2=y_1\alpha_1^{\text{old}}+y_2\alpha_2^{\text{old}}=\text{const} \tag{4-52}$$

不失一般性，首先求 α_2：

$$\alpha_2^{\text{new}}=\alpha_2^{\text{old}}-\frac{y_2(E_1-E_2)}{\eta} \tag{4-53}$$

其中，

$$E_i=f^{\text{old}}(\boldsymbol{x}_i)-y_i,\quad i=1,2 \tag{4-54}$$

$$\eta=2K(\boldsymbol{x}_1,\boldsymbol{x}_2)-K(\boldsymbol{x}_1,\boldsymbol{x}_1)-K(\boldsymbol{x}_2,\boldsymbol{x}_2) \tag{4-55}$$

α_2 当前的取值范围 $\{L,H\}$ 为

$$\text{当 } y_1\neq y_2 \text{ 时}, L=\max(0,\alpha_2^{\text{old}}-\alpha_1^{\text{old}}), H=\min(C,C+\alpha_2^{\text{old}}-\alpha_1^{\text{old}}) \tag{4-56}$$

$$\text{当 } y_1=y_2 \text{ 时}, L=\max(0,\alpha_2^{\text{old}}+\alpha_1^{\text{old}}-C), H=\min(C,\alpha_2^{\text{old}}+\alpha_1^{\text{old}}) \tag{4-57}$$

因此，α_2 的当前最优值为

$$\alpha_2^{\text{new,clipped}}=\begin{cases}H, & \alpha_2^{\text{new}}\geqslant H\\ \alpha_2^{\text{new}}, & L<\alpha_2^{\text{new}}<H\\ L, & \alpha_2^{\text{new}}\leqslant L\end{cases} \tag{4-58}$$

继而，可求得 α_1 的当前最优值为

$$\alpha_1^{\text{new}}=\alpha_1^{\text{old}}+y_1y_2(\alpha_2^{\text{old}}-\alpha_2^{\text{new,clipped}}) \tag{4-59}$$

对于 SMO 算法中优化参数 α_1 和 α_2 的选取有如下规则：第一个参数选择任一违反 KKT 条件的拉格朗日乘子作为 α_1；第二个参数选择另一个拉格朗日乘子作为 α_2，对该参数和 α_1 的更新应尽可能优化原目标函数。一个简单的方法是选取 α_2 使 $\|E_1-E_2\|$ 最大。

SMO 算法实现简单，收敛速度快，内存需求小，是目前最好的支持向量训练算法之一。

4.7 小结

Vapnik 等人提出的统计学习理论是一种专门针对小样本的理论，它避免了人工神经网络等方法的网络结构难以确定、过拟合、欠拟合以及“维数灾难”、局部极小等问题，被认为是目前针对解决小样本的分类、回归等问题的最佳理论。这一方法数学推导严密，理论基础坚实。基于这一理论提出的支持向量机（SVM）方法，为解决非线性问题提供了一条新思路。

本章首先介绍了统计学习的基本理论，包括经验风险最小化原则、结构风险最小化归纳原则和 VC 维的基本概念。然后重点介绍了线性及非线性 SVM 分类器的基本原理，包括硬间隔、软间隔、分类判别函数、最优超平面、广义最优超平面、支持向量、核函数等概念。

最简单的 SVM 从线性分类器导出，根据最大化间隔的目标，可以得到线性可分问题的 SVM 训练时求解的问题。但现实应用中很多数据是线性不可分的，通过加入松弛变量和惩罚因子，可以将 SVM 推广到线性不可分的情况，具体做法是对违反约束条件的训练样本进行惩罚，得到线性不可分的 SVM 训练时优化的问题。这个优化问题是一个凸优化问题，并且满足 Slater 条件，因此强对偶成立，通过拉格朗日对偶可以将其转化成对偶问题求解。

我们首先讨论了线性可分的二分类的 SVM 分类器，然后解决线性不可分的二分类和多分类问题，进而通过引入非线性映射和核函数，将复杂的非线性分类问题转化为线性 SVM 分类问题加以解决。当我们通过非线性映射把低维样本空间映射到高维甚至是无穷维的特征空间时，如果只运用了非线性映射的内积，则可以用相对应的核函数来代替，而不需要显式地定义复杂的非线性映射函数 $\varphi(\cdot)$ ，只需要计算样本 $\boldsymbol{x}_i$ 和 $\boldsymbol{x}_j$ 映射到高维特征空间后的内积 $\varphi(\boldsymbol{x}_i)\cdot\varphi(\boldsymbol{x}_j)$ ，因此只需要定义合适的核函数 $K(\boldsymbol{x}_i,\boldsymbol{x}_j)$ 即可。这就是“核函数”的巧妙作用。这是从线性 SVM 走向非线性 SVM 的关键一步。

凸优化问题的求解普遍使用的是 SMO 算法，这是一种分治法，它每次选择两个变量进行优化，这两个变量的优化问题是一个带等式和不等式约束条件的二次函数极值问题，可以求出公式解。优化变量的选择通过 KKT 条件来确定。

4.8 习题

1. 什么是“支持向量”？支持向量机的基本原理是什么？支持向量机有什么特点？
2. 简述软间隔 SVM 和硬间隔 SVM 的异同点。
3. SVM 为什么要求解对偶问题？为什么对偶问题与原问题等价？
4. SVM 如何实现非线性分类？核函数的作用是什么？
5. 常用的核函数有哪些？核函数的选择对支持向量机的性能有何影响？
6. SVM 如何解决多分类问题？
7. 请阐述 SVM 模型与逻辑斯谛回归模型的异同点。
8. 支持向量机适合解决什么问题？支持向量机常用在哪些领域？

第 5 章　贝叶斯分类器与贝叶斯网络

贝叶斯机器学习是机器学习的一个重要分支。贝叶斯方法在机器学习领域有诸多应用，从单变量的分类与回归到多变量的结构化输出预测、从监督式机器学习到非监督式机器及半监督式机器学习等，贝叶斯方法几乎用于任何一种学习任务。

贝叶斯分类是一类分类算法的总称，这类算法均以贝叶斯定理为基础，故统称为贝叶斯分类。

贝叶斯网络（Bayesian Network）是一种应用有向无环图表示变量间概率依赖关系的图模型，用于描述变量间不确定性因果关系。贝叶斯统计和图论的发展为贝叶斯网络提供了坚实的理论基础，经过 30 多年的发展，贝叶斯网络在理论及应用上都取得了丰硕的成果。贝叶斯网络是一种能够对复杂不确定系统进行推理和建模的有效工具，在不确定性决策、数据分析以及智能推理等领域有着广泛的应用。它以坚实的理论基础、自然的表达方式、灵活的推理能力和方便的决策机制，成为人工智能、专家系统、模式识别、数据挖掘和机器学习等领域的研究热点。

本章学习目标

- 掌握贝叶斯公式和朴素贝叶斯分类器原理。
- 熟悉朴素贝叶斯分类器的优缺点及应用领域。
- 了解贝叶斯网络的构建方法及推理过程。

5.1　贝叶斯方法

5.1.1　贝叶斯方法的提出

托马斯·贝叶斯（Thomas Bayes）在世（1702—1761）时，并不为人们所熟知，他很少发表论文或出版著作，与当时学术界的人沟通交流也很少。所谓的贝叶斯方法源于他生前为解决一个“逆向概率”问题写的一篇文章，这篇文章的题目是 *An Essay towards Solving a Problem in the Doctrine of Chances*，翻译成中文的意思是：机遇理论中一个问题的解。也许大家可能会想：这篇论文的发表随即在学术界产生轰动效应，从而奠定贝叶斯在学术史上的地位。而事实上，这篇文章是在他死后（1763 年）才由他的一位朋友整理发表出来的，文章发表后，在当时并未产生多少影响，直到 20 世纪后，这篇文章才逐渐被人们所重视。

贝叶斯在数学方面主要研究概率论。他首先将归纳推理法用于概率论基础理论，并创立了贝叶斯统计理论，对统计推理的主要贡献是使用了“逆向概率”这个概念，并把它作为一种普遍的推理方法提出来。

在贝叶斯写这篇文章之前，频率主义学派的“正向概率”观点统治着人们的思考方式。

例如，某单位举办了一个抽奖活动，抽奖桶里有 10 个球，其中 2 个白球，8 个黑球，抽到白球就算中奖。当伸手进去随便摸出 1 个球时，则摸出中奖球的概率是多大？根据频率的计算公式，可以轻松地知道中奖的概率是 2/10。而贝叶斯在他的文章中是为了解决一个“逆向概率”的问题。同样以抽奖为例，如果我们事先并不知道抽奖桶里黑白球的比例，而是摸出一个球，通过观察这个球的颜色，来预测这个桶里白色球和黑色球的比例。贝叶斯的论文只是对这个“逆向概率”问题的一个直接的求解尝试，人们并不清楚他当时是否意识到其中包含着的深刻思想。如今，贝叶斯定理不仅是现代概率论的基础之一，并在智能系统中得到了广泛的应用。可以说，所有需要做出概率预测的问题都可以用贝叶斯方法来解决，例如垃圾邮件过滤、艾滋病检查、肝癌检查、文本处理等。贝叶斯方法是机器学习的核心方法之一。这背后的深刻原因在于，现实生活中的问题，大部分都是像上面的“逆向概率”问题。生活中绝大多数决策面临的信息都是不完全的，我们手中只有有限的信息。既然无法得到全面的信息，我们就应该在信息有限的情况下，尽可能做出一个最优的预测。例如，天气预报说，明天降雨的概率是 30% 。这是什么意思呢？因为我们无法像计算频率那样，重复地把明天过上 100 次，然后计算出大约有 30 次会下雨，所以只能利用有限的信息（过去天气的测量数据），采用贝叶斯定理来预测出明天下雨的概率是多少。我们日常所观察到的只是事物表面上的结果，沿用刚才那个抽奖桶里取球的比方，我们往往只能知道从里面取出来的球是什么颜色，而并不能直接看到抽奖桶里面实际的情况。

在继续深入讲解贝叶斯方法之前，先简单了解一下频率主义学派与贝叶斯学派各自不同的思考方式：

- 频率主义学派把需要推断的概率是客观存在的，即使是未知的，但都是固定值，不会改变。频率主义学派认为进行一定数量的重复实验后，如果出现某个现象的次数与总次数趋于某个值，那么这个比值就会趋于固定。最简单的例子就是抛硬币了，在理想情况下，我们知道抛硬币正面朝上的概率会趋于 1/2。另外，频率主义学派认为样本 X 是随机的，所以，大部分的概率计算都是针对样本 X 的分布。
- 贝叶斯学派认为，概率是一个人对于一件事的信念强度，概率是主观的。贝叶斯认为概率 θ 是随机变量，需要加入先验概率的考虑。也就是说，先设定一个假设（Hypothesis）或信念（Belief），然后通过一定的实验来证明或推翻这个假设，这就是后验。随后，旧的后验会成为一个新的先验，如此重复下去。而样本 X 是固定的，由于样本是固定的，所以重点研究的是概率 θ 的分布。

贝叶斯学派既然把概率 θ 看作是一个随机变量，所以要计算 θ 的分布，就得事先知道 θ 的无条件分布，即在有样本之前（或观察到 X 之前），θ 有着怎样的分布呢？例如往台球桌上扔一个球，这个球会落在何处呢？如果是不偏不倚地把球抛出去，那么此球落在台球桌上的任一位置都有相同的机会，即球落在台球桌上某一位置的概率 θ 服从均匀分布。这种在实验之前定下的属于基本前提性质的分布称为先验分布，或称为无条件分布。

这样，贝叶斯及贝叶斯学派提出了一个思考问题的模式：

$$\text{先验分布 } P(\theta) + \text{样本信息 } X \Rightarrow \text{后验分布 } P(\theta \mid X) \tag{5-1}$$

上述思考模式意味着，新观察到的样本信息将修正人们以前对事物的认知。换言之，在得到新的样本信息之前，人们对 θ 的认知是先验分布 $P(\theta)$ ，在得到新的样本信息 X 后，人们对 θ 的认知为 $P(\theta \mid X)$ 。

其中，先验分布，即基于统计的概率分布，是基于以往历史经验和分析得到的结果，不需要依赖当前发生的条件。例如扔一次骰子，不知道开始哪面向上，抛起落下，请问静止后数字为 6 的那面向上的概率是多少？我们在事情发生之前就能根据经验知道，骰子静止后数字为 6 的那面向上的概率是六分之一，这就是先验概率。

而后验概率，则是从条件概率而来，由因推果。它是基于当下发生了事件之后计算的概率，依赖于当前发生的条件。例如还是扔一次骰子，我们知道数字为 6 的那面向上的先验概率为六分之一，但是实际上扔了好多次后我们发现，这颗骰子被做了手脚，无论怎么扔，都是数字为 1 的那面向上，此时，我们认为结果是数字为 6 的那面向上的概率为 0，这就是后验概率。

后验分布 $P(\theta \mid X)$ 一般也认为是在给定样本 X 的情况下 θ 的条件分布，而使 $P(\theta \mid X)$ 达到最大的值 θ_{MD} 称为最大后验估计，类似于经典统计学中的极大似然估计。

贝叶斯方法对于由证据的积累来推测一个事物发生的概率具有重要作用，它告诉我们若要预测一个事物，首先需要根据已有的经验和知识推断一个先验概率，然后在新证据不断积累的情况下调整这个概率。例如在围棋、羽毛球比赛等体育节目直播中，解说员一般会根据双方选手历次比赛的成绩对此次比赛的胜负做个大致的主观判断（先验概率），然后再根据现场的新信息（证据）来修正自己的判断，最后做出高概率的预测（后验概率）。再如，某工厂每天都要对产品进行质检，以评估产品的不合格率，经过一段时间后便会积累大量的历史资料，这些历史资料便是先验知识，有了这些先验知识，便在决定对一个产品是否需要每天质检时有了依据，如果以往的历史资料显示，某产品的不合格率只有 0.01%，便可视为信得过产品或免检产品，只需每月抽检一两次，从而省去大量的人力物力。

由此可见，贝叶斯方法符合人脑的工作机制及思考方式，这也是它为什么能成为机器学习基础的原因所在。

5.1.2 贝叶斯定理

在介绍贝叶斯定理前，我们需要先了解一下统计学中的几个基本概念。

假设 A 和 B 是两个随机事件，记事件 A 发生的概率为 $P(A)$，事件 B 发生的概率为 $P(B)$，且 $P(A) > 0$，$P(B) > 0$。

1. 联合概率

事件 A 和事件 B 的联合概率是指事件 A 和事件 B 共同发生的概率，记为 $P(A,B)$。

2. 条件概率（又称后验概率）

一般地，在已知事件 B 发生的前提下事件 A 发生的概率，称为 B 条件下 A 的条件概率。条件概率表示为 $P(A \mid B)$，读作“在 B 条件下 A 的概率”。其基本求解公式为

$$P(A \mid B) = \frac{P(A,B)}{P(B)} \tag{5-2}$$

同样地，在已知事件 A 发生的前提下事件 B 发生的概率，称为 A 条件下 B 的条件概率。其基本求解公式为

$$P(B \mid A) = \frac{P(A,B)}{P(A)} \tag{5-3}$$

3. 独立事件

直观上来讲，对于随机事件 A、B，若其中任一事件发生的概率不受另一事件发生与否的影响，则称事件 A、B 是相互独立的。用数学式可以表达为

$$P(A \mid B) = P(A) \tag{5-4}$$

$$P(B \mid A) = P(B) \tag{5-5}$$

从数学上来定义，对于随机事件 A、B，若 $P(A,B) = P(A) \cdot P(B)$，则称事件 A、B 相互独立，此时 $P(A \mid B) = P(A)$，$P(B \mid A) = P(B)$。

4. 条件独立

设 X、Y 和 Z 表示三个随机变量的集合。给定 Z，当条件概率

$$P(X \mid Y,Z) = P(X \mid Z) \tag{5-6}$$

成立时，则称随机变量 X 在给定 Z 上条件独立于 Y。

X 和 Y 之间的条件独立也可以写成

$$\begin{aligned} P(X,Y \mid Z) &= \frac{P(X,Y,Z)}{P(Z)} \\ &= \frac{P(X,Y,Z)}{P(Y,Z)} \cdot \frac{P(Y,Z)}{P(Z)} \\ &= P(X \mid Y,Z) \cdot P(Y \mid Z) \\ &= P(X \mid Z) \cdot P(Y \mid Z) \end{aligned} \tag{5-7}$$

在条件独立的假设下，若 $X = \{x_1, x_2, \cdots, x_m\}$，则有

$$\begin{aligned} P(X \mid Z) &= \prod_{i=1}^{m} P(x_i \mid Z) \\ &= P(x_1 \mid Z) P(x_2 \mid Z) \cdots P(x_m \mid Z) \end{aligned} \tag{5-8}$$

在了解上述几个基本概念后，我们考虑一个问题：$P(A \mid B)$ 是在事件 B 发生的前提下事件 A 发生的概率。

1）首先，事件 B 发生之前，我们对事件 A 的发生有一个基本的概率判断，称为 A 的先验概率（**Prior Probability**），用 $P(A)$ 表示。

2）其次，事件 B 发生之后，我们对事件 A 的发生概率重新评估，称为 A 的后验概率（**Posterior Probability**），用 $P(A \mid B)$ 表示。

3）类似地，事件 A 发生之前，我们对事件 B 的发生有一个基本的概率判断，称为 B 的先验概率，用 $P(B)$ 表示。

4）同样，事件 A 发生之后，我们对事件 B 的发生概率重新评估，称为 B 的后验概率，用 $P(B \mid A)$ 表示。

贝叶斯定理是关于随机事件 A 和 B 的条件概率的一则定理，它基于下述贝叶斯公式：

$$P(A \mid B) = \frac{P(B \mid A) P(A)}{P(B)} \tag{5-9}$$

上述公式的推导其实非常简单，就是从条件概率推出。

根据条件概率的定义，在事件 B 发生的条件下事件 A 发生的概率是

$$P(A \mid B) = \frac{P(A,B)}{P(B)} \tag{5-10}$$

同样地，在事件 A 发生的条件下事件 B 发生的概率是

$$P(B \mid A) = \frac{P(A,B)}{P(A)} \tag{5-11}$$

整理与合并式（5-10）、式（5-11），便可以得到

$$P(A \mid B) \cdot P(B) = P(A,B) = P(B \mid A) \cdot P(A) \tag{5-12}$$

若 $P(B) > 0$，式（5-12）两边同除以 $P(B)$，便可以得到贝叶斯定理的公式表达式

$$P(A \mid B) = P(A) \cdot \frac{P(B \mid A)}{P(B)} \tag{5-13}$$

假定样本空间 S 是事件 A 与 $\bar{A}$ 的和，即 $\bar{A}$ 是事件 A 的补集，则式（5-13）中的 $P(B)$ 都是基于全概率公式求得，即

$$P(B) = P(B \mid A) \cdot P(A) + P(B \mid \bar{A}) \cdot P(\bar{A}) \tag{5-14}$$

如果我们已经知道事件 A 和 B 各自发生的概率，已知当事件 A 发生前提下事件 B 也发生的条件概率，那么就可以用贝叶斯公式求得在事件 B 发生前提下事件 A 发生的概率。

下面我们通过一个例子来理解贝叶斯公式的物理含义。小明同学暗恋上了同年级的女同学小娟，把小娟看成是他心目中的女神。他感觉到小娟每次看到他的时候都会对他微笑，他想知道小娟是不是喜欢他？下面让我们一起用贝叶斯公式帮小明预测一下小娟喜欢他的概率有多大，这样小明就可以根据概率的大小来决定是否要向他心目中的女神表白。

现在，我们来详细解释公式（5-13），涉及以下 3 个基本概念：

- 先验概率：我们把 $P(A)$ 称为“先验概率”，即在不知道事件 B 发生的前提下，我们对事件 A 发生的概率的一个主观判断。在这个例子中，就是在不知道“小娟经常对小明微笑”的前提下，来主观判断出“小娟喜欢小明”的概率。这里假设是 $P(A) = 0.50$，也就是有可能喜欢小明，也有可能不喜欢小明的概率各占 50%。
- 标准似然度：我们把 $P(B \mid A)/P(B)$ 称为“标准似然度”（Standardized Likelihood），这是一个调整因子，可以理解为新信息事件 B 发生后，对先验概率的一个调整。其中，$P(B \mid A)$ 是在已知事件 A 发生的前提下事件 B 发生的条件概率，或称为“似然”（Likelihood）；$P(B)$ 是用于归一化的“证据”因子。如果标准似然度 >1，意味着先验概率被增强，事件 A 发生的可能性变大；如果标准似然度 =1，意味着事件 B 无助于判断事件 A 的可能性；如果标准似然度 <1，意味着先验概率被削弱，事件 A 的可能性变小。例如，在这个例子中，在不知道“小娟经常对小明微笑”时，我们觉得“小娟喜欢小明”的概率是 0.50（先验概率），但在知道“小娟经常对小明微笑”这件事后，我们调查走访了小娟的好朋友，发现小娟平日很少对其他人笑，所以估计出标准似然度 >1，觉得“小娟喜欢小明”的概率超过 0.50（后验概率）。
- 后验概率：我们把 $P(A \mid B)$ 称为“后验概率”，即在事件 B 发生之后，我们对事件 A 的发生概率的重新评估。在贝叶斯统计中，一个随机事件或者一个不确定事件的后验概率是在考虑和给出相关证据或数据后所得到的条件概率。同样，后验概率分布是一个未知量（视为随机变量）基于试验和调查后得到的概率分布。“后验”在本文中代表考虑了被测试事件的相关证据。在这个例子中，就是在知道“小娟经常对小明微笑”这件事后，我们对“小娟喜欢小明”的概率重新预测。假设标准似然度 $P(B \mid A)/P(B) = 1.5$（暂不考虑怎么计算得到的），则在“小娟经常对小明微

笑”的条件下“小娟喜欢小明”的概率 $P(A \mid B)$ 是 0.75。这说明，“小娟经常对小明微笑”这个新信息的推断能力很强，将“小娟喜欢小明”的概率从 0.60（先验概率）提高到了 0.75（后验概率）。

现在我们再来看一遍贝叶斯公式，就能明白这个公式背后的关键思想了：我们先根据以往的数据或经验预估一个“先验概率” $P(A)$，然后加入新的信息或证据（事件 B），这样有了新的信息或证据后，我们对事件 A 的预测就更加准确。因此，贝叶斯定理可以理解成下面的式子：

后验概率 = 先验概率 × 标准似然度（新信息带来的调整因子）

贝叶斯定理解决了现实生活里经常遇到的问题：已知某条件概率，如何得到两个事件交换后的条件概率，也就是在已知 $P(A \mid B)$ 的情况下如何求得 $P(B \mid A)$。在有些情况下，我们可以很容易直接得到 $P(B \mid A)$，却很难直接得到 $P(A \mid B)$，但我们需要求解的是 $P(A \mid B)$，贝叶斯定理就为我们提供了由 $P(B \mid A)$ 求得 $P(A \mid B)$ 的方法。

有时候只知道 $P(B \mid A)$（即“似然”）是不够的，还需要引入“先验概率” $P(A)$。因为极大似然的猜测，其可能的先验概率非常小。但有些时候，我们对先验概率一无所知，只能假设每种猜测的先验概率是均等的，这时就只能用极大似然了。实际上，统计学家和贝叶斯学派有一个有趣的争论，统计学家说：我们让数据自己说话。言下之意就是要摒弃先验概率。而贝叶斯学派认为：数据会有各种各样的偏差，而一个可靠的先验概率则可以滤掉数据中的随机噪声。事实证明贝叶斯学派是正确的，其实所谓的先验概率也是经验统计的结果，例如投掷硬币时，为什么我们会认为硬币正、反面朝上的概率会趋向于 1/2？为什么我们认为肤色是与种族相关的，而体重则与种族无关？先验概率里面的“先验”并不是指先于一切经验，而是仅指先于我们“当前”给出的观测数据而已，在硬币的例子中先验指的只是先于我们知道投掷的结果这个经验，而并非“先天”。

不过有时候我们必须承认，即使是基于以往的经验，我们手头的“先验”概率还是均匀分布，这个时候就必须依赖极大似然。可以用一个自然语言二义性问题来说明这一点：“The girl saw the boy with a telescope”到底是符合“The girl saw-with-a-telescope the boy”还是“The girl saw the-boy-with-a-telescope”这一语法结构呢？两种语法结构的常见程度都差不多。如果是符合“The girl saw the-boy-with-a-telecope”这一语法结构的话，怎么那个男孩偏偏手里拿的就是望远镜？这个概率太小了。如果我们将语法结构解释为“The girl saw-with-a-telescope the boy”的话，就与数据完美吻合了——既然那个女孩是用某个装置去看这个男孩的，那么这个装置是一个望远镜就完全可以解释了（不再是小概率事件了）。

【例 5-1】一所学校里面有 60% 的男生，40% 的女生。所有男生都穿长裤，有一半女生穿长裤，另一半女生穿裙子。假设你走在校园中，迎面走来一位穿长裤的学生，不幸的是，由于你高度近视，你只看得见他（她）穿的是长裤，而无法确定他（她）的性别，你能够推断出他（她）是男生的概率是多大吗？

记穿长裤为事件 A，穿短裤为事件 B，男生为事件 M，女生为事件 F，已知 $P(A \mid M) = 1$，$P(M) = 0.6$，$P(F) = 0.4$，$P(A \mid F) = 0.5$，那么我们需要求 $P(M \mid A)$，由贝叶斯公式有

$$P(M \mid A) = \frac{P(A \mid M) \cdot P(M)}{P(A)}$$

其中，$P(A)$ 可由全概率公式求得，即

$$P(A)=P(A|M)\cdot P(M)+P(A|F)\cdot P(F)=1\times 0.6+0.5\times 0.4=0.8$$

那么

$$P(M|A)=\frac{P(A|M)\cdot P(M)}{P(A)}=\frac{1\times 0.6}{0.8}=0.75$$

即在知道穿长裤的条件下，推断出他（她）是男生的后验概率为 0.75。这说明，“穿长裤”这个新信息将“是男生”的概率从 0.60（先验概率）提高到了 0.75（后验概率）。

每一项医学检测都存在假阳性率和假阴性率。所谓假阳性，就是本来没病，但是检测结果显示有病。所谓假阴性，正好相反，就是实际上有病，但是检测结果正常。假设检测准确率是 99%，如果医生完全依赖检测结果，也会误诊，即假阳性的情况，也就是说根据检测结果显示有病，但是你实际并没有得病。举个更具体的例子，因为艾滋病潜伏期很长，所以即便感染了也可能在相当长的一段时间身体没有任何感觉，所以艾滋病检测的假阳性会导致被测人非常大的心理压力。你可能会觉得，检测准确率都 99% 了，误检几乎可以忽略不计了吧？所以你觉得这人肯定没有患艾滋病了。但我们用贝叶斯公式计算一下，你会发现你的直觉是错误的。

【例 5-2】假设某种疾病的发病率是 0.1%，即 1000 人中会有 1 个人得此病。现在有一种试剂可以检测患者是否得此病，其准确率是 99%，即在患者确实得此病的情况下，患者的检测结果为阳性的概率是 0.99。试剂的误报率是 1%，即在患者没有得此病的情况下，患者的检测结果为阳性的概率为 0.01。现有一个患者的检测结果为阳性，请问他确实得此病的概率是多少？

第 1 步：分解问题

（1）要求解的问题：通常，我们将想要知道的问题作为贝叶斯方法中的事件 A，将新的信息或证据作为事件 B。在本例中，将“患者确实得此病”记为事件 A，将“患者的检测结果为阳性”记为事件 B（新的信息），那么求解的就是 $P(A|B)$，即患者的检测结果为阳性时他确实得此病的概率。

（2）已知信息：疾病的发病率是 0.001，即“患者确实得此病”的先验概率 $P(A)=0.001$；试剂可以检测患者是否得此病，准确率是 0.99，即在“患者确实得此病”（事件 A）的情况下，“患者的检测结果为阳性”（事件 B）的概率为 0.99，即 $P(B|A)=0.99$；“患者确实得此病”记为事件 A，那么“患者没有得此病”就是事件 A 的反面，记为 $\bar{A}$。试剂的误报率是 1%，即在“患者没有得此病”（事件 $\bar{A}$）的情况下，“患者的检测结果为阳性”（事件 B）的概率为 0.01，即 $P(B|\bar{A})=0.01$。

第 2 步：应用贝叶斯定理

根据全概率公式，得

$$\begin{aligned}P(B)&=P(B|A)\cdot P(A)+P(B|\bar{A})\cdot P(\bar{A})\\&=0.99\times 0.001+0.01\times(1-0.001)=0.01098\end{aligned}$$

标准似然度为

$$\frac{P(B|A)}{P(B)}=\frac{0.99}{0.01098}\approx 90.16$$

代入贝叶斯公式得

$$P(A \mid B) = P(A) \cdot \frac{P(B \mid A)}{P(B)} = 0.001 \times 90.16 \approx 0.09$$

这个结果令我们感到很意外，试剂检测的准确率都到 99% 了，而检测结果为阳性的患者确实得此病的概率却只有 9%。你可能会说，再也不相信那些吹得天花乱坠的技术了，即使筛查准确率那么高，筛查的结果对于确诊疾病一点都没有用，这还要医学检测干什么？没错，这就是贝叶斯分析告诉我们的。以艾滋病为例，由于患艾滋病实在是小概率事件，所以当我们对一大群人做艾滋病筛查时，虽说准确率有 99%，但仍然会有相当一部分人因为误检而被诊断为艾滋病，这一部分人在人群中的数目甚至比真正艾滋病患者的数目还要高。你肯定要问了，那该怎样纠正检测带来的这么高的误诊呢？造成这么不可靠的误诊的原因，是我们无差别地给一大群人做筛查，而不论检测准确率有多高，因为正常人的数目远大于实际的患者，所以误检造成的干扰就非常大了。根据贝叶斯定理，我们知道提高先验概率，可以有效地提高后验概率。所以，解决的办法倒也很简单，就是先锁定可疑的样本，例如 10000 人中检查出问题的那 10 个人，再独立重复检测一次，因为正常人连续两次体检都出现误检的概率极低，这时筛选出真正患者的准确率就很高了，这也是为什么许多疾病的检测，往往还要送交独立机构多次检查的原因。这也是为什么艾滋病检测第一次呈阳性的人，还需要做第二次检测，第二次依然是阳性的还需要送交国家实验室做第三次检测。在《医学的真相》这本书里举了个例子，假设检测艾滋病毒，对于每一个呈阳性的检测结果，只有 50% 的概率能证明这位患者确实感染了病毒。但是如果医生具备先验知识，先筛选出一些高风险的患者，然后让这些患者进行艾滋病检查，检查的准确率就能提升。

在本例中，患者的第一次检测结果为阳性，如果他在同一家检测机构进行复查，不幸的是第二次检测结果仍为阳性，那么他确实得此病的概率是多少？如果第二次检测结果为阴性，那么他确实得此病的概率又是多少？此问题留给读者来解答。

5.2　贝叶斯分类器

5.2.1　基于贝叶斯定理的分类原理

贝叶斯定理描述了两个相关的随机事件或随机变量之间的概率关系。贝叶斯分类器是一种概率模型，在利用贝叶斯定理解决分类问题时，需先从统计学的角度对分类问题加以形式化。对于给定的训练样本集 $T = \{(\boldsymbol{x}_1, y_1), (\boldsymbol{x}_2, y_2), \cdots, (\boldsymbol{x}_N, y_N)\}$，设每个样本用一个 n 维的特征向量 $\boldsymbol{X} = (X^{(1)}, X^{(2)}, \cdots, X^{(n)})$ 及相应的类别标签 Y 表示，假定有 K 个类别，$Y \in \{c_1, c_2, \cdots, c_K\}$ 表示样本的类别标签。分类的任务就是对于给定的一个未知类别标签的样本的特征向量 $\boldsymbol{x}$，构造一个映射规则 $y = f(\boldsymbol{x})$，预测其对应的类别标签 y。分类问题中样本的特征向量 $\boldsymbol{X}$ 和类别标签 Y 之间具有因果关系。因为样本属于类别 Y，所以具有特征向量 $\boldsymbol{X}$。例如，我们要区分男生和女生，选用的特征有脚的尺寸和身高等属性。总的来说，男生的脚比女生的脚要大，身高更高。因为一个人是男生，才具有这样的特征。分类器要完成的任务则相反，是在已知样本的特征向量为 $\boldsymbol{X}$ 的条件下反推样本所属的类别 Y。

如果 $\boldsymbol{X}$ 和 Y 之间的关系不确定，那么可以把 $\boldsymbol{X}$ 和 Y 看作随机变量，假设特征向量 $\boldsymbol{X}$ 服从某种概率分布，则可以计算特征向量属于每一个类别的条件概率分布 $P(Y \mid X)$。分类器在训练阶段，要根据训练样本集 $\boldsymbol{T}=\{(\boldsymbol{x}_1,y_1),(\boldsymbol{x}_2,y_2),\cdots,(\boldsymbol{x}_N,y_N)\}$，对 $\boldsymbol{X}$ 和 Y 的每一种组合学习类后验概率分布 $P(Y\mid\boldsymbol{X})$；在测试阶段，找出使类后验概率 $P(Y=c_k\mid\boldsymbol{X}=\boldsymbol{x})$ 最大的类别标签 c_k，作为测试样本 $\boldsymbol{x}$ 所属的类别。

准确估计类别标签 Y 和特征向量 $\boldsymbol{X}$ 的每一种可能组合的类后验概率非常困难，因为即使特征向量的维数 n 不是很大，仍需要很大的训练集。根据贝叶斯公式有

$$P(Y\mid\boldsymbol{X})=\frac{P(\boldsymbol{X}\mid Y)\cdot P(Y)}{P(\boldsymbol{X})}$$

只要知道特征向量 $\boldsymbol{X}$ 的概率分布 $P(\boldsymbol{X})$、每个类别出现的先验概率分布 $P(Y)$，以及每个类别样本的类条件概率分布 $P(\boldsymbol{X}\mid Y)$，就可以计算出样本属于每一个类别的类后验概率分布 $P(Y\mid\boldsymbol{X})$。分类问题只要预测类别，比较样本属于每一个类别的条件概率的大小，找出使类后验概率 $P(Y=c_k\mid\boldsymbol{X}=\boldsymbol{x})$ 最大的类别标签 c_k 即可，因此可以忽略 $P(\boldsymbol{X})$，因为它对所有类别都是相同的。

综上所述，贝叶斯分类器的基本原理是，在已知样本的类别标签的先验概率分布 $P(Y)$ 的前提下，利用贝叶斯公式计算出样本属于每一个类别的类后验概率分布 $P(Y\mid\boldsymbol{X})$，最后选择具有最大类后验概率的类别作为该样本所属的类别。因此，贝叶斯分类器是一种生成式模型。因为使用了类别标签的先验概率分布 $P(Y)$ 和类条件概率分布 $P(\boldsymbol{X}\mid Y)$，两者的乘积就是联合概率分布 $P(\boldsymbol{X},Y)$，因此它对联合概率分布进行建模。

由此可见，贝叶斯分类器是一种基于概率的分类器，不仅能够分类而且能够给出属于某个类别的概率，例如某运动员有80%的概率是一名篮球运动员，某病人接下来的5年内有40%的概率会得糖尿病，未来24h南京下雨的概率为10%，等等。

贝叶斯分类是一种监督式机器学习算法，它是通过由样本数据对分类模型进行“训练”(每个样本数据包含了一个特征向量和对应的类别标签)，然后应用模型对（新）样本进行“分类”的过程。

这里需要强调的是，分类问题往往采用经验性方法构造映射规则，即一般情况下的分类问题缺少足够的信息来构造100%正确的映射规则，需要通过对训练样本数据的学习实现一定概率意义上正确的分类，因此所训练出的分类器并不是一定能将每个待分类样本 $\boldsymbol{x}$ 准确映射到其对应的类别标签 y，分类器的性能与分类器构造方法、待分类样本的特征以及训练样本数量等诸多因素有关。例如，医生对病人进行诊断就是一个典型的分类过程，任何一个医生都无法直接确定病人的病情，只能通过观察病人表现出的症状和各种化验检测数据来推断病情，这时医生就像一个分类器，而这个医生诊断的准确率，与他当初受到的教育方式(构造方法)、病人的症状是否突出（待分类样本的特征）以及医生的经验多少（训练样本数量）都有密切关系。

5.2.2 朴素贝叶斯分类器

朴素贝叶斯方法是基于贝叶斯定理与特征向量的分量（属性）条件独立假设的分类方法。对于给定的训练样本集，首先基于特征向量的分量（属性）条件独立假设，学习输入-输出的联合概率分布 $P(\boldsymbol{X},Y)$；然后基于 $P(\boldsymbol{X},Y)$，对给定的输入 $\boldsymbol{x}$，利用贝叶斯定理求出使类后验概率 $P(Y=c_k\mid\boldsymbol{X}=\boldsymbol{x})$ 最大的类别标签 c_k 作为输出 y，即为对应的类别。

对于给定的训练样本集 $T=\{(\boldsymbol{x}_1,y_1),(\boldsymbol{x}_2,y_2),\cdots,(\boldsymbol{x}_N,y_N)\}$，设每个样本用一个 n 维

的特征向量 $\boldsymbol{X}=(X^{(1)},X^{(2)},\cdots,X^{(n)})$ 及相应的类别标签 Y 表示，假定有 K 个类别，$Y\in\{c_1,c_2,\cdots,c_K\}$ 表示样本的类别标签。分类的任务就是对于给定的一个未知类别标签的样本的特征向量 $\boldsymbol{x}$ 预测其对应的类别标签 y 。

先验概率 $P(Y)$ 的分布为

$$P(Y=c_k),k=1,2,\cdots,K \tag{5-15}$$

类条件概率 $P(\boldsymbol{X}\mid Y)$ 的分布为

$$P(\boldsymbol{X}=\boldsymbol{x}\mid Y=c_k)=P(X^{(1)}=x^{(1)},X^{(2)}=x^{(2)},\cdots,X^{(n)}=x^{(n)}\mid Y=c_k),k=1,2,\cdots,K \tag{5-16}$$

可见，类条件概率 $P(\boldsymbol{X}=\boldsymbol{x}\mid Y=c_k)$ 是所有特征向量的分量（属性）上的联合概率，难以从有限的训练样本直接估计而得到。为了避开这个障碍，朴素贝叶斯分类器（Naive Bayes Classifier）采用了“特征向量的分量（属性）条件独立假设”。即对给定样本类别标签 c_k ，假设各个特征向量的分量（属性）相互独立。

基于特征向量的分量（属性）条件独立假设，我们可以做链式展开，类条件概率 $P(\boldsymbol{X}=\boldsymbol{x}\mid Y=c_k)$ 可重写为

$$\begin{aligned}
&P(\boldsymbol{X}=\boldsymbol{x}\mid Y=c_k)\\
&=P(X^{(1)}=x^{(1)},X^{(2)}=x^{(2)},\cdots,X^{(n)}=x^{(n)}\mid Y=c_k)\\
&=P(X^{(1)}=x^{(1)}\mid Y=c_k)(X^{(2)}=x^{(2)}\mid Y=c_k)\cdots P(X^{(n)}=x^{(n)}\mid Y=c_k)\\
&=\prod_{j=1}^{n}P(X^{(j)}=x^{(j)}\mid Y=c_k)
\end{aligned} \tag{5-17}$$

根据贝叶斯定理，类后验概率为

$$P(Y=c_k\mid\boldsymbol{X}=\boldsymbol{x})=\frac{P(\boldsymbol{X}=\boldsymbol{x}\mid Y=c_k)P(Y=c_k)}{P(\boldsymbol{X}=\boldsymbol{x})},\quad k=1,2,\cdots,K \tag{5-18}$$

将式（5-17）代入式（5-18），得

$$P(Y=c_k\mid\boldsymbol{X}=\boldsymbol{x})=\frac{P(Y=c_k)\cdot\prod_{j=1}^{n}P(X^{(j)}=x^{(j)}\mid Y=c_k)}{P(\boldsymbol{X}=\boldsymbol{x})},\quad k=1,2,\cdots,K \tag{5-19}$$

根据全概率公式，求得

$$P(\boldsymbol{X}=\boldsymbol{x})=\sum_{k=1}^{K}\left[P(Y=c_k)\cdot\prod_{j=1}^{n}P(X^{(j)}=x^{(j)}\mid Y=c_k)\right] \tag{5-20}$$

在对一个未知类别标签的样本 $\boldsymbol{x}$ 进行分类时，朴素贝叶斯分类器对每个类别 c_k 计算后验概率，选择具有最大类后验概率的类别作为该样本所属的类别。由于对所有的 c_k ，$P(\boldsymbol{X}=\boldsymbol{x})$ 都是一样的，即式（5-19）的右边式子中的分母 $P(\boldsymbol{X}=\boldsymbol{x})$ 是一个与类别无关的式子，因此不考虑 $P(\boldsymbol{X}=\boldsymbol{x})$ 是不会影响分类结果的。这样，朴素贝叶斯分类器的判别函数表达式为

$$y=\arg\max_{c_k}P(Y=c_k)\cdot\prod_{j=1}^{n}P(X^{(j)}=x^{(j)}\mid Y=c_k),\quad k=1,2,\cdots,K \tag{5-21}$$

在实际应用中，先验概率 $P(Y=c_k)$ 可以设置为每一类相等（即均匀分布），或者设置为训练样本中每类样本数目占训练样本总数的比例。例如，在训练样本中第一类样本数占

30%，第二类样本数占 70%，则可以设置第一类的先验概率为 0.3，第二类的先验概率为 0.7。剩下的问题是如何估计类条件概率值 $P(X^{(j)}=x^{(j)}\mid Y=c_k)$，其中 $j=1,2,\cdots,n$。下面就特征向量 $X^{(j)}$ 的分量是离散型与连续型变量两种情况进行讨论。

1. 离散型特征

当特征向量的分量 $X^{(j)}$ 的取值是离散值时，可以直接根据训练样本计算出类条件概率 $P(X^{(j)}=x^{(j)}\mid Y=c_k)$。计算公式为

$$P(X^{(j)}=v\mid Y=c_k)=\frac{N_{v,c_k}}{N_{c_k}},\quad j=1,2,\cdots,n;k=1,2,\cdots,K \tag{5-22}$$

式中，N_{c_k} 为第 c_k 类训练样本数；N_{v,c_k} 为第 c_k 类训练样本中，样本特征向量的第 j 个分量取值为 v 的训练样本数，即统计每一类训练样本中每个特征分量取每个值的频率，作为类条件概率的估计值。

这里值得指出的是，如果式（5-22）中的 N_{v,c_k} 为 0，即样本特征向量的第 j 个分量取值在第 c_k 类训练样本中一次都不出现，则会导致如果测试样本特征向量的第 j 个分量取到这个值时，整个分类判别函数的值为 0。作为补救措施可以使用拉普拉斯平滑，具体做法是给式（5-22）右边的分子和分母同时加上一个正数。如果特征向量的分量有 m 种取值，将分母加上 m，每一类的分子加上 1，即为

$$P(X^{(j)}=v\mid Y=c_k)=\frac{N_{v,c_k}+1}{N_{c_k}+m},\quad j=1,2,\cdots,n;k=1,2,\cdots,K \tag{5-23}$$

这样可以保证所有类的条件概率加起来还是 1。

2. 连续数值型特征

当特征向量的分量 $X^{(j)}$ 的取值是连续数值时，朴素贝叶斯分类法通常使用以下两种方法估计连续数值型特征的类条件概率。

1）将连续数值型特征离散化，并用相应的离散区间替换数值型特征值。其实质是将连续数值型特征转换成离散型特征。通过计算类别 c_k 的训练样本中落入 $X^{(j)}$ 对应区间的比例来估计条件概率 $P(X^{(j)}=x^{(j)}\mid Y=c_k)$。估计误差由离散策略和离散区间的数目决定。如果离散区间的数目太多，就会因为每一个离散区间中训练样本数目太少而不能做出可靠的估计；反之，如果离散区间的数目太少，有些离散区间就会含有来自不同类别的样本，因此失去了正确的决策边界。

2）假设特征向量的分量服从某一概率分布，则可以使用训练样本数据来估计该概率分布的参数，确定概率分布模型，再利用该模型来估计类条件概率。

通常，用正态分布来表示连续数值型特征的类条件概率分布。正态分布的概率密度函数为

$$f(x)=\frac{1}{\sqrt{2\pi}\sigma}\exp\left(-\frac{(x-\mu)^2}{2\sigma^2}\right) \tag{5-24}$$

式中，参数 μ 为样本均值；σ^2 为样本方差。

在各类别相互独立的条件下，对于每个类别 c_k，特征向量的分量 $x^{(j)}$ 的类条件概率密度函数为

$$P(X^{(j)}=x^{(j)}\mid Y=c_k)=\frac{1}{\sqrt{2\pi}\sigma_{c_k}}\exp\left(-\frac{(x^{(j)}-\mu_{c_k})^2}{2\sigma_{c_k}^2}\right) \tag{5-25}$$

由于连续型随机变量不能计算它在某一点的概率，因为它在任何一点处的概率都为 0，所以，直接用概率密度函数的值作为概率值。式（5-25）中，μ_{c_k}、σ_{c_k} 分别为类别标签为 c_k 的正态分布样本的平均值和标准差。参数 μ_{c_k} 可以用类别 c_k 的所有训练样本关于 $x^{(j)}$ 的样本均值来估计，参数 σ_{c_k} 可以用这些训练样本的样本标准差来估计。

综合上述分析，可以归纳出朴素贝叶斯分类模型应用流程的三个阶段，具体如下：

1）分类器准备阶段。对训练样本进行特征提取，形成训练样本的特征向量，并对其进行类别标注，构成训练样本集，这些工作主要由人工完成，工作完成质量对整个分类器的性能有着决定性的影响。

2）分类器训练阶段。根据上述分析中的公式计算每个类别在训练样本中的出现频率，以及每特征向量的分量对每个类别的条件概率，最终获得分类器。

3）分类器应用阶段。将待分类的测试样本输入分类器，利用上述公式自动进行分类。

【例 5-3】表 5-1 中的数据来自银行预测贷款拖欠问题的训练样本数据集，特征包含“房子”“婚姻”和“年收入”几项属性，拖欠贷款的类别为“拖欠”，还清贷款的类别为“还清”。假设有一个贷款者无房、已婚、年收入为 120 千元，请根据表 5-1 中的数据，预测该贷款者是否会拖欠贷款。

表 5-1　银行预测贷款拖欠问题的训练样本集

序号	房子	婚姻	年收入（千元）	贷款
1	无房	已婚	60	还清
2	无房	单身	90	拖欠
3	无房	单身	70	还清
4	有房	离异	220	还清
5	无房	离异	95	拖欠
6	无房	已婚	75	还清
7	无房	已婚	100	还清
8	无房	单身	85	拖欠
9	有房	单身	125	还清
10	有房	已婚	120	还清

对于训练样本数据集，每个类别的先验概率可以通过计算属于该类的训练样本数占样本总数的比例来估计。表 5-1 数据中，属于“拖欠”类别的有 3 个样本，属于“还清”类别的有 7 个样本，得到

$$P(\text{拖欠}) = \frac{3}{10} = 0.3, P(\text{还清}) = \frac{7}{10} = 0.7$$

对于给定的“拖欠”类别，计算每个特征（属性）的类条件概率，有

$$P(\text{无房} \mid \text{拖欠}) = \frac{3}{3} = 1,\ P(\text{有房} \mid \text{拖欠}) = 0,\ P(\text{已婚} \mid \text{拖欠}) = 0,$$

$$P(\text{离异} \mid \text{拖欠}) = \frac{1}{3},\ P(\text{单身} \mid \text{拖欠}) = \frac{2}{3}$$

这里值得注意的是，出现了 $P(\text{有房} \mid \text{拖欠}) = 0$ 和 $P(\text{已婚} \mid \text{拖欠}) = 0$，作为补救措施

可以使用拉普拉斯平滑，根据式（5-23）进行调整，得到

$$P(\text{无房}\mid\text{拖欠})=\frac{3+1}{3+2}=\frac{4}{5},P(\text{有房}\mid\text{拖欠})=\frac{0+1}{3+2}=\frac{1}{5},P(\text{已婚}\mid\text{拖欠})=\frac{0+1}{3+3}=\frac{1}{6},$$

$$P(\text{离异}\mid\text{拖欠})=\frac{1+1}{3+3}=\frac{1}{3},P(\text{婚姻}=\text{单身}\mid\text{拖欠})=\frac{2+1}{3+3}=\frac{1}{2}$$

对于给定的“还清”类别，计算每个特征（属性）的类条件概率，有

$$P(\text{无房}\mid\text{还清})=\frac{4}{7},P(\text{有房}\mid\text{还清})=\frac{3}{7},P(\text{已婚}\mid\text{还清})=\frac{4}{7},$$

$$P(\text{离异}\mid\text{还清})=\frac{1}{7},P(\text{单身}\mid\text{还清})=\frac{2}{7}$$

对于连续数值型的“年收入”特征（属性），假定其样本值服从正态分布，需计算样本的均值和方差，确定概率密度函数。按照不同的类别，有以下计算结果。

对于给定的“拖欠”类别，均值 $\mu_0=90$，方差 $\sigma_0^2=25$，标准差 $\sigma_0=5$。

对于给定的“还清”类别，均值 $\mu_1=110$，方差 $\sigma_1^2=2975$，标准差 $\sigma_1=54.54$。

进而可以利用式（5-25），计算出给定“拖欠”类别条件下年收入为 120 千元的概率为

$$P(120\text{ 千元}\mid\text{拖欠})=\frac{1}{\sqrt{2\pi}\times 5.0}\mathrm{e}^{-\frac{(120-90)^2}{2\times 25}}=1.22\times 10^{-9}$$

给定“还清”类别条件下年收入为 120 千元的概率为

$$P(120\text{ 千元}\mid\text{还清})=\frac{1}{\sqrt{2\pi}\times 54.54}\mathrm{e}^{-\frac{(120-110)^2}{2\times 2975}}=7.2\times 10^{-3}$$

对测试样本 $\boldsymbol{x}$ 的类别标签进行预测，即是计算出类后验概率 $P(\text{拖欠}\mid\boldsymbol{x})$ 和 $P(\text{还清}\mid\boldsymbol{x})$ 的大小，并进行比较。如果 $P(\text{拖欠}\mid\boldsymbol{x})$ 大于 $P(\text{还清}\mid\boldsymbol{x})$，则该样本的类别标签为“拖欠”；否则，该样本的类别标签为“还清”。

根据式（5-17），计算得到

$$\begin{aligned}P(\boldsymbol{x}\mid\text{拖欠})&=P(\text{无房}\mid\text{拖欠})\cdot P(\text{已婚}\mid\text{拖欠})\cdot P(120\text{ 千元}\mid\text{拖欠})\\&=\frac{4}{5}\times\frac{1}{6}\times 1.22\times 10^{-9}\approx 1.63\times 10^{-10}\end{aligned}$$

$$\begin{aligned}P(\boldsymbol{x}\mid\text{还清})&=P(\text{无房}\mid\text{还清})\cdot P(\text{已婚}\mid\text{还清})\cdot P(120\text{ 千元}\mid\text{还清})\\&=\frac{4}{7}\times\frac{4}{7}\times 7.2\times 10^{-3}\approx 2.35\times 10^{-3}\end{aligned}$$

代入类后验概率的公式，有

$$P(\text{拖欠}\mid\boldsymbol{x})=\frac{P(\boldsymbol{x}\mid\text{拖欠})\cdot P(\text{拖欠})}{P(\boldsymbol{x})}=\frac{1.63\times 10^{-10}\times 0.3}{P(\boldsymbol{x})}=\frac{4.89\times 10^{-11}}{P(\boldsymbol{x})}$$

$$P(\text{还清}\mid\boldsymbol{x})=\frac{P(\boldsymbol{x}\mid\text{还清})\cdot P(\text{还清})}{P(\boldsymbol{x})}=\frac{2.35\times 10^{-3}\times 0.7}{P(\boldsymbol{x})}=\frac{1.645\times 10^{-3}}{P(\boldsymbol{x})}$$

可见，$P(\text{还清}\mid\boldsymbol{x})>P(\text{拖欠}\mid\boldsymbol{x})$，所以该贷款者不会拖欠贷款。

5.2.3 朴素贝叶斯分类器的特点

朴素贝叶斯分类器模型结构简单，规则清楚易懂。同时算法有稳定的分类效率，对于不同特点的数据集其分类性能差别不大，对缺失数据不太敏感，能够处理多分类任务。朴素贝叶斯分类器在小规模的数据集上表现优秀，并且分类过程时空开销小。也适合增量式训练，

在数据量较大时，可以人为划分后分批进行增量训练。

需要注意的是，由于朴素贝叶斯分类要求特征变量满足类条件独立的假设，所以只有在独立性假设成立或在特征变量相关性较小的情况下，才能获得近似最优的分类效果，应用时需要谨慎分析该假设是否能够成立，这也限制了朴素贝叶斯分类的使用。朴素贝叶斯分类需要先知道先验概率，而先验概率很多时候不能准确知道，往往使用假设值代替，这也会导致分类误差的增大。尽管有这样过于简单的假设，但朴素贝叶斯分类模型能指数级降低贝叶斯网络构建的复杂性，同时还能较好地处理训练样本的噪声点和无关特征属性，所以朴素贝叶斯分类模型仍然在很多现实问题中有着高效的应用，例如网络入侵检测和文本分类等领域。目前许多研究者也在致力于改善特征变量间的独立性的限制，使得朴素贝叶斯分类模型可以应用到更多任务上。

5.3 贝叶斯网络

朴素贝叶斯分类器是基于各类别以及各个特征向量的分量相互独立这一假设的，即对于给定样本的类别标签，各个特征向量的分量相互条件独立。但这个条件独立的假设似乎太严苛，无法应用于那些特征（属性）之间有一定相关性的分类问题，而且实际上在现实应用中几乎不可能做到特征（属性）间的完全独立，这也限制了朴素贝叶斯分类器的应用。那么，能否找到一种更加灵活的关于类条件概率分布 $P(\boldsymbol{X} \mid Y)$ 的表示方法，既可以说明和表示联合条件概率分布，同时又可以在变量的子集间定义类条件独立性，从而完成建模？这种建模方法就是本节要介绍的贝叶斯网络。该方法不要求给定类的所有属性都条件独立，而是允许某些指定的属性条件独立。

5.3.1 贝叶斯网络的定义

贝叶斯网络（Bayesian Network），又称贝叶斯信念网络（Bayesian Belief Network，BBN），它借助有向无环图（Directed Acyclic Graph，DAG）来刻画特征（属性）之间的依赖关系，并使用条件概率表（Conditional Probability Table，CPT）来描述特征（属性）的联合概率分布。贝叶斯网络是一种概率图模型，于 1986 年由 Judea Pearl 首先提出。它是一种模拟人类推理过程中因果关系的不确定性处理模型，其网络拓扑结构是一个有向无环图。

30 多年前，人工智能研究的一个主要挑战是对机器进行编程，以便将潜在的原因与一系列可观察到的情况联系起来。Judea Pearl 用一种称为“贝叶斯网络”的方案来解决这个问题。2011 年，Pearl 获得图灵奖，这很大程度上要归功于贝叶斯网络。

一个贝叶斯网络包含以下两部分内容：

（1）有向无环图　有向无环图中的每个节点（Node）代表一个随机变量，它们可以是可观察到的变量，或隐变量、未知参数等；每一条边（两个节点之间的连线）表示随机变量之间的依赖关系。

（2）概率分布表　有向无环图中的每个节点都关联一个概率分布，把各节点和它的直接父节点关联起来。

考虑三个随机变量 X 、Y 和 Z ，其中 X 和 Y 相互独立，并且都直接影响第三个变量 Z 。三个变量之间的关系可以用图 5-1 中的有向无环图表示。图中每个节点表示一个变量，每条边表示两个变量之间的依赖关系。

在一张有向无环图中，如果在节点 X 有一条边指向节点 Y，那么就称 X 为 Y 的父节点，而 Y 为 X 的子节点，X 和 Y 之间有因果关系（或非条件独立），会产生一个条件概率 $P(Y|X)$ 值，其中 X 是“因”，Y 是“果”。一个节点的所有父节点和子节点都称为它的邻居节点。没有父节点的节点称为根节点（Root Node），没有子节点的节点称为叶子节点（Leaf Node）。另外，如果有向无环图中存在一个从 X 到 Z 的有向路径，则称 X 是 Z 的祖先节点，而 Z 是 X 的后代节点。一个节点的祖先节点包括其父节点及父节点的祖先节点，根节点无祖先节点。一个节点的后代节点（Descendant）包括其子节点及子节点的后代节点，而叶子节点无后代节点。一个节点的非后代节点（Non-Descendant）包括所有不是其后代节点的节点。例如，在图 5-2 中，Z 是 X 的后代节点，X 是 U 的祖先节点，而 X 和 U 都是 Z 的非后代节点。

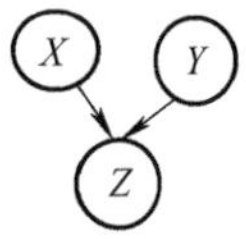

图 5-1　一个简单的有向无环图

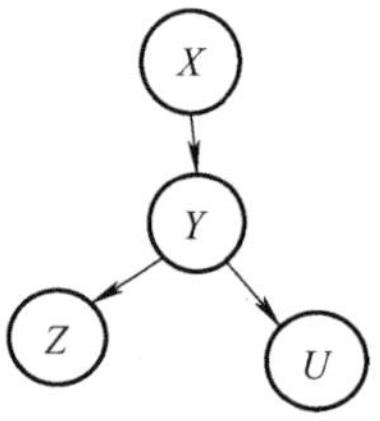

图 5-2　有向无环图中祖先与后代节点的关系示意图

贝叶斯网络的一个重要性质表述如下：

【节点条件独立】贝叶斯网络中的一个节点，如果它的父节点已知，则它条件独立于它的所有非后代节点。

图 5-2 中，给定 Y，Z 条件独立于 U、X，因为 U 和 X 都是 Z 的非后代节点。朴素贝叶斯分类器中的条件独立假设也可以用贝叶斯网络来表示。

除了网络拓扑结构要求的条件独立性外，每个节点还关联一个概率分布表。

- 如果节点 X 没有父节点（即根节点），则其关联的概率分布表中只包含边缘概率 $P(X)$。
- 如果节点 Z 只有一个父节点 Y，则其关联的概率分布表中只包含条件概率 $P(Z|Y)$。
- 如果节点 Z 有多个父节点 $\{Y_1,Y_2,\cdots,Y_m\}$，则其关联的概率分布表中包含条件概率 $P(Z|Y_1,Y_2,\cdots,Y_m)$。

因此，贝叶斯网络的构建包括以下两部分的内容：

1）构建一个有向无环图。

2）构建每个节点的概率分布表。

5.3.2　贝叶斯网络的构建

下面我们以博物馆安防报警为例来说明贝叶斯网络的构建过程。为了防止火灾和盗窃，某博物馆在保安部和保管部主任办公室内装有报警装置，发生火灾和遭受盗窃都可能触发报警器。接到报警信号后，保安部和保管部主任都会打电话给馆长。一天，馆长在外地开会，接到保安部的电话，电话里说馆内报警器报警。馆长想知道发生火灾的概率是多大?

上述问题包含 5 个变量，将其分别定义为：报警器报警（A）、遭受盗窃（B）、发生火灾（C）、接到保安部的电话（D）和接到保管部主任的电话（E）；所有变量均有“1”或“0”两种可能的取值。这里各变量间的关系存在不确定性：盗窃和火灾都以一定概率随机发生；它们发生后，有可能会触发报警器，也有可能不会；而报警器被触发后，保安部和保管部主任可能会因为某些原因，如上洗手间或在馆内巡视等，而没有接收到报警信号；也有时候，由于人为误操作触发报警器，导致误报。因此，上述 5 个变量都是随机变量，该问题是一个非确定性的随机问题。

假设馆长对这 5 个变量的联合概率分布 $P(A,B,C,D,E)$ 是已知的，如表 5-2 所示。

表 5-2 联合概率分布

A	B	C	D	E	概率
1	1	1	1	1	3.9×10^{-4}
1	1	1	1	0	1.3×10^{-5}
1	1	1	0	1	5.1×10^{-5}
1	1	1	0	0	7.0×10^{-6}
1	1	0	1	1	5.8×10^{-3}
1	1	0	1	0	6.5×10^{-4}
1	1	0	0	1	2.5×10^{-3}
1	1	0	0	0	2.8×10^{-4}
1	0	1	1	1	4.7×10^{-3}
1	0	1	1	0	4.0×10^{-4}
1	0	1	0	1	1.6×10^{-3}
1	0	1	0	0	1.7×10^{-4}
1	0	0	1	1	6.1×10^{-4}
1	0	0	1	0	6.8×10^{-5}
1	0	0	0	1	2.6×10^{-4}
1	0	0	0	0	$2.9E\times10^{-5}$
0	1	1	1	1	5.0×10^{-9}
0	1	1	1	0	9.5×10^{-8}
0	1	1	0	1	4.9×10^{-7}
0	1	1	0	0	9.4×10^{-6}
0	1	0	1	1	2.9×10^{-7}
0	1	0	1	0	5.6×10^{-6}
0	1	0	0	1	2.9×10^{-5}
0	1	0	0	0	5.5×10^{-4}
0	0	1	1	1	7.0×10^{-6}
0	0	1	1	0	5.0×10^{-4}
0	0	1	0	1	6.9×10^{-4}

（续）

A	B	C	D	E	概率
0	0	1	0	0	1.3×10^{-2}
0	0	0	1	1	4.8×10^{-4}
0	0	0	1	0	9.2×10^{-3}
0	0	0	0	1	4.8×10^{-2}
0	0	0	0	0	9.1×10^{-1}

上述问题要求解的是馆长接到保安部的电话（$D=1$）后确认博物馆发生火灾（$C=1$）的概率，即求 $P(C=1\mid D=1)$ 的值。

根据表 5-2 中的联合概率分布，先计算概率分布 $P(C,D)$，即

$$P(C,D)=\sum_{A,B,E}P(A,B,C,D,E)$$

计算结果如表 5-3 所示。

表 5-3　概率分布 $P(C,D)$

C	D	$P(C,D)$
1	1	0.00601010
1	0	0.01552789
0	1	0.01681389
0	0	0.96164800

再根据条件概率定义，得

$$P(C=1\mid D=1)=\frac{P(C=1,D=1)}{P(D=1)}=\frac{P(C=1,D=1)}{P(C=1,D=1)+P(C=0,D=1)}$$

$$=\frac{0.00601010}{0.00601010+0.01681389}\approx 0.263$$

从上述计算过程可以看出，其计算复杂度是很高的。本例中共有 5 个二值随机变量，它们的联合概率分布共包含 $2^5-1=31$ 个独立参数。一般地，m 个二值变量的联合概率分布包含 2^m-1 个独立参数。所以，联合概率分布的复杂度相对于变量的个数呈指数增长。当变量很多时，联合概率的获取、存储和运算都将变得十分困难。于是如何降低计算复杂度、提高计算效率显得尤其重要。下面通过引入条件独立性的概念来解决这个问题。

运用条件概率的链式法则，可以将联合概率分布 $P(A,B,C,D,E)$ 表示为下述因子相乘的形式：

$$P(A,B,C,D,E)=P(B)\cdot P(C\mid B)\cdot P(A\mid B,C)\cdot P(D\mid B,C,A)\cdot P(E\mid B,C,A,D) \tag{5-26}$$

虽然式（5-26）右端的 5 个概率分布仍然包含 31 个独立参数：$1+2+4+8+16=31$，并没有降低计算的复杂度，但是，将联合概率分布表示成因子乘积的形式后，我们就有可能根据问题的背景知识做出一些合理的独立性假设，以简化联合概率分布的表达式，从而降低计算复杂度。

概率图模型的一个重要发现就是利用随机变量间的条件独立性将联合概率分布分解成多个复杂度较低的概率分布，从而降低模型表达的复杂度，以提高推理效率，这就为应用概率方法解决大型问题提供了可能。

在博物馆报警案例中，因为遭受盗窃（B）和发生火灾（C）无关，于是式（5-26）中 $P(C \mid B) = P(C)$。另外，“接到保安部的电话”（D）和“接到保管部主任的电话”（E）直接与是否接收到“报警器报警”（A）有关。所以可以假设给定 A 时，D 与 B 和 C 相互独立，那么 $P(D \mid B,C,A) = P(D \mid A)$。同样，给定 A 时，E 与 D、B 和 C 都相互独立，那么 $P(E \mid B,C,A,D) = P(E \mid A)$。这样，式（5-26）可以简化为

$$P(A,B,C,D,E) = P(B) \cdot P(C) \cdot P(A \mid B,C) \cdot P(D \mid A) \cdot P(E \mid A) \tag{5-27}$$

这样，通过条件独立性的假设，把联合概率分布 $P(A,B,C,D,E)$ 分解成了若干个复杂度较低的概率分布的乘积。式（5-27）右端的 5 个概率分布仅包含 $1+1+4+2+2=10$ 个独立参数，相对于式（5-26）右端的 5 个概率分布所需的 31 个独立参数来说，模型的复杂度降低了。

更一般地，考虑一个包含 m 个变量的联合概率分布 $P(Y_1,Y_2,\cdots,Y_m)$，运用条件概率的链式法则，可以把它改写为

$$P(Y_1,Y_2,\cdots,Y_m) = P(Y_1) \cdot P(Y_2 \mid Y_1) \cdots P(Y_m \mid Y_1,Y_2,\cdots,Y_{m-1}) = \prod_{i=1}^{m} P(Y_i \mid Y_1,Y_2,\cdots,Y_{i-1}) \tag{5-28}$$

对于任意 Y_i，如果存在集合 $\Omega(Y_i) \subseteq \{Y_1,Y_2,\cdots,Y_{i-1}\}$，使得在给定 $\Omega(Y_i)$ 条件下，Y_i 与 $\{Y_1,Y_2,\cdots,Y_{i-1}\}$ 中的其他变量条件独立，即

$$P(Y_i \mid Y_1,Y_2,\cdots,Y_{i-1}) = P(Y_i \mid \Omega(Y_i))$$

那么

$$P(Y_1,Y_2,\cdots,Y_m) = \prod_{i=1}^{m} P(Y_i \mid Y_1,Y_2,\cdots,Y_{i-1}) = \prod_{i=1}^{m} P(Y_i \mid \Omega(Y_i)) \tag{5-29}$$

这样就得到了联合概率分布的一个分解。假设对任意的二值随机变量 Y_i，$\Omega(Y_i)$ 最多包含 d 个变量（$d \ll m$）。式（5-29）右端所含的独立参数最多为 $m \cdot 2^d$ 个，相对于原来确定联合概率分布所需的 $2^m - 1$ 个参数来说，条件独立使模型得到了简化，这在变量数目 m 很大且 $d \ll m$ 时效果更为显著。

那么，对本案例来说，如何构建贝叶斯网络？根据式（5-27）所示的分解以及随机变量的依赖和独立关系，我们按以下步骤来构建有向无环图：

- 把每个变量都表示为一个节点。
- 对于每个节点 Y_i，都从 $\Omega(Y_i)$ 中的每个节点画一条有向边到 Y_i。

在本案例中，生成的有向无环图共有 5 个节点。根据前面的描述，B、C 点的独立性最强，我们将其作为根节点，自顶向下 $\langle B,C,A,E,D \rangle$ 或 $\langle C,B,A,D,E \rangle$ 来构建一个贝叶斯网络拓扑结构（有向无环图），过程如图 5-3 所示。

1）首先把节点 B 加入空图，得到图 5-3a。

2）加入节点 C：由于随机变量 B 和 C 相互独立，$\Omega(C) = \phi$，因此无须加边，得到图 5-3b。

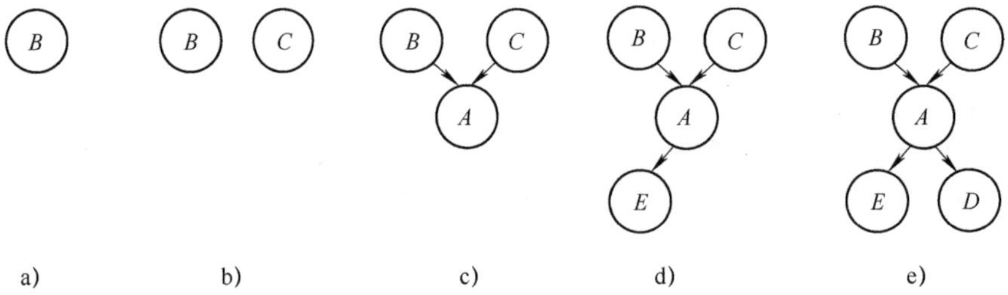

图 5-3　贝叶斯网络拓扑结构构建过程示意图

3）然后加入节点 A：因为随机变量 A 同时依赖 B 和 C，$\Omega(A)=\{B,C\}$，于是分别从节点 B 和 C 画一条边到节点 A，得到图 5-3c。

4）接着加入节点 E：在给定 A 的情况下，随机变量 E 与 B、C 条件独立，所以 $\Omega(E)=\{A\}$，于是从节点 A 画一条边到节点 E，得到图 5-3d。

5）最后加入节点 D：假设给定 A，随机变量 D 与 B、C 和 E 相互条件独立，所以 $\Omega(D)=\{A\}$，于是画一条从节点 A 到 D 的边，得到图 5-3e。

这样我们就构建出贝叶斯网络拓扑结构（有向无环图）。如图 5-3e 所示。由于 $\Omega(B)=\Omega(C)=\phi$，随机变量 B、C 的独立性最强，因此将其作为根节点，$P(B)$ 和 $P(C)$ 分别是随机变量 B 和 C 的边缘概率分布，其中 $P(B=1)=0.01$，$P(B=0)=0.99$；$P(C=1)=0.02$，$P(C=0)=0.98$。由于随机变量 A 依赖于随机变量 B 和 C，所以需要计算条件概率分布 $P(A\mid B,C)$。当盗窃和火灾都发生时，报警器报警的概率 $P(A=1\mid B=1,C=1)=0.95$；当只发生火灾而没有遭受盗窃时，报警器报警的概率 $P(A=1\mid B=0,C=1)=0.94$；当只遭受盗窃而没有发生火灾时，报警器报警的概率 $P(A=1\mid B=1,C=0)=0.29$；而当盗窃和火灾都没有发生时，报警器报警的概率 $P(A=1\mid B=0,C=0)=0.001$，…。类似地，随机变量 E 和 D 依赖于随机变量 A，所以需要计算随机变量 E 和 D 在 A 条件下的概率分布 $P(E\mid A)$ 和 $P(D\mid A)$。

通过计算，可以得到条件概率分布 $P(A\mid B,C)$、$P(E\mid A)$ 和 $P(D\mid A)$，分别如表 5-4～表 5-6 所示。

表 5-4　节点 A 的条件概率分布

A	B	C	$P(A\mid B,C)$
1	1	1	0.95
0	1	1	0.05
1	1	0	0.29
0	1	0	0.71
1	0	1	0.94
0	0	1	0.06
1	0	0	0.001
0	0	0	0.999

表 5-5　节点 E 的条件概率分布

E	A	$P(E \mid A)$
1	1	0.9
0	1	0.1
1	0	0.05
0	0	0.95

表 5-5　节点 D 的条件概率分布

D	A	$P(D \mid A)$
1	1	0.7
0	1	0.3
1	0	0.01
0	0	0.99

这样，图 5-3e 所示的有向无环图与随机变量 A、B、C、D 和 E 的条件（边缘）概率分布合在一起，就构成一个完整的贝叶斯网络，它是本节中表 5-2 给出的联合概率分布的分解的直观表示。

贝叶斯网络是一个有向无环图，每个节点都代表一个随机变量，节点间的有向边代表随机变量间的依赖关系。此外，每个节点都关联一个概率分布，根节点（例如 B、C）所对应的是边缘概率分布，而非根节点（例如 A、D、E）所对应的是条件概率分布。因此，贝叶斯网络具有定性和定量两层含义。

所谓定性层面就是指贝叶斯网络的图结构，它刻画了随机变量间的相互关系：依赖关系和独立关系。边的箭头表示各个随机变量间的依赖方向，即在推理过程中的因果关系。

所谓定量层面就是指贝叶斯网络中各个随机变量都附有明确的概率分布。所有概率分布的乘积就是贝叶斯网络的联合概率分布，因此可以把贝叶斯网络看作联合概率分布的一个因式分解。

通过贝叶斯网络分解联合概率分布，降低了概率模型的复杂度。更重要的是，它为概率推理提供了直观的表示。有证据表明，贝叶斯网络可以作为人脑推理过程的一个表达，因为依赖和独立关系是人们日常推理的基本工具，而且人类知识的基本结构也可以用依赖图来表达。另外，贝叶斯网络使用了严谨的数学语言，适合程序处理。由于计算机的介入，贝叶斯网络突破了规模的限制，极大地拓宽了应用范围。

5.3.3　贝叶斯网络拓扑结构中的连接方式

贝叶斯网络反映了事物间的因果关系，但其构造是一个复杂的任务，常常需要知识工程师和领域专家的共同参与，在实践中可能需要反复交叉进行而不断完善。通过大量的研究，人们总结出几个基本的因果连接方式，以此简化设计贝叶斯网络的条件独立性，并引入到推理机制中，如图 5-4 所示。

1. 顺连方式

顺连（Serial Connection）方式的结构如图 5-4a 所示。我们先看其中的左侧图，假设 Z

未知，则 X 的取值会影响 Z 的概率分布（置信度），进而影响 Y 的置信度。因此，此时信息可以从 X 传递到 Y，它们是相互关联的。我们称这种情况为 X 到 Y 的成因路径（$X \rightarrow Z \rightarrow Y$）。以博物馆安防报警案例的贝叶斯网络为例，如图 5-4a 所示，存在一个从遭受盗窃（B）到报警器报警（A）再到接到保管部主任的电话（E）的顺连结构（$B \rightarrow A \rightarrow E$）。若不知道 A 的状态，且被告知“遭受盗窃”，则也会增加对“报警器报警”的置信度，从而增加“接到保管部主任的电话”的置信度。那么直觉上，我们认为“遭受盗窃”为“接到保管部主任的电话”的原因。

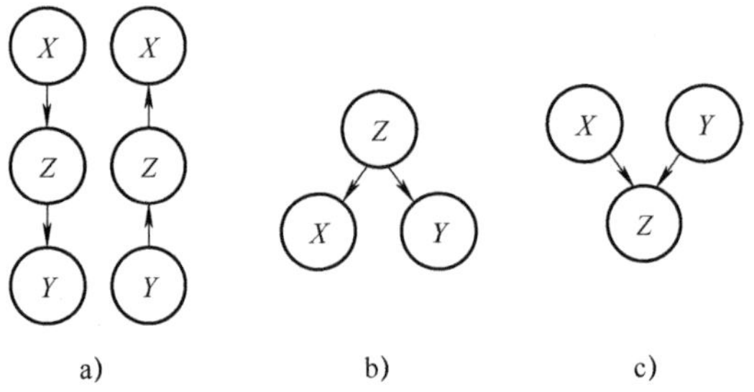

图 5-4　贝叶斯网络拓扑结构中的连接方式

再看图 5-4a 的右侧图，同样，假设 Z 未知，X 的取值可以看作 Z 导致的结果，由于 Z 受 Y 影响，此时可以断定 X 也受到 Y 置信度的影响，进而推断 Y 是导致 X 结果的一个证据。我们称这种情况为 X 到 Y 的证据路径（$X \leftarrow Z \leftarrow Y$）。例如，若不知道 A 的状态，当“接到保管部主任的电话”会增加“报警器报警”的置信度，从而增加“发生火灾”的置信度。直觉上，我们认为“接到保管部主任的电话”为“发生火灾”的某种证据。

但是，若 Z 的取值已知，则 X 的取值就不会影响 Z 的置信度，也不会影响 Y 的置信度。同样，Y 的取值也不会通过 Z 影响到 X。所以，此时 X 和 Y 之间的信息通道被阻塞，信息无法在二者之间传递，也就失去了推断的意义，X 和 Y 相互条件独立。例如，如果因故特意关闭了报警器，则知道“遭受盗窃”不会影响对“报警器报警”的置信度，所以不会增加对“接到保管部主任的电话”的置信度。同理，知道“接到保管部主任的电话”也不会增加“遭受盗窃”的置信度，因为报警器已被关闭，所以会认为保管部主任打电话是为了别的事情。所以在未知 A 时，B 和 E 相互关联；而在已知 A 时，B 和 E 相互条件独立。

2. 分连方式

分连（Diverging Connection）方式的结构如图 5-4b 所示。它表达了“一因多果”的含义，所以置信传播（Belief Propagation）的情况与顺连方式相似：当 Z 未知时，信息可以在 X 和 Y 之间传递，它们相互关联；而当 Z 已知时，信息不能在 X 和 Y 之间传递，因而它们相互条件独立。这种情况也称为共有原因。

以博物馆安防报警案例的贝叶斯网络为例，如图 5-3e 所示，触发报警器报警（A）后，有可能接到保管部主任的电话（E），也可能接到保安部的电话（D），即有分连方式的结构 $E \leftarrow A \rightarrow D$。若接到保管部主任的电话，则会增大“报警器报警”的置信度，从而也会进一步期望保安部的电话；反之亦然。对于一因多果的情况，在原因 A 未知时，多种结果之间相互关联。但如果事先知道报警器已被关闭，就不会做出这样的推理，即已知 A 后，E 和 D 条件独立。

3. 汇连方式

汇连（Converging Connection）方式的结构如图 5-4c 所示。它表达了“多因一果”的含义，与分连方式恰恰相反。需要特别注意的是，在置信传播方面，它也与分连方式完全相反。具体地说，在 Z 未知时，X 和 Y 相互独立；而在 Z 已知时，X 和 Y 却相互关联。

以博物馆安防报警案例的贝叶斯网络为例，如图 5-3e 所示，遭受盗窃（B）和发生火灾（C）都会触发报警器报警（A），从而有汇连方式的结构：$B \rightarrow A \leftarrow C$。在 A 未知时，B 和 C 相互独立，得知“遭受盗窃”不会改变“发生火灾”的置信度；反之亦然。但是如果知道“报警器报警”，此时“遭受盗窃”和“发生火灾”却相互关联了：若得知“遭受盗窃”，“报警器报警”就有了合理的解释，从而降低了“发生火灾”的置信度；反之，若得知“发生火灾”，“报警器报警”也有了合理的解释，从而也会降低“遭受盗窃”的置信度。

汇连的信息通道性质可以形象地理解为：当 Z 未知时，源自 X（或 Y）的信息会从 Z“漏掉”，从而无法到达 Y（或 X）：当 Z 已知时，“漏洞”被堵上，从而使信息可以在 X 和 Y 之间传递。

5.3.4　贝叶斯网络的推理

数学上看，贝叶斯网络的推理问题有三大类：后验概率问题、最大后验假设问题及最大可能解释问题。因篇幅所限，本节仅简单介绍贝叶斯网络的推理问题，有关详细内容请参见相关的书籍资料。

1．*后验概率问题*

所谓后验概率问题指的是已知贝叶斯网络中某些随机变量的概率分布，计算另一些随机变量的某种后验概率分布的问题。例如，在博物馆安防报警案例中，若接到保管部主任的电话说“报警器报警”，这时自然会想到“遭受盗窃”，那么计算“遭受盗窃”的概率就是计算 $P(B=1 \mid E=1)$ 在此类问题中，已知的变量通常称为证据变量，记为 Z，它们的取值记为 z；需要计算后验概率分布的变量称为查询变量，记为 Q；需要计算的后验概率分布为 $P(Q \mid Z=z)$。

根据证据变量和查询变量所扮演的因果角色的不同，概率推理有以下 4 种类型。

- 从结果到原因的诊断推理。例如，已知接到保管部主任的电话（$E=1$），计算发生火灾的概率 $P(C=1 \mid E=1)$。
- 从原因到结果的预测推理。例如，已知发生火灾（$C=1$），计算接到保管部主任的电话的概率 $P(E=1 \mid C=1)$。
- 在同一结果的不同原因之间的原因关联推理。例如，遭受盗窃和发生火灾都是导致触发报警器报警的原因。已知报警器触发报警后（$A=1$），对遭受盗窃的置信度为 $P(B=1 \mid A=1)$。如果接着又获知发生火灾（$C=1$），则对遭受盗窃的置信度将变为 $P(B=1 \mid A=1, C=1)$。这里，由于报警器触发报警已有了一个可能的解释，即发生火灾，所以此长彼消，遭受盗窃的置信度将会减小，即 $P(B=1 \mid A=1, C=1) < P(B=1 \mid A=1)$。
- 包含多种上述类型的混合推理。例如，已知接到保管部主任的电话（$E=1$）和发生火灾（$C=1$），计算报警器报警的概率 $P(A=1 \mid E=1, C=1)$。这里既有诊断推理，又有预测推理。在不同的应用中，可能会遇到不同类型的后验概率问题，但它们都可以用同一方法来处理。

2. 最大后验概率假设问题

例如，在分类任务中有多个可能的假设：$h_1,h_2,\cdots,h_k$ 。这些假设是分类任务中的多个类别，例如，在运动员的分类中有篮球运动员、马拉松运动员、体操运动员等。设 H 是所有假设的集合。在已知证据 $Z = z$ 的条件下，分类的任务就是对假设集合中的每条假设计算后验概率 $P(H = h \mid Z = z)$ ，并从中选出使得后验概率最大的那个假设 h^* ，即

$$h^* = \arg\max_h P(H = h \mid Z = z) \tag{5-30}$$

这就是最大后验概率（MAP）假设问题，简称 MAP 问题。

3. 最大可能解释问题

在贝叶斯网络中，证据 $Z = z$ 的一个解释（Explanation）指的是网络中全部变量的一个与 $Z = z$ 相一致的状态组合。有时往往最关心概率最大的那个解释，即最大可能解释（Most Probable Explanation，MPE）。求最大可能解释的 MPE 问题可视为 MAP 假设问题的一个特例，即 MAP 中所有假设的集合 H 包含了网络中的所有非证据变量。

5.4 小结

本章主要介绍贝叶斯方法理论基础，重点讲解贝叶斯定理以及朴素贝叶斯分类模型，简单介绍了贝叶斯网络的构建及推理方法。

朴素贝叶斯是一个基于贝叶斯定理和特征条件独立假设的分类方法，属于生成式模型。对于给定训练集 $T = \{(\boldsymbol{x}_1,y_1),(\boldsymbol{x}_2,y_2),\cdots,(\boldsymbol{x}_N,y_N)\}$ ，特征的条件独立假设指的是：假设训练集第 i 个样本 $\boldsymbol{x}_i$ 的 n 个特征 $x_i^{(1)}$ ，$x_i^{(2)}$ ，…，$x_i^{(n)}$ 相互独立，其中 $i = 1,2,\cdots,N$ 。如此，我们便可以基于条件独立假设求出输入 - 输出的联合概率 $P(\boldsymbol{X},Y)$ ，然后对于新的输入 $\boldsymbol{x}$ ，利用贝叶斯定理求出后验概率 $P(y \mid \boldsymbol{x})$ ，即该实例属于某一类的概率，然后选择具有最大后验概率的类作为该实例所属的类别，达到分类预测的目的。

朴素贝叶斯分类器模型结构简单，规则清楚易懂。同时算法有稳定的分类效率，对于不同特点的数据集其分类性能差别不大，对缺失数据不太敏感；对于多分类问题也很有效，计算复杂度不会有大幅度的上升；对于类别型特征变量，在分布独立这个假设成立的情况下，效果可能优于逻辑斯谛回归，且需要的样本更少。需要注意的是，朴素贝叶斯模型基于特征独立的假设前提在实践中往往很难满足；对于连续数值型变量特征，要求它服从正态分布。朴素贝叶斯分类模型常用于垃圾邮件识别、文本分类、情感识别（一般可以转换成文本分类）、推荐系统等领域。目前许多研究者也在致力于改善特征变量间的独立性的限制，使得朴素贝叶斯分类模型可以应用到更多任务上。

贝叶斯网络又被称为信念网络，是一种通过有向无环图表示一组随机变量及其条件依赖概率的概率图模型。在概率图中，每个节点表示一个随机变量，有向边表示随机变量之间的依赖关系，两个节点若无连接则表示它们是相互独立的随机变量。用条件概率表示变量间依赖关系的强度，无父节点的节点用先验概率表达信息。贝叶斯网络中的节点可以表示任意问题，丰富的概率表达能力能较好地处理不确定性信息或问题。贝叶斯网络中所有节点都是可见的，并且可以非常直观地观察到节点间的因果关系。这些特性都使得贝叶斯网络在众多智能系统中有重要的应用。

5.5　习题

1. 请阐述贝叶斯公式和朴素贝叶斯分类器原理。
2. 请解释贝叶斯分类器是生成式模型还是判别式模型。
3. 在贝叶斯定理的应用过程中，先验概率如何计算?
4. 朴素贝叶斯分类器有哪些优缺点?
5. 考虑在某个医疗领域中想确定病人是否患有某种特定的癌症，可以进行一个简单的血液测试（或者说血检）来帮助决策。该测试是一个二值测试，其返回的结果为阳性或阴性。当患者患有该病时，测试返回正确的阳性的概率为 98%，错误的阴性的概率为 2%；当患者未患此病时，测试返回正确的阴性的概率为 97%，错误的阳性的概率为 3%。在某国有 0.03% 人患有这种癌症，假设安娜去医院进行了血液测试来检查是否患有这种癌症，测试结果为阳性。请使用贝叶斯定理确定安娜是否患有这种癌症? 患有这种癌症的概率是多少? 如果安娜在同一家医院进行复查，不幸的是第二次检测结果仍为阳性，那么她患有这种癌症的概率是多少? 如果第二次检测结果为阴性，那么她患有这种癌症的概率又是多少?
6. 请阐述朴素贝叶斯分类模型与逻辑斯谛回归模型的异同点。
7. 如何构建贝叶斯网络? 结合实例，讨论贝叶斯网络的推理过程。
8. 贝叶斯网络适合解决什么问题?

第 6 章　决策树

决策（Decision）是根据信息和评价准则，用科学方法寻找或选取最优处理方案的过程或技术。每个决策或事件（即自然状态）都可能引出两个或多个事件，导致不同的结果或结论。把这种决策分支用一棵搜索树表示，即叫作决策树（Decision Tree）。决策树因其形状像树而得名，决策树可以是二叉的，也可以是多叉的。

决策树是一种监督式机器学习模型，可分为分类树和回归树，前者用于预测分类标签，后者用于预测连续值。分类树一般以信息熵、信息增益和基尼指数（Gini Index）来评价树的效果，是基于计算概率值判断分类结果的，即往往以叶子节点上概率最大的那个类别作为预测结果。而回归树则是以相同叶子节点上其他样本的均值来作为当前叶子节点的预测值。

决策树基础算法主要有 ID3、C4.5 和 CART 算法，其中，ID3 和 C4.5 只能支持分类模型，而 CART 则同时支持分类模型和回归模型。

本章学习目标

- 熟悉决策树的概念以及决策树的生成策略。
- 熟悉 ID3、C4.5、CART 算法中所用的特征选择指标，了解 ID3、C4.5、CART 三种算法的优缺点及适用场合。
- 了解决策树的剪枝处理方法。
- 熟悉决策树的优缺点。

6.1　概述

决策树由一系列节点和分支组成，在节点和子节点之间形成分支。节点代表决策或学习过程中所考虑的特征（或属性），而不同特征（或属性）的值形成不同的分支。节点分为根节点、内部节点和叶子节点。决策树开始的第一个节点称为根节点。根节点和内部节点（非叶子节点）表示样本在一个特征（或属性）上的测试，其子节点个数与决策树所用算法有关，例如，在分类与回归树（Classification And Regression Tree，CART）算法得到的决策二叉树中，每个根节点或内部节点有两个子节点；在决策多叉树中，每个根节点或内部节点有两个以上的子节点。叶子节点是分支的终点，包含学习或决策结果。为了使用决策树对某一样本进行学习，做出决策，可以利用该样本的属性值并由决策树的树根往下搜索，直至叶子节点止。

决策树采用自顶向下的方式递归建立模型，致力于从无规则、无秩序的数据中推出分类规则，最终呈树状结构。使用决策树进行决策的过程就是从根节点开始，每进行一次划分，都会在树的内部节点处用某一特征（或属性）值（特征向量的某一分量）进行判断，根据判断结果决定下一步的分支走向，直到到达叶子节点处，得到分类或回归结果。最终形成的决策树就是一个完整模型和表达式规则，一条路径对应一条规则。这是一种基于 if-then-else 规则的监督式机器学习算法，其中 if 表示条件判断，then 或 else 就是选择或决策，决策树的这些规则通过训练得到，而不是人工制定的。

决策树算法是最早的机器学习算法之一。早在 1966 年，Hunt、Marin 和 Stone 提出的概念学习系统（Concept Learning System，CLS）就有了决策树的概念。但直到 1979 年，J. Ross Quinlan 提出了 ID3 算法原型。1983 年和 1986 年，他对 ID3 算法进行了总结和简化，正式确立了决策树学习的理论。从机器学习的角度来看，这是决策树算法的起点。1986 年，Schlimmer 和 Fisher 在此基础上进行改进，引入了节点缓冲区，提出了 ID4 算法。1993 年，J. Ross Quinlan 对 ID3 算法做了进一步的改进，发展成 C4. 5 算法，成为机器学习的十大算法之一。ID3 算法的另一个分支是分类与回归树（CART）算法。与 C4. 5 算法只能支持分类模型不同，CART 同时支持分类模型和回归模型，这样决策树理论完整地覆盖了机器学习中的分类和回归两个领域。

下面从一个实例开始讲解一下最简单的决策树的生成过程。假定有一家房地产开发商正在销售新开发的公寓，销售人员统计了几个月的销售数据之后，对各类客户建立了如表 6-1 所示的销售统计表。为了挖掘潜在的客户，提高销售业绩，公司希望通过表 6-1 对潜在客户进行分类，以利于销售人员的工作。这就引出了以下两个问题：

1）如何对客户进行分类？

2）如何根据分类的依据，给出对销售人员的指导意见？

表 6-1　销售统计表

年龄	收入	学历	是否购买	计数
青年	高	高	购买	32
老年	高	高	购买	64
青年	低	低	不买	32
青年	高	低	购买	32
中年	高	高	购买	64
中年	中	低	不买	64
青年	中	高	购买	64
青年	低	高	不买	32
中年	高	低	不买	64
青年	中	低	不买	32
老年	高	低	购买	64
中年	中	高	购买	32
中年	低	低	不买	32
老年	中	高	购买	32

表 6-1 中的第一列是年龄特征，取三个值：青年、中年、老年；第二列是收入特征，取

三个值：高、中、低；第三列是学历特征，取两个值：高、低；第四列是销售结果，可以理解为类别标签，取两个值：购买、不买；最后一列是各类客户的统计人数。

对于取任意给定特征值的一个客户（测试样例），算法需要帮助公司将这位客户归类，即预测这位客户是属于“购买”公寓的那一类，还是属于“不买”公寓的那一类，并且给出判断的依据。

下面我们引入概念学习系统（CLS）算法的思想。CLS 是早期的决策树学习算法，它是各类决策树学习算法的基础。为了便于理解，我们先通过目测表 6-1 中的统计数据来构建决策树。我们将决策树设计为三类节点：根节点、叶子节点和内部节点。如果从一棵空决策树开始，任意选择第一个特征就是根节点。我们按照某种条件进行划分，如果划分到某个子集为空，或子集中的所有样本已经归为同一个类别标签，那么该子集就是叶子节点，这些子集就对应于决策树的内部节点。如果是内部节点，就需要选择一个新的类别标签继续对该子集进行划分，直到所有的子集都为叶子节点，即为空或者属于同一类。

假设我们选年龄特征作为根节点，这个特征取三个值：青年、中年、老年。我们将所有的样本分为青年、中年、老年三个集合，构成决策树的第一层。

现在我们暂时忽略其他特征，仅关注年龄的取值，将表格变为表 6-2 的形式。

表 6-2　按年龄划分的销售统计表

年龄	收入	学历	是否购买	计数
青年	高	高	购买	32
青年	低	低	不买	32
青年	高	低	购买	32
青年	中	高	购买	64
青年	低	高	不买	32
青年	中	低	不买	32
中年	高	高	购买	64
中年	中	低	不买	64
中年	高	低	不买	64
中年	中	高	购买	32
中年	低	低	不买	32
老年	高	高	购买	64
老年	高	低	购买	64
老年	中	高	购买	32

当年龄特征取值为“老年”时，无论收入、学历的特征值是什么，是否购买的类别标签都为“购买”，此时的“老年”分支到达决策树的叶子节点“购买”。当年龄特征取值为“青年”和“中年”时，是否购买的类别标签有“购买”和“不买”两类，所以接下来还要继续划分。

接着，我们将年龄特征取值为“青年”的选项剪切出一张表格，选择“收入”作为第二个特征，并根据收入排序，得到如表 6-3 所示的按青年-收入划分的销售统计表。

表 6-3　按青年-收入划分的销售统计表

年龄	收入	学历	是否购买	计数
青年	高	高	购买	32
青年	高	低	购买	32
青年	中	高	购买	64
青年	中	低	不买	32
青年	低	高	不买	32
青年	低	低	不买	32

由表 6-3 可知，当收入特征取值为“高”时，无论学历的特征值是什么，是否购买的类别标签都为“购买”，此时收入“高”的分支到达决策树的叶子节点“购买”。同理，当收入特征取值为“低”时，无论学历的特征值是什么，是否购买的类别标签都为“不买”，此时收入“低”的分支到达决策树的叶子节点“不买”。然后将收入特征取值为“中”的学历特征作为内部节点，继续划分，于是得到按青年-收入-学历划分的销售统计表，如表 6-4 所示。

表 6-4　按青年-收入-学历划分的销售统计表

年龄	收入	学历	是否购买	计数
青年	中	高	购买	64
青年	中	低	不买	32

在表 6-4 中，学历特征只有“高”“低”两个取值，当取值为“高”时，是否购买的类别标签为“购买”；当取值为“低”时，是否购买的类别标签为“不买”。此时，学历特征节点划分出来的左、右两个分支分别到达决策树的叶子节点“购买”“不买”，不再继续划分下去。

接下来，我们从表 6-2 中将年龄特征取值为“中年”的选项剪切出一张表格，选择“学历”作为第二个特征，得到如表 6-5 所示的按中年-学历划分的销售统计表。

表 6-5　按中年-学历划分的销售统计表

年龄	收入	学历	是否购买	计数
中年	高	高	购买	64
中年	中	高	购买	32
中年	高	低	不买	64
中年	中	低	不买	64
中年	低	低	不买	32

在表 6-5 中，无论收入的特征值是什么，当学历特征取值为“高”时，是否购买的类别标签为“购买”；当学历特征取值为“低”时，是否购买的类别标签为“不买”。此时，学历特征节点划分出来的左、右两个分支分别到达决策树的叶子节点“购买”“不买”，这样整个划分过程就此结束。

最终生成的决策树如图 6-1 所示，图中的圆角矩形表示根节点或内部节点，也就是可以继续划分的节点；椭圆形表示叶子节点，即不能再划分的节点，一般叶子节点都代表一个类别标签，即产生一种决策。

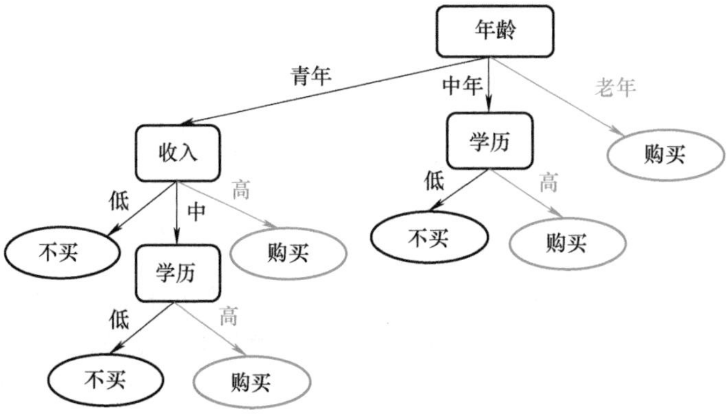

图 6-1　决策树示意图

建立决策树模型后，对于每一位到访的新客户，销售人员只需知道他的上述三个特征就可以对其进行分类预测了。首先考察其年龄特征，如果是老年人，他们来售楼处咨询、登记，一般会购买公寓；如果是中年人，高学历的一般会购买公寓，低学历的则一般不会购买；如果是青年人，那么接着考察他们的收入情况，高收入的一般会购买公寓，低收入的则一般不会购买，如果是中等收入的则需要做进一步判断，一般来说高学历的会购买公寓，低学历的则不会购买。这是从定性的角度对潜在客户做出判断。

6.2　决策树学习

图 6-1 只是一个决策树模型的构建示意图，实际的训练样本的特征（或属性）往往比这多得多，因此生成的决策树也会复杂得多。那么机器学习算法是如何从训练样本数据中学习得到决策树模型的呢？

从理论上讲，对于一个给定的训练样本集，由于可能的决策树模型太多，因此在实际中无法遍历所有可能的决策树以确定最优的决策树。假设输入数据有 f 个特征（或属性），则决策树第一层的根节点有 f 种不同的选择。在决定了根节点对应的特征（或属性）后，假设后面不选择已用过的特征（或属性）。第二层中的每个非叶子节点对应的特征（或属性）又有 $f-1$ 种不同的选择。因此，所有可能的决策树的总数是 f 的指数级别的。

决策树的生成方式主要采用递归划分的形式，从根节点出发，划分为子树，子树又继续划分为子树，这样递归生成新子树，直到到达叶子节点。在使用训练样本集训练决策树时，每个节点都对应着训练样本集的一个子集。首先，将整个训练样本集都赋给根节点；然后，考虑所有的特征（或属性）及判定条件，使得训练样本集能够被划分为两个或多个部分，并为每部分构造一个新的节点；最后，递归地处理每个新节点，直到不能再划分为止。在每次划分后，我们希望每部分的训练样本集“纯度”尽可能高一些。最理想的情况是：如果问题是二分类问题，划分后我们希望每部分都只包含一类的所有样本。

生成决策树的一般步骤如下：

1）创建空的节点集合 N 、分支集合 E 。

2）创建根节点，将其加入集合 N ，并将整个训练样本集赋给该节点。

3）对集合 N 中的每个未处理节点 i ，设其所对应的训练样本集为 D_i ：① 如果 D_i 中的样本都属于同一类，则将节点 i 标志为叶子节点，且将该节点的类别标签标为 D_i 中样本所对应的类别标签；② 如果 D_i 中的样本属于多个类，选择一个特征（或属性）及对应的判定条件将 D_i 分为两个或者多个子集；为每个子集构建相应的子节点，加入集合 N ，并将 D_i 中相应的样本赋给对应子节点；根据判定条件构造节点 i 到各子节点的分支，并加入集合 E 。

4）重复执行步骤 3)，直到 N 中的所有节点都得到处理。此时节点集合 N 与分支集合 N 联合构成所求决策树。

实际中，为了有效地构建决策树模型，通常采用自顶向下的“贪心”算法。注意，在不同的决策树算法（如 C4. 5 和 CART）中，生成决策树的算法稍有不同，但总体来说，各种决策树的主体思想大同小异，都主要涉及三个方面：特征（或属性）选择、递归划分、剪枝。

(1) 特征（或属性）选择　决策树生成时，需要从训练样本的多个特征（或属性）中选取一个作为当前节点的划分标准。特征（或属性）选择时采用一种贪婪的方式对比不同的特征（或属性），评估训练样本划分后的优劣，选取最优的特征（或属性）进行节点划分。常用的特征选择指标有信息增益、信息增益比、基尼指数等。

(2) 递归划分　根据每个节点选择的特征（或属性），从根节点开始，递归地产生子节点，直到样本不可分产生叶子节点，决策树停止生长。

(3) 剪枝　完全划分的决策树易产生过拟合问题，剪枝操作可以缩小树的结构规模，提高决策树的泛化能力。

6.3 特征（或属性）选择

决策树的核心内容是在每一个非叶子节点选择最优的特征（或属性）对样本进行划分。选择合适的特征（或属性）作为节点划分的标准，能够快速地构建决策树。不同的特征（或属性）优劣比较规则衍生了不同的决策树算法，如 ID3、C4. 5、CART 等算法。

在前面的例子中，我们只是根据表 6-1 中的销售统计数据对训练样本集的主观观测建立了一棵决策树，即通过对整体样本的观测发现：如果首先按“年龄”特征划分，然后按“收入”“学历”特征划分，就可以将训练样本中的所有客户划分为“购买”和“不买”两类，从而建立一个决策树模型。这在训练样本数量很小的情况下是可行的，但训练样本数量较大时，仅凭主观观测来生成决策树显然是不可行的。而在实际情况中，训练集样本数量一般都是以万计的，而且样本的特征（或属性）也可能达到数十甚至上百，那么在这种情况下该如何选择最优的特征（或属性）呢？

其实，在实际建立决策树的过程中，每次特征选择时，通常采用信息增益、信息增益比、基尼指数等作为特征（或属性）选择的指标。

6.3.1 信息增益

1. 信息熵

回顾一下前面手工建立决策树的过程，我们可以总结出这样一条规律：样本特征的划分过程是一个将训练样本集从无序变为有序的过程。这样我们就可以处理特征的选择依据问题，即对于一个由多维特征构成的训练样本集，如何优选出某个特征作为根节点？进一步扩展这个问题：如何每次都选出特征集中无序度最大的那个特征来划分节点？

为了衡量一个事物特征取值的有序或无序程度，这里引入一个重要的概念：信息熵。为了便于理解，我们将信息熵这个词拆分为两部分："信息"和"熵"。

"熵"（Entropy）的概念是由德国物理学家克劳修斯（T Clausius）于 1850 年提出的，用来反映一个系统的混乱程度。一个系统越混乱，其熵值就越大；越是有序，熵值就越小。

1948 年，信息论之父美国信息学家香农（Shannon）在发表的论文《通信中的数学理论》（A Mathematical Theory of Communication）中指出：任何信息都存在冗余，冗余大小与信息中每个符号（数字、字母或单词）的出现概率或者说不确定性有关。香农借鉴了"熵"的概念，把信息中消除了冗余后的平均信息量称为"信息熵"。在定义信息熵之前，香农首先定义了信息的概念：信息就是对不确定性的消除。现实中，信息可以理解为系统从信源的"消息"转换的"状态"（天气的变化、温度的升降）等。在概率论中我们可以称它是一个随机事件。通常，一个信源发送出什么事件是不确定的，可以根据其出现的概率来度量。出现的概率大，不确定性小；反之，不确定性就大。

在一个信源中，不能仅考虑某一单个事件发生的不确定性，而需要考虑信源所有可能情况的平均不确定性。若信源事件有 K 种取值：$U_1,U_2,\cdots,U_K$，对应的概率为 $p_1,p_2,\cdots,p_K$，且各个事件的出现彼此独立。这时，信源的平均信息量应当为单个符号信息量的统计平均值，即信源的信息熵定义为

$$H(U) = -\sum_{i=1}^{K} p_i \log p_i \tag{6-1}$$

式（6-1）中若对数以 2 为底，则信息熵的单位为比特（bit）。

信息熵是事物不确定性的度量或测度。在决策树中，它不仅能用来度量类别的不确定性，也可以用来度量包含不同特征的样本与类别的不确定性。即某个特征（或属性）的信息熵越大，就说明该特征（或属性）的不确定性程度越大，即混乱程度越大，就应优先考虑从该特征（或属性）着手来进行划分。根据信息熵的定义，在分类问题中，我们需要使信息熵尽可能小。换言之，就是使得样本的"纯度"尽可能高。在建立决策树时，我们不断地建立新规则，使得划分之后样本集的"纯度"更高，即信息熵更小。因此，信息熵为决策树的划分提供了最重要的特征选择指标。

2. 信息增益

根据信息熵的定义，如果一个样本集的信息熵较大，就意味着该样本集对应的类别"纯度"较低，需要继续划分该样本集。在建立决策树的过程中，每一步都需要选择分类能力最强的特征（或属性）。简单地讲，分类能力较强的特征（或属性）能够使得将训练样本集划分成两个或者多个子集之后，每个子集的"纯度"较高，即信息熵较小。我们将划分

前后信息熵的差称为由此特征（或属性）划分所导致的信息增益（Information Gain）。

严格地讲，假设当前节点对应的训练样本集是 S，我们使用特征（或属性）v 将 S 划分为 L 个不相交的样本子集 $S_1, S_2, \cdots, S_L$，即

$$S = S_1 \cup S_2 \cup \cdots \cup S_L$$

则使用特征（或属性）v 划分 S 的信息增益 $G(S,v)$ 定义为

$$G(S,v) = H(S) - \sum_{i=1}^{L} \frac{s_i}{s} H(S_i) \tag{6-2}$$

式中，s_i 表示样本子集 S_i 中的样本数；s 表示训练样本集 S 中的样本数。由于 $H(S_i) \geqslant 0$，因此 $G(S,v) \leqslant H(S)$。根据信息增益的定义，分类能力越强的特征（或属性）所对应的信息增益越大。在理想情况下，如果在一个二分类问题中，特征（或属性）v 将 S 划分为 S_1 和 S_2，且每个子集中都只包含一类的样本，即特征（或属性）v 能够完美地将 S 分类，则 $G(S, v)$ 达到最大值 $H(S)$。

在构建决策树时，对于当前节点，我们基于所对应的训练样本集 S 和所有可考虑的特征（或属性）v，计算所有可能的 $G(S,v)$，从中选择使得 $G(S,v)$ 最大的特征（或属性）v，进而构造相应的子节点和分支。

在选择最优的特征（或属性）时，需要考虑不同特征（或属性）的类型。下面分别讨论类别变量和数值变量所对应的 $G(S,v)$ 及对应的判定条件。

对于类别变量，使用其作为标准将决策树的当前节点划分为两个子集时，所选用的判定条件比较简单。通常的形式为变量的取值是否在所有取值的一个子集中。例如，若变量 v 表示性别，且有 3 种取值 {男，女，未知}，则选取的判定条件可为 v = 男？或者 v = 女？或者 v = 未知？

对于每个条件，我们要计算相应的信息增益，并选取使得信息增益最大的特征（或属性）作为判定条件。通常要考虑类别变量的所有可能的取值，并从中选取最优的划分。在这个例子中，因为变量 v 只有 3 种不同的取值，所以只需要比较 3 种不同的条件即可。

对于取值是数值型而非类别型的特征（或属性），无法直接计算其信息增益，一般需要先对其进行离散化处理。例如，年收入特征是数值变量，其取值是数值型而非类别型，可以将年收入在 0～10 万元归类为“低”收入，年收入在 10 万元～20 万元归类为“中”收入，年收入超过 20 万元归类为“高”收入，将其转化为类别型特征。通常，对于数值变量 v，可以使用条件 $v < t$ 将数据分为两部分，这里 t 就是分割点。在实际中，对于数值变量 v，可以搜集训练样本集中该变量的所有取值，并按从小到大的顺序排列起来，然后将相邻取值的算术平均值作为分割点，并从中选出最优的分割点。具体来说，假设数值变量 v 在训练样本集中的值按照从小到大的顺序排列为 $v_1 < v_2 < \cdots < v_n$，则需要考虑如下不同的分割条件：

$$v < \frac{v_1 + v_2}{2}, v < \frac{v_2 + v_3}{2}, \cdots, v < \frac{v_{n-1} + v_n}{2}$$

对于每个分割条件，我们可以计算对应的信息增益，并从中选出最优的划分。

在 ID3 决策树中，对于数值型特征（或属性）是无法直接处理的，必须人工事先对特征（或属性）进行离散化处理，将其转换成类别型的；后面的 C4.5 决策树和 CART 决策树均对其做了改进，可以自动处理数值型特征（或属性），具体的处理方式在后面会详细介绍，这里不再深入。

3. 信息增益的计算实例

以表6-1销售统计表中的数据为例，计算选择各个特征（或属性）时产生的信息增益。

1. 计算对整个训练样本集 S 中的样本进行分类的信息熵

样本类别标签包含“购买”和“不买”两类，这里分别用“1”和“2”表示“购买”和“不买”，则

$$p_1 = \frac{384}{384 + 256} = 0.6$$

$$p_2 = \frac{256}{384 + 256} = 0.4$$

$$H(S) = -\sum_{i=1}^{2} p_i \log_2 p_i = (-0.6\log_2 0.6 - 0.4\log_2 0.4)\text{bit}$$

$$\approx (0.6 \times 0.737 + 0.4 \times 1.322)\text{bit} = 0.9710\ \text{bit}$$

2. 计算使用某个特征（或属性）划分 S 的信息增益

（1）使用年龄特征（或属性）划分 S　年龄特征（或属性）取三个值：青年、中年、老年，分别用 S_1、S_2、S_3 表示青年、中年、老年样本子集。

对于青年样本子集 S_1，样本数 $s_1 = 224$，其中类别标签为“购买”的样本数为128，“不买”的样本数为96，则

$$p_1 = \frac{128}{128 + 96} = \frac{4}{7}$$

$$p_2 = \frac{96}{128 + 96} = \frac{3}{7}$$

$$H(S_1) = -\sum_{i=1}^{2} p_i \log_2 p_i = \left(-\frac{4}{7}\log_2\frac{4}{7} - \frac{3}{7}\log_2\frac{3}{7}\right)\text{bit}$$

$$\approx \left(\frac{4}{7} \times 0.807 + \frac{3}{7} \times 1.222\right)\text{bit} \approx 0.9849\ \text{bit}$$

对于中年样本子集 S_2，样本数 $s_2 = 256$，其中类别标签为“购买”的样本数为96，“不买”的样本数为160，则

$$p_1 = \frac{96}{96 + 160} = \frac{3}{8}$$

$$p_2 = \frac{160}{96 + 160} = \frac{5}{8}$$

$$H(S_2) = -\sum_{i=1}^{2} p_i \log_2 p_i = \left(-\frac{3}{8}\log_2\frac{3}{8} - \frac{5}{8}\log_2\frac{5}{8}\right)\text{bit}$$

$$\approx \left(\frac{3}{8} \times 1.415 + \frac{5}{8} \times 0.678\right)\text{bit} \approx 0.9544\ \text{bit}$$

对于老年样本子集 S_3，样本数 $s_3 = 160$，其中类别标签为“购买”的样本数为160，“不买”的样本数为0，则

$$p_1 = \frac{160}{160 + 0} = 1$$

$$p_2 = \frac{0}{160 + 0} = 0$$

$$H(S_3) = -\sum_{i=1}^{2} p_i \log_2 p_i = 0 \text{ bit}$$

则使用年龄特征（或属性）划分 S 的信息增益 $G(S,\text{年龄})$ 为

$$G(S,\text{年龄}) = H(S) - \sum_{i=1}^{3} \frac{s_i}{s} H(S_i)$$

$$= 0.9710 \text{ bit} - \left(\frac{224}{640} \times 0.9849 + \frac{256}{640} \times 0.9544 + 0\right) \text{bit} \approx 0.2445 \text{ bit}$$

（2）使用收入特征（或属性）划分 S　若对表6-1销售统计表按收入划分进行调整，得到表6-6。

表6-6　按收入划分的销售统计表

年龄	收入	学历	是否购买	计数
青年	高	高	购买	32
青年	高	低	购买	32
中年	高	高	购买	64
老年	高	高	购买	64
老年	高	低	购买	64
中年	高	低	不买	64
青年	中	高	购买	64
中年	中	高	购买	32
老年	中	高	购买	32
青年	中	低	不买	32
中年	中	低	不买	64
青年	低	高	不买	32
青年	低	低	不买	32
中年	低	低	不买	32

收入特征（或属性）取三个值：高、中、低，分别用 S_1、S_2、S_3 表示高收入、中收入、低收入样本子集。

对于高收入样本子集 S_1，样本数 $s_1 = 320$，其中类别标签为“购买”的样本数为256，“不买”的样本数为64，则

$$p_1 = \frac{256}{256 + 64} = 0.8$$

$$p_2 = \frac{64}{256 + 64} = 0.2$$

$$H(S_1) = -\sum_{i=1}^{2} p_i \log_2 p_i = (-0.8 \log_2 0.8 - 0.2 \log_2 0.2) \text{bit}$$

$$\approx (0.8 \times 0.322 + 0.2 \times 2.322) \text{bit} = 0.7220 \text{ bit}$$

对于中收入样本子集 S_2，样本数 $s_2 = 224$，其中类别标签为“购买”的样本数为128，“不买”的样本数为96，则

$$p_1=\frac{128}{128+96}=\frac{4}{7}$$

$$p_2=\frac{96}{128+96}=\frac{3}{7}$$

$$H(S_2)=-\sum_{i=1}^{2}p_i\log_2 p_i=\left(-\frac{4}{7}\log_2\frac{4}{7}-\frac{3}{7}\log_2\frac{3}{7}\right)\text{bit}$$

$$\approx\left(\frac{4}{7}\times 0.807+\frac{3}{7}\times 1.222\right)\text{bit}\approx 0.9849\ \text{bit}$$

对于低收入样本子集 S_3，样本数 $s_3=96$，其中类别标签为“购买”的样本数为 0，“不买”的样本数为 96，则

$$p_1=\frac{0}{0+96}=0$$

$$p_2=\frac{96}{0+96}=1$$

$$H(S_3)=-\sum_{i=1}^{2}p_i\log_2 p_i=0\ \text{bit}$$

则使用收入特征（或属性）划分 S 的信息增益 $G(S,\text{收入})$ 为

$$G(S,\text{收入})=H(S)-\sum_{i=1}^{3}\frac{s_i}{s}H(S_i)$$

$$=0.9710\text{bit}-\left(\frac{320}{640}\times 0.7220+\frac{224}{640}\times 0.9849+0\right)\text{bit}\approx 0.2653\ \text{bit}$$

（3）使用学历特征（或属性）划分 S　若对表 6-1 销售统计表按学历划分进行调整，得到表 6-7。

表 6-7　按学历划分的销售统计表

年龄	收入	学历	是否购买	计数
青年	高	高	购买	32
青年	中	高	购买	64
中年	高	高	购买	64
中年	中	高	购买	32
老年	高	高	购买	64
老年	中	高	购买	32
青年	低	高	不买	32
青年	高	低	购买	32
老年	高	低	购买	64
青年	中	低	不买	32
青年	低	低	不买	32
中年	高	低	不买	64
中年	中	低	不买	64
中年	低	低	不买	32

学历特征（或属性）取两个值：高、低，分别用 S_1 、S_2 表示高学历、低学历样本子集。

对于高学历样本子集 S_1 ，样本数 $s_1 = 320$ ，其中类别标签为“购买”的样本数为 288，“不买”的样本数为 32，则

$$p_1 = \frac{288}{288+32} = 0.9$$

$$p_2 = \frac{32}{288+32} = 0.1$$

$$H(S_1) = -\sum_{i=1}^{2} p_i \log_2 p_i = (-0.9\log_2 0.9 - 0.1\log_2 0.1)\text{bit}$$

$$\approx (0.9 \times 0.152 + 0.1 \times 3.322)\text{bit} = 0.4690\text{ bit}$$

对于低学历样本子集 S_2 ，样本数 $s_2 = 320$ ，其中类别标签为“购买”的样本数为 96，“不买”的样本数为 224，则

$$p_1 = \frac{96}{96+224} = 0.3$$

$$p_2 = \frac{224}{96+224} = 0.7$$

$$H(S_2) = -\sum_{i=1}^{2} p_i \log_2 p_i = (-0.3\log_2 0.3 - 0.7\log_2 0.7)\text{bit}$$

$$\approx (0.3 \times 1.737 + 0.7 \times 0.515)\text{bit} = 0.8816\text{ bit}$$

则使用学历特征（或属性）划分 S 的信息增益 $G(S,\text{学历})$ 为

$$G(S,\text{学历}) = H(S) - \sum_{i=1}^{2} \frac{s_i}{s} H(S_i)$$

$$= 0.9710\text{ bit} - \left(\frac{320}{640} \times 0.4690 + \frac{320}{640} \times 0.8816\right)\text{bit} = 0.2957\text{ bit}$$

6.3.2　信息增益比

1. 信息增益比

用信息增益作为划分训练样本集选择特征（或属性）的指标时，有一个潜在的问题，那就是倾向于选择取值种类较多的特征（或属性）。因此，人们提出使用信息增益比或信息增益率（Information Gain Ratio）来代替信息增益。

信息增益比的定义为

$$G_R(S,v) = -\frac{G(S,v)}{\sum_{i=1}^{L} \frac{s_i}{s} \log_2 \frac{s_i}{s}} \tag{6-3}$$

由式（6-3）定义的信息增益比可知，当使用特征（或属性）v 将 S 划分为不相交的样本子集数 L 比较大时，信息增益比的值会明显小于信息增益的值，使用信息增益比作为划分训练样本集选择特征（或属性）的指标，能够避免出现倾向于选择取值种类较多的特征（或属性）的问题。

2. 信息增益比的计算实例

仍以表 6-1 销售统计表中的数据为例，计算选择各个特征（或属性）时产生的信息增

益比。

(1) 使用年龄特征（或属性）划分 S　年龄特征（或属性）取三个值：青年、中年、老年，分别用 S_1 、S_2 、S_3 表示青年、中年、老年样本子集，其中 $s_1 = 224$ ，$s_2 = 256$ ，$s_3 = 160$ ，$G(S,\text{年龄}) = 0.2445\ \text{bit}$ ，则

$$G_R(S,\text{年龄}) = -\frac{G(S,\text{年龄})}{\sum_{i=1}^{3}\frac{s_i}{s}\log_2\frac{s_i}{s}}$$

$$= -\frac{0.2445}{\frac{224}{640}\log_2\frac{224}{640}+\frac{256}{640}\log_2\frac{256}{640}+\frac{160}{640}\log_2\frac{160}{640}} \approx 0.1568$$

(2) 使用收入特征（或属性）划分 S　收入特征（或属性）取三个值：高、中、低，分别用 S_1 、S_2 、S_3 表示高收入、中收入、低收入样本子集，其中，$s_1 = 320$ ，$s_2 = 224$ ，$s_3 = 96$ ，$G(S,\text{收入}) = 0.2653\ \text{bit}$ ，则

$$G_R(S,\text{收入}) = -\frac{G(S,\text{收入})}{\sum_{i=1}^{3}\frac{s_i}{s}\log_2\frac{s_i}{s}}$$

$$= -\frac{0.2653}{\frac{320}{640}\log_2\frac{320}{640}+\frac{224}{640}\log_2\frac{224}{640}+\frac{96}{640}\log_2\frac{96}{640}} \approx 0.1842$$

(3) 使用学历特征（或属性）划分 S　学历特征（或属性）取两个值：高、低，分别用 S_1 、S_2 表示高学历、低学历样本子集，其中 $s_1 = 320$ ，$s_2 = 320$ ，$G(S,\text{学历}) = 0.2957\ \text{bit}$ ，则

$$G_R(S,\text{学历}) = -\frac{G(S,\text{学历})}{\sum_{i=1}^{2}\frac{s_i}{s}\log_2\frac{s_i}{s}}$$

$$= -\frac{0.2957}{\frac{320}{640}\log_2\frac{320}{640}+\frac{320}{640}\log_2\frac{320}{640}} = 0.2957$$

6.3.3　基尼指数

1. 基尼指数

基尼指数（Gini Index）可以用来度量任何不均匀分布，且介于 0 ~ 1 之间的数（0 指完全相等，1 指完全不相等）。分类度量时，总体包含的类别越杂乱，基尼指数就越大（与熵的概念相似）。

基尼指数主要用来度量样本集的不纯度。基尼指数越小，表明样本只属于同一类的概率越高，即样本的“纯度”越高。

在分类问题中，假设有 K 个类别，样本属于第 k 类的概率为 p_k ，则该概率分布的基尼指数定义为

$$\text{Gini}(p) = \sum_{k=1}^{K} p_k(1 - p_k) = 1 - \sum_{k=1}^{K} p_k^2 \tag{6-4}$$

对于给定的样本集 S ，每个类别的样本数为 c_k ，其中 $k = 1,2,\cdots,K$ ，其基尼指数定义为

$$\text{Gini}(S) = 1 - \sum_{k=1}^{K} \left(\frac{c_k}{s}\right)^2 \tag{6-5}$$

式中，s 表示样本集 S 中的样本数。

如果根据特征（或属性）v 的不同取值将样本集 S 划分为 L 个不相交的样本子集 S_1，$S_2,\cdots,S_L$，则在使用特征（或属性）v 进行划分的条件下，S 的基尼指数表达式为

$$\text{Gini}(S,v) = \sum_{i=1}^{L} \frac{s_i}{s}\text{Gini}(S_i) \tag{6-6}$$

2. 基尼指数的计算实例

仍以表6-1 销售统计表中的数据为例，计算选择各个特征（或属性）时产生的基尼指数。

在本例中，样本类别标签包含"购买"和"不买"两类，这里分别用"1"和"2"表示"购买"和"不买"，则 $c_1 = 384$，$c_2 = 256$，$s = 384 + 256 = 640$，其基尼指数为

$$\text{Gini}(S) = 1 - \sum_{k=1}^{K} \left(\frac{c_k}{s}\right)^2 = 1 - \left(\frac{384}{640}\right)^2 - \left(\frac{256}{640}\right)^2 = 0.4800$$

(1) 使用年龄特征（或属性）划分 S　年龄特征（或属性）取三个值：青年、中年、老年，分别用 S_1、S_2、S_3 表示青年、中年、老年样本子集。

对于青年样本子集 S_1，样本数 $s_1 = 224$，其中类别标签为"购买"的样本数为128，"不买"的样本数为96，则

$$\text{Gini}(S_1) = 1 - \sum_{k=1}^{K} \left(\frac{c_k}{s_1}\right)^2 = 1 - \left(\frac{128}{224}\right)^2 - \left(\frac{96}{224}\right)^2 \approx 0.4898$$

对于中年样本子集 S_2，样本数 $s_2 = 256$，其中类别标签为"购买"的样本数为96，"不买"的样本数为160，则

$$\text{Gini}(S_2) = 1 - \sum_{k=1}^{K} \left(\frac{c_k}{s_1}\right)^2 = 1 - \left(\frac{96}{256}\right)^2 - \left(\frac{160}{256}\right)^2 \approx 0.4688$$

对于老年样本子集 S_3，样本数 $s_3 = 160$，其中类别标签为"购买"的样本数为160，"不买"的样本数为0，则

$$\text{Gini}(S_3) = 1 - \sum_{k=1}^{K} \left(\frac{c_k}{s_1}\right)^2 = 1 - \left(\frac{160}{160}\right)^2 = 0$$

则在使用年龄特征（或属性）进行划分的条件下的基尼指数 Gini(S,年龄) 为

$$\text{Gini}(S,\text{年龄}) = \sum_{i=1}^{3} \frac{s_i}{s}\text{Gini}(S_i) = \frac{224}{640} \times 0.4898 + \frac{256}{640} \times 0.4688 + 0 \approx 0.3590$$

(2) 使用收入特征（或属性）划分 S　收入特征（或属性）取三个值：高、中、低，分别用 S_1、S_2、S_3 表示高收入、中收入、低收入样本子集。

对于高收入样本子集 S_1，样本数 $s_1 = 320$，其中类别标签为"购买"的样本数为256，"不买"的样本数为64，则

$$\text{Gini}(S_1) = 1 - \sum_{k=1}^{K} \left(\frac{c_k}{s_1}\right)^2 = 1 - \left(\frac{256}{320}\right)^2 - \left(\frac{64}{320}\right)^2 = 0.3200$$

对于中收入样本子集 S_2，样本数 $s_2 = 224$，其中类别标签为"购买"的样本数为128，"不买"的样本数为96，则

$$\mathrm{Gini}(S_2) = 1 - \sum_{k=1}^{K}\left(\frac{c_k}{s_1}\right)^2 = 1 - \left(\frac{128}{224}\right)^2 - \left(\frac{96}{224}\right)^2 \approx 0.4898$$

对于低收入样本子集 S_3，样本数 $s_3 = 96$，其中类别标签为“购买”的样本数为 0，“不买”的样本数为 96，则

$$\mathrm{Gini}(S_3) = 1 - \sum_{k=1}^{K}\left(\frac{c_k}{s_1}\right)^2 = 1 - \left(\frac{96}{96}\right)^2 = 0$$

则在使用收入特征（或属性）进行划分的条件下的基尼指数 Gini(S,收入) 为

$$\mathrm{Gini}(S,\text{收入}) = \sum_{i=1}^{3}\frac{s_i}{s}\mathrm{Gini}(S_i) = \frac{320}{640}\times 0.3200 + \frac{224}{640}\times 0.4898 + 0 \approx 0.3314$$

（3）使用学历特征（或属性）划分 S　学历特征（或属性）取两个值：高、低，分别用 S_1、S_2 表示高学历、低学历样本子集。

对于高学历样本子集 S_1，样本数 $s_1 = 320$，其中类别标签为“购买”的样本数为 288，“不买”的样本数为 32，则

$$\mathrm{Gini}(S_1) = 1 - \sum_{k=1}^{K}\left(\frac{c_k}{s_1}\right)^2 = 1 - \left(\frac{288}{320}\right)^2 - \left(\frac{32}{320}\right)^2 = 0.1800$$

对于低学历样本子集 S_2，样本数 $s_2 = 320$，其中类别标签为“购买”的样本数为 96，“不买”的样本数为 224，则

$$\mathrm{Gini}(S_2) = 1 - \sum_{k=1}^{K}\left(\frac{c_k}{s_1}\right)^2 = 1 - \left(\frac{96}{320}\right)^2 - \left(\frac{224}{320}\right)^2 = 0.4200$$

则在使用学历特征（或属性）进行划分的条件下的基尼指数 Gini(S,学历) 为

$$\mathrm{Gini}(S,\text{学历}) = \sum_{i=1}^{2}\frac{s_i}{s}\mathrm{Gini}(S_i) = \frac{320}{640}\times 0.1800 + \frac{320}{640}\times 0.4200 = 0.3000$$

6.4 ID3 算法

ID3 算法是比较早的机器学习算法，在 1979 年 J. Ross Quinlan 就提出了该算法的思想。ID3 算法是一个从上到下、分而治之的归纳过程。ID3 算法的核心是：在决策树各级节点上选择特征（或属性）时，以信息增益为特征选择指标，优先选择样本集中具有最大信息增益（即信息熵减少的程度最大）的特征（或属性）产生决策树的一个节点，也就是选择使信息熵下降最快的特征（或属性）作为当前节点的分支特征（或属性），再根据该特征（或属性）的不同取值建立树的分支，在每个分支子集中递归调用上述方法建立决策树的下层节点和分支，直到所有子集仅包含同一类别的样本为止，这样保证了对训练样本子集进行分类时所需要信息最小，从而确保所产生的决策树最为简单。最后得到一棵决策树，它可以用来对新的样本进行分类。

从决策树根节点处的所有训练样本开始，选取一个特征（或属性）来划分这些样本，特征（或属性）的每一个值产生一个分支。将分支特征（或属性）值的相应样本子集移到新生成的子节点上。将这个算法递归地应用于每个子节点，直到一个节点上的所有样本都属于同一类别。

ID3 算法描述如下。

输入：假设训练样本集 S 包含 K 个类别的 N 个样本，每个样本含有 M 个特征（或属性），特征集合为 F，停止划分的阈值为 ε。

输出：决策树 T。

步骤1：如果训练样本集 S 中的 N 个样本已经属于同一类别，则直接返回单节点树 T，并将该唯一类别标签作为该树节点的类别。

步骤2：如果训练样本集 S 中的 N 个样本不属于同一类别，但是特征集合 F 只含有单个特征（或属性），则也直接返回单节点树 T，且该样本集 S 中样本数最大的类作为该树节点的类别。

步骤3：如果非以上两种情况，则分别计算特征集合 F 中的 M 个特征的信息增益，选择信息增益最大的特征（或属性）F_m。如果该信息增益小于阈值 ε，则返回上述单节点树 T，且将该样本集 S 中样本数最大的类作为该树节点的类别。

步骤4：否则，按照特征（或属性）F_m 的不同取值，将对应的样本集 S 分成不同的子样本集 S_i，每个子样本集产生一棵树的子节点。

步骤5：对于每个子节点，令 $S = S_i$，$F = F - F_m$，递归调用步骤1到步骤4，直到得到满足条件的ID3决策树。

ID3算法是决策树算法的代表，具有描述简单、分类速度快的优点，绝大多数决策树算法都是在它的基础上加以改进而实现的。但是ID3算法在使用中也暴露出了下列问题。

- ID3算法的节点划分采用信息增益作为特征选择指标，增益倾向于选择取值种类较多的特征（或属性）。而取值种类较多的特征（或属性）并不一定是最优的特征（或属性）。
- ID3算法递归过程中需要依次计算每个特征（或属性）值，对于大规模样本数据，ID3算法会生成层次和分支较多的决策树，而其中某些分支的特征值概率很小，这会造成决策树模型过拟合问题。决策树分支过细会导致最后生成的决策树模型对训练样本集中的数据拟合得特别好，而对新输入的测试样本的预测性能却很差，即模型的泛化能力不好。

6.5　C4.5算法

如上所述，在ID3算法中，使用信息增益来选择特征（或属性）的一个缺点就是容易倾向于优先选取取值种类较多的特征（或属性）。除此之外，ID3决策树还有两个缺点：

- 不能处理连续数值型特征（或属性）。
- 容易过拟合。

针对ID3算法存在的三个缺点，1993年，J. Ross Quinlan将ID3算法改进为C4.5算法，给出了如下解决办法。

针对ID3算法容易倾向于优先选取取值种类较多的特征（或属性）的缺点，C4.5算法的解决办法就是用信息增益比来替代信息增益作为特征（或属性）选择的指标。

针对ID3决策树不能处理连续数值型特征（或属性）的缺点，C4.5算法的思路是先将连续数值型特征（或属性）进行离散化处理。例如，年收入特征（或属性）是数值变量，其取值是数值型而非类别型，可以将年收入在0～10万元归类为“低”收入，年收入在10

万~20万元归类为“中”收入，年收入超过20万元归类为“高”收入，将其转化为类别型特征（或属性）。

针对ID3决策树容易过拟合的缺点，C4.5算法的解决办法是引入了正则化系数进行初步的剪枝来缓解过拟合问题，具体的剪枝策略在6.7节中介绍。

6.6 CART算法

C4.5算法虽然在ID3算法的基础上做了一些改进，但还是存在一些不足，主要表现在以下三方面。

首先，C4.5算法以信息增益比作为选择特征（或属性）的指标，每次划分子树的过程中会涉及很多对数计算，计算过程较为复杂。

其次，ID3决策树和C4.5决策树采用的都是多叉树形式，即每次分叉成子树时都是按照其所选特征（或属性）包含的所有种类数来划分的。例如，年龄特征（或属性）有“青年”“中年”“老年”三种取值，因而采用年龄特征（或属性）划分子树时，会直接一次性生成3棵子树，而且后面的划分过程中不会再用到年龄这个特征（或属性）。也就是说，一旦按某特征（或属性）划分后，该特征（或属性）在之后的算法执行过程中将不再起作用。但事实证明，这样划分特征（或属性）过于粗糙，特征（或属性）信息的利用率较低。另外，C4.5算法对连续数值型特征（或属性）的处理方式是按区间将其离散化的，这样或多或少会损失一部分信息。例如，把年收入在0~10万元归类为“低”收入，年收入在10万~20万元归类为“中”收入，年收入超过20万元归类为“高”收入，但是，显然年收入为11万元的客户和年收入为19万元的客户是有一定区别的，所以强制将其归为同一类时，或多或少会损失该特征（或属性）的某些信息。

最后，当面对的不是一个类别预测问题，而是一个连续数值预测的回归问题时，ID3算法和C4.5算法均无法处理。

针对上述问题，人们进一步提出了分类与回归树（Classification And Regression Tree，CART）算法，CART算法既可以用于分类任务，又可以用于回归任务。

1. 针对ID3算法和C4.5算法在特征（或属性）选择过程中的对数计算过于复杂的问题

CART算法在用于分类任务时，采用基尼指数作为特征（或属性）选择的指标（基尼指数可达到与信息熵相似的效果，但是其计算复杂度要低）；CART算法在用于回归任务时，采用均方误差最小化准则进行特征（或属性）选择（和普通的回归问题是一样的）。这样可以减少大量的对数运算。

2. 针对ID3算法和C4.5算法采用多叉树进行特征（或属性）划分的问题

CART算法采用二叉树来对每一个特征（或属性）进行划分，具体过程如下。

当某一特征（或属性）是离散值时，例如样本的某特征（或属性）有{1,2,3}三种可能取值，那么CART算法将分别计算按照{1}和{2,3}、{2}和{1,3}、{3}和{1,2}三种情况划分时对应的基尼指数或均方误差，然后从中选择基尼指数最小或均方误差最小的划分组合来进行划分，分叉成两个二叉子树。

当某一特征（或属性）是连续数值时，例如样本中的年收入特征（或属性）的取值可能有“5，8，10，13，15，18，21”等多个值，那么就先将这些值按从小到大的顺序排列好，然后依次取每两个相邻值的中位数作为划分点（假设上面年收入特征（或属性）在样本中一共有 n 个，则相当于要进行 $n-1$ 次划分），然后比较这 $n-1$ 次划分对应的基尼指数或者均方误差，选择基尼指数或均方误差最小的划分来生成二叉子树。

这里需要说明的是，ID3 算法和 C4.5 算法每次在选择一个特征（或属性）后，是直接按照该特征（或属性）下面所包含的所有特征（或属性）种类数来生成多叉子树的，所以每次只需计算该特征（或属性）的加入带来的信息增益即可。但 CART 采用的是二叉树划分，因此实际上在每次特征（或属性）选择时其实是计算了某个特征（或属性）下某个划分点的基尼指数或均方误差的，即 ID3 算法和 C4.5 算法每次进行特征（或属性）选择的最小单位是训练集中的某一个特征（或属性）（一旦特征确定，后面的划分就确定了），而 CART 算法每次进行特征（或属性）选择的最小单位其实是某个特征（或属性）下的某个划分点（每次确定的不是整个特征（或属性），而是某个特征（或属性）下的一个最优二叉划分点）。正是这个原因，使得 CART 算法可以对同一特征（或属性）进行多次利用。

3. 针对 ID3 算法和 C4.5 算法不能处理回归的问题

在创建回归模型时，样本的取值分为观测值和输出值两种，观测值和输出值都是连续的数值，不像分类那样有分类标签，只有根据样本集的数据特征来创建一个预测的模型，反映预测函数曲线的变化趋势。在这种情况下，不能像分类问题一样采用信息增益或基尼指数作为特征（或属性）选择的指标。在回归预测中，CART 算法使用均方误差最小准则来判定回归树的最优划分，这个准则期望划分之后的子树与样本点的均方误差最小。这样决策树将样本集划分成很多样本子集，然后利用线性回归技术来建模。如果每次划分后的样本子集仍然难以拟合，就继续划分。在这种划分方式下创建出的预测树，每个叶子节点都是一个线性回归模型。这些线性回归模型反映了样本集合（观测集合）中蕴含的模式，也称为模型树。

使用 CART 算法进行预测是把叶子节点设定为一系列的分段线性函数，这些分段线性函数是对源数据曲线的一种模拟，每个线性函数都称为一棵模型树。模型树具有如下一些特点。

- 一般而言，样本总体的重复性不会很高，但局部模式经常重复，正如我们通常所说的历史不会简单地重复，但会重演。模型比总体对未来的预测而言更有用。
- 模型给出了数据的范围，它可能是一个时间范围，也可能是一个空间范围。而且模型还给出了变化的趋势，可以是曲线，也可以是直线，这依赖于使用的回归算法。这些因素使模型具有很强的可解释性。
- 传统的回归方法，无论是线性回归还是非线性回归，都不如模型树包含的信息丰富，因此模型树具有更高的预测准确度。

也可以用 CART 算法单独创建模型树。它的创建过程大体上与回归树是一样的，这里就不细说了。

因此，CART 算法不仅支持整体预测，也支持局部模式的预测，并有能力从整体中找到模式，或根据模式组合成一个整体。整体与模式之间的相互结合，对于预测分析有重要的价值。因此，CART 决策树算法在预测中的应用非常广泛。

解决了特征（或属性）选择问题，还剩另外一个结果处理问题，所有分类决策树采用的结果处理方式都是对每一个叶子节点里面包含的所有样本的类别进行统计，然后选择样本类别占多数者对应的类别标签作为该叶子节点的类别标签。对于回归问题，其实只需稍做变化即可，例如每个叶子节点对应的结果值就取该叶子节点中所有样本点标签值的均值。

表 6-8 给出了 ID3 算法、C4.5 算法和 CART 算法的一个比较总结。

表 6-8 ID3 算法、C4.5 算法和 CART 算法的比较总结

算法	支持任务	树结构	特征选择	连续值处理	缺失值处理	剪枝
ID3	分类	多叉树	信息增益	不支持	不支持	不支持
C4.5	分类	多叉树	信息增益比	支持	支持	支持
CART	分类、回归	二叉树	基尼指数、均方差	支持	支持	支持

6.6.1 CART 分类树

CART 分类树的生成过程以基尼指数最小准则来选择特征（或属性）。

CART 分类树算法描述如下。

输入：假设训练样本集 S 包含 K 个类别的 N 个样本，每个样本含有 M 个特征（或属性），特征集合为 F 。

输出：CART 分类树 T 。

步骤 1：如果训练样本集 S 中的 N 个样本已经属于同一类别，则直接返回单节点树 T ，并将该唯一类别标签作为该树节点的类别。

步骤 2：否则，分别计算特征集合 F 中的 M 个特征（或属性）下面各个划分点的基尼指数，选择基尼指数最小的划分点将训练样本集 S 划分为 S_1 和 S_2 两个子集，分别对应二叉树的两个子节点。

步骤 3：令左节点的样本集 $S = S_1$ ，右节点的样本集 $S = S_2$ ，分别递归调用步骤 1 和步骤 2，直到得到满足条件的 CART 分类树。

6.6.2 CART 回归树

CART 回归树和 CART 分类树的生成过程基本类似，差别主要体现在特征（或属性）选择的指标和结果输出处理方式上。

1. 特征（或属性）选择的指标不同

对于 CART 分类树，在选取特征（或属性）的最优划分点时，使用的是某一特征（或属性）的某个划分点对应的基尼指数值；而对于 CART 回归树，则使用了均方误差来度量。

具体做法是：对于含有 N 个样本、每个样本含有 M 个特征（或属性）的训练样本集 S ，遍历样本的特征（或属性）变量 F_m ，$m = 1,2,\cdots,M$ ，对每一个特征（或属性）变量 F_m ，扫描所有可能的 K 个样本划分点 s_k ，$k = 1,2,\cdots,K$ ，样本划分点 s_k 每次将样本集 S 划分为 S_1 和 S_2 两个子集。我们的目标是选出划分点 s_k ，使 S_1 和 S_2 各自集合的标准差最小，同时使 S_1 和 S_2 的标准差之和也最小，写成数学表达式为

$$\min_{F_m,s_k}\left\{\min_{c_1}\left[\sum_{x_i\in S_1}(y_i-c_1)^2\right]+\min_{c_2}\left[\sum_{x_j\in S_2}(y_j-c_2)^2\right]\right\} \tag{6-7}$$

式中，c_1 为 S_1 样本子集中所有样本的输出均值；y_i 是 S_1 样本子集中样本 x_i 的实际观测值；c_2 为 S_2 样本子集中所有样本的输出均值，y_j 是 S_2 样本子集中样本 $\boldsymbol{x}_j$ 的实际观测值。

2. 决策树结果输出处理方式不同

对于分类情况，CART 分类树对结果的处理方式是对每一个叶子节点里面包含的所有样本的类别进行统计，然后选择样本类别占多数者对应的类别标签作为该叶子节点的类别标签。而 CART 回归树的输出结果不是类别，因而它把最终各个叶子中所有样本对应结果值的均值或者中位数当作预测的结果输出（注意：最后生成的决策树的各个叶子节点中一般仍含有多个样本）。

具体做法是：对于每一个选定的 F_m，通过求解式（6-7）的最优化问题，可以找到一个最优划分点 s_k。s_k 将训练样本集 S 划分为 S_1 和 S_2 两个子集，分别进入 CART 决策树的左、右两个分支节点，两分支节点的输出值分别取为

$$\bar{c}_1 = \frac{1}{N_1} \sum_{\boldsymbol{x}_i \in S_1} y_i \tag{6-8}$$

$$\bar{c}_2 = \frac{1}{N_2} \sum_{\boldsymbol{x}_j \in S_2} y_j \tag{6-9}$$

式中，N_1 和 N_2 分别表示 S_1 和 S_2 两个样本子集中的样本数目。

这样，经过多次二叉划分后，训练样本集 S 最终会被划分为多个样本子集，假设一共有 L 个，即 S_1，S_2，…，S_L，并且第 l 个样本子集 S_l 包含 N_l 个样本，其输出均值为

$$\bar{c}_l = \frac{1}{N_l} \sum_{\boldsymbol{x}_l \in S_l} y_l \quad (l = 1,2,\cdots,L) \tag{6-10}$$

最终迭代停止后生成 CART 回归树。

除上述两点外，CART 分类树和 CART 回归树的生成过程和预测过程基本一致。

CART 回归树算法描述如下。

输入：训练样本集 $S = \{(\boldsymbol{x}_1,y_1),(\boldsymbol{x}_2,y_2),\cdots,(\boldsymbol{x}_N,y_N)\}$。

输出：CART 回归树 $f(\boldsymbol{x})$。

步骤 1：选择最优划分特征（或属性）变量 F_m 与划分点 s_k，求解

$$\min_{F_m,s_k}\left\{\min_{c_1}\left[\sum_{\boldsymbol{x}_i \in S_1}(y_i - c_1)^2\right] + \min_{c_2}\left[\sum_{\boldsymbol{x}_j \in S_2}(y_j - c_2)^2\right]\right\}$$

即遍历 F_m，对每个选定的 F_m，扫描划分点 s_k，最后从得到的结果中选择使上式达到最小的（F_m,s_k）对。

步骤 2：用选定的（F_m,s_k）进行二叉划分，生成二叉树的左右分支，并用下式决定两分支的输出值：

$$\bar{c}_1 = \frac{1}{N_1} \sum_{\boldsymbol{x}_i \in S_1} y_i , \bar{c}_2 = \frac{1}{N_2} \sum_{\boldsymbol{x}_j \in S_2} y_j$$

步骤 3：重复步骤 1 和步骤 2，直到得到满足迭代停止条件，生成最终的回归树 $f(\boldsymbol{x})$。

6.7 决策树的剪枝

对于同一个训练样本集，假设有两个分类性能相似的决策树模型，那么，在实践中应该

优先选择更简单的模型。在决策树中，通常可以使用叶子节点的数目或者决策树的深度来描述决策树模型的复杂度。决策树本身的特点决定了它比较容易产生过拟合问题，从而导致泛化能力较差。为了避免过拟合的问题，一般需要对决策树进行剪枝（Pruning）处理，同时控制模型的复杂度。

在决策树中，常用以下两种剪枝方法来控制决策树的复杂度。

- 预剪枝（Pre-pruning）。
- 后剪枝（Post-pruning）。

预剪枝的重点在“预”字，指的是在决策树的生成过程中采取一定措施来限制某些不必要的子树的生成，通常设置一个预定义的划分阈值，用来决定每个节点是否应该继续划分。具体来说，就是在决策树的生成过程中，如果某一节点的样本子集划分度量指标低于预定义的阈值时，则停止划分；否则继续划分该节点。例如在 ID3 决策树的生成过程中设置一个划分阈值 ε，当信息增益小于阈值 ε 时就不再划分子树了。在实际中使用的划分条件包括：

1）该节点对应的训练样本数目低于某一阈值；

2）继续划分虽然导致信息熵或者基尼指数降低，但降低量低于某一阈值。

但是选取适当的阈值比较困难，过高会导致过拟合，而过低会导致欠拟合，因此需要人工反复地训练样本才能得到较好的效果。

预剪枝能够避免生成过于复杂的决策树，计算复杂度较低，但也有“近视”的缺点。在一些实际的决策树生成过程中，对当前节点进一步划分不一定能提高分类效果，但是在下一层再划分却可能有显著的效果。

后剪枝就是先让决策树充分生长，生成一棵最大的树，然后根据一定的规则，从决策树的底端开始剪掉树中不具备一般代表性的子树，使用叶子节点取而代之，从而形成一棵规模较小的新树，以降低模型的复杂度。一般而言，可以将一棵子树用一个叶子节点取代（叶子节点的类别标签由对应训练集中样本数最多的类别标签决定）。

与预剪枝相比，后剪枝决策树通常比预剪枝决策树保留了更多的分支，可以避免“近视”的弱点，欠拟合风险小，泛化性能好；但其缺点是：决策树训练时间开销比未剪枝决策树和预剪枝决策树都要大得多，计算复杂度高。

6.8 决策树的优缺点

决策树算法作为一个大类别的分类回归算法，具有如下优缺点。

1. 决策树的优点

1）简单直观，易于理解。对决策树模型进行可视化后可以很清楚地看到每一棵树分支的参数，而且很容易理解其背后的逻辑。

2）既可以处理类别型离散值也可以处理数值型连续值。

3）可以处理多分类和非线性分类问题。

4）模型训练好后进行预测时运行速度可以很快。决策树模型一经训练后，后面的预测过程只是对各个待预测样本从树的根节点往下找到一条符合特征约束的路径，几乎不存在其他额外的计算量，因此预测速度很快。

5）适合用作随机森林等集成学习模型的基学习器。

2. 决策树的缺点

1）决策树模型对噪声比较敏感，在训练集噪声较大时得到的模型容易过拟合，但可以通过剪枝和集成来改善。

2）在处理特征关联性较强的数据时表现不太好。

3）寻找最优的决策树是一个非确定性多项式的问题，一般是通过启发式方法，容易陷入局部最优。可以通过集成学习之类的方法来改善。

6.9 小结

决策树是一种树形结构（可以是二叉树或多叉树），属于**非线性模型**，可以用于分类，也可用于回归。决策树算法从顶向下是一个递归的过程，每一个子树可以看成一个单独的树。决策树包含一个根节点，若干个内部节点和若干个叶子节点；叶子节点对应决策结果，其他每个节点对应一个属性测试；每个节点包含的样本集合根据属性测试的结果被划分到子节点中；根节点包含样本全集，从根节点到每个叶子节点的路径对应了一个判定测试序列。使用决策树进行决策的过程就是从根节点开始，测试待分类项中相应的特征属性，并按照其值选择输出分支，直到到达叶子节点，将叶子节点存放的类别作为决策结果。决策树中的每一个节点都能清晰地展示类别判定的过程，因此决策树算法非常易于理解。决策树模型被用来解决许多基本问题，诸如多阶段决策、表查找、最优化等，它很自然地还原了做决策的过程，将复杂的决策过程拆分成了一系列简单的选择，因而能直观地解释决策的整个过程。

决策树学习的关键，在于每一个非叶子节点如何选择最优的特征（或属性）对样本进行划分，希望随着划分过程的不断进行，决策树的分支节点所包含的样本尽可能属于同一类别，即节点的“纯度”越来越高。不同的特征（或属性）优劣比较规则衍生了不同的决策树算法，如 ID3、C4.5、CART 等算法。

ID3 算法使用信息增益作为特征选择的指标，自顶向下进行搜索，对单个属性进行多叉划分，为属性的所有取值都建立一个分支。这种划分方式简单直观、易于解释，但是无法处理连续数值型的属性。另外，从信息增益的公式可以看出，如果某个特征的取值类别非常多，则在信息熵不变的情况下，该特征的信息增益将会较大，因此在选择最优特征的过程中会倾向于选择取值数量较多的特征。C4.5 算法是对 ID3 算法的改进，使用信息增益比代替信息增益作为特征选择的指标，克服了 ID3 算法的缺点。CART 算法使用基尼指数作为特征选择的指标，采用二分递归分割的方法，不断将当前的样本集分为两个子集，使得每个非叶子节点都有两个分支，最后产生一棵二叉决策树。相比于 ID3 算法，二叉划分的适用范围更广，可以较好地处理数值型的属性，但是使用这种方法划分离散值属性时会造成决策树深度增加，划分数值型属性时则需要大量的排序和计算。

决策树是机器学习中的一种基本的可用于分类与回归的方法，它是一些集成学习如 GBDT，XGboost 等复杂模型的基础。

6.10 习题

1. 请解释什么是决策树？简述决策树的生成策略。

2. 请阐述决策树的优缺点。

3. 如何避免决策树过拟合的问题？

4. ID3 算法用什么指标作为特征选择的指标？为什么 C4.5 算法不使用信息增益，而是使用信息增益比作为特征选择的指标？

5. CART 对分类问题和回归问题分别使用什么度量指标作为特征（或属性）选择的指标？基尼指数可以表示数据的不确定性，信息熵也可以表示数据的不确定性，为什么 CART 使用基尼指数作为特征选择的指标？

6. 为什么要对决策树进行剪枝处理？如何进行剪枝？

7. 什么是预剪枝？什么是后剪枝？请比较预剪枝与后剪枝的优缺点。

第7章　集成学习

机器学习模型的训练可以看成是在假设空间中搜索合适模型的过程，而在假设空间中选出一个准确率高、泛化能力强的预测模型是较为困难的。集成学习（Ensemble Learning）是为了解决单个学习模型预测精度低、泛化能力差等固有的缺陷而提出的一种技术框架，通过组合多个简单的机器学习模型以获得一个性能更优的组合模型。集成学习本身不是一个单独的机器学习算法，而是通过构建并结合多个机器学习器来完成学习任务，体现了“三个臭皮匠顶个诸葛亮”“博采众长”的思想。

本章学习目标

- 熟悉 Bagging 与 Boosting 集成学习方法的基本思想，以及两者的异同点。
- 熟悉基学习器的组合策略。
- 掌握 AdaBoost、梯度提升决策树（GBDT）、随机森林的工作原理。
- 熟悉 AdaBoost、GBDT、随机森林的优缺点及适用场合。
- 了解随机森林和 GBDT 模型的区别。

7.1　集成学习概述

1979 年，Dasarathy 和 Sheela 首次提出集成学习思想。1990 年，Hansen 和 Salamon 展示了一种基于神经网络的集成模型，该集成模型具有更小的方差和更强的泛化能力。同年，Schapire 证明了通过 Boosting 方法可以将弱分类器组合成一个强分类器，该方法的提出使集成学习成为机器学习的一个重要研究领域。此后，集成学习研究得到迅猛发展，出现了许多新颖的思想和模型。1995 年，Freund 和 Schapire 提出了 AdaBoost 算法，该算法运行高效且实际应用广泛，该算法提出后，研究人员针对该算法进行了深入的研究。1996 年，Breiman 提出了 Bagging 算法，该算法从另一个角度对基学习器（Base Learner）进行组合。2001 年，Breiman 提出了随机森林算法。随着时代的发展，更多的集成学习算法被提出，并且在诸多领域取得了重大突破。

和传统学习方法训练一个学习器不同，集成学习方法通过训练若干个个体学习器（Individual Learner）或组件学习器（Component Learner）并将它们按照某种策略进行组合，构成一个精度更高、泛化能力更强的强学习器（Strong Learner）。集成学习也被称为基于委员会的学习（Committee-based Learning）。集成学习的基本框架如图 7-1 所示。

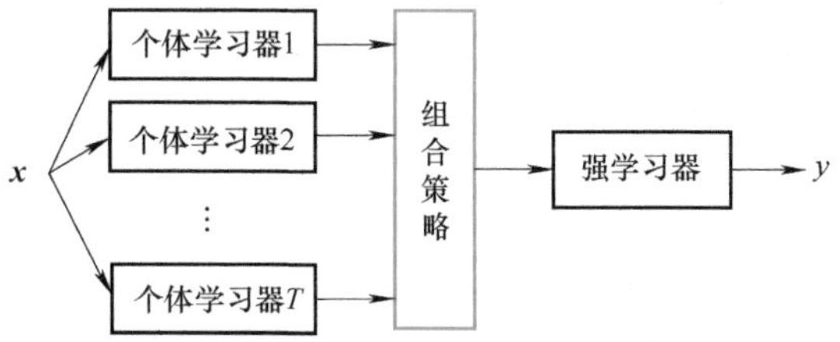

图 7-1　集成学习的基本框架

对于给定的样本数据集，集成学习首先训练若干个有差异的个体学习器，然后通过某种组合策略将这些个体学习器有效地集成起来。如果这些个体学习器是使用不同的学习算法训练得到的不同类型的学习器，例如个体学习器包括随机森林、kNN、支持向量机等，则由这些不同类型的个体学习器组合构成的集成模型称为异质集成（Heterogeneous Ensemble）模型。基于 Stacking 的集成模型就是异质集成模型。如果所有的个体学习器都是同类型的学习器，例如，都为决策树，则由这些个体学习器组合构成的集成模型称为同质集成（Homogeneous Ensemble）模型，并称这些同类型的个体学习器为基学习器。目前比较流行的集成模型都是同质集成模型，而且基本上都是基于决策树或者神经网络的。

在集成学习的框架中，个体学习器一般采用的是弱学习器（Weak Learner），在大多数情况下其性能并不是很好，例如低方差、高偏差而准确率不高或者低偏差、高方差而缺乏泛化能力，而集成学习的目标就是将这些个体学习器组合在一起，构成一个精度更高、泛化能力更强的强学习器，以减少偏差或者方差，达到“博采众长”的目的。通常，在分类任务中的弱（强）学习器称为弱（强）分类器，在回归任务中的弱（强）学习器称为弱（强）回归器。

采用集成学习，可能从以下三个方面带来好处。

- 从表示的方面来看，某些个体学习器的性能不佳，而通过组合多个学习器，由于响应的假设空间有所扩大，有可能得到性能更好的强学习器。
- 从统计的方面看，由于学习任务的假设空间往往很大，可能有多个假设在训练集上达到同等性能，此时若使用单个学习器可能因误选而导致泛化性能不佳，组合多个学习器可减小这一风险。
- 从计算的方面来看，学习算法往往会陷入局部极小，有的局部极小点所对应的泛化性能可能很差，而通过多次运行之后进行组合，可降低陷入糟糕局部极小点的风险。

集成学习把多个个体学习器结合起来，如何能获得比最好的单一学习器更好的性能呢？通常需要解决以下两个主要问题。

- 如何训练得到若干个个体学习器？
- 如何选择一种组合策略将这些个体学习器进行组合构成一个强学习器？

考虑一个简单的例子：在二分类任务中，假定三个分类器 h_1 、h_2 、h_3 在三个测试样本上的表现如图 7-2 所示。

	测试例1	测试例2	测试例3
h_1	√	√	×
h_2	×	√	√
h_3	√	×	√
集成	√	√	√

a)

	测试例1	测试例2	测试例3
h_1	√	√	×
h_2	√	√	×
h_3	√	√	×
集成	√	√	×

b)

	测试例1	测试例2	测试例3
h_1	√	×	×
h_2	×	√	×
h_3	×	×	√
集成	×	×	×

c)

图 7-2 集成学习的效果

a）集成提升性能 b）集成不起作用 c）集成起负作用

其中，√表示分类正确，×表示分类错误，集成学习的结果通过“少数服从多数”的投票法（Voting）产生。这个简单的例子说明：要获得好的集成效果，个体学习器应“好而不同”。即，个体学习器不但要有较高的“准确率”，而且不同的个体学习器之间要存在“差异性”或“多样性”。事实上，如何构建并组合“好而不同”的个体学习器，恰是集成学习研究的核心。

根据个体学习器构建方式的不同，目前集成学习的方法大致可分为以下两大类。

- 基于 Boosting（提升）的方法：个体学习器之间存在强依赖关系、必须串行生成的序列化方法，典型算法有 AdaBoost、梯度提升决策树（Gradient Boosting Decision Tree，GBDT）、XGBoost（eXtreme Gradient Boosting）、LightGBM。
- 基于 Bagging（装袋）的方法：个体学习器间不存在强依赖关系、可同时生成的并行化方法，典型算法有随机森林（Random Forest）、极端随机树（Extremely randomized trees，Extra-Trees）。

7.1.1 Boosting

Boosting，也称为增强学习或提升法。在机器学习领域中，自从 Valiant 关于可学习性的文章发表后，很多研究者致力于可能近似正确（Probably Approximately Correct，PAC）学习模型的研究。在 PAC 学习模型中，学习算法通过一些关于未知概念例子来对概念进行学习。Kearns 和 Valiant 指出，在 PAC 学习模型中，若存在一个多项式级的学习算法来识别一组概念，并且识别正确率很高，那么这组概念是强可学习的；而如果学习算法识别一组概念的正确率仅比随机猜测略好，那么这组概念是弱可学习的。Kearns 和 Valiant 提出了弱可学习算法与强可学习算法的等价性问题，即是否可以将弱可学习算法提升成强可学习算法。如果这一问题有肯定的回答，那么意味着：在学习概念时，只要找到比随机猜测略好的弱学习算法，就可以将其提升为强学习算法，而不必直接寻找通常情况下很难获得的强学习算法，这对学习算法的设计有着重要的意义。

1990 年，Schapire 通过一个构造性方法对该问题进行了研究，并证明了多个弱学习器可以集成为一个强学习器，从而奠定了集成学习的理论基础。这个构造性方法就是最初的 Boosting 算法。弱可学习与强可学习等价这一定理奠定了 Boosting 算法的理论基础，同时为构造强学习器提供了重要的启示。

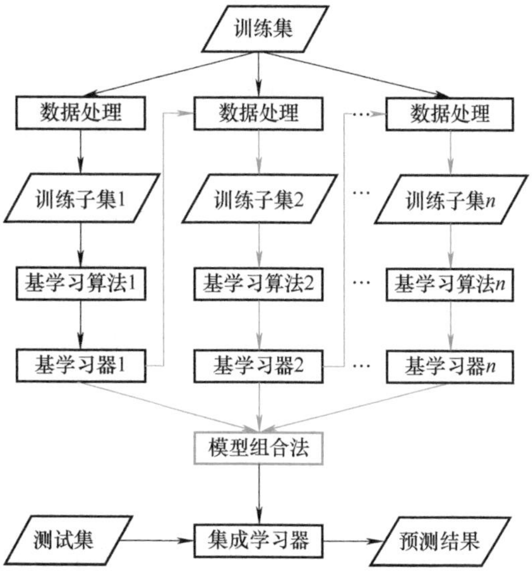

图 7-3　Boosting 算法流程图

Boosting 的算法流程如图 7-3 所示。Boosting 方法使用串行迭代方式完成对各个基学习器（弱学习器）的训练，各个基学习器之间存在依赖关系。在每一轮迭代过程中，对训练基学习器所用的训练子集的选择都与前一个基学习器的预测结果有关，根据前一轮预测结果更新当前各训练样本的权重，并对前面被错误预测的样本赋予较大的权重，实现对当前训练样本子集数据分布的优化。对于被前一个基学习器 $h_{t-1}(\boldsymbol{x})$ 错误预测的样本 $\boldsymbol{x}$，由于在对随后的当前基学习器 $h_t(\boldsymbol{x})$ 的训练过程中增加了其权重（关注程度），故样本 $\boldsymbol{x}$ 能够被 $h_t(\boldsymbol{x})$ 正确预测的概率会有所提升。这种将前一个基学习器 $h_{t-1}(\boldsymbol{x})$ 的预测结果用于确定后一个基学习器 $h_t(\boldsymbol{x})$ 的训练方式正是 Boosting 集成策略的关键。Boosting 集成学习通常使用两种方式调整训练样本集的数据分布：一是仅调整样本数据的权重，而不改变当前训练样本集合；二是改变当前训练样本集合，将那些被之前的基学习器错误预测的样本复制到当前基学习器的训练样本集合中重新进行训练。

尽管 Boosting 算法证明了弱可学习算法与强可学习算法的等价性问题，但是由于要求事先知道弱可学习算法学习正确率的下限，这在实际中是很难做到的。

在更深入的研究中，Freund 和 Schapire 等发现：在线分配问题与 Boosting 问题之间存在着很强的相似性，引入在线分配算法的设计思想，有助于设计出更实用的 Boosting 算法。他们将加权投票的相关研究成果与在线分配问题结合，并在 Boosting 问题框架下进行推广，在 1995 年提出了自适应的 Boosting（Adaptive Boosting）算法，称作 AdaBoost 算法。

AdaBoost 算法不需要任何有关弱学习算法的先验知识，可方便地应用到实际问题中，已成为最流行的 Boosting 算法。

AdaBoost 的成功不仅仅在于它是一种有效的学习算法，还在于：

1）让 Boosting 从最初的猜想变成一种真正具有实用价值的算法；

2）算法采用的一些技巧，如：打破原有样本分布，也为其他统计学习算法的设计带来了重要的启示；

3）相关理论研究成果极大地促进了集成学习的发展。

7.1.2 Bagging

Bagging 算法的核心思想是对原始训练样本集采用自助随机采样（Boostrap Sampling）法（即有放回随机采样），产生 n 个新的训练样本子集，以此分别训练 n 个基学习器，最后采用某种组合策略集成为强学习器。Bagging 算法流程如图 7-4 所示，通过对原始训练样本集进行随机采样，形成不同的训练样本子集来训练每个基学习器，各个基学习器之间可以认为是独立的，可以并行训练基学习器，因此具有很高的运行效率。典型代表是随机森林。

自助随机采样就是从原始训练集中采集固定数目的样本，在每次采集一个样本后，都将样本放回原始训练集。也就是说，之前采集到的样本在放回后有可能继续被采集到。在 Bagging 算法中，一般会随机采集和训练集样本数 N 一样数目的样本。这样得到的训练子集和训练集样本的个数相同，但是样本内容不同，因为有一些样本可能会被多次采集，而另外一些样本可能一次都没有被采集到。如果我们对有 N 个样本的训练集做 K 次自助随机采样，则由于随机性，K 个训练子集各不相同。

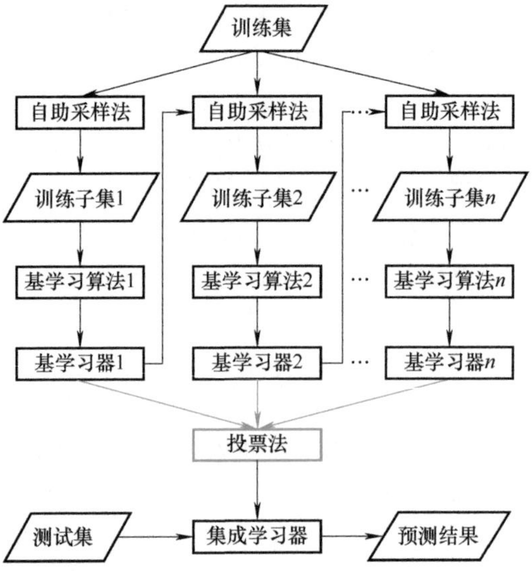

图 7-4　Bagging 算法流程图

对于一个样本，它在某一次含 N 个样本的训练集的自助随机采样中，每次被采集到的概率是 $\frac{1}{N}$，未被采集到的概率为 $1-\frac{1}{N}$。

重复 N 次都没有被采集到的概率是 $\left(1-\frac{1}{N}\right)^N$。当 $N\to\infty$时，$\left(1-\frac{1}{N}\right)^N\to\frac{1}{\mathbf{e}}\approx 0.368$。也就是说，在 Bagging 的每轮自助随机采样中，训练集中大约有 36.8%的样本没有被采集到。这部分样本，常常称为袋外样本（Out Of Bag，OOB）。袋外样本没有参与基学习器的训练，因此可以用来检测模型的泛化能力。

7.1.3 Boosting 和 Bagging 的比较

Boosting 和 Bagging 在以下几方面存在差别。

1. 训练子集的选择

- Boosting：训练子集的选择不是独立的，在每一轮迭代过程中，对训练基学习器所用的训练子集的选择都与前一个基学习器的预测结果有关，根据前一轮预测结果更新当前各训练样本的权重，并对前面被错误预测的样本赋予较大的权重，实现对当前训练样本子集数据分布的优化。
- Bagging：训练子集的选择是独立的，采用自助随机采样法从原始训练样本集中有放回地选取。

2. 基学习器之间的依赖性

- Boosting：各个基学习器之间存在依赖性，只能串行依次训练基学习器，当前基学习器的训练是基于上一个基学习器的预测结果进行训练的，当前基学习器会增加被错分样本的权重，进而降低预测的错误率。
- Bagging：每一个训练子集训练出一个基学习器，各个基学习器之间不存在依赖性，可以认为是独立的，可以并行训练基学习器。

3. 基学习器的组合方式

- Boosting：采用线性加权方式进行组合，每个基学习器都有相应的权重，错误率小的基学习器会有更大的权重。
- Bagging：对于分类问题，通常使用简单投票法，将得票最多的类别作为最终的模型输出；对于回归问题，通常使用简单平均法，将所有基学习器的回归结果进行算术平均得到最终的模型输出。

4. 偏差-方差

- Boosting：基学习器之间有强相关性，会不断修正权重或预测值，因此可以降低模型的偏差（Bias）；但对样本依赖性大，每个基学习器的相加权重不一，容易导致过拟合，故而并不能显著降低方差（Variance）。基学习器通常选择具有高偏差、低方差的弱学习器。如果选择决策树作为基学习器，则大多数选择深度较浅的决策树，同时也降低模型拟合的计算成本。
- Bagging：采用自助随机采样方法对训练样本集进行多次自助采样，生成多样性的训练样本子集，训练出多个具有一定差异性的基学习器，最后采取投票法或平均法的策略进行模型组合，可以降低模型的方差，但无法显著降低模型的偏差。基学习器通常选择高方差、低偏差的弱学习器。

7.1.4 基学习器的组合策略

构建集成学习系统的最后一步就是选择基学习器的组合策略。在集成学习的基学习器组合阶段，不同学习任务所用组合策略会有所不同。对于输出空间为离散集合的分类任务，通常用投票法实现多个弱分类器的组合；对于输出空间为实数域的回归任务，通常使用平均法实现多个弱回归器的组合。本节将介绍几种常用的组合策略。

1. 投票法

投票法一般分为绝对多数投票法、相对多数投票法、加权投票法三种。

(1) 绝对多数投票法（Majority Voting） 当某类别的得票数超过基学习器数量的一半以上时，将该类别标签作为预测结果输出，若不存在得票数超过一半的类别，则拒绝预测。

(2) 相对多数投票法（Plurality Voting） 将得票数最多的类别作为预测结果输出，不需要考虑得票数是否超过基学习器数量的一半，若多个类别都获得最高的得票数，则随机选择其中一个类别标签输出。

在分类任务中，若必须要求集成学习系统提供预测结果，则绝对多数投票法就变成了相对多数投票法，因此通常将这两种方法统称为多数投票法。

显然，绝对多数投票法和相对多数投票法均未考虑不同弱分类器在分类性能方面的差异。为了体现不同弱分类器在集成学习系统中的贡献度，人们想到了引入加权机制的加权投票法。

(3) 加权投票法（Weighted Voting） 首先估计出各个弱分类器的准确率，然后令权重大小与准确率大小成正比，最终通过带加权计算的投票方式输出类别标签。

2. 平均法

平均法通常用于多个弱回归器的组合，它主要分为简单平均法和加权平均法。

简单平均法可以表示为

$$H(\boldsymbol{x}) = \frac{1}{T}\sum_{t=1}^{T} h_t(\boldsymbol{x}) \tag{7-1}$$

式中，$h_t(\boldsymbol{x})$ 为第 t 个弱回归器的预测输出值；T 为弱回归器的个数。

简单平均法规定每个弱回归器对集成模型输出的贡献都相同。然而，不同弱回归器的重要性通常会有一些差异，此时简单平均法对各个弱回归器一视同仁的做法不够合理，会导致集成学习的预测输出因过分依赖不太重要的弱回归器而降低泛化性能。为此，可用权重对弱回归器的重要性进行加权计算，通过加权平均法实现多个弱回归器的组合。加权平均法可以表示为

$$H(\boldsymbol{x}) = \sum_{t=1}^{T} w_t h_t(\boldsymbol{x}) \tag{7-2}$$

式中，T 为弱回归器的个数；$h_t(\boldsymbol{x})$ 为第 t 个弱回归器的预测输出值；w_t 为其权值，可以在集成系统生成期间作为训练的一部分获得，如 AdaBoost 算法中权值的产生，或者可以通过单独的训练来获得。

7.2　AdaBoost 算法

AdaBoost 是英文 Adaptive Boosting 的缩写，其基本思想和 Boosting 算法是一样的。改进之处在于，AdaBoost 算法不需要事先知道弱分类器的训练错误率上限，而是根据弱分类器的反馈自适应地调整弱分类器的错误率。理论证明，只要每个弱分类器的分类能力比随机猜测好，AdaBoost 算法在训练样本集上的错误率随着弱分类器的增加呈指数级下降，当弱分类器的个数趋向于无穷时，强分类器的错误率可以任意小，所以 AdaBoost 算法得到了广泛的应用。AdaBoost 算法在模式识别中最成功的应用之一是机器视觉里的目标检测问题，如人脸检测和行人检测。在 2001 年 Viola 和 Jones 设计了一种人脸检测算法，它使用简单的 Haar 特征和级联 AdaBoost 分类器构造检测器，检测速度较之前的方法有 2 个数量级的提高，并且有很高的精度。

AdaBoost 学习算法的基本思想是给定一个弱学习算法和一个训练集 $\{(\boldsymbol{x}_1,y_1),(\boldsymbol{x}_2,y_2),\cdots,(\boldsymbol{x}_i,y_i),\cdots,(\boldsymbol{x}_n,y_n)\}$，其中，$n$ 为训练样本的总数，$\boldsymbol{x}_i$ 是输入的训练样本向量，y_i 是分类的类别标签。对于人脸检测任务，是判断某幅图像是否为人脸图像，因而可以视为二分类问题，故可以取 $y_i \in \{0,1\}$，其中，$y_i = 0$ 表示其为负样本（非人脸），$y_i = 1$ 表示其为正样本（人脸）。在初始化时，对所有训练样本均赋以一个相同的权重 $D = \dfrac{1}{n}$。然后用该弱学习算法对训练样本集进行 T 轮训练。在每一轮训练结束后，对训练失败的样本赋以较大的权重，以便让学习算法在后来的学习中主要对比较难的训练样本进行学习。这样，就可以得到一个弱分类器序列 $h_t(\boldsymbol{x})$，其中 $t = 1,2,\cdots,T$，分类效果比较好的弱分类器的权重较大。最终的强分类器 $H(\boldsymbol{x})$ 采用一种有权重的投票方式产生。算法的具体描述如下：

（1）给定弱分类算法和一系列训练样本 $\{(\boldsymbol{x}_1,y_1),(\boldsymbol{x}_2,y_2),\cdots,(\boldsymbol{x}_i,y_i),\cdots,(\boldsymbol{x}_n,y_n)\}$。

（2）指定迭代的轮数 T，T 将决定最后强分类器中的弱分类器的数目。

（3）初始化训练集的权值分布，每个样本的权值一样：$\boldsymbol{w}_1 = (w_{1,1},w_{1,2},\cdots,w_{1,n})$，其中，$w_{1,i} = \dfrac{1}{n}$，$i = 1,2,\cdots,n$。

（4）迭代循环，$t = 1,2,\cdots,T$。

1）对于第 t 个弱分类器，使用权值分布 $\boldsymbol{w}_t$ 的训练数据集训练模型，得到一个弱分类器 $h_t(\boldsymbol{x}_i)$。

2）对每个弱分类器，计算当前权值下的错误率：

$$\varepsilon_t = \sum_{i=1}^{n} w_{t,i} \left| h_t(\boldsymbol{x}_i) - y_i \right| \tag{7-3}$$

4）选择具有最小错误率 ε_t 的弱分类器 $h_t(\boldsymbol{x})$ 加入强分类器中。

5）更新每个样本所对应的权值：

$$w_{t+1,i} = w_{t,i}\beta_t^{1-\left|h_t(x_i)-y_i\right|} \tag{7-4}$$

式（7-4）中若第 i 个样本被正确地分类，则 $e_i = \left|h_t(\boldsymbol{x}_i) - y_i\right| = 0$；若第 i 个样本被错误地分类，则 $e_i = \left|h_t(x_i) - y_i\right| = 1$，且 $\beta_t = \dfrac{\varepsilon_t}{1-\varepsilon_t}$。

(5) T 轮训练完毕，最后得到的强分类器为 $\sum_{t=1}^{T}\alpha_t h_t(\boldsymbol{x})$ ，其判别函数为

$$H(\boldsymbol{x}) = \begin{cases}1, & \sum_{t=1}^{T}\alpha_t h_t(x) \geqslant \frac{1}{2}\sum_{t=1}^{T}\alpha_t \\ 0, & 其他\end{cases} \tag{7-5}$$

式中，α_t 为每个弱分类器的权重，$\alpha_t = \log\frac{1}{\beta_t}$ 。

AdaBoost 分类器是由弱分类器 $h_t(x)$ 线性组合而成的，对于错误率较低的弱分类器而言，权重 α_t 会比较大，而对于错误率较高的弱分类器，权重 α_t 会比较小。这里，假设每一个弱分类器都是实际有用的，即 $\varepsilon_t < 0.5$ 。也就是说，在每一次分类的结果中，正确分类的样本个数始终大于错误分类的样本个数。因为 $\varepsilon_t < 0.5$ ，而 $\beta_t = \frac{\varepsilon_t}{1-\varepsilon_t}$ ，所以，$\beta_t < 1$ 。当第 t 轮训练生成的弱分类器 $h_t(\boldsymbol{x})$ 对于样本 $\boldsymbol{x}_i$ 分类错误时，则第 $t+1$ 轮训练的样本所对应的权值 $w_{t+1,i} = w_{t,i}\beta_t^{1-|h_t(x_i)-y_i|}$ 不变；如果第 t 轮训练生成的弱分类器 $h_t(\boldsymbol{x})$ 对于样本 $\boldsymbol{x}_i$ 分类正确，则会使 $w_{t+1,i}$ 减小，从而使得在第 $t+1$ 轮训练时，弱分类器将会更加关注第 t 轮训练中分类错误的样本，从而满足了分类器性能提升的思想。

基本的 AdaBoost 算法只能用于二分类问题，它的改进型可以用于多分类问题，典型的实现有 AdaBoost. MH 算法、多类 Logit 型 AdaBoost。AdaBoost. MH 算法通过二分类器的组合形成多分类模型，采用了一对多的方案。多类 Logit 型 AdaBoost 采用了类似于 softmax 回归的方案。另外，AdaBoost 还可以用于回归问题，即 AdaBoost. R 算法。

7.3 梯度提升决策树（GBDT）

7.3.1 GBDT 概述

梯度提升决策树（Gradient Boosting Decison Tree，GBDT）也是集成学习 Boosting 家族的成员。在 AdaBoost 算法中，采用的是序列化的逐步求精策略。在训练的过程中，每一轮迭代时的样本权重是不一样的，利用前一轮弱分类器的错误率来更新样本的权重值，然后一轮一轮地迭代下去。GBDT 以 CART 回归树为基学习器，也是使用“加性模型”（Additive Model）即基学习器线性组合表示预测函数。训练模型时采用前向分步拟合算法进行迭代，通过构建多棵 CART 回归树，并将它们的输出结果进行组合得到最终的结果。前向分步拟合算法采用了逐步求精的思想，类似于打高尔夫球，先粗略地打一杆，然后在之前的基础上逐步靠近球洞。在 GBDT 模型中，在训练每一棵 CART 回归树时，都是用之前的 CART 回归树的预测结果与真实值之间的残差作为输入数据来拟合，通过不断迭代逐步减小残差，最后，将每一轮构建的 CART 回归树的预测结果进行累加，得到最终的预测值。

假设第 t 轮训练得到的 CART 回归树的预测函数为 $h_t(\boldsymbol{x};\boldsymbol{\theta}_t)$ ，其中 $\boldsymbol{\theta}_t$ 为第 t 个 CART 回归树的参数，$t = 1,2,\cdots,T$ ，T 棵 CART 回归树叠加后得到的预测函数为

$$H_T(\boldsymbol{x}) = \sum_{t=1}^{T} h_t(\boldsymbol{x};\boldsymbol{\theta}_t) \tag{7-6}$$

在第 t 轮迭代时，利用前向分步拟合算法，得到第 t 轮的 GBDT 模型的预测函数为

$$H_t(\boldsymbol{x}) = H_{t-1}(\boldsymbol{x}) + h_t(\boldsymbol{x};\boldsymbol{\theta}_t) \tag{7-7}$$

对于训练样本 $(\boldsymbol{x}_i, y_i)$，假设第 t 轮 GBDT 模型的损失函数为

$$L(y_i, H_t(\boldsymbol{x}_i)) = L(y_i, H_{t-1}(\boldsymbol{x}_i) + h_t(\boldsymbol{x}_i;\boldsymbol{\theta}_t)) \tag{7-8}$$

则第 t 轮迭代的目标是通过使 GBDT 模型对整个训练样本集的整体损失函数最小化来确定 CART 回归树的参数 $\boldsymbol{\theta}_t$，即

$$\boldsymbol{\theta}_t = \arg\min_{\theta_t} \sum_{i=1}^{n} L(y_i, H_{t-1}(\boldsymbol{x}_i) + h_t(\boldsymbol{x}_i;\boldsymbol{\theta}_t)) \tag{7-9}$$

式中，n 为训练样本数。

当采用指数损失函数或平方和损失函数时，一般可以直接使用梯度下降法求解式（7-9）的最优化问题，来求得各个 CART 回归树的参数 $\boldsymbol{\theta}_t$。然而，如果损失函数 $L(y_i, H_t(\boldsymbol{x}))$ 对 $\boldsymbol{x}$ 不可微分，怎么办呢？针对这一问题，Friedman 于 1999 年提出了用梯度提升的方法来解决。梯度提升的思想简单来说就是将当前模型中损失函数的负梯度值作为 GBDT 算法中残差的近似值，以此来拟合 CART 回归树。

对于训练样本 $(\boldsymbol{x}_i, y_i)$，第 t 轮 GBDT 模型的损失函数对于预测函数的负梯度表示为

$$r_{t,i} = -\left[\frac{\partial L(y_i, H(\boldsymbol{x}_i))}{\partial H(\boldsymbol{x}_i)}\right]_{H(\boldsymbol{x}_i)=H_{t-1}(\boldsymbol{x}_i)} \tag{7-10}$$

在式（7-10）中，并没有将 GBDT 模型的损失函数直接对变量 $\boldsymbol{x}_i$ 进行展开求导，而是将其在 $H_{t-1}(\boldsymbol{x}_i)$ 处对 $H(\boldsymbol{x}_i)$ 进行求导，因此我们只需要损失函数对 $H(\boldsymbol{x})$ 可微分，而不需要 $H(\boldsymbol{x})$ 对变量 $\boldsymbol{x}$ 也可微分，这进一步扩大了提升树模型的适用范围。

在 GBDT 模型中，我们只需用第 t 轮的 CART 回归树（即 $h_t(\boldsymbol{x};\boldsymbol{\theta}_t)$）去拟合损失函数 $L(y, H_t(\boldsymbol{x}))$ 的负梯度在当前模型 $H_{t-1}(\boldsymbol{x})$ 处的值（残差的近似值），就可保证模型的整体损失不断下降，直至收敛于一个比较理想的值。损失函数的负梯度在当前模型的值是数值类型的，具有可加性，这也是为什么 GBDT 模型中使用的基学习器被限定为 CART 回归树的原因（分类树的结果直接做加法没有意义）。

GBDT 的算法过程如下。

（1）初始化基学习器，估计一个使损失函数最小化的常数，构建一个只有根节点的 CART 回归树。

（2）不断提升迭代：

1）计算当前模型中损失函数的负梯度值，作为残差的近似值；

2）估计 CART 回归树中叶子节点区域，拟合残差的近似值；

3）利用线性搜索估计叶子节点区域各个叶子节点的最佳残差拟合值，使损失函数最小化；

4）更新 CART 回归树。

（3）经过若干轮的提升法迭代过程之后，输出最终的模型。

另外，值得注意的是，GBDT 模型并没有定位为只适用于回归问题，由于 CART 回归树拟合的是损失函数的负梯度在当前模型的值，而不是直接的模型预测结果，因此该模型也可以用于分类问题，只不过对于分类问题，需要将平方和损失函数换成对应的对数似然损失函数或者指数损失函数。

7.3.2 GBDT 回归算法

输入： 训练集样本 $T = \{(\boldsymbol{x}_1, y_1), (\boldsymbol{x}_2, y_2), \cdots, (\boldsymbol{x}_n, y_n)\}$，最大迭代次数为 T，损失函数为 L。

输出： 最终经过 T 轮迭代得到强学习器 $H(\boldsymbol{x})$。

（1）初始化基学习器，构建一个只有根节点的 CART 回归树。

$$H_0(\boldsymbol{x}) = \underset{c}{\operatorname{argmin}} \sum_{i=1}^{n} L(y_i, c) \tag{7-11}$$

（2）对迭代轮数 $t = 1, 2, \cdots, T$，依次训练每个 CART 回归树，更新强学习器。

1）对样本 $i = 1, 2, \cdots, n$，计算负梯度值

$$\boldsymbol{r}_{t,i} = -\left[\frac{\partial L(y_i, H(\boldsymbol{x}_i))}{\partial H(\boldsymbol{x}_i)}\right]_{H(\boldsymbol{x}_i) = H_{t-1}(\boldsymbol{x}_i)} \tag{7-12}$$

2）利用 $(\boldsymbol{x}_i, r_{t,i})(i = 1, 2, \cdots, n)$，训练第 t 棵 CART 回归树，其对应的叶子节点区域为 $\boldsymbol{R}_{t,j}$，$j = 1, 2, \cdots, J$，其中 J 为第 t 棵回归树的叶子节点的个数。

3）对叶子节点区域为 $R_{t,j}$，$j = 1, 2, \cdots, J$，计算各个叶子节点的最佳残差拟合值

$$c_{t,j} = \underset{c}{\operatorname{argmin}} \sum_{\boldsymbol{x}_i \in R_{t,j}} L(y_i, H_{t-1}(\boldsymbol{x}_i) + c) \tag{7-13}$$

4）得到第 t 轮的 CART 回归树的预测函数为

$$h_t(\boldsymbol{x}_i; \boldsymbol{\theta}_t) = \sum_{j=1}^{J} c_{t,j} I(\boldsymbol{x}_i \in R_{t,j}) \tag{7-14}$$

第 t 轮的 GBDT 模型的预测函数为

$$H_t(\boldsymbol{x}) = H_{t-1}(\boldsymbol{x}) + h_t(\boldsymbol{x}; \boldsymbol{\theta}_t) = H_{t-1}(\boldsymbol{x}) + \sum_{j=1}^{J} c_{t,j} I(\boldsymbol{x}_i \in R_{t,j}) \tag{7-15}$$

（3）经过 T 轮迭代后的 GBDT 模型的预测函数 $H(\boldsymbol{x})$ 为

$$H(x) = H_0(x) + \sum_{t=1}^{T} \sum_{j=1}^{J} c_{t,j} I(\boldsymbol{x} \in R_{t,j}) \tag{7-16}$$

7.3.3 GBDT 分类算法

GBDT 分类算法从思想上和 GBDT 回归算法没有区别，但是由于样本输出不是连续的值，而是离散的类别，导致无法直接根据输出类别拟合类别输出的误差。

为了解决这个问题，主要有两个方法，一个是用指数损失函数，此时 GBDT 退化为 AdaBoost 算法。另一个是用类似于逻辑斯谛回归的对数似然损失函数的方法。也就是说，我们用的是类别的预测概率值和真实概率值的差来拟合损失。本文仅讨论用对数似然损失函数的 GBDT 分类。而对于对数似然损失函数，又有二元分类和多元分类的区别。

1. 二元 GBDT 分类算法

对于二元 GBDT，如果用类似于逻辑斯谛回归的对数似然损失函数，则损失函数为

$$L(y, H(\boldsymbol{x})) = \log(1 + \exp(-yH(\boldsymbol{x}))) \tag{7-17}$$

其中 $y \in \{-1, +1\}$。则此时的负梯度误差为

$$r_{t,i} = -\left[\frac{\partial L(y_i, H(\boldsymbol{x}_i))}{\partial H(\boldsymbol{x}_i)}\right]_{H(\boldsymbol{x}_i) = H_{t-1}(\boldsymbol{x}_i)} = \frac{y_i}{1 + \exp(-y_i H(\boldsymbol{x}_i))} \tag{7-18}$$

对于生成的 CART 回归树，各个叶子节点的最佳残差拟合值为

$$c_{t,j} = \underset{c}{\operatorname{argmin}} \sum_{x_i \in R_{t,j}} \log(1 + \exp(-y_i(H_{t-1}(\boldsymbol{x}_i) + c))) \tag{7-19}$$

由于式（7-19）比较难优化，一般使用近似值代替

$$c_{t,j} = \frac{\sum_{x_i \in R_{t,j}} r_{t,i}}{\sum_{x_i \in R_{t,j}} |r_{t,i}|(1 - |r_{t,i}|)} \tag{7-20}$$

除了负梯度计算和叶子节点的最佳残差拟合的线性搜索，二元 GBDT 分类和 GBDT 回归算法过程相同。

2. *多元 GBDT 分类算法*

多元 GBDT 要比二元 GBDT 复杂一些，对应的是多元逻辑斯谛回归和二元逻辑斯谛回归的复杂度差别。假设类别数为 K，则此时对数似然损失函数为

$$L(y,H(\boldsymbol{x})) = -\sum_{k=1}^{K} y_k \log p_k(\boldsymbol{x}) \tag{7-21}$$

其中，如果样本输出类别标签为 k，则 $y_k = 1$，第 k 类的概率 $P_k(\boldsymbol{x})$ 的表达式为

$$P_k(\boldsymbol{x}) = \frac{\exp(H_k(\boldsymbol{x}))}{\sum_{l=1}^{K} \exp(H_l(\boldsymbol{x}))} \tag{7-22}$$

由式（7-21）和式（7-22），可以计算出第 t 轮的第 i 个样本对应类别 l 的负梯度误差为

$$\boldsymbol{r}_{t,i,l} = \boldsymbol{r}_{t,i} = -\left[\frac{\partial L(y_i, H(\boldsymbol{x}_i))}{\partial H(\boldsymbol{x}_i)}\right]_{H_k(x_i) = H_{l,t-1}(x_i)} = y_{i,l} - p_{l,t-1}(\boldsymbol{x}_i) \tag{7-23}$$

观察式（7-23）可以看出，其实这里的误差就是第 i 个样本对应类别 l 的真实概率和第 $t-1$ 轮预测概率的差值。

对于生成的 CART 回归树，各个叶子节点的最佳残差拟合值为

$$c_{t,j,l} = \underset{c_{j,l}}{\operatorname{argmin}} \sum_{i=0}^{n} \sum_{k=1}^{K} L\left(y_k, H_{t-1,l}(x_i) + \sum_{j=0}^{J} c_{j,l} I(x_i \in R_{t,j})\right) \tag{7-24}$$

由于式（7-24）比较难优化，一般使用近似值代替，即

$$c_{t,j} = \frac{K-1}{K} \frac{\sum_{x_i \in R_{t,j,l}} r_{t,i,l}}{\sum_{x_i \in R_{t,j,l}} |r_{t,i,l}|(1 - |r_{t,i,l}|)} \tag{7-25}$$

除了负梯度计算和叶子节点的最佳残差拟合的线性搜索，多元 GBDT 分类和二元 GBDT 分类以及 GBDT 回归算法过程相同。

7.4 随机森林和极端随机树

7.4.1 随机森林

随机森林（Random Forest，RF）是一种基于装袋法（Bagging）的集成学习模型，将若干棵决策树组合成森林用来预测最终结果。在随机森林模型中，通常默认采用分类与回归树

(CART)作为 Bagging 中的基学习器。前面我们在探讨 Bagging 集成学习方法时，提到 Bagging 集成方法有效的前提条件是，基学习器之间必须保持低相关性，低相关性才能保证基学习器之间的差异性，有差异性的基学习器组合在一起才能成为一个强学习器。为了让 CART 树有更大差异性，随机森林除了对样本进行随机过采样，增加训练集的随机性之外，还在树的生成时引入了额外的随机性，即特征随机性。随机森林在训练时依次训练每一棵决策树，每棵树的训练样本都是从原始训练集中进行随机采样得到。在训练决策树的每个节点时所用的特征也是随机采样得到的，即从特征向量中随机抽出部分特征参与训练。即随机森林对训练样本和特征向量的分量都进行了随机采样，这样使得每棵树有更大的差异性。正是因为有了这些随机性，随机森林可以在一定程度上避免过拟合。

随机森林的模型如图 7-5 所示。首先，采用自助随机采样（Bootstrap sampling）法（即有放回地随机采样）生成 K 个训练子集，然后，对于每个训练子集，构造一棵决策树，在节点寻找特征进行分裂的时候，并不是对所有特征找到能使得指标（如信息增益）最大的，而是在特征中随机抽取一部分特征，在抽到的特征中间找到最优解，应用于节点，进行分裂。随机森林使用多棵决策树联合进行预测可以降低模型的方差。

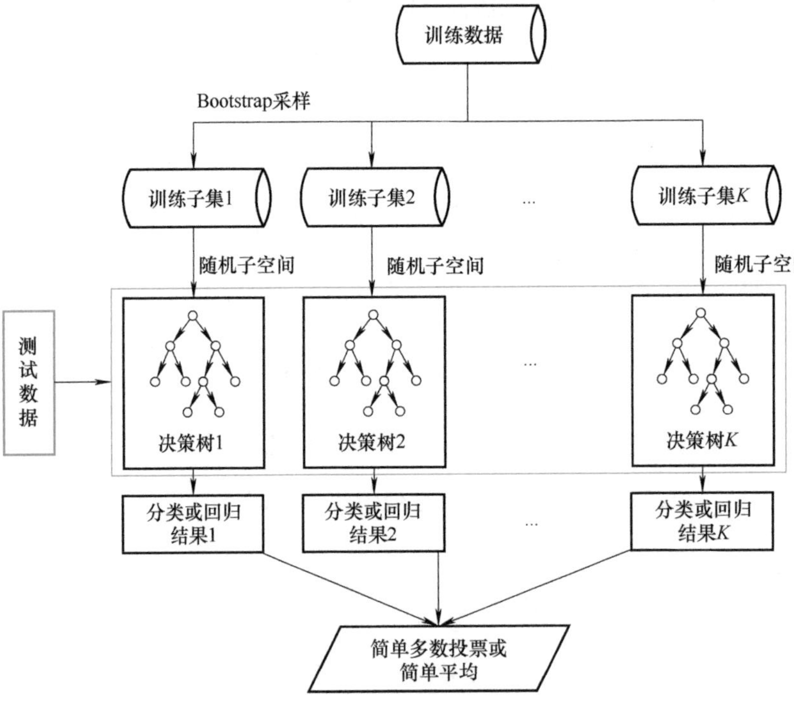

图 7-5　随机森林模型示意图

1. 随机森林的构建

假设原始数据集 D 有 N 个训练样本 $\{(\boldsymbol{x}_1, y_1), (\boldsymbol{x}_2, y_2), \cdots, (\boldsymbol{x}_i, y_i), \cdots, (\boldsymbol{x}_N, y_N)\}$，每个训练样本 $\boldsymbol{x}_i$ 由 M 个输入特征属性和一个标签 Y 组成。随机森林组合多个独立训练的决策树形成森林。可以将每棵树的构建过程看作数据空间的分区。也就是说，一片叶子代表一个完整数据空间的分区，每个节点对应一个数据空间的超矩形单元。随机森林的构建过程如下：

1）在构建决策树之前，使用自助随机采样技术从原始数据集 D 中有放回地抽取 K 个训练数据子集，每个训练子集的样本数也为 N 。

2）采用分类与回归树（CART）构建基分类器模型。在树的节点处，从 M 个输入特征属性中随机抽取 $m(m \leqslant M)$ 个特征属性作为决策树当前节点的分裂特征集，从中选择最优分裂特征和划分点，将训练数据子集划分到两个子节点中去。选择分裂特征及划分点的度量标准是基尼指数最小化准则（用于分类）或均方误差（MSE）最小化准则（用于回归）。重复上述划分过程，直到满足停止条件。

3）对 K 个训练子集重复步骤2）K 次，生成 K 棵不同的决策树 T_i ，其中 $i=1,2,\cdots,K$ 。

4）将 K 棵决策树组合成一个随机森林（RF）模型。将测试样本 $\boldsymbol{x}$ 输入模型，对每棵决策树的预测结果进行统计，通过投票表决法或者取平均值法确定最终预测的结果。对于分类任务，一般使用投票表决法确定最终的分类结果，即 $RF(\boldsymbol{x})=\underset{y \in Y}{\operatorname{argmax}} \sum_{i=1}^{K} I(T_i(\boldsymbol{x})=y)$ ，其中 $I(\cdot)$ 为示性函数；对于回归任务，通常取每棵决策树的预测结果的平均值作为最终的预测值，即 $RF(\boldsymbol{x})=\frac{1}{K}\sum_{i=1}^{K} T_i(\boldsymbol{x})$ 。

2. 随机森林的特点

随机森林的整体性能好坏与单棵决策树的分类性能以及森林的多样性程度有关。决策树的分类性能越好，彼此之间越不相关，则随机森林的性能越好。

随机森林使用装袋法集成策略，采用了一种有放回的自助随机采样方法来生成训练数据。通过多轮有放回地对原始训练集进行随机采样，多个训练子集并行地生成，利用这些训练子集分别构建决策树模型，从而增加了模型间的差异，再将这些决策树组合构建强学习器，提高了泛化能力。其本质是引入样本扰动，通过增加样本随机性降低方差，避免过拟合的发生。

随机森林具有如下主要优点：

1）构建每棵决策树的过程是独立的，故而支持并行处理，那么对于大规模数据的训练具有速度上的优势。

2）在构建每棵决策树时，在样本数据随机抽取的基础上再进行特征属性的随机抽取，故而在样本的特征向量维数比较高的情况下，仍然能具备较高的性能，同时，由于每次都是抽取部分特征，在速度上也会比决策树使用所有特征建树来得快。

3）由于存在随机采样，并且随机抽取特征属性，故而训练出来的模型方差小，泛化能力强，具有一定的防过拟合的效果。

4）由于每次都是随机抽取的特征属性，并且是集体贡献力量，故而对于某些特征属性的缺失并不会太敏感。

5）由于采用有放回的自助随机采样，在训练随机森林模型时没有使用袋外样本（Out of Bag），因此可以用袋外样本来评估分类器，因而不需要另外划分验证集或者做交叉验证了。

随机森林的主要缺点是：

1）由于由多个基学习器组合而成，模型不易解释。

2）决策树较多时，训练时间会比较长。

3）在某些噪声比较大的样本集上，模型容易陷入过拟合。

4）取值比较多的特征容易影响随机森林的决策，影响模型的拟合效果。

7.4.2 极端随机树

极端随机树（Extremely randomized trees，Extra-Trees），也称极限树，是随机森林的一个变种，原理与随机森林算法十分相似，都是由许多决策树构成的。极端随机树与随机森林的主要区别如下：

1）对于单个决策树的训练集，随机森林算法采用随机采样来选择部分样本作为每个决策树的训练集，而极端随机树不进行采样，直接使用整个原始训练集，即使用所有的样本，只是特征属性是随机选取的。这就导致了极端随机树所生成的决策树规模一般会大于随机森林所生成的决策树，其方差则会相比随机森林更小，换一句话说，就是它的泛化能力会比随机森林强。但也正是由于其特征选择的随机性，造成了树结构复杂，同时因为随机性，其偏差会比随机森林大，即准确率会低。

2）在选择特征划分点时，随机森林中的 CART 决策树会基于基尼指数或标准差最小等原则来选择一个最优的特征划分点生成决策树，而极端随机树是随机地选择一个特征划分点来生成决策树。以二叉树为例，当特征属性是类别的形式时，随机选择具有某些类别的样本为左分支，而把具有其他类别的样本作为右分支；当特征属性是数值的形式时，随机选择一个处于该特征属性的最大值和最小值之间的任意数，当样本的该特征属性值大于该值时，作为左分支，当小于该值时，作为右分支。这样就实现了在该特征属性下把样本随机分配到两个分支上的目的。然后计算此时的分叉值（如果特征属性是类别的形式，可以应用基尼指数；如果特征属性是数值的形式，可以应用均方误差）。遍历节点内的所有特征属性，按上述方法得到所有特征属性的分叉值，我们选择分叉值最大的那种形式实现对该节点的分叉。对于某棵决策树，由于它的最佳分叉属性是随机选择的，因此用它的预测结果往往是不准确的，但多棵决策树组合在一起，就可以达到很好的预测效果。

当极端随机树构建好以后，也可以应用全部训练样本来得到该极端随机树的预测误差。这是因为，尽管构建决策树和预测应用的是同一个训练样本集，但由于最佳分叉属性是随机选择的，所以仍然会得到完全不同的预测结果，用该预测结果就可以与样本的真实响应值比较，从而得到预测误差。如果与随机森林类比的话，在极端随机树中，全部训练样本都是袋外样本（Out of Bag），所以计算极端随机树的预测误差，也就是计算袋外样本的预测误差。

7.5 小结

集成学习的核心思想是将若干个个体学习器以一定策略结合起来，最终形成一个强学习器，以达到博采众长的目的。所以，集成学习需要解决的核心问题主要有两点：①如何得到若干个个体学习器，②以什么策略把这些个体学习器结合起来。个体学习器可以采用相同类型的学习器，也可以采用不同类型的学习器。组合策略是采用均等投票机制，还是采用加权投票机制？根据以上几点不同，集成学习的方法大致可分为以下两大类。

- 基于 Boosting（提升）的方法：个体学习器之间存在强依赖关系、必须串行生成的序列化方法，典型算法有 AdaBoost、梯度提升决策树（GBDT）、XGBoost、LightGBM。

- 基于 Bagging（装袋）的方法：个体学习器间不存在强依赖关系、可同时生成的并行化方法，典型算法有随机森林、极端随机树（Extra-Trees）。

AdaBoost 算法在每次训练基学习器模型时都使用所有的训练集样本以及样本的所有特征，具体操作过程是：每一轮训练结束后得到一个基学习器，并计算该基学习器在训练样本上的预测错误率，然后根据这个错误率来更新下一轮训练时训练集各样本的权重系数和本轮基学习器的投票权重，目标是使得本轮被错误预测了的样本在下一轮训练中得到更大的权重，使其受到更多的重视，并且预测越准确的基学习器在最后集成时占的投票权重系数越大。这样，通过多轮迭代可以得到多个基学习器及其对应的投票权重，最后按照各自的权重进行投票来输出最终预测结果。

AdaBoost 学习算法是一种能有效地将弱分类器联合为强分类器的学习算法，成功地应用于人脸检测系统。AdaBoost 算法可以选择多种回归或分类模型来构建基学习器，如逻辑斯谛回归、SVM，既可以处理分类任务，又可以处理回归任务。使用 AdaBoost 训练的分类器，分类精度较高，而且不容易发生过拟合。但其缺点是对离群（异常）样本比较敏感，因为离群（异常）样本的权重在模型训练迭代过程中可能会越来越大，最终影响整个模型的性能。由于各个基学习器之间存在强关联，不利于并行化处理，因此在处理大数据时没有优势。

梯度提升树（GBDT）以 CART 回归树为基学习器，使用"加性模型"（Additive Model）即基学习器线性组合表示预测函数。训练模型时采用前向分步拟合算法进行迭代，通过构建多棵 CART 回归树，并将它们的输出结果进行组合得到最终的结果，模型的预测准确率相对较高。GBDT 模型由于指定使用 CART 回归树当作基学习器，因而既可以处理类别型离散数据，又可以处理数值型连续数据。和 AdaBoost 一样，由于各个基学习器之间存在强关联，不利于并行化处理。

Bagging 模型的核心思想是每次相同类型、彼此之间无强关联的基学习器，以均等投票机制进行基学习器的组合。具体的方式是：从训练集样本中随机抽取一部分样本，采用任意一个适合样本数据的机器学习模型（如前面学过的决策树模型或者逻辑斯谛回归模型）对该样本进行训练，得到一个训练好的基学习器；然后再次抽取样本，训练一个基学习器；重复所预期的次数，得到多个基学习器；接着让每个基学习器对目标进行预测，得到一个预测结果；最后以均等投票方式，采用少数服从多数原则确定最后的预测结果。需要注意的是，Bagging 模型每次对样本数据的采样是有放回的，这样每次采样的数据可能会部分包含前面采样的数据。

随机森林是 Bagging 的一个扩展变体。随机森林在以决策树为基学习器构建 Bagging 集成的基础上，进一步在决策树的训练过程中引入了随机特征属性选择，除对样本随机采样外，对样本的特征也进行随机采样。由于基学习器采用的是 CART，所以随机森林既可以用于分类，又可以用于回归。随机森林用于分类时使用 CART 分类树作为基学习器，最后的投票结果是取票数最多的类别作为最终的预测结果；随机森林用于回归时使用 CART 回归树作为基学习器，最后的预测结果是采用所有 CART 回归树的预测值的均值。由于随机森林每次都是对样本及样本的特征进行随机采样来训练基学习器，因此泛化能力比较强。由于随机森林的模型简单，效果好，因此也产生了很多变种算法，这些算法可以用来处理分类和回归问题，也可以处理特征转换、异常点检测等。

极端随机树是随机森林的一种推广形式，它改变了两个地方，一是不再采取自助随机采样法随机抽取样本，而是采用原始集作为训练样本；二是直接随机选择特征（相当于子特征集只有一个元素）。极端随机树的方差比随机森林更小，因此泛化能力更强，但是偏差也更大。

7.6 习题

1. 集成学习的方法大致可分为哪两大类？Bagging 模型与 Boosting 模型有何异同点？分别有哪些典型的算法？
2. 集成学习的基本原理是什么？举例说明集成学习的应用。
3. 常用的基学习器有哪些？采用集成学习有什么好处？
4. 请阐述梯度提升决策树（GBDT）的工作原理。
5. 什么是随机森林？为什么随机森林能降低方差？
6. 可否将随机森林中的基分类器由决策树替换为线性分类器或 k-近邻分类器？
7. 从偏差和方差的角度阐述随机森林模型的优缺点。
8. 请阐述随机森林模型和梯度提升决策树（GBDT）模型的区别。

第 8 章　聚类

在非监督式机器学习中，训练样本的标签是未知的。非监督式机器学习的目标是通过对无标签的训练样本的学习来揭示样本数据之间内在的分布规律，为进一步的数据分析提供基础。聚类（Clustering）是一种典型的非监督式机器学习任务，试图对数据集中未知类别的数据对象进行划分，将它们按照一定的规则划分为若干个不相交的子集，每个子集称为一个"簇"（Cluster）。同一簇中的数据对象具有较高的相似度，而不同簇中的的数据对象具有较大的差异性。聚类与分类的主要区别是其并不关心样本的类别，而是把相似的数据聚集起来形成某一簇。由于簇是数据集的子集，簇内的数据对象彼此相似，而与其他簇的数据对象不相似，因此，簇可以看作数据集的"隐性"分类，聚类分析可能会发现数据集的未知分类。

聚类既能作为一个单独的非监督式机器学习任务，用于揭示样本数据间的内在联系与区别，也可作为分类等其他机器学习任务的预处理步骤。聚类分析在零售、保险、银行、医学等诸多领域有广泛的应用。

本章学习目标

- 熟悉聚类的基本思想以及聚类和分类的异同点。
- 熟悉常用的聚类算法。
- 掌握 k-均值算法的原理、优缺点及改进算法。
- 熟悉初始的 k 个聚类中心（簇中心）对 k-均值算法的影响。
- 熟悉聚类特征和聚类特征树（CF-Tree）的概念。
- 熟悉 CF-Tree 的构建过程及 BIRCH 算法的优缺点。
- 熟悉 DBSCAN 算法的优缺点。
- 了解 OPTICS 算法的原理以及适用场合。

8.1　聚类概述

8.1.1　聚类的概念

自然界和社会生活中经常会出现"物以类聚，人以群分"的现象，例如，羊、狼等动物总是以群居的方式聚集在一起，志趣相投的人们通常会组成特定的兴趣群体。机器学习的聚类任务就是对数据对象（实例）实现"物以类聚"的效果，把一个数据集划分成若干个不相交的簇，使得同一个簇内的数据对象具有尽可能高的相似性，而不同簇中的数据对象具有尽可能大的差异性。

聚类和分类两者之间既有相似点，也有不同点。相似之处是两者都是对给定数据集中的数据对象进行分组。不同之处在于：分类是监督式机器学习任务，利用已知类别标签的训练样本训练出分类模型，然后用该分类模型对没有类别标签的实例进行类别标识，其类别所表达的含义通常是确定的；而聚类是非监督式机器学习任务，没有训练过程，这是和分类最本质的区别，聚类仅限于对未知类别标签的一批数据对象（实例）进行归类，只把相似性高的数据对象归到同一个簇内，把差异性大的数据对象归到不同的簇中，显然，聚类没有事先定义好的类别，其类别所表达的含义通常是不确定的。

聚类分析的过程主要分为两部分：首先要根据相似性度量方法测度出数据间的相似程度，将相似的数据划分到同一个簇类中；然后采用准则函数评价聚类划分的结果。因此，相似性度量和准则函数是聚类分析中的重要衡量指标。聚类分析的结果可以作为进一步的数据分析与知识发现的依据，同时揭示出数据间的内在联系与区别，如发现数据间的关联规则、分类模式以及数据的变化趋势等。近年来，聚类分析广泛应用于模式识别、天气预报、模糊控制、计算机视觉等领域。聚类分析在零售、保险、银行、医学等诸多领域有广泛的应用，可以用于发现不同的企业客户群体特征、消费者行为分析、市场细分、交易数据分析、动植物种群分类、医疗领域的疾病诊断、环境质量检测等。例如，在商务上，聚类分析可以帮助市场分析人员从客户基本库中发现不同的客户群，并且用购买模式来刻画不同的客户群的特征。

8.1.2 聚类算法的分类

聚类问题可以抽象成数学中的集合划分问题。聚类算法把样本数据集划分成若干个不相交的子集（簇），每个样本只能属于一个子集，即任意两个子集之间没有交集，同一个子集内的各个样本要具有尽可能高的相似性，不同子集的样本之间要具有尽可能大的差异性。因为事先已定义好类别，所以聚类算法要解决的核心问题是如何定义簇，唯一的要求是簇内的样本尽可能相似。通常的做法是根据簇内样本之间的距离，或是样本点在数据空间中的密度来确定。对簇的不同定义及划分方式可以得到不同的聚类算法。在相同的数据集上，不同的聚类算法可能产生不同的聚类结果。

常见的聚类算法有：划分聚类、层次聚类、基于密度的聚类、基于网格的聚类、基于模型的聚类、基于图的聚类、模糊聚类等。

1．划分聚类

给定一个包含 n 个实例的数据集，**划分聚类（Partitioning Clustering）**就是将 n 个实例按照特定的度量划分为 k 个簇（$k < n$），使得每个簇至少包含一个实例，并且每个实例属于且仅属于一个簇，而且簇之间不存在层次的（Hierarchical）关系。

大多数划分聚类算法是以距离作为相似性度量对实例进行划分，其基本过程是：预先定义聚类的簇类数目 k，首先对实例进行初始划分，然后采用迭代重定位技术，重新对数据集中的实例进行划分，将实例划分到更合适的簇中，得到一个新的实例划分，迭代计算直到聚类结果满足用户指定的要求。好的划分的准则是：同一簇内实例的距离越近越好，表明同一簇内实例的相似度越高；不同簇实例之间的距离越远越好，表明不同簇间的实例相似度越低。

基于划分的聚类是将数据集划分为 k 个簇，并对其中的样本计算距离以获得假设簇中心点，然后以簇的中心点重新迭代计算新的中心点，直到 k 个簇的中心点收敛为止。常见的划分聚类算法有 k-均值（k-means）算法、k-中心点（k-medoids）算法及基于这两种算法的改进算法。

k -均值聚类算法采用欧几里得距离作为相似性度量，采用最小误差平方和作为目标函数，划分出的每一个簇用质心来代表。k -均值算法实现简单、具有良好的拓展性，但是需要掌握关于数据集簇类个数 k 的先验知识，并且 k 值对聚类结果有直接的影响。然而在现实问题中，先验知识需要极高的专业知识以及相关经验，用户往往很难获得对应问题的准确簇类个数 k 。k -均值算法对凸型数据集有良好的聚类效果，但是难以识别非凸任意形状的数据集。另外，k -均值算法是用簇中实例的均值（质心）来代表该簇类，作为每次迭代的聚类中心，而质心是虚拟的数据点，通常不在数据集中，因此数据集中存在大量离群点时会干扰最终的聚类结果。

k -中心点聚类算法与 k -均值聚类算法的过程类似，唯一不同点是 k -中心点聚类算法用簇中最靠近中心的那个实例（真实的中心点）来代表该簇类，作为每次迭代的聚类中心，这样可以避免离群点的影响，提高算法的抗干扰能力。此外，针对 k -均值算法对初始聚类中心较为敏感的问题，提出了多种改进算法。k -均值 + + 算法采用彼此间相距尽可能远的数据点作为初始聚类中心，模糊 c -均值利用软聚类思想，根据数据点对每类的贡献度情况，完成对包含重叠结构的复杂数据集聚类。

要得到最优的聚类结果，算法需要穷举数据集所有可能的划分情况，但是在实际应用中数据集都比较大，利用穷举法进行聚类显然是不现实的。因此大部分划分聚类算法采用贪心策略，即在每一次划分过程中寻求最优解，然后基于最优解进行迭代计算，逐步提高聚类结果的质量。虽然这种方式有可能得到局部最优结果，但是结合效率方面考虑，也是可以接受的。

2. 层次聚类

对于现实生活中的某些问题，类型的划分具有层次结构。例如，水果分为苹果、梨、桃子等，苹果又可以细分成红富士、蛇果、嘎拉、金冠、国光等很多品种。桃子也是如此，可以细分成蟠桃、水蜜桃、寿星桃、油桃、黄桃、碧桃等。将这种谱系关系画出来，是一棵分层的树。

层次聚类（Hierarchical Clustering）的核心思想就是按层次对数据集进行划分，把实例划分到不同层次的簇中，从而形成一个树形的聚类结构。层次聚类算法可以揭示数据的分层结构，在树形结构的不同层次上进行划分，可以得到不同粒度的聚类结果。层次聚类是一类算法的总称，按照构建树形结构的方式不同，可分为“自底向上”的**聚合层次聚类（Agglomerative Hierarchical Clustering）**和“自顶向下”的**分裂层次聚类（Divisive Hierarchical Clustering）**。这两种聚类算法都是在聚类过程中构建具有一定亲属关系的系统树图，聚类的大体过程如图 8-1 所示。

“自底向上”的聚合层次聚类开始时将数据集中的每个实例单独当作一个簇，初始状态下簇的数目等于实例的数目，然后根据距离、密度等相似性度量，逐步将相似的实例进行合并，直到所有的实例都被合并到某个簇中，或满足特定的算法终止条件。“自顶向下”的分裂层次聚类先

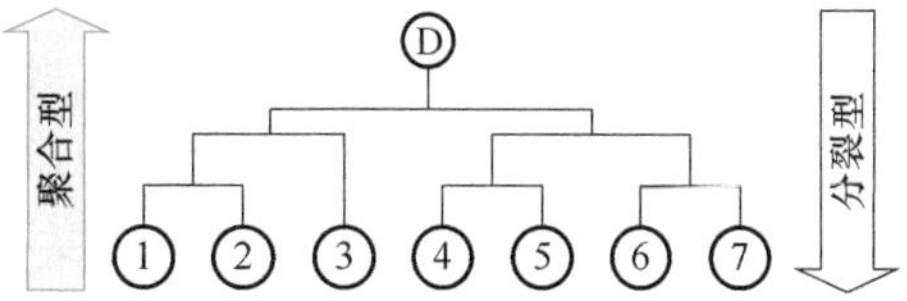

图 8-1　层次聚类构建示意图

将数据集中的所有实例看作属于同一个簇，然后在每次迭代过程中逐步将上层的簇分裂为更小的新簇，直到满足特定的算法终止条件。在应用过程中，可以根据需求对指定层数的聚类结果进行截取。

在分裂层次聚类算法中，对一个上层的簇进行分裂得到下层的簇时，若该簇中包含 n 个实例，则共有 $2^{n-1}-1$ 种可能的分裂情况。实际应用中 n 的值一般都比较大，若要考虑所有的分裂情况，则计算量非常大。因此分裂算法采用启发式的方法进行分裂，且一旦分裂步骤完成，则不回溯考量其他分裂情况是否具有更佳的性能。因此分裂聚类算法可能会导致质量不佳的聚类结果，考虑到这一点，目前大多数层次聚类采用“自底向上”的聚合层次聚类算法，而“自顶向下”的分裂层次聚类算法比较少见。

基于层次的聚类是将数据集分为不同的层次，并采用分解或合并的操作进行聚类，主要包括利用层次方法的平衡迭代规约和聚类（Balanced Iterative Reducing and Clustering using Hierarchies，BIRCH）、CURE（Clustering Using Representatives）等算法。

BIRCH 算法是指利用层次方法来平衡迭代规约和聚类，它利用树形结构对实例集进行划分，叶子节点之间用双向链表进行连接，逐渐对树的结构进行优化获得聚类结果。BIRCH 算法克服 k-均值算法需要事先人工确定 k 值的困难，消除了 k 值的选取对于聚类结果的影响。默认情况下 BIRCH 算法不需要指定簇的数目。由于 BIRCH 算法只需要对数据集扫描一次就可以得出聚类结果，对内存和存储资源要求较低，因此在处理大规模数据集时速度更快，效率较高。但 BIRCH 算法不适用于类簇的分布呈非球形的情况。

CURE 算法抽选一定数量的代表点表示一个簇，使其能识别非球形类簇，提高了算法的性能。然而 CURE 算法是一种基于距离的算法，它难以处理非数值类型的数据。

ROCK 聚类算法是一种用于处理分类属性的层次聚类算法，在度量两个数据点之间的相似性时，它考虑了这两个点共同的邻居信息，通过邻居的信息进而掌握了全局的信息，最终实现了准确聚类。

层次聚类通过层次图可以清晰地展现出任意两个簇合并或者分裂的过程。与其他聚类算法相比，层次聚类算法不需要先验的簇的个数或簇中心，因此它在使用时更加灵活。但是层次聚类算法也有一些缺点，例如：时间复杂度较高，在绝大多数情况下为 $O(n^2)$；聚类过程不可逆，无法实现回溯等。

3. 基于密度的聚类

前面提到的基于划分和基于层次的两类聚类算法大部分以距离为相似性度量，容易处理凸型数据集，它们对非凸型数据集的聚类效果较差，并且受数据集中的噪声数据（离群点）影响较大。**基于密度的聚类（Density-based Clustering）**算法就是针对这种问题提出的，其基本思想是假设聚类结构能通过数据点分布的密集程度（密度）来确定，认为各个类簇由被稀疏数据点分割的一群稠密数据点构成，算法的目的是识别出被稀疏点围绕的各稠密区域，并将稀疏区域的点标记为噪声点。因此基于密度的聚类算法能识别出现实场景中任意形状的类簇，并且可以过滤噪声孤立点（离群点），这在很大程度上提高了算法的适用范围。

基于密度的聚类是根据样本的密度不断增长聚类，最终形成一组“密集连接”的点集，其核心思想是：只要数据的密度大于阈值就将其合并成一个簇，可以过滤噪声，聚类结果可以是任意形状，不必为凸形。基于密度的聚类方法主要包括 DBSCAN（Density-Based Spatial Clustering of Application with Noise）、OPTICS（Ordering Points To Identify the Clustering Structure）等。

DBSCAN 算法是该类算法中的经典代表，通过引入核心点、密度可达以及密度连接等相关概念，实现对空间中任意形状的稠密数据集进行聚类，运行结果较为稳定，并且不受噪声点干扰。与传统的 k -均值算法相比，DBSCAN 算法通过邻域半径 ε 和邻域的密度阈值 MinPts 自动完成聚类，不需要指定簇的个数，能够过滤离群点。但是当数据集增大时，算法的空间复杂度较高，并且难以处理类簇间密度相差较大的数据集。对于高维的数据，一方面密度定义比较难，另一方面会导致计算量较大，聚类效率较低。另外，DBSCAN 算法对用户输入的两个参数（邻域半径 ε 和邻域的密度阈值）非常敏感，即使参数设置略有不同，也会产生不同的聚类结果。

针对以上问题，OPTICS 算法通过引入核心距离与可达距离两个新的概念，有效解决密度聚类算法的参数敏感问题以及难以处理密度分布不均匀的数据集的问题，增加了算法的适用性。

OPTICS 算法将邻域点按照密度大小进行排序，再用可视化的方法来发现不同密度的簇。具体来讲，OPTICS 算法并不显式地输出聚类结果，而是输出簇排序，这个排序是所有分析对象的线性表，并且代表数据基于密度的聚类结构，较稠密簇中的实例在簇排序中相互靠近。这个排序等价于从较广泛的参数设置中得到基于密度的聚类。这样 OPTICS 不需要用户提供特定密度阈值，簇排序可以用来提取基本聚类信息，导出内在的聚类结构也可以提供聚类的可视化。与 DBSCAN 相比，OPTICS 算法对输入参数不敏感，但是运行速度较低。

4. 基于网格的聚类

基于网格的聚类（Grid-basedClustering）算法主要思想是：将一个数据集空间划分成有限数目的网格单元，形成一个网格结构，然后将数据集中的实例映射到网格单元，在这些网格单元上进行聚类操作。由于算法处理时间只与网格单元数量有关，而与实例数量无关，因此该算法具有处理速度快的特点，在处理大数据集时效率很高。

基于网格的聚类算法可以在网格单元划分的基础上，与层次聚类、基于密度的聚类等算法结合使用，共同解决大规模复杂数据集的聚类。然而，基于网格的聚类算法仍存在如下两点问题：一方面它对较高维的数据集存在调参困难的问题，聚类结果受参数影响波动很大。另一方面，对于数据分布很不规则的数据集，网格聚类算法难以取得较好的结果。

常见的基于网格的算法有统计信息网格（STatistical INformation Grid，STING）算法、WaveCluster 算法和 CLIQUE（Clustering In QUEst）算法。

STING 算法是基于网格方法的一个典型，该算法基于网格的多分辨率聚类技术，将要聚类的空间区域划分为若干个矩形网格单元。针对不同级别的分辨率，通常存在多个层次的矩形网格单元，这些网格单元形成了一个层次结构：高层的每个网格单元被划分为多个低一层的网格单元。最终在一个矩形网格单元中的实例构成一个簇。矩形网格单元中记录着实例的统计信息，如实例个数、均值、方差、最大值和最小值等，以便进行查询处理。

WaveCluster 算法是一种基于多分辨率变换的聚类方法，它把多维空间数据看作多维信号，将其网格化后用小波变换技术把信号从空间域转换到频率域。它首先通过在数据空间上加一个多维网格结构来汇总数据。然后采用一种小波变换来变换原特征空间，在变换后的空间中寻找分布密集区域，并去除噪声点。在该方法中，每个网格单元汇总了一组映射到该单元中的点的信息。这种汇总信息适合于在内存中进行多分辨率的小波变换使用，以及随后的聚类分析。由于小波变换的特性使该算法具有很多优点：计算复杂度低，能有效地处理大数据集合，发现任意形状的簇，成功地处理孤立点，对数据输入的顺序不敏感，不要求输入参数。在实验分析中，WaveCluster 在效率和质量上优于 DBSCAN，且可以处理多达 20 维的数据。

CLIQUE 算法是一种基于密度和网格的聚类方法，可利用网格分层划分的方式处理高维数据，主要用于查找存在于高维数据空间中的低维簇。CLIQUE 算法先将空间区域划分为网格单元，然后通过使用密度阈值来识别稠密单元，将满足密度阈值的低维单元逐步合并成高维单元，最后把邻接的高维高密度单元组成簇。CLIQUE 算法对数据输入顺序不敏感，并且当数据的维数增加时具有良好的可伸缩性，因此在聚类高维数据时效果较好。

5. 基于模型的聚类

基于模型的聚类（Model-basedClustering）算法首先假设数据集中蕴含的每个类簇分别服从某种概率分布模型，那么对于含有 k 个类簇的数据集，则混合了多个概率分布，其中类簇间的概率分布可以不同。然后利用数据集对模型进行多次迭代，最终确定最优组合时模型中所对应的具体参数值。

基于模型的聚类算法主要包括基于统计和基于神经网络两大类，前者以高斯混合模型（Gaussian Mixture Model，GMM）为代表，后者以自组织特征映射网络（Self-Organizing Feature Mapping，SOFM）为代表。

对高斯混合模型经常使用期望最大化（Expectation-Maximum，EM）算法进行参数估计。EM 算法的不足之处是依赖初值的选取。为了解决初始值的问题，有很多改进的 EM 算法被提出，包括基于遗传算法的 EM 算法、基于确定退火技术的 EM 算法等。

自组织特征映射神经网络作为聚类技术的一种，能根据其学习规则对输入的模式自动进行聚类，即在无监督的情况下，对输入模式进行自组织学习，通过反复调整连接着输入和输出的权重系数，最终使得这些系数反映出输入样本之间的相互距离关系，并在竞争层中将聚类结果表示出来。

6. 基于图的聚类

基于图的聚类（Graph-based Clustering）算法把实例看作图的顶点，根据实例之间的距离构造边（Edge），形成带权重的图（Graph）。通过图的切割实现聚类，即将图切分成多个子图，这些子图就是对应的簇。这类算法的典型代表是谱聚类（Spectral Clustering）算法。谱聚类算法首先构造数据集的邻接图，得到图的拉普拉斯矩阵，然后对矩阵进行特征值分解，通过对特征向量进行处理构造出簇。主要思想是利用数据的相似性矩阵的频谱来降维，以此来降低执行聚类算法的计算复杂度。谱聚类算法的优点是对数据样本的稠密程度不敏感；可以对数据样本进行降维处理，实现简单，不会陷入局部最优解。缺点是需要对距离矩阵进行运算，求解特征值和特征向量，计算复杂，并且需要引入其他聚类算法，处理数据向量。

7. 模糊聚类

由上述常见的六种聚类方法可知，在聚类过程中，每个实例属于并且仅属于一个簇类，每个簇是没有交集的。因此，可以将它们归结为硬聚类算法。而在聚类方法的分类中，有一种与硬聚类并列的方法，即模糊聚类（Fuzzy Clustering）。

模糊聚类分析是一种采用模糊数学语言对事物按一定的要求进行描述和归类的方法，它允许实例可以同时以不同的隶属度属于不同的簇类。在现实世界中，事物之间的界限，有些是确切的，有些则是模糊的。例如，商品评价中“质量好”“比较好”" 比较差"，气象灾害对农业产量的影响程度为“严重”“重”“轻”，病人患某种疾病的症状是“重”“轻”，天气“多云”“晴”以及“冷”“暖”之间的界限是模糊的，都难以明确地划分。当聚类涉及事物之间的模糊界限时，需运用模糊聚类分析方法。模糊聚类分析广泛应用在气象预报、地质、农业、林业等方面。

模糊聚类方法中最典型的算法是模糊 c -均值（Fuzzyc - mean，FCM）聚类算法。与传统的 k -均值聚类算法相比，模糊 c -均值算法能够部分避免陷入局部最优解。

8.2 *k*-均值算法

8.2.1 *k*-均值算法流程

为了便于理解 k -均值算法流程，让我们先了解一下牧师-村民模型：牧师们要去郊区布道，一开始随意选了几个布道点，并且把这几个布道点的情况公告给了郊区所有的村民，于是每个村民到离自己家最近的布道点去听课。听课之后，有些村民反映布道点距离自己家太远了。于是每个牧师统计了一下自己布道点上所属村民的地址，将布道点搬到了所属村民家庭的中心位置，并且在海报上更新了自己的布道点地址。牧师每一次调整布道点地址不可能离所有人都更近，有的村民发现 A 牧师的布道点搬动以后自己还不如去 B 牧师处听课更近，于是每个村民又去了离自己最近的布道点，…，就这样，牧师每隔两周更新自己的布道点地址，村民们根据自己的情况重新选择布道点，直至最终稳定下来。

k -均值算法的原理类似于上述牧师-村民模型。它是一种划分聚类算法，目标是将数据集中的 N 个数据对象（实例）划分为 k 个簇，使得每个簇内的数据对象具有高度的相似性，不同簇间的数据对象具有较大的差异性，其实现流程如图 8-2 所示。

首先，随机选取 k 个实例作为初始划分的聚类中心（簇中心）；然后，根据相似性度量函数采用迭代的方法，计算所有未划分的实例到每个簇中心的距离，并将其划分到离它最近的那个聚类中心（簇中心）所代表的簇中；接着，对划分完的每一个簇，通过计算该簇内所有实例的平均值更新聚类中心（簇中心），重新划分聚类。如此不断地迭代，直至每个簇的聚类中心（簇中心）不再变化或者簇内误差平方和最小为止。

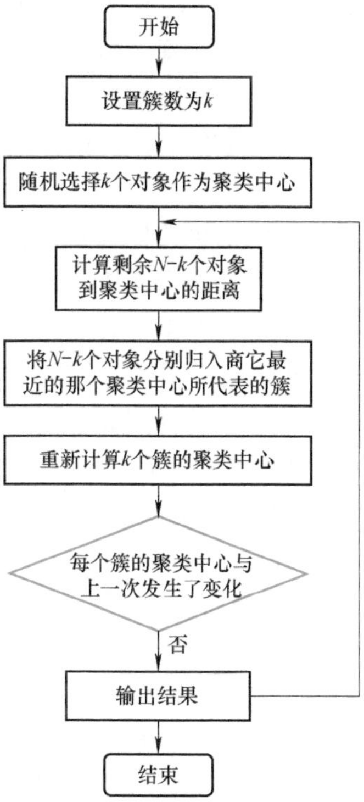

图 8-2 *k*-均值算法流程图

该算法有一个特点，就是每一次迭代过程中都要判断每个实例是否正确划分到相应的簇中，若不正确，重新调整。当全部实例调整完后，再更新聚类中心（簇中心），进行下一次迭代操作。如果某一次迭代过程中每个实例都分配到正确的簇类中，则不再更新聚类中心（簇中心）。聚类中心稳定不再变化，标志目标函数收敛，最后输出聚类结果，算法结束。

k -均值算法的实现步骤描述如下：

输入： 待聚类数据集 $D = \{\boldsymbol{x}_1, \boldsymbol{x}_2, \cdots, \boldsymbol{x}_N\}$ ，簇的数目 k 。

输出： 满足目标的 k 个簇 $\{\boldsymbol{c}_1, \boldsymbol{c}_2, \cdots, \boldsymbol{c}_k\}$ 。

步骤：

1）从数据集 D 中随机选择 k 个实例，作为初始的聚类中心（簇中心），设对应的向量为 $\{\boldsymbol{\mu}_1, \boldsymbol{\mu}_2, \cdots, \boldsymbol{\mu}_k\}$ 。

2）计算各个实例 $\boldsymbol{x}_i$ 到每个簇中心的距离 $\| \boldsymbol{x}_i - \boldsymbol{\mu}_j \|_2^2$ ，其中 $i = 1,2,\cdots,N$ ，$j = 1,2,\cdots,k$ ，并将各个实例 $\boldsymbol{x}_i$ 划分到离其最近的那个聚类中心（簇中心）所代表的簇中。

3）对划分完的每一个簇 $\boldsymbol{c}_j$ ，$j = 1,2,\cdots,k$ ，计算该簇内所有实例的平均值，作为新的聚类中心（簇中心），即

$$\boldsymbol{\mu}_j = \frac{1}{N_j} \sum_{x_i \in c_j} \boldsymbol{x}_i$$

其中 N_j 为划分到第 j 簇 $\boldsymbol{c}_j$ 的实例数。

4）返回第2）步进行迭代操作，直至每个簇的聚类中心（簇中心）不再变化或者目标函数收敛，输出 k 个簇 $\{\boldsymbol{c}_1, \boldsymbol{c}_2, \cdots, \boldsymbol{c}_k\}$ 。

8.2.2 k-均值算法的特点

整体上看，k -均值算法原理简单，需要调节的参数较少（主要是聚类簇数 k ），且聚类效果较好，易于实现。但是从 k -均值算法聚类的过程中发现，k -均值算法中的聚类簇数 k 需要事先指定，但实际情况下，一般很难事先知道应该聚成几类。传统的 k -均值算法在处理这个问题时主要依靠人工试探或者超参数搜索的形式来确定。其次，在利用 k -均值算法进行聚类之前，需要初始化 k 个聚类中心（簇中心），在传统的 k -均值算法的实现中，使用的是在数据集中随机选择的 k 个实例，但这样有较大的偶然性，并不是最好的方法，k 个聚类中心的初始值选择会直接影响需要迭代的次数，对输出的聚类结果也有影响。此外，在每次的迭代过程中，聚类中心的选取受离群点的影响很大，因为离群点与其他样本点的距离远，在计算距离时会严重影响簇的中心。当待聚类数据集较大时，计算量很大，非常耗时。

k -均值算法的优点如下：

1）原理比较简单，容易实现，收敛速度快，可解释性较好。

2）需要调节的参数较少（主要是聚类簇数 k ），且聚类效果较好。

k -均值算法的主要缺点有：

1）聚类簇数 k 值的选取不好把握，一般只能通过暴力搜索法来确定。

2）只适合簇型数据，对其他类型的数据聚类效果一般。

3）如果各隐含类别的数据不平衡，例如各隐含类别的数据量严重失衡，或者各隐含类别的方差不同，则聚类效果不佳。

4）采用迭代方法，得到的结果只是局部最优。

5）当数据量较大时，计算量也比较大，采用小批量（Mini Batch）k -均值的方式虽然可

以缓解，但可能会牺牲准确率。

6）对噪声和异常点比较敏感。

8.2.3　k-均值算法的改进

为了解决上述问题，人们对传统的 k -均值算法进行了改进，提出了 k -均值 + + 算法、k -中心点算法、小批量（Mini Batch）k -均值等算法。

1. k-均值 + + 算法

k -均值 + + 算法是为了克服因为聚类中心（簇中心）的初始值选择给 k -均值算法带来的影响而提出的，其算法的实现步骤描述如下：

输入： 待聚类数据集 $D = \{\boldsymbol{x}_1, \boldsymbol{x}_2, \cdots, \boldsymbol{x}_N\}$，簇的个数 k 。

输出： 满足目标的 k 个簇 $\{\boldsymbol{c}_1, \boldsymbol{c}_2, \cdots, \boldsymbol{c}_k\}$ 。

步骤：

1）从数据集 D 中随机选择一个实例，作为初始的聚类中心（簇中心），设其对应的向量为 $\boldsymbol{\mu}_1$，计算各个实例 $\boldsymbol{x}_i$ 到 $\boldsymbol{\mu}_1$ 的距离 $\| \boldsymbol{x}_i - \boldsymbol{\mu}_1 \|_2^2$，其中 $i = 1, 2, \cdots, N$；选择距离最远的一个实例作为第二个聚类中心（簇中心）$\boldsymbol{\mu}_2$ 。

2）计算各个实例 $\boldsymbol{x}_i$ 到已有的聚类中心（簇中心）的距离，并将各个实例 $\boldsymbol{x}_i$ 划分到离其最近的那个聚类中心（簇中心）所代表的簇中。

3）把到自身聚类中心距离最远的那个实例作为新的聚类中心（簇中心）。

4）重复步骤 2）和步骤 3），直至得到 k 个聚类中心（簇中心）。

5）使用上述 k 个聚类中心作为初始聚类中心，再采用传统的 k -均值算法进行聚类。

2. k-中心点算法

k -中心点算法是为了克服传统的 k -均值算法中聚类中心的选取受离群点的影响而提出的。k -均值算法在每次迭代时选择簇中所有实例的平均值作为新的聚类中心（簇中心），迭代直到簇中心不再变化（趋于稳定）。所以，k -均值算法对离群点特别敏感，因为包含离群点的数据集会导致簇的中心存在较大偏离。于是，k -中心点算法在每次迭代时不是选择簇中所有实例的平均值作为新的聚类中心（簇中心），而是选择一个在簇中最中心的实例——它到簇内其他所有实例的距离之和最小——作为新的聚类中心（簇的中心点），使得簇更加紧凑。该算法使用绝对误差和来定义一个簇的紧凑度，其定义为

$$E = \sum_{j=0}^{k} \sum_{\boldsymbol{x}_i \in \boldsymbol{c}_j} \| \boldsymbol{x}_i - \boldsymbol{\mu}_j \|_2^2 \tag{8-1}$$

式中，k 为簇的个数；$\boldsymbol{x}_i$ 表示第 j 簇 $\boldsymbol{c}_j$ 中的实例；$\boldsymbol{\mu}_j$ 为第 j 簇 $\boldsymbol{c}_j$ 的中心点。

k-中心点算法的关键问题是如何选出簇中最中心的实例，将 N 个实例划分到 k 个簇。其基本思想是：

- 首先，随机选择 k 个实例作为代表实例（簇的中心点），并代表初始簇，然后根据欧氏距离划分其余所有非代表实例到距离最近的簇中心所属的那个簇，得到初始簇划分。这里我们称簇的中心点为代表实例，其他实例称为非代表实例。
- 反复尝试使用数据集 $D = \{\boldsymbol{x}_1, \boldsymbol{x}_2, \cdots, \boldsymbol{x}_N\}$ 中所有非代表实例来替换当前代表实例，试图找出更好的中心点，以改进聚类质量。

- 在每次迭代中，所有的实例都要进行聚类分析，每一次的替换操作是在一个代表实例 O_r 和一个非代表实例 O_h 之间成对进行，即一个替换对由一个代表实例 O_r 和一个非代表实例 O_h 组成。如果一个当前的代表实例被一个非代表实例所替换，则代价函数将计算替换前后绝对误差和 E 之差；替换的总代价是所有非代表实例替换代表实例所产生的代价之和。
- 若替换后，替换总代价小于 0，即绝对误差和 E 减少，则说明替换后划分得到的簇更加紧凑，聚类结果更好，代表实例 O_r 可被非代表实例 O_h 替换；若替换总代价大于 0，则不能得到更好的聚类结果，原有代表实例不进行替换。在替换过程中，尝试所有可能的替换情况，用其他非代表实例迭代替换代表实例，直到聚类的质量不能再被提高为止。在一次迭代中产生的 k 个最佳代表实例成为下次迭代 k 个簇的中心点。

在一个替换对中，如果用非代表实例 O_h 替换当前代表实例 O_r，对每个非代表实例 O_j，都需要考虑以下四种情况：

- 第一种情况：O_j 当前归属于代表实例 O_m 所代表的簇。如果 O_h 代替 O_r 作为代表实例，且 O_j 离某个中心点 O_m 最近，$m \neq r$，那么 O_j 被重新划分到 O_m 所代表的簇。
- 第二种情况：O_j 当前归属于代表实例 O_r 所代表的簇。如果 O_h 代替 O_r 作为代表实例，且 O_j 离 O_h 最近，那么 O_j 被重新划分到 O_h 所代表的簇。
- 第三种情况：O_j 当前归属于中心点 O_m 所代表的簇，$m \neq r$。如果 O_h 代替 O_r 作为代表实例，而 O_j 依然离 O_m 最近，那么 O_j 依然归属于中心点 O_m 所代表的簇。
- 第四种情况：O_j 当前归属于中心点 O_m 所代表的簇，$m \neq r$。如果 O_h 代替 O_r 作为代表实例，且 O_j 离 O_h 最近，那么 O_j 被重新划分到 O_h 所代表的簇。

3. 小批量 k-均值算法

传统的 k-均值算法中，需要计算待聚类数据集 $D = \{\boldsymbol{x}_1, \boldsymbol{x}_2, \cdots, \boldsymbol{x}_N\}$ 中所有实例到 k 个聚类中心的距离 $\|\boldsymbol{x}_i - \boldsymbol{\mu}_j\|_2^2$，其中 $i = 1,2,\cdots,N$，$j = 1,2,\cdots,k$，如果 N 值较大，则计算量很大，非常耗时。而在大数据时代，这样的场景会越来越多，因此，研究者提出 k-均值算法的另一种改进版——小批量（Mini Batch）k-均值算法。

小批量 k-均值算法的思想是先对大数据集进行一个随机采样（一般是无放回的），对采样得到的数据子集再用 k-均值算法进行聚类。为了提高聚类的准确性，一般要对数据集进行多次随机采样得到多个数据子集后再进行多次 k-均值聚类，最后选择最优的聚类簇。采用小批量 k-均值算法的方式虽然可以减轻计算负担，但可能会牺牲准确度。

8.3 BIRCH 算法

BIRCH 是 Balanced Iterative Reducing and Clustering using Hierarchies 的缩写，中文意思是利用层次方法的平衡迭代规约和聚类。BIRCH 是一种典型的层次聚类算法，主要针对大规模数据集进行聚类，只需扫描一遍数据集就能进行有效的聚类，而且在处理离散点方面表现突出。BIRCH 算法通过引入聚类特征（Clustering Feature，CF）和聚类特征树（Clustering Feature Tree，CF-Tree）这两个概念，采用层次方法的平衡迭代对数据集进行规约和聚类。聚类特征树（CF-Tree）包含了聚类的有用信息，占用空间小，可直接放在内存中，从而提高算法在大型数据集合上的聚类效率及可伸缩性，对大数据分析有重要的意义。

8.3.1 聚类特征和聚类特征树

BIRCH 算法的核心就是构建一棵聚类特征树（CF-Tree）。CF-Tree 的每一个节点（Node）都由若干个聚类特征（CF）组成，其中非叶子节点的 CF 有指向子节点的指针，所有的叶子节点用一个双向链表链接起来，如图 8-3 所示。

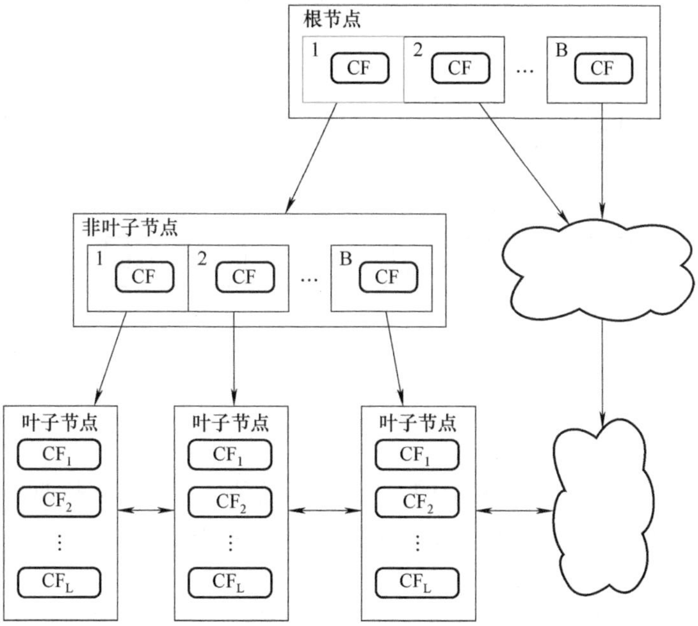

图 8-3 CF-Tree 的示意图

对于由 N 个实例 $\boldsymbol{x}_i \in \mathbb{R}^d(i = 1,2,\cdots,N)$ 组成的簇 $\{\boldsymbol{x}_1,\boldsymbol{x}_2,\cdots,\boldsymbol{x}_N\}$，该簇的聚类特征（CF）可以用一个三元组（$N,LS,SS$）来表示，其中，$N$ 为 CF 对应类簇包含的实例数量；LS 是一个 d 维向量，表示该簇中 N 个实例的线性和；SS 也是一个 d 维向量，SS 的分量是该簇中 N 个实例对应分量的平方和。

例如，图 8-4 示例了在 CF-Tree 中的某个节点的某一个簇中，有如下 5 个实例：(3,4)，(2,6)，(4,5)，(4,7)，(3,8)，则该簇对应的 CF 为 $(N,LS,SS) = (5,(16,30),(54,190))$，其中，$N = 5$，

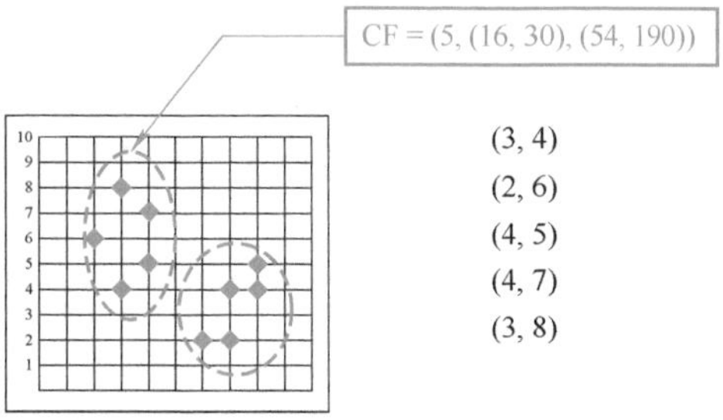

图 8-4 CF 的示意图

$$LS = ((3+2+4+4+3),(4+6+5+7+8)) = (16,30)$$

$$SS = ((3^2+2^2+4^2+4^2+3^2),(4^2+6^2+5^2+7^2+8^2)) = (54,190)$$

CF 有一个很好的性质，就是满足线性关系，即对于簇 C_1 对应的 CF_1 和簇 C_2 对应的 CF_2，满足如下线性关系：

$$CF_1 + CF_2 = ((N_1 + N_2),(LS_1 + LS_2),(SS_1 + SS_2))$$

这个性质在 CF-Tree 中的表现是：对于每个父节点，其对应的 CF 三元组的值等于这个节点所指向的所有子节点的三元组的值之和，如图 8-5 所示。

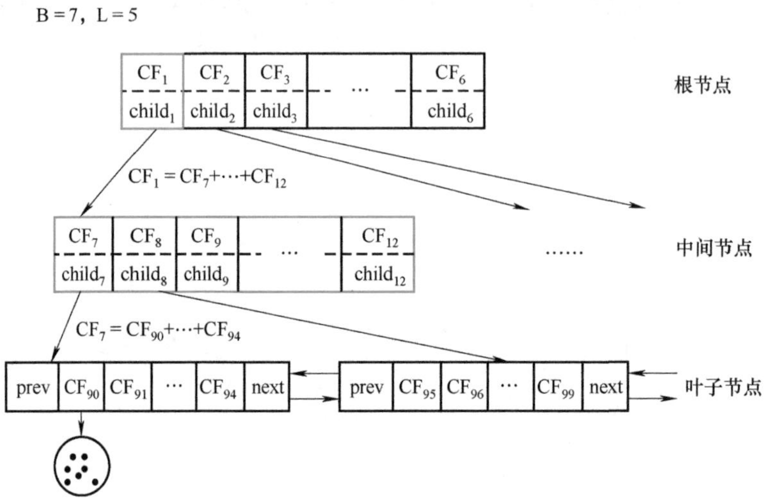

图 8-5 CF 线性关系示意图

从图 8-5 中可以看出，根节点对应的 CF 三元组的值，可以从它指向的 6 个子节点对应 CF 的三元组的值相加得到，即 $CF_1 = CF_7 + CF_8 + CF_9 + CF_{10} + CF_{11} + CF_{12}$ 。这样我们在更新 CF-Tree 时，可以很高效。

CF-Tree 是一棵高度平衡的树，包含三个重要的参数，第一个参数是枝平衡因子 B ，表示每个非叶子节点所包含的最大 CF 数；第二个参数是叶平衡因子 L ，表示每个叶子节点所包含的最大 CF 数；第三个参数是簇半径阈值 T ，表示在叶子节点中每个 CF 对应的簇中所有实例一定要位于半径小于 T 的一个超球体内。对于图 8-5 中的 CF-Tree，限定了 $B = 7$ ，$L = 5$ ，也就是说非叶子节点最多有 7 个 CF，而叶子节点最多有 5 个 CF。

每个叶子节点还有一个指向前面节点的指针“prev”和指向后面叶子节点的指针“next”，这样所有叶子节点形成一个链表可以方便扫描。

8.3.2 聚类特征树的构建

首先，定义好 CF-Tree 的参数：枝平衡因子 B 、叶平衡因子 L 、簇半径阈值 T 。

CF-Tree 的构建是一个从无到有的过程，一开始 CF-Tree 是空的，不包含任何实例，首先从数据集读入第一个实例，将它放入一个新的 CF，并存储三元组的值，其中 $N = 1$ 。将这个新的 CF 放入根节点，此时构建的 CF-Tree 如图 8-6 所示。

继续读入第二个实例，发现这个实例和第一个实例在半径为 T 的超球体范围内，也就是说，它们属于同一个 CF，此时需要更新该 CF 三元组的值，其中 $N = 2$ ，此时构建的 CF-Tree 如图 8-7 所示。

接着读入第三个实例，发现这个实例不能加入到之前 CF 所对应簇的超球体内，也就是说，我们需要构建一个新的 CF，来容纳这个新的实例。此时根节点有两个 CF 三元组 A 和

B，构建的 CF-Tree 如图 8-8 所示。

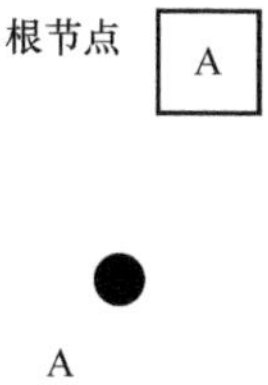

图 8-6　只包含一个实例的 CF-Tree

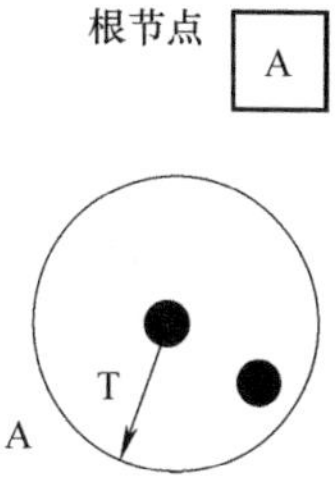

图 8-7　包含 2 个实例的 CF-Tree

当输入第四个实例时，发现它和 B 在半径小于 T 的超球体内，这样更新后的 CF-Tree 如图 8-9 所示。

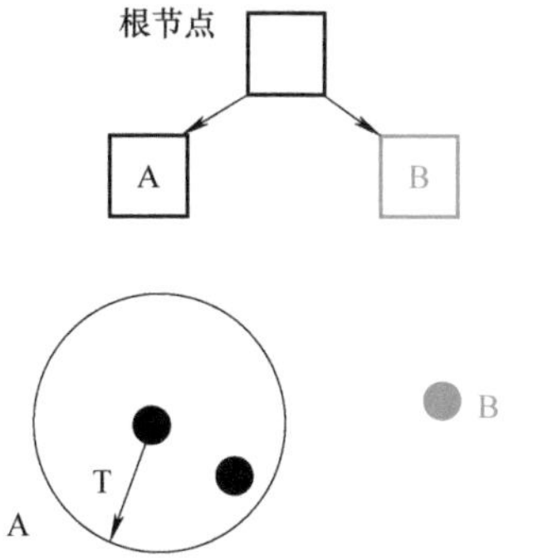

图 8-8　包含 3 个实例的 CF-Tree

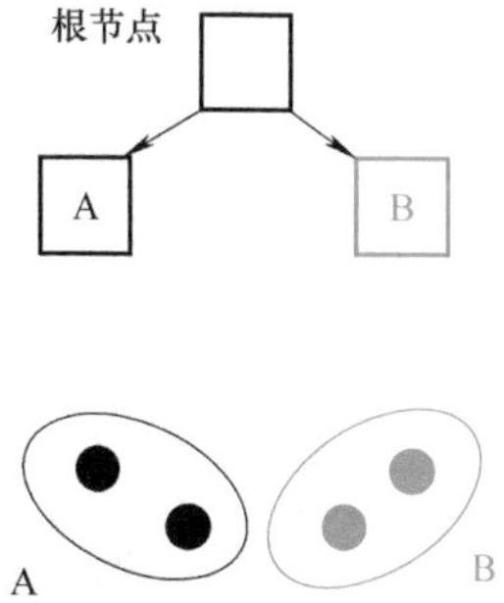

图 8-9　包含 4 个实例的 CF-Tree

那么什么时候 CF-Tree 的节点需要分裂呢？假设当前的 CF-Tree 如图 8-10 所示，叶子节点 LN1 有三个 CF，LN2 和 LN3 各有两个 CF。假设叶平衡因子 $L = 3$，即每个叶子节点所包含的最大 CF 数为 3。此时输入一个新的实例，发现它离 LN1 节点最近，因此开始判断它是否在 sc1、sc2、sc3 这 3 个 CF 对应的超球体之内。但是很不幸，它不在，因此需要建立一个新的 CF，即 sc8 来容纳它。然而，由于受 $L = 3$ 的限制，LN1 的 CF 个数已经达到了最大值，不能再创建新的 CF 了，怎么办？此时就需要将 LN1 叶子节点一分为二，分裂后的 CF-Tree 如图 8-11 所示。

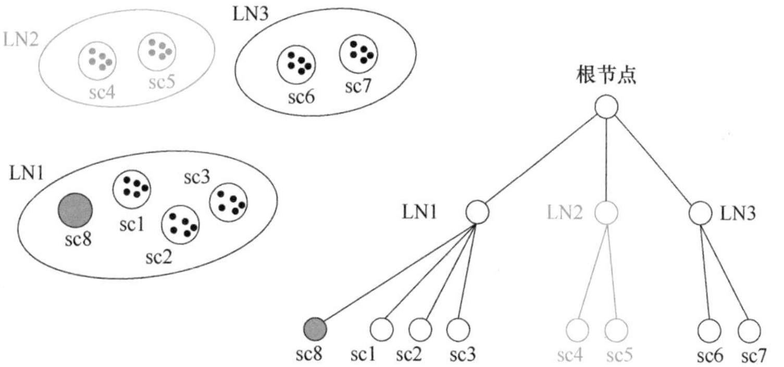

图 8-10　不满足叶平衡因子 $L = 3$ 约束的示意图

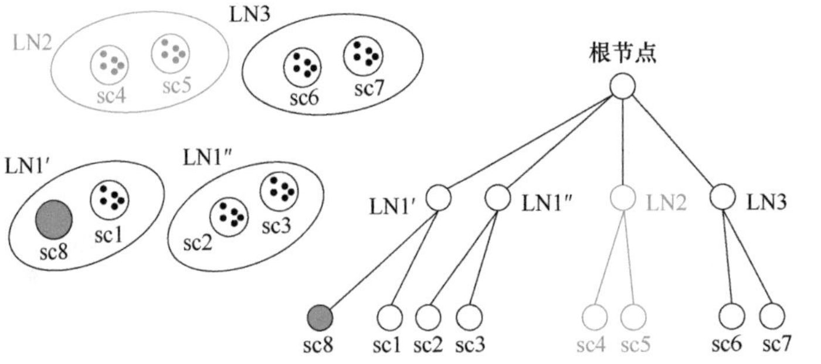

图 8-11　将 LN1 节点分裂后的 CF-Tree

如果枝平衡因子 $B=3$，即每个非叶子节点所包含的最大 CF 数为 3，则此时将 LN1 叶子节点一分为二会导致根节点的 CF 数等于 4，超过了最大 CF 数，也就是说，根节点现在也要分裂，分裂后的 CF-Tree 如图 8-12 所示。

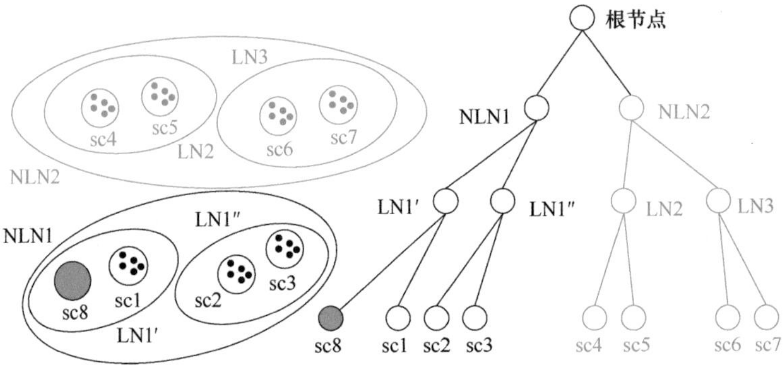

图 8-12　将根节点分裂后的 CF-Tree

CF-Tree 的构建过程实际上就是节点的插入或分裂的过程，具体步骤如下。

1）读入第一个实例作为 CF-Tree 的根节点。

2）从根节点开始向下递归寻找和新实例距离最近的叶子节点和叶子节点里最近的 CF 节点。

3）如果新实例加入后，这个 CF 节点对应的超球体半径仍然满足小于簇半径阈值 T，则更新路径上所有的 CF 三元组，插入结束；否则转入步骤 4）。

4）如果当前叶子节点所包含的 CF 节点个数小于叶平衡因子 L，则创建一个新的 CF 节点，放入新实例，将新的 CF 节点放入这个叶子节点，更新路径上所有的 CF 三元组，插入结束；否则转入步骤 5）。

5）将当前叶子节点分裂为两个新叶子节点，选择旧叶子节点中所有 CF 元组里超球体距离最远的两个 CF 元组，分别作为两个新叶子节点的第一个 CF 节点。将其他元组和新实例元组按照距离最小原则放入对应的新叶子节点，删除原叶节点并更新整个 CF-Tree。

6）依次向上检查父节点是否也要分裂，如果需要分裂，则按照叶子节点的分裂方式进行分裂。

CF-Tree 构建完成后，叶子节点中的每一个 CF 都对应一个包含了若干实例的簇。由于

簇半径阈值 T 的限制，簇中包含的实例数目与原始数据集在该区域的密集程度有关，实例分布越密集的区域，簇中包含的实例就越多；实例分布越稀疏的区域，簇中包含的实例就越少。

8.3.3　BIRCH 算法的优缺点

BIRCH 算法的主要优点有：

1）不需要事先指定聚类的簇数。

2）实际存放数据的叶子节点是保存在本地硬盘上的，非叶子节点仅保存特征向量 CF 和用于指向父亲节点和子节点的指针，这样非常节省内存，可以大大降低内存资源需求。这同时意味着 BIRCH 算法能够处理超大规模的数据。

3）聚类速度快，只需要扫描一遍数据集就可以建立 CF-Tree。将两个簇进行合并时只需要对两个簇的 CF 特征向量进行加法运算。衡量簇与簇之间的距离时只需要将合并前后的 CF 值进行减法运算即可。同时聚类特征树是一种 B 树，在上面进行插入操作和查找操作都是很快的。因此在处理大规模数据集时速度快，效率高。

4）可以在聚类的过程中发现数据集中的噪声实例（离群点），且算法本身对噪声实例（离群点）不敏感。

BIRCH 算法的主要缺点有：

1）由于受枝平衡因子 B 和叶平衡因子 L 的约束，对每个节点的 CF 个数有限制，可能会导致聚类结果与实际的簇类分布情况不同。

2）对数据特征维数高的实例聚类效果不好。

3）如果数据集的类簇分布不是类似于超球体，或者说不是凸的分布，则聚类效果不好。

4）聚类结果受到数据插入顺序的影响，本属于同一个簇的数据点可能由于插入顺序不同而被分到不同的簇中。

5）由于采用欧氏距离计算方法，只能够处理连续型属性的数据，而现实生活中的各种数据普遍存在离散属性，如职业、地区、颜色、状态等。

8.4　基于密度的聚类算法

8.4.1　基于密度聚类的基本概念

观察图 8-13 所示的数据集，我们可以轻易区分出哪些点属于哪个簇，哪些点是不属于任何簇的离群点。这里我们判断的一个主要依据是每个簇中的点的密度明显高于簇外的点的密度；离群点的密度低于任何一个簇中的点的密度。

基于密度的聚类算法一般假定可以由实例分布的紧密程度（密度）来进行聚类分析。同一簇内的实例之间是紧密相连的，通过将紧密相连的实例划到同一个簇，就可得到一个聚类类别。通过将所有各组紧密相连的实例划为各个不同的簇，就得到了最终的聚类结果。这里最重要的一个概念就是“密度”，下面首先给出基于密度的聚类算法所涉及的一些概念。

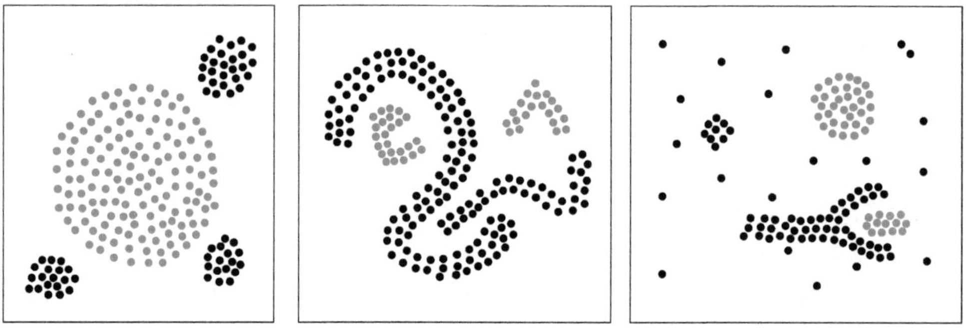

图 8-13　示例数据集

- ε-邻域：对于给定数据集 D，$\forall p \in D$，以实例 p 为中心，以 ε 为半径的邻域称为实例 p 的 ε-邻域。ε 的值由用户设定，限制了核心实例（核心点）在空间中的搜索范围。
- 实例的密度：对于给定数据集 D，$\forall p \in D$，实例 p 的密度是在 p 的 ε-邻域内包含的实例数。
- 核心实例：对于给定数据集 D，$\forall p \in D$，如果在 p 的 ε-邻域内包含的实例数不少于 MinPts 个，则定义 p 为核心实例，或称为核心点。其中，MinPts 为密度阈值，可以人为设定。
- 边界实例：对于给定数据集 D，$\forall p \in D$，如果 p 本身不是核心实例但在某个核心实例的邻域内，由于位于簇的边界，因此称 p 为边界实例或边界点（Border Point）。

从上面的定义可以看出，核心点位于数据点的密集区域，而边界点相对于核心点则处于相对稀薄的边缘区域。核心点与边界点的区别如图 8-14 所示。假设 $\text{MinPts} = 4$，$\varepsilon = r$，数据点 a 的 ε-邻域内包含了 7 个点，所以 a 是一个核心点；而数据点 b 的 ε-邻域内只包含 3 个点，且它在核心点 a 的 ε-邻域内，所以 b 是边界点。

- 直接密度可达：对于给定数据集 D，$\forall p,q \in D$，给定 ε 和 MinPts，如果 p 是一个核心实例，q 在 p 的 ε-邻域内，则称 q 从 p 直接密度可达。

显然，对于两个核心实例来说，直接密度可达是对称的关系。对于一个核心实例和一个边界实例来说，直接密度可达是不对称的关系。如图 8-15 所示，假设 $\text{MinPts} = 3$，$\varepsilon = r$，对于 p 和 q，p 从 q 直接密度可达，但 q 却不从 p 直接密度可达。

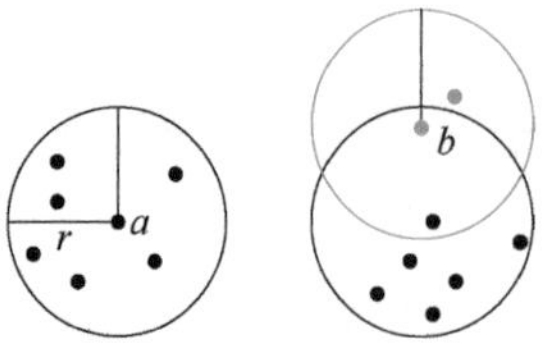

图 8-14　核心点与边界点

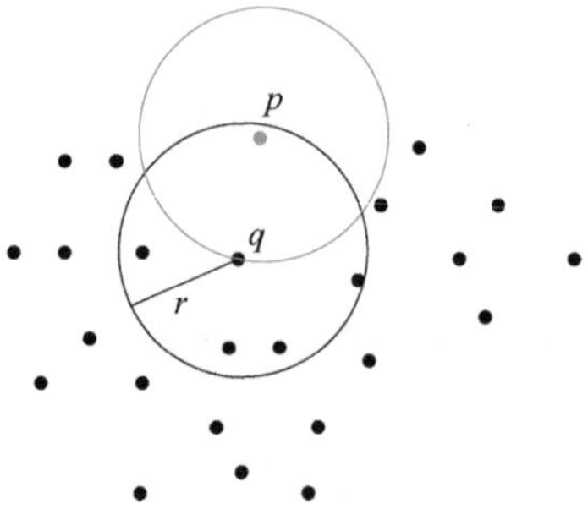

图 8-15　p 从 q 直接密度可达

- 密度可达：对于给定数据集 D，$\forall\{p_1, p_2, \cdots, p_n\} \in D$，$p_1 = p$，$p_n = q$，若存在一个 $p_1, p_2, \cdots, p_n$ 的序列，对于 p_i，若 p_{i+1} 从 p_i 关于 ε 和 MinPts 直接密度可达，则称 q 从 p 关于 ε 和 MinPts 密度可达。也就是说，密度可达满足传递性。此时序列中的传递实例 $p_1, p_2, \cdots, p_{n-1}$ 均为核心实例，因为只有核心实例才能使其他实例密度直达。注意，密度可达也不满足对称性，这可以由直接密度可达的不对称性得出。如图 8-16 所示，假设 MinPts $= 3$，$\varepsilon = r$，对于 p 和 q，p 从 q 密度可达，但 q 却不从 p 密度可达。对于两个核心实例，密度可达是对称的。位于同一簇的两个边界实例是无法密度可达的，但一定存在一个核心实例，从这个核心实例到这两个边界实例分别是密度可达的。这样就可以定义密度连接的概念，来描述边界实例之间的关系。
- 密度连接：对于给定数据集 D，$\forall\{p, q\} \in D$，若 $\forall o \in D$，使得 p 和 q 都从 o 关于 ε 和 MinPts 密度可达，则 p 和 q 是关于 ε 和 MinPts 密度连接的。注意，密度连接关系是满足对称性的，但不满足传递性。如图 8-17 所示，假设 MinPts $= 3$，$\varepsilon = r$，p 和 q 是密度连接，q 和 p 也是密度连接。

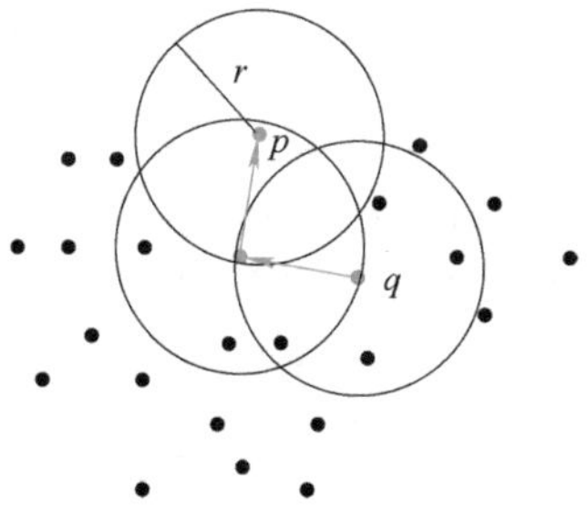

图 8-16 p 从 q 密度可达

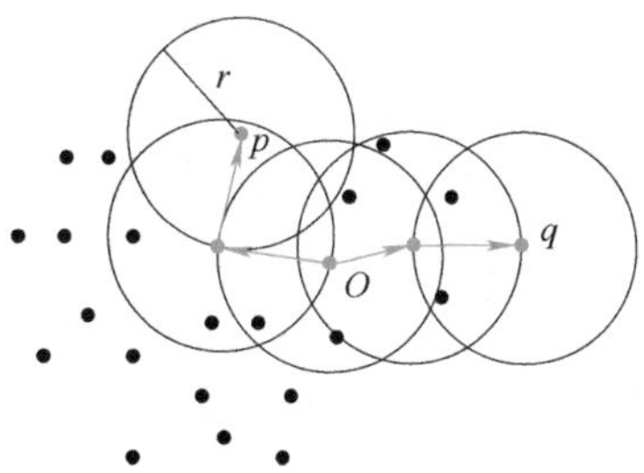

图 8-17 密度连接

- 簇：对于给定数据集 D，C 是数据集 D 的非空子集，当且仅当 C 满足以下两个条件时，C 是一个簇。
  1）（极大性）对于 $\forall p, q$，若 $p \in C$，且 q 从 p 密度可达，则 $q \in C$；
  2）（连通性）对于 $\forall p, q$，若 $p \in C$ 和 $q \in C$，则 p 和 q 是密度连接的。
- 噪声实例：对于给定数据集 D，$\forall p \in D$，如果 p 不属于任何簇，则称 p 为噪声实例或噪声点。

注意到一个簇至少含有 MinPts 个实例。因为一个簇至少含有一个实例 p，p 至少通过某个实例 o（可以是 p 本身）和它自己是连接的；而 o 必须满足是核心点的条件，这样 o 至少有 MinPts 个近邻，所以一个簇至少含有 MinPts 个实例。

下面的引理对于验证基于密度的聚类算法的正确性是很重要的。它们表明对于给定的 ε 和 MinPts，算法可以用两步的方法找到一个簇：首先从数据集 D 中找到任意一个满足核心点条件的实例 p 作为种子；然后找到所有与 p 密度连接的实例，形成一个包含 p 的簇。

引理 1 若 p 是数据集 D 中的一个核心实例，则从 p 密度可达的实例构成的集合 O 是一个簇。

引理 2 假定 C 是一个簇，p 是 C 中的任意一个核心实例，则 C 等价于从 p 密度可达的实例构成的集合。

8.4.2 DBSCAN 算法

DBSCAN（Density-Based Spatial Clustering of Applications with Noise）算法是一种典型的基于密度的聚类算法。该算法根据密度可达关系导出所有密度连接实例的最大集合，即为聚类的一个簇。DBSCAN 算法中包含两个需要人为设定的参数 ε 和 MinPts，其中 ε 是邻域半径，MinPts 是密度阈值，指某一实例在 ε -邻域内成为核心实例的最小邻域实例个数。如果一个实例的 ε -邻域至少包含数目为 MinPts 的其他实例，则该实例为核心实例。核心实例与核心实例之间的距离小于 ε 时，它们将被 DBSCAN 聚类算法归为同一簇。

由 DBSCAN 算法聚类得到的簇中可以有一个或者多个核心实例。如果只有一个核心实例，则簇中其他的非核心实例都在这个核心实例的 ε -邻域中；如果有多个核心实例，则簇中的任意一个核心实例的 ε -邻域中一定有一个其他的核心实例，否则这两个核心实例无法密度可达。这些核心实例的 ε -邻域中所有实例的集合组成一个簇。那么怎么才能找到一个簇的实例集合呢?

DBSCAN 算法的具体操作过程如下：首先从数据集中任意选择一个实例 p ，搜索其 ε -邻域内的所有其他实例。若 p 的 ε -邻域内的其他实例数目大于或等于 MinPts，则实例 p 被标记为核心实例，并创建一个以 p 作为核心实例的一个新的簇；否则，实例 p 暂时被标记为噪声实例，遍历其他实例。获得核心实例之后，DBSCAN 算法将该核心实例作为“种子”，然后从“种子”出发，搜索其 ε -邻域，以核心实例的 ε -邻域中的实例更新种子队列，并从种子队列中发现新的核心实例。DBSCAN 算法反复搜索从这些核心实例密度可达的实例，这个过程可能涉及一些密度可达簇的合并。当没有新的实例可以被添加到任何簇时，聚类过程结束。如果两个簇 C_1 和 C_2 非常接近，有可能存在边界实例既属于 C_1 又属于 C_2 。此时，边界实例可以分配给首先发现它的簇。聚类过程与实例的访问顺序无关。如果用户定义的 ε 参数和密度阈值 MinPts 设置恰当，该算法可以有效地找出任意形状的簇。DBSCAN 算法对输入参数 ε 和 MinPts 是敏感的，所以使用者需要对数据有较多的先验知识。而且 DBSCAN 算法不适用于在密度不均匀的数据集中进行聚类。

DBSCAN 算法的具体步骤描述如下。

输入： 数据集 $D = \{\boldsymbol{x}_1, \boldsymbol{x}_2, \cdots, \boldsymbol{x}_N\}$ ，邻域的密度阈值 MinPts，邻域半径 ε 。

输出： 数据集的聚类结果，即聚类得到的簇的集合。

步骤一：将数据集 D 中所有的实例标记为未访问状态。

步骤二：若数据集中含有未访问的实例，则从数据集中任选未标记的一个实例 p ，标记实例 p 为已访问状态；否则，转至步骤七。

步骤三：对取出的实例 p ，求出其 ε -邻域 $N_\varepsilon(p)$ 内包含的实例个数，若该值大于或等于邻域密度阈值 MinPts，则标记实例 p 为核心实例，转到步骤四；否则，转到步骤二。

步骤四：创建一个新的簇 C_i（ i 为簇的下标号，初始时为1），将实例 p 添加到 C_i 中。创建一个队列 Q ，将实例 p 的 ε -邻域 $N_\varepsilon(p)$ 内的所有实例加入到队列 Q 中，跳转至步骤五，进行簇的扩展。

步骤五：若队列为空，$i = i + 1$ ，并跳转至步骤二；否则将队列 Q 的第一个实例 q 取出，若实例 q 已访问，则重复执行步骤五，否则标记实例 q 为已访问状态，跳转至步骤六。

步骤六：若实例 q 的 ε -邻域 $N_\varepsilon(q)$ 内包含的实例个数大于或等于 MinPts，则标记实例 q

为核心实例，将实例 q 划分至簇 C_i 中，并将实例 q 的 ε -邻域 $N_{\varepsilon}(q)$ 内的所有实例添加至队列 Q 的队尾，跳转至步骤五继续执行。

步骤七：将数据集中所有未被划分的实例归属到噪声点集合，并将其余核心实例的聚类结果输出，算法结束。

8.4.3 DBSCAN 算法的优缺点

与传统的 k -均值算法相比，DBSCAN 算法最大的不同就是不需要输入簇的个数 k ，当然它最大的优势是可以发现任意形状的聚类簇，而不是像 k -均值算法，一般仅适用于凸数据集聚类。同时它还可以找出离群点（异常点），这点和 BIRCH 算法类似。

那么什么时候需要用 DBSCAN 算法来聚类呢？一般来说，如果数据集是稠密的，并且数据集不是凸的，那么用 DBSCAN 算法会比 k -均值算法的聚类效果好很多。如果数据集不是稠密的，则不推荐用 DBSCAN 算法来聚类。下面对 DBSCAN 算法的优缺点做一个总结。

1. 优点

DBSCAN 算法具有以下主要优点。

1）不需要事先指定聚类的簇数。

2）基于“密度”概念进行聚类，可以对任意形状的稠密数据集进行聚类；而 k -均值之类的算法一般只适用于对球状分布的凸数据集进行聚类。

3）可以在聚类的过程中发现数据集中的噪声实例（离群点），且算法本身对噪声实例（离群点）不敏感。

4）在传统的 k -均值算法中，k 个聚类中心的初始值选择以及实例的输入顺序会直接影响需要迭代的次数，对输出的聚类结果也有影响；而 DBSCAN 算法对输入顺序不敏感，聚类结果没有偏差。

5）速度较快，可适用于较大的数据集。

2. 缺点

DBSCAN 算法的主要缺点如下：

1）聚类的质量受实例的密度影响较大，当数据集中实例的密度不均匀或簇与簇之间相差很大时，一般不适合使用 DBSCAN 算法进行聚类。

2）DBSCAN 算法要对数据集中的每个实例进行邻域查询，当数据集较大时，算法的空间复杂度较高，内存消耗较大，聚类收敛时间较长。此时可以采用 k-d 树对算法进行改进，快速搜索最近邻，帮助算法快速收敛。

3）聚类结果受邻域半径 ε 和密度阈值 MinPts 的影响较大，参数 ε 和 MinPts 也需要人工输入，不同的参数（ ε ，MinPts）组合对最后的聚类结果有较大影响，调参时需要对两个参数联合调参，比较复杂。

当 ε 值固定时，若选择过大的 MinPts 值，会导致核心实例的数量过少，使得一些包含实例数量少的簇被直接舍弃；若选择过小的 MinPts 值，会导致选择的核心实例数量过多，使得噪声实例被包含到簇中。当 MinPts 值固定时，若选择过大的 ε 值，可能导致很多噪声实例被包含到簇中，也可能导致原本应该分开的簇被划分为同一个簇；若选择过小的 ε 值，会导致被标记为噪声实例的实例数量过多，一个不应该分开的簇也可能会被分成多个簇。

3. 改进措施

对于邻域参数选择导致算法聚类质量降低的情况，可以从以下几个方面进行改进。

1）从原始数据集抽取高密度实例生成新的数据集，并对其进行聚类。在抽取高密度实例生成新数据集的过程中，反复修改密度参数，改进聚类的质量。以新数据集的结果为基础，将其他实例归类到各个簇中，从而确保聚类结果不受输入参数的影响。

2）采用核密度估计方法对原始数据集进行非线性变换，使得到的新数据集中实例的分布尽可能地均匀，从而改善原始数据集中密度差异过大的情况。变换过后再使用全局参数进行聚类，从而改善聚类结果。

3）并行化处理。对数据集进行划分得到若干个子数据集，使得子数据集中的实例分布相对均匀，根据每个子数据集中的实例分布密度来选择局部 ε 值。这样一方面降低了全局 ε 参数对聚类结果的影响，另一方面对多个子数据集并行处理进行聚类，在数据集较大的情况下提高了聚类效率，有效解决了 DBSCAN 算法对内存要求高的问题。

8.4.4 OPTICS 算法

现实世界中的很多数据都有一个重要特点，其内在的聚类结构不能简单地用全局密度参数进行描述。为得到正确的聚类结果可能需要差距很大的局部密度。例如，图 8-18 所示的数据集就不能使用一个全局的邻域半径 ε 和密度阈值 MinPts 同时得到簇 A 、B 、C_1 、C_2 和 C_3 。基于全局的邻域半径 ε 和密度阈值 MinPts 的聚类只能分别得到 $\{A,B,C\}$ 或 $\{C_1,C_2,C_3\}$ 的划分，在后一种情况下，簇 A 和簇 B 中的点甚至会被认为是噪声点，这样就造成了错误的聚类结果。

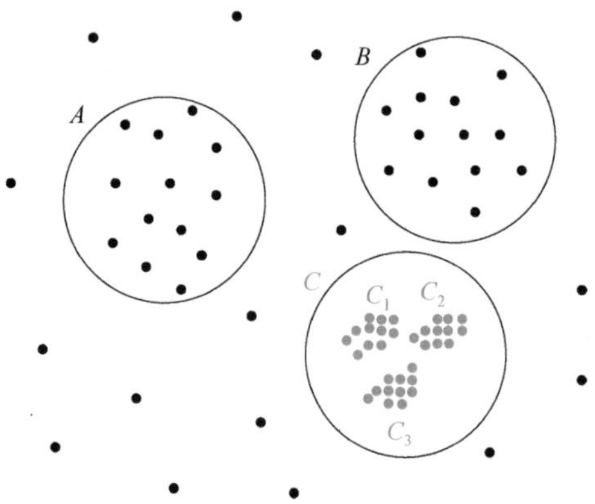

图 8-18 不同密度参数的簇

在 DBSCAN 算法中，参数组合（ε,MinPts）是全局唯一的，当数据集中实例的密度不均匀或簇与簇之间相差很大时，聚类的质量较差。此外，DBSCAN 算法对参数 ε 和 MinPts 非常敏感，需要由用户指定，参数设置的不同可能导致聚类结果差别很大，当用户不了解数据集特征时，很难得到良好的聚类结果。

解决这一问题的方案之一是使用不同参数的密度聚类算法。但是由于参数有无数种可能数值，这种方法并不具有可操作性。即便采用了大量的参数，得到的结果仍可能丢失重要的聚类层级结构。

为了解决上述问题，OPTICS（Ordering Points to Identify the Clustering Structure）算法不再直接产生聚类结果，而是生成代表基于密度的聚类结构的一个参数化的数据集合的排序。这种聚类排序包含了数据集基于密度聚类结构的各层级信息，这相当于使用了范围很宽泛的参数进行聚类。也就是说，我们可以从这个聚类排序中得到基于任何 ε 和 MinPts 的 DBSCAN 算法的聚类结果。OPTICS 算法的基本思想来自如下的观察：对于给定的 MinPts 值，具有较高密度的簇（ε 值较小）包含在密度较低的簇（ε 值较大）中。如图 8-19 所示，C_1 和 C_2 两个簇（对应于 ε_2）完全被包含在簇 C（对应于 ε_1）内。

为了获得一组基于密度的聚类顺序，就要提供一系列参数组合（ε,MinPts）。这样 OPTICS 算法相当于使用了无数个参数组合（ε,MinPts）的 DBSCAN 算法，唯一的区别在于 OPTICS 算法不直接指定实例的簇归属，而只保存它们被处理的顺序和用于指定簇归属的信息。为了同时构造不同聚类，OPTICS 算法应该按照一个特定的顺序处理实例，需要选择关于最小 ε 值密度可达的实例，以保证率先生成具有较高密度的簇。基于这个思路，OPTICS 算法对每个实例需要记录的信息包括两个距离值：核心距离（Core-Distance）和可达距离（Reachability-Distance），其定义如下：

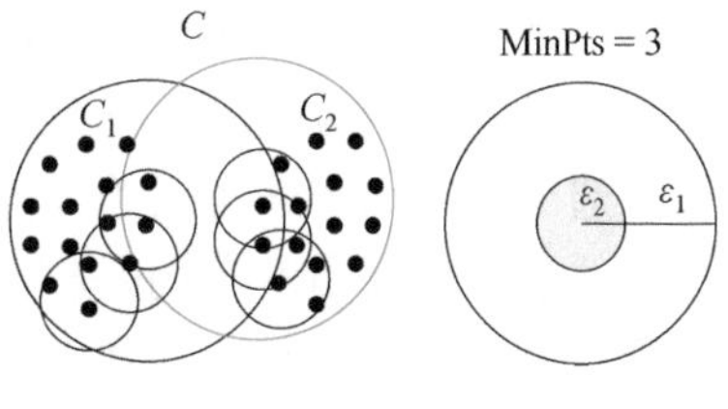

图 8-19　“嵌套的”密度聚类

- 核心距离：对于给定数据集 $\boldsymbol{D}$，$\forall p \in \boldsymbol{D}$，使得实例 p 成为核心实例的最小邻域半径 $\varepsilon_{\min}$ 称为实例 p 的核心距离。如果实例 p 不是关于 ε 和 MinPts 的核心实例，则核心距离没有定义。只有实例 p 是核心实例才会有核心距离信息。

如图 8-20 所示，设 $\text{MinPts} = 5$，$\varepsilon = 6\text{mm}$，若 p 点为核心点，则 p 点的 ε-邻域内必须至少有 5 个点（包括 p 点本身），d 点为满足 p 点成为核心点的边界点，使得 p 点成为核心点的最小邻域半径 $\varepsilon_{\min} = 3\text{mm}$，所以 p 点的核心距离 $e = 3\text{mm}$。

- 可达距离：对于给定数据集 D，$\forall p,q \in D$，如果实例 q 是关于 ε 和 MinPts 的核心实例，实例 p 在核心实例 q 的 ε-邻域内，实例 q 到 p 的可达距离（Reachability-Distance）是指实例 q 的核心距离 $c(q)$ 和实例 p 到 q 的欧氏距离 $d(p,q)$ 两者之间的较大值，即 $\max\{c(q),d(p,q)\}$。如果实例 q 不是关于 ε 和 MinPts 的核心实例，则实例 q 到 p 的可达距离没有定义。

如图 8-20 所示，设 $\text{MinPts} = 5$，$\varepsilon = 6\text{mm}$，若 p 点为核心点，则 p 点的核心距离 $e = 3\text{mm}$，根据可达距离定义，p 点到 n 点的可达距离是 p 点的核心距离和 p 点到 n 点的欧式距离两者之间的较大值，在本例中较大值是 p 点到 n 点的欧氏距离。

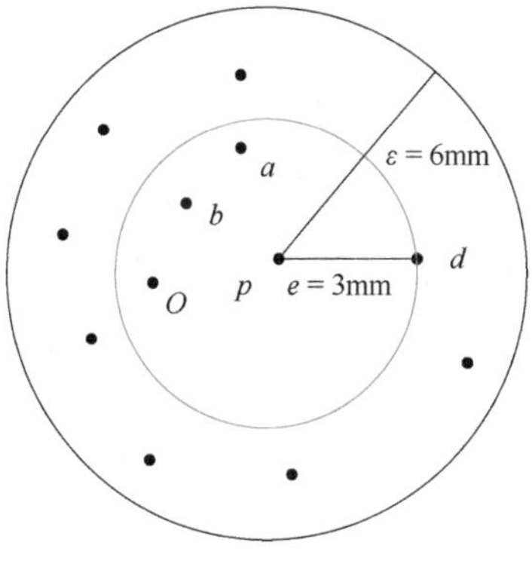

图 8-20　核心距离示意图

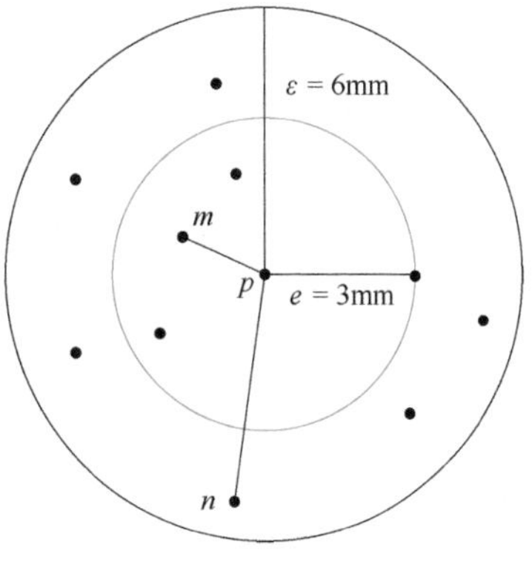

图 8-21　可达距离示意图

OPTICS 算法生成了数据集 D 的一个排序，并且为每一个实例记录了核心距离和可达距离。该算法的思路是首先检查数据集 D 中任一个实例的 ε-邻域。设定其可达距离为“未定义”，并确定其核心距离，然后将实例及其核心距离和可达距离写入文件。如果实例 p 是核心实例，则将 p 的 ε-邻域内的实例插入到一个种子队列中，包含在种子队列中的实例按照其直接密度可达的最近的核心实例的可达距离排序。种子队列中具有最小可达距离的实例被首先挑选出来，确定该实例的 ε-邻域和核心距离，然后将该实例及其核心距离和可达距离写入文件中，如果当前实例是核心实例，则更多的用于扩展的后选实例被插入到种子队列中。这个处理一直重复，直到再没有一个新的实例被加入到当前的种子队列中。

OPTICS 算法经过上述过程可以得到数据集中所有实例的处理顺序和相应的可达距离值。以此顺序将实例沿 X 轴排列，Y 轴为各实例的可达距离值，可以画出一幅可达距离分布图。这样，数据集的聚类结构就可以用可视化的方式呈现给用户。而进一步的分析（如确定实例的簇归属）可以在此基础上进行。这样做的好处有：首先，这种方法可以给出数据的整体概况，利于在较高层次上理解数据的构造和分布方式，将尽量多的数据一次呈现给用户。其次，当用户了解数据集的整体结构后，可以将注意力集中于他感兴趣的子集上，对单个簇进行分析，检测各个簇之间的关系。

OPTICS 算法实现了所有实例的排序，根据排序序列可以容易地确定合适的 ε 值，较好地解决了 DBSCAN 算法对输入参数敏感的问题。但是 OPTICS 算法采用复杂的处理方法以及额外的磁盘 I/O 操作，使它的实际运行效率要低于 DBSCAN 算法。

8.5 小结

聚类是一种典型的非监督式机器学习任务，试图对数据集中未知类别的数据对象进行划分，将它们按照一定的规则划分为若干个不相交的子集，每个子集称为一个“簇”。同一簇中的数据对象具有较高的相似度，而不同簇中的数据对象具有较大的差异性。聚类与分类的主要区别是其并不关心样本的类别，而是把相似的数据聚集起来形成某一簇。常见的聚类算法有：划分聚类、层次聚类、基于密度的聚类、基于网格的聚类、基于模型的聚类、基于图的聚类、模糊聚类等。本章主要介绍了 k-均值、k-均值++、k-中心点、BIRCH、DBSCAN 及 OPTICS 算法。

k-均值算法是一种无监督的聚类算法，在聚类问题中经常使用。其核心思想是：对于给定的样本集，按照样本点之间的距离大小，将样本集划分为 k 个簇，使得同一簇内的样本点尽量紧凑，而不同簇间的样本点尽量分开。整体上看，k-均值算法原理简单，需要调节的参数较少（主要是聚类簇数 k），且聚类效果较好，易于实现。但是，传统的 k-均值算法需要事先指定聚类簇数 k，并使用随机选择的 k 个实例来初始化 k 个聚类中心（簇中心），这并不是最好的方法。此外，在每次的迭代过程中，聚类中心的选取受离群点的影响很大。当待聚类数据集较大时，计算量很大，非常耗时。为了解决上述问题，人们对传统的 k-均值算法进行了改进，提出了 k-均值++、k-中心点、小批量（Mini Batch）k-均值等算法。

BIRCH 是一种典型的层次聚类算法，通过引入聚类特征和聚类特征树（CF-Tree）这两个概念，采用层次方法的平衡迭代对数据集进行规约和聚类，主要针对大规模数据集进行聚类，只需扫描一遍数据集就能进行有效的聚类，并在处理离散点方面表现突出。

基于密度的聚类算法假设聚类结构能够通过实例分布的紧密程度确定，其从实例密度的角度考察实例之间的可连接性，并且基于可连接实例不断扩展聚类簇，以获得最终的聚类结果。DBSCAN 算法是一种典型的基于密度的聚类算法，它基于一组“邻域”(ε,MinPts) 参数来刻画样本分布的紧密程度，根据密度可达关系导出所有密度连接实例的最大集合，即为聚类的一个簇。

OPTICS 算法相当于使用了无数个参数组合（ε, MinPts）的 DBSCAN 算法，唯一的区别在于 OPTICS 算法不直接指定实例的簇归属，而只保存它们被处理的顺序和用于指定簇归属的信息。为了同时构造不同聚类，OPTICS 算法按照一个特定的顺序处理实例，需要选择关于最小 ε 值密度可达的实例，以保证率先生成具有较高密度的簇。OPTICS 算法实现了所有实例的排序，根据排序序列可以容易地确定合适的 ε 值，较好地解决了 DBSCAN 算法对输入参数敏感的问题。

8.6 习题

1. 聚类分析的目的是什么？讨论聚类与分类的异同点。
2. 聚类分析常用的应用领域有哪些？常见的聚类算法有哪些？这些算法分别适用于什么场合？
3. 请阐述 k -均值算法的原理和步骤。
4. k -均值算法中的聚类簇数 k 如何确定？讨论初始的 k 个聚类中心（簇中心）对 k -均值算法的影响。
5. k -均值算法有什么优缺点？针对 k -均值算法的缺点，人们提出了哪些改进的算法？
6. 请阐述 k -均值算法与 k -近邻算法的异同点。
7. 常见的层次聚类算法有哪些？分别阐述它们的基本思想。
8. BIRCH 算法有哪些优缺点？
9. DBSCAN 算法有哪些优缺点？如何选择 DBSCAN 算法中的参数 k 和 MinPts？
10. 简述 OPTICS 算法的原理以及适用场合。

第9章　深度学习

深度学习的概念源于人工神经网络的研究，含多个隐藏层的多层感知器就是一种深度学习结构。深度学习通过组合低层特征形成更加抽象的高层表示属性类别或特征，以发现数据的分布式特征表示。研究深度学习的动机在于建立模拟人脑进行分析学习的神经网络，它模仿人脑的机制来解释数据，例如图像、声音和文本等。人脑是一个结构复杂的模型。深度学习模型所涉及的正是结构复杂的深度神经网络（Deep Neural Network，DNN），因而比传统的浅层学习模型更加接近人脑的模型。在语音识别、图像识别、自然语言处理等人脑擅长的领域中，深度学习模型往往能够展示出其他机器学习模型所无法比拟的效果。

本章首先介绍人工神经元模型、感知机、前馈神经网络、激活函数等人工神经网络理论基础；然后，从视觉皮层的工作机理出发，讲解卷积神经网络（Convolutional Neural Network，CNN）的基本结构、工作原理和特点；接着，介绍一类模拟人脑记忆功能的循环神经网络（Recurrent Neural Network，RNN），具体讲解长短期记忆网络（Long Short-Term Memory network，LSTM）的工作原理；最后介绍生成式对抗网络（Generative Adversarial Network，GAN）的基本原理，以及各种基于 GAN 的衍生模型。

卷积神经网络、循环神经网络和生成式对抗网络都是深度学习的基本内容，也是对该领域进行深入研究的基础。

本章学习目标

- 了解人脑神经元的结构及特点，熟悉人工神经元模型。
- 掌握感知机的基本原理，熟悉前馈神经网络的特征以及反向传播的思想。
- 熟悉 Sigmoid、Tanh、ReLU、LReLU 等激活函数的特点及应用。
- 熟悉卷积神经网络的基本结构以及局部连接和权重共享等特点，掌握卷积、池化操作。
- 熟悉 LSTM 中的输入门、遗忘门和输出门的工作机制和作用。
- 掌握生成式对抗网络的基本原理，熟悉生成器和判别器的作用。
- 了解原始 GAN 的优缺点以及各种衍生模型的特点及应用。

9.1　人工神经网络基础

人工神经网络（Artificial Neural Network，ANN）是一种模拟生物神经系统的结构和行为进行分布式并行信息处理的算法数学模型。ANN 通过调整内部神经元与神经元之间连接的权重值来改变连接的强度，从而达到信息处理的目的。

1943 年，心理学家 W. McCulloch 和数学家 W. Pitts 参考了生物神经元的结构，设计了神经活动的逻辑运算模型，用来模拟人脑神经元的工作机理。到了 1949 年，心理学家 Hebb 提出了著名的 Hebb 模型，认为人脑神经细胞的突触的强度是可以变化的。于是计算科学家们开始考虑用调整权值的方法来让机器学习，这就奠定了人工神经网络基础算法的理论依据。反向传播（Back Propagation，BP）方法的提出进一步推动了神经网络的发展。

作为对人脑最简单的一种抽象和模拟，ANN 是人们模仿人的大脑神经系统信息处理功能的一个智能化系统，是 20 世纪 80 年代以来人工智能领域兴起的研究热点，在整个机器学习的发展历程当中起到了十分重要的作用。早期的机器学习研究是与其他领域的研究息息相关的，尤其是神经科学的发现对机器学习的研究有很大的启示作用。最初人们想要构造的就是一个参照人类大脑神经网络结构的机器，仿照人的思考模式进行工作。最近十多年来，人工神经网络的研究工作不断深入，已经取得了很大的进展，表现出了良好的智能特性。它从信息处理角度对人脑神经元网络进行抽象，建立某种简单模型，按不同的连接方式组成不同的网络，在工程与学术界也常直接简称为神经网络或类神经网络。

本节将介绍神经网络的基本概念、基础知识和基本原理，为后续章节内容的学习打下基础。

9.1.1　人脑神经元结构及特点

1. 人脑神经元结构

人工神经网络的研究起源于人们想要制造一个能够模拟人类大脑神经系统工作方式的计算机应用，而这一切又建立在人类对自身认知系统功能的研究上。现代的人工神经网络至少从字面上看更接近网状理论，然而它的发展却是由坚定地反对网状理论的西班牙著名生理学家 Santiago Ramóny Cajal（1852—1934）奠定了基础。被誉为“神经科学之父”的 Cajal 提出的神经元理论认为神经系统由大量的神经元（Neuron）构成。那么神经元到底是什么呢？神经元其实就是一种细胞，是神经系统的基本结构和功能单位之一。神经元由细胞体（Soma）、树突（Dendrite）和轴突（Axon）三部分组成，图 9-1 是人脑中一个神经元结构的示意图。细胞体由细胞核、细胞质和细胞膜组成，在这里会进行新陈代谢等各种生化过程，从而给神经元的活动提供能量。由细胞体向外伸出的最长的一条分支称为轴突，即神经纤维。细长的轴突是进行信息传递的“传导区”。远离细胞体一侧的轴突端部有许多分支，称为轴突末梢，其上有许多称为突触（Synapse）的扣结，是神经元将自身信息传递给其他神经元的“输出区”。由细胞体向外伸出的其他许多较短的分支称为树突。树突相当于细胞的输入端，它用于接收周围其他神经细胞传入的神经冲动，是神经元的“信息接收区”。神经元具有两种常规工作状态：兴奋与抑制，即满足“0-1”律。当传入的神经冲动使细胞膜电位升高超过阈值时，细胞进入兴奋状态，产生神经冲动并通过轴突传递到突触，再由突触输出，输入到其他神经元的树突，从而实现将整合的信息向下一个神经元进行传递的过程；当传入的神经冲动使膜电位下降低于阈值时，细胞进入抑制状态，没有神经冲动

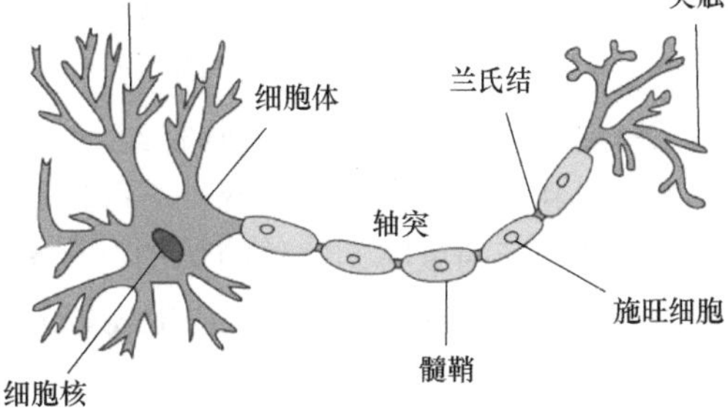

图 9-1　人脑神经元结构

输出。神经冲动只能由前一级神经元的轴突末梢传向下一级神经元的树突或细胞体，不能做反方向的传递。

神经科学的研究发现，神经元在进行信息处理与传递时具有几种特点：神经元具有抑制和兴奋两种状态，状态根据细胞膜内外的不同电位差来表征；神经元传递信息的过程中存在一个阈值，只有当接收信息后细胞膜电位发生变化使得它的值超过这个设定的阈值时，神经元才会转换为兴奋状态，并将信息通过轴突继续传递；神经元与轴突具有数字信号和模拟信号的转换功能。

神经元具有感受刺激和传导兴奋的功能，通过接受、整合、传导和输出信息实现信息交换。一个神经元在兴奋传导过程中受到的刺激总和为所有与其相连神经元传递兴奋之和。从信息转换角度来看，神经元可以被认为是一个基本的编码单元。我们将会看到，人工神经网络不仅从结构上，更重要的是从功能上，几乎完全借鉴了这种思想。人工神经网络中的人工神经元也暗含了这几个功能区域：接受区、触发区、传导区、输出区。其中，触发区最重要，不同的触发机制也标志着不同类型的神经元。

2. 人脑神经元的特点

除神经元的基本激活机制以外，科学家发现，大脑不同位置的神经元似乎专门实现各自的功能。尽管如此，各种神经元本身的构成却很相似。研究中还发现，在大脑受到损伤的早期，受伤部位的功能可能是由其他部位的神经元来代替实现的。当然，在生物体中，这需要在非常早期才有可能。有趣的是，在深度学习中也有类似的实现：在一个数据集上训练成型的深度神经网络，在另一个完全不同的数据集上只需稍加训练，就有可能适应和完成那个新的任务。这在机器学习中被称为“迁移学习”（Transfer Learning）。

此外，科学家还发现，神经元具有稀疏激活性，即尽管大脑具有多达五百万亿个神经元，但真正同时被激活的仅有1% ~4%。这种稀疏激活性也影响了人工神经网络中的神经元的模型设计，例如稍后提到的 ReLU 激活函数，对小于0 的输入都进行了抑制，极大地提高了选择性激活的特征。在 Dropout 及其他连接策略中，稀疏性也得到应用。

9.1.2 人工神经元模型

直到 1943 年，关于神经系统的研究一直都是在生理学与心理学方面，这项研究主要依赖于显微镜、电学以及化学作用。由于诺贝尔奖频繁地授予关于神经系统的开创性工作，一些有远见的数学家也开始准备联合神经生理学家为神经元（网络）建立数学模型了。

人工神经元模型的建立来源于生物神经元结构的仿生模拟，用来模拟人工神经网络。人们提出的神经元模型有很多，其中最早提出并且影响较大的是由心理学家 W. McCulloch 和数学家 W. Pitts 于 1943 年提出的模型。该模型称为 McCulloch-Pitts 神经元模型，简称 MCP 神经元模型。MCP 神经元以人脑神经元为原型，受到了其激活机制的启发和影响。然而，为了可以顺利地完成模型的实现，不可避免地对神经元进行了抽象和简化，甚至有些已经跳出了人脑神经元的束缚。这种简单的神经元模型采用线性神经元和二值“开/关”相结合，也被称为线性阈值神经元（Linear Threshold Neuron）模型。MCP 神经元包括多个输入参数和权值、内积运算、二值激活函数等人工神经网络的基础要素，该模型经过不断改进后，形成现在广泛应用的 BP 神经元模型。

在介绍 MCP 神经元模型之前，首先需要对神经元模型中使用的符号做一个说明。神经

元接收到来自 n 个其他神经元传递过来的输入信息，这些输入信号通过带权重（Weight）的连接进行传递，神经元接收到的总输入值将与神经元的阈值进行比较，然后通过“激活函数”（Activation Function）处理以产生神经元的输出。设神经元输入用一个 n 维的列向量 $\boldsymbol{x}$ 表示，$\boldsymbol{x} = (x_1, x_2, \cdots, x_n)^{\mathrm{T}}$，$\boldsymbol{x}$ 的每一个维度对应着一个权重参数 w_i（$i = 1, 2, \cdots, n$），所有权重参数构成列向量 $w = (w_1, w_2, \cdots, w_n)^{\mathrm{T}}$。神经元有一个偏置值（Bias）$b$，这一偏置值与 $\boldsymbol{w}^{\mathrm{T}}\boldsymbol{x}$ 构成的加权求和项相加共同构成了神经元的净输入（Net Input）。这一净输入在经过激活函数 $f(\cdot)$ 的作用后得到标量 y，即为神经元的输出，总体表示为 $y = f(\boldsymbol{w}^{\mathrm{T}}\boldsymbol{x} + b)$。这里使用的激活函数是最简单的单位阶跃函数，又称为硬限值（Hard Limit）传输函数，其输入和输出关系可以表示为

$$y = \begin{cases} 1, & \boldsymbol{w}^{\mathrm{T}}\boldsymbol{x} + b > 0 \\ 0, & \boldsymbol{w}^{\mathrm{T}}\boldsymbol{x} + b \leqslant 0 \end{cases} \tag{9-1}$$

一个简单的人工神经元模型就可以用从输入 $\boldsymbol{x}$ 计算得到输出 y 的关系表达式来描述，具体表示为

$$y = \begin{cases} 1, & \sum_{i=1}^{n} w_i x_i > -b \\ 0, & \sum_{i=1}^{n} w_i x_i \leqslant -b \end{cases} \tag{9-2}$$

一般来说，人工神经元模型应具备以下三个要素：

1）具有一组突触或连接，常用 $w_{i,j}$ 表示第 i 个神经元和第 j 个神经元之间的连接强度。

2）具有反映生物神经元时空整合功能的输入信号累加器 Σ。

3）具有一个激活函数 $f(\cdot)$ 用于限制神经元输出。激活函数将输出信号限制在一个允许范围内。

一个典型的人工神经元的模型如图 9-2 所示。

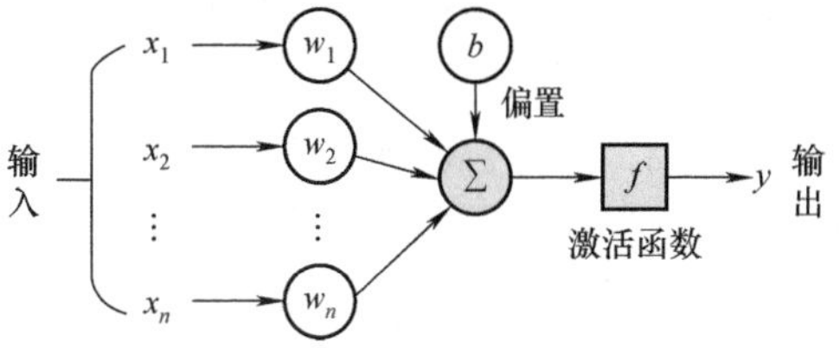

图 9-2　人工神经元模型

在图 9-2 中，$\boldsymbol{x}$ 的每个维度 x_i 所对应的权重参数 $w_i (i = 1, 2, \cdots, n)$ 构成向量 $\boldsymbol{w}$。在实际问题的处理中，偏置值 b 可以被视为权重参数向量 $\boldsymbol{w}$ 的一项，表示为 w_0，令 $w_0 = b$。此时，需要在输入向量 $\boldsymbol{x}$ 中也增加一个维度 x_0，并令 $x_0 = 1$，这样就可以将加权求和输入的整体表示为 $\boldsymbol{w}^{\mathrm{T}}\boldsymbol{x}$，这是一种更为简洁的表示方法。

现在回到 MCP 模型的讨论中来，McCulloch 和 Pitts 在分析总结神经元基本特性的基础上，对神经元的内部工作机制进行推测，并用一个电路对原始的神经网络进行建模，所得到的模型就是 MCP 神经元模型，它是一个对输入数据线性加权的线性阶跃函数，可以描述为

$$y = \begin{cases} 1, & \sum_{i=1}^{n} w_i x_i > -b, \text{且对于所有 } i, z_i = 0 \\ 0, & \text{其他情况} \end{cases} \tag{9-3}$$

仔细观察，式（9-3）与式（9-2）的表示十分相似，其不同点就在于 MCP 模型中引入

了一个抑制性输入 z 的概念，在式（9-3）中表现为 z_i ，其取值范围为 $\{0,1\}$ 。对于输入 $\boldsymbol{x}$ 的每一个维度 x_i ，都可以通过改变 z_i 的取值来决定是否抑制这一维度的输入活性。如果 $z_i = 0$ ，则输入正常；如果 $z_i = 1$ ，则表示输入被抑制。通过这一抑制性输入可以实现仅改变其中一个维度的输入信号就能将输出调整为0，在神经科学中可以类比为神经元中的一个树突接收到了抑制性的信号导致神经元未被激活。

MCP神经元模型作为最早的神经元模型，不仅借鉴了许多其他领域的思想，同时也有着开创性的设计思维。该模型最初是作为一个电路而设计的，早期的很多神经网络模型都借鉴了电路设计的思想，例如之后诞生的Hopfield网络也是作为电路模型设计的。比较独特的一点是，MCP神经元模型中的抑制性输入在后来的网络中几乎不再出现，而目前也没有研究表明这一超常规的思维是否会在今天的网络模型中起到特殊的效果。在当时看来，MCP神经元模型是一项突破性的设计，它的出现给之后的神经网络研究打下了良好的基础。但是如今回顾这一模型，可以发现其中也存在一些不足之处。首先，MCP神经元模型中的权重参数都是需要通过手工计算在初始时刻设置好的，不能进行自适应的调整。其次，它没有考虑神经元动作的相对时间，仅仅将输入与输出设计为一种简单的映射关系，这与真实的神经元反应其实是不符的。

9.1.3 感知机

1. *感知机原理*

MCP神经元模型虽然在1943年就被提出了，但是它过于简单且有设计不合理的地方，并不能作为Hebbian学习规则的一个好的展示。直到1958年，Frank Rosenblatt提出了由两层神经元组成的神经网络，并给它起了一个很特别的名字——**“感知机”（Perceptron）**，使得Hebbian学习规则可以进一步实体化，从而更好地发挥它的效用。与MCP神经元模型类似，感知机同样是作为一个电路模型来设计的。由于感知机设计的合理性以及它所展现出的良好性能，它的出现在当时的学术界引起不小的轰动。作为之后诞生的诸多人工神经网络模型的基础，感知机被视为人工神经网络的雏形。许多学者和科研机构纷纷投入到对神经网络的研究中。美国军方也大力资助了神经网络的研究，并认为神经网络是比“曼哈顿工程”更重要的项目。

神经网络简单地说就是将多个神经元按一定的层次结构连接起来组成的一类网络。感知机是一种结构最简单的前馈神经网络。通常情况下，感知机一词所指的是单层感知机。

在9.1.2节介绍人工神经元模型的时候，式（9-2）表示的是单个人工神经元的输入和输出关系。对于同一层中有多个神经元的感知机，这里引入了一种更为简洁的表示方法。设同一层中共有 k 个神经元，n 维的输入向量 $\boldsymbol{x}$ 的每一个维度与每个神经元之间全部进行连接，因此就有 $k \times n$ 个权值，由此构成了一个权重矩阵 $\boldsymbol{W}$ ，即

$$\boldsymbol{W} = \begin{bmatrix} w_{1,1} & w_{1,2} & \cdots & w_{1,n} \\ w_{2,1} & w_{2,2} & \cdots & w_{2,n} \\ \vdots & \vdots & & \vdots \\ w_{k,1} & w_{k,2} & \cdots & w_{k,n} \end{bmatrix} \tag{9-4}$$

在矩阵 $\boldsymbol{W}$ 中，元素的下标采用通用的顺序规范进行编排。权值的第一个下标代表该权

值所要连接的目标神经元编号，第二个下标代表发送给该神经元的信号源。例如权值 $w_{1,2}$ 指的是从第二个信号源到第一个神经元之间的连接权值。这种顺序编排在此后涉及神经网络计算的时候就可以体现出方便之处，因为采用这种顺序编排方式可以直接将权值向量与输入向量相乘而不用进行转置处理。如果将矩阵 $\boldsymbol{W}$ 按行进行划分，就可以得到 k 个行向量，即

$$\boldsymbol{W} = \begin{bmatrix} \boldsymbol{w}_1^{\mathrm{T}} \\ \boldsymbol{w}_2^{\mathrm{T}} \\ \vdots \\ \boldsymbol{w}_k^{\mathrm{T}} \end{bmatrix} \tag{9-5}$$

其中，第 i 个神经元连接的权重参数向量为

$$\boldsymbol{w}_i = \begin{bmatrix} w_{i,1} \\ w_{i,2} \\ \vdots \\ w_{i,n} \end{bmatrix} \quad (i = 1,2,\cdots,k) \tag{9-6}$$

令第 i 个神经元的偏置值为 b_i，输出为 y_i；k 个神经元的偏置值构成一个 k 维的列向量 $\boldsymbol{b} = (b_1,b_2,\cdots,b_k)^{\mathrm{T}}$；$k$ 个神经元的输出构成一个 k 维的列向量 $\boldsymbol{y} = (y_1,y_2,\cdots,y_k)^{\mathrm{T}}$，则感知机输出的表达形式为

$$\boldsymbol{y} = f(\boldsymbol{Wx} + \boldsymbol{b}) \tag{9-7}$$

其中，第 i 个神经元的输出为

$$y_i = f(\boldsymbol{w}_i^{\mathrm{T}}\boldsymbol{x} + b_i) \tag{9-8}$$

下面介绍感知机的工作原理。为了便于理解，首先考虑一个仅有两个输入的单神经元感知机结构，激活函数使用最简单的单位阶跃函数，则输出的表达形式为

$$y = \begin{cases} 1, & w_{1,1}x_1 + w_{1,2}x_2 > -b_1 \\ 0, & w_{1,1}x_1 + w_{1,2}x_2 \leqslant -b_1 \end{cases} \tag{9-9}$$

现在考虑用感知机解决一个简单的问题：使用感知机来实现一个二输入的与门（AND gate）。由表 9-1 所示的二输入与门真值表可以知道，与门仅在两个输入为 1 时，输出为 1；否则输出为 0。

表 9-1　二输入与门真值表

x_1	x_2	y
0	0	0
0	1	0
1	0	0
1	1	1

使用感知机来表示这个与门需要做的就是设置感知机中的参数，设置参数 $w_{1,1} = 1$，$w_{1,2} = 1$，$b_1 = -1$，则可以验证，感知机满足表 9-1 的条件，能够实现二输入与门功能；设置参数 $w_{1,1} = 0.5$，$w_{1,2} = 0.6$，$b_1 = -0.8$，也可以满足表 9-1 的条件。实际上，满足表 9-1 条件的参数有无数多个。

对于二输入的与非门（NAND gate），对照表 9-2 所示的二输入与非门真值表可以知道，

设置参数 $w_{1,1}=-0.2$，$w_{1,2}=-0.2$，$b_1=0.3$，感知机满足表 9-2 的条件，能够实现二输入与非门功能。同理，满足表 9-2 条件的参数有无数多个。

表 9-2　二输入与非门真值表

x_1	x_2	y
0	0	1
0	1	1
1	0	1
1	1	0

对于二输入的或门（OR gate），对照表 9-3 所示的二输入或门真值表可以知道，设置参数 $w_{1,1}=0.5$，$w_{1,2}=0.5$，$b_1=-0.4$，感知机满足表 9-3 的条件，能够实现二输入或门功能。同理，满足表 9-3 条件的参数有无数多个。

表 9-3　二输入或门真值表

x_1	x_2	y
0	0	0
0	1	1
1	0	1
1	1	1

如上所述，我们已经使用感知机表达了与门、与非门、或门，而其中重要的一点是使用的感知机的形式是相同的，只是权重参数与偏置值不同。而这里决定感知机参数的不是计算机而是人，对权重参数和偏置赋予了不同值而让感知机实现了不同的功能。看起来感知机只不过是一种新的逻辑门，没有特别之处。但是，我们可以设计学习算法，使得计算机能够自动地调整感知机的权重参数与偏置值，而不需要人的直接干预。这些学习算法使得我们能够用一种根本上区别于传统逻辑门的方法使用感知机，不需要手工设置参数，也无须显式地排布逻辑门组成电路，而是通过简单的学习来解决问题。

2. 感知机的局限性

从本质上讲，感知机是一个关于输入信号的线性函数，只能处理线性可分的问题，即它只能限制性地表示线性决策边界，如逻辑操作的“与”（AND）“与非”（NAND）“或”（OR）。但是对于线性不可分的问题，单层感知机则无法表达。一个代表性的例子就是感知机的异或门（XOR Gate）问题，我们找不到一组合适的参数 $w_{1,1}$、$w_{1,2}$、b_1 来满足表 9-4 所示的二输入异或门真值表的条件。

表 9-4　二输入异或门真值表

x_1	x_2	y
0	0	0
0	1	1
1	0	1
1	1	0

1969年，Minski等人撰写了一本名为《感知机》（*Perceptron*）的书，书中指出了单层感知机的线性表达局限性，他强调感知机不能表示像“异或”（XOR）这样的函数，并指出理论上还不能证明将感知机模型扩展到多层网络是有意义的。由于Minski在人工智能领域的巨大影响力以及书中呈现的明显的悲观态度，使得大多数学者纷纷放弃了对于神经网络的研究，最终导致人工神经网络的研究一度停滞近20年。

虽然Minski等人指出了单层感知机存在的这一致命缺点，但是在当时，许多研究者都已经意识到可以通过增加感知机的层数来克服这一局限性，这便促成了多层感知机的诞生。

9.1.4 前馈神经网络

在上一节中我们介绍了感知机，了解到感知机隐含着表示复杂函数的可能性，也看到了单层感知机的局限性。而解决感知机困境的方法就是将感知机堆叠起来，形成多层感知机（Multi-layer Perceptron，MLP）。1974年，Paul Werbos在其博士论文中证明了将感知机堆叠起来形成神经网络，并且利用“反向传播”（Back Propagation，BP）方法训练神经网络自动学习参数，就可以解决诸如“异或门”等非线性问题。然而，该论文当时并没有引起广泛的关注。因为对于大多数研究者来说，多层神经网络相对于当时风头正劲的支持向量机（SVM）而言，其背后缺乏优美的数学理论和解决问题的坚实证明。实际上，这也是神经网络一直面临的窘境。即使在其重获关注，并在各个领域取得了突破性的进展，其解决问题的“可解释性”依然是一层未揭开的面纱，是研究者们在不断探究的问题。不过，随着近年来对神经网络的隐藏层的深入研究，如“可视化分析”等，人们正在逐渐了解神经网络背后神秘的机制。

建立神经元模型后，将多个神经元进行连接即可建立人工神经网络模型。神经网络的类型多种多样，它们是从不同角度对生物神经系统不同层次的抽象和模拟。一般来说，当神经元模型确定后，一个神经网络的特性及其功能主要取决于网络的拓扑结构及学习训练方法。传统的神经网络主要分为以下几类：前馈神经网络、反馈神经网络和自组织神经网络。

前馈神经网络（Feedforward Neural Network，FNN）是一种单向的多层感知机，即信息是从输入层开始，逐层向一个方向传递，一直到输出层结束。所谓“前馈”是指输入信号的传播方向为前向，在此过程中并不调整各层神经元连接的权值参数，而反向传播时是将误差逐层向后传递，通过反向传播（BP）方法来调整各层网络中神经元之间连接的权重参数。

最简单的前馈神经网络包括一个输入层、一个隐藏层和一个输出层，其结构如图9-3所示。

1. 前向传播过程

在前馈神经网络中，网络每一层内的连接与单层感知机相同，都是将输入向量进行加权求和。层与层之间的连接是用上一层的输出向量作为下一层的输入向量，每一层都有各自的权重矩阵，通常采用上标来区分不同的层，例如，第一层的权重矩阵表示为$\boldsymbol{W}^{(1)}$，第一层的输出向量表示为$\boldsymbol{y}^{(1)}$，第一层的激活函数表示为$\varphi^{(1)}(\cdot)$。不同的层具有不同的作用，根据该层在网络结构中的位置可以给它们分别命名。输入向量虽然不包括在正式的网络结构中，但是也可以将它看作一层，称为**输入层（Input Layer）**。网络的最后一层产生网络整体的输出，因此称为**输出层（Output Layer）**。位于输入层和输出层之间的其余层被称为**隐藏**

层（Hidden Layer）。网络中每一层的神经元个数可以相同也可以不同，输入和输出神经元数量都是根据网络要解决的具体问题而设定的，而隐藏层所需要的最佳神经元数量是不可知的，如何进行预测和调整使它达到最优，至今仍是一个正在研究的问题。

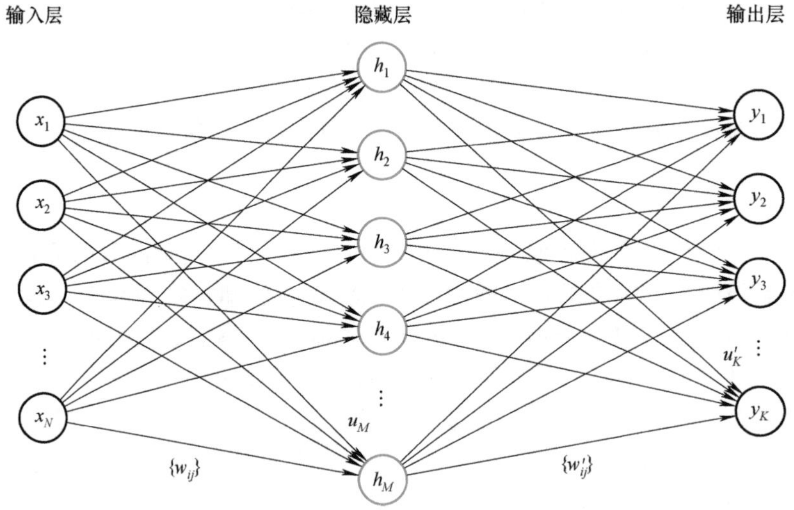

图 9-3　一个简单的前馈神经网络

前馈神经网络的前向传播过程十分简单，可以将它视为多个单层感知机的组合，前一层的输出向量作为下一层的输入向量。具体来说，首先以 $\boldsymbol{x}$ 为输入向量，经过网络的第一层可以得到输出 $\boldsymbol{y}^{(1)}=f^{(1)}(\boldsymbol{W}^{(1)}\boldsymbol{x}+\boldsymbol{b}^{(1)})$。之后，将 $\boldsymbol{y}^{(1)}$ 作为网络第二层的输入向量，继续前向传播，直至最后一层得到整个网络的输出。对于层数更多的前馈神经网络，网络的第 $m+1$ 层输出可以表示为 $\boldsymbol{y}^{(m+1)}=f^{(m+1)}(\boldsymbol{W}^{(m+1)}\boldsymbol{y}^{(m)}+\boldsymbol{b}^{(m+1)})$，这里可以将网络最初的输入向量 $\boldsymbol{x}$ 视为 $\boldsymbol{y}^{(0)}$。

前馈神经网络的前向传播算法伪代码描述如下。

输入： 总层数 M，输入向量 $\boldsymbol{x}$，各层的权重矩阵 $\boldsymbol{W}^{(m)}$ 和偏置向量 $\boldsymbol{b}^{(m)}$。

输出： 输出层输出 $\boldsymbol{y}^{(M)}$。

1）初始化 $\boldsymbol{y}^{(0)}=\boldsymbol{x}$；

2）**for** $m=0,1,\cdots,M-1$ **do**；

3）$\boldsymbol{y}^{(m+1)}=f^{(m+1)}(\boldsymbol{W}^{(m+1)}\boldsymbol{y}^{(m)}+\boldsymbol{b}^{(m+1)})$；

4）**end for**。

2. 反向传播过程

在前馈神经网络中，层数越多、各层中的神经元数目越多，则相应的权重值参数就越多。而这些权重值参数是在网络训练过程中需要学习的参数。

虽然多层感知机的提出在理论上解决了诸如“异或门”等非线性问题，但是仅有结构和理论是不够的，已有的感知机训练方法无法推广到这种多层的结构当中。为此，急需一种算法，可以通过输出向量与标签向量之间的误差来调整网络的参数使得网络可以完成分类任务。其中的难点在于误差在多层网络结构中层与层之间如何进行传递。多层网络训练算法的首次描述出现在 Paul Werbos 的博士论文中。但是这种算法是面向一般网络而不是专门针对神经网络设计的，因此并未引起足够的重视。直到 20 世纪 80 年代中期，反向传播（BP）算法才被重新发现并得到广泛宣传，从而成为一种广为人知的训练多层神经网络的算法。利用 BP 算法可以让一个人工神经网络模型从大量训练样本中学习统计规律，从而对未知事件做预测。反向传播方法在神经网络训练上的成功应用是一个转折点，此后关于神经网络的研究热情被重新激发，给机器学习带来了希望，掀起了基于统计模型的机器学习热潮。使用反向传播算法训练的前馈神经网络也称为 BP 神经网络。

虽然“反向传播”这个词经常被误认为是特指用于训练多层神经网络的学习算法，但是实际上反向传播指的是计算梯度的一种方法，而随机梯度下降算法指的是使用梯度来进行学习的方法。就如 Paul Werbos 在其博士论文中描述的那样，反向传播方法是一种训练一般网络的方法，多层神经网络只是其中的一个特例。除此以外，理论上它还可以计算任何函数的导数。

那么如何通过反向传播（BP）算法来调整权重参数的值？在训练过程中有一个目标函数，通过优化目标函数可以确定参数的取值，一般采用代价函数作为目标函数，目标就是通过调整每一个权值 $w_{i,j}$ 来使得代价函数的值达到极小。BP 神经网络训练过程的基本步骤可以归纳如下：

1）初始化网络权值和神经元的阈值（偏置值），一般通过随机的方式进行初始化。

2）前向传播：计算隐藏层神经元和输出层神经元的输出。

3）反向传播：根据目标函数公式修正权值 $w_{i,j}$ 。

上述过程反复迭代，通过代价函数（描述训练数据集整体误差）对前向传播结果进行判定，并通过反向传播过程对权重参数进行修正，起到监督式机器学习的作用，一直到满足终止条件为止。BP 神经网络的核心思想是由后层误差推导前层误差，例如，用第 5 层的误差来估计第 4 层的误差，再用这个误差估计第 3 层的误差，如此一层一层地反向传播，最终获得各层的误差估计，从而得到参数的权值。在反向传播过程中，一般采用梯度下降法对权重参数进行修正。所谓梯度下降就是让参数向着梯度的反方向前进一段距离，不断重复，直到梯度接近零时停止。此时，所有的参数恰好达到使代价函数取得最低值的状态，为了避免局部最优，可以采用随机化梯度下降。

9.1.5　神经网络的激活函数

直观上，激活函数模拟了人脑神经元特性：接受一组输入信号并产生输出。在神经科学中，人脑神经元通常有一个阈值，当神经元所获得的输入信号累积效果超过了该阈值，神经元就被激活而处于兴奋状态；否则处于抑制状态。在人工神经网络中，激活函数可以模拟人脑神经元的特性，从而在神经网络发展历史进程中具有相当重要的地位。

在前馈神经网络中，如果不用激活函数或使用线性激活函数，则每一层的输出都是上层输入的线性组合，层与层之间的连接依旧是线性的，无论如何增加其层数，最终获得的仅仅是线性表达能力的提升，这并不能满足大多数情况下网络对表达能力的要求。引入非线性的激活函数之后，深层神经网络才可以逼近任意函数，其表达能力将会大大加强，从而可以处理更多复杂的问题。

神经网络的激活函数出现在除输入层以外的每一层的最后，在层中的每个神经元接收上层数据作为输入完成累加求和的计算后，需要经过激活函数的处理才能作为下层的输入数据。根据实际情况的不同，可以选择是否添加激活函数和应该添加哪种激活函数。可供选择的激活函数有很多种，不同的激活函数可以得到不同的处理效果，但它们都应满足如下一些基本要求。

（1）非线性　激活函数最好是一个非线性函数。这样做的好处是，可以很好地提升神经网络的表达能力，将有些用线性函数没有办法解决的问题采用非线性的方式解决。只要神经网络的层数足够深、神经元的个数足够多，利用非线性函数就可以逼近任意复杂函数。

（2）可微分性　当采用基于梯度的优化算法时，激活函数需要满足可微分性。因为在反向传播更新权重参数的过程中，需要计算代价函数对权重的偏导数。早期的激活函数 Sigmoid 满足连续可微分的特性，而 ReLU（Rectified Linear Units）函数仅在有限个点处不可微分。对于随机梯度下降（Stochastic Gradient Descent，SGD）算法，几乎不可能收敛到梯度接近零的位置，所以有限的不可微分点对于优化结果影响不大。

（3）单调性　激活函数的单调性，一方面保证单层网络为凸函数；另一方面，单调性说明其导数符号不变，使得梯度方向不会经常改变，从而让训练更容易收敛。

（4）恒等映射　激活函数需要尽量地近似为输入的一个恒等映射（Identity Mapping）。假设神经网络中神经元的激活函数是$f(\boldsymbol{w}^{\mathrm{T}}\boldsymbol{x}+b)$，$\boldsymbol{w}$ 和 b 初始化为接近 0 的数。这时 $\boldsymbol{w}^{\mathrm{T}}\boldsymbol{x}+b\approx 0$，$f(\boldsymbol{w}^{\mathrm{T}}\boldsymbol{x}+b)\approx 0$，$\frac{\partial f}{\partial x}\approx \boldsymbol{w}^{\mathrm{T}}\boldsymbol{x}+b$，这样深度神经网络会很快达到收敛，训练时间会缩短。

（5）输出值范围　对激活函数的输出结果进行范围限定，有助于梯度平稳下降，早期的 Sigmoid、tanh 等激活函数均具有此性质。但对输出值范围限定会导致梯度消失问题，而且强行让每一层的输出结果控制在固定范围会限制神经网络的表达能力。而输出值范围为无限的激活函数，例如 ReLU 函数，对应模型的训练过程更加高效，此时一般需要使用更小的学习率。

（6）计算简单　在神经网络的信号传递过程中，激活函数的计算量与网络复杂度成正比，神经元越多，计算量越大。激活函数的种类繁多，因此效果相似的激活函数，其计算越简单，训练过程越高效。

在神经网络的发展史中，随着网络结构的不断变化，激活函数也在不断地改进。下面介绍几种较有代表性的激活函数。

1. Sigmoid 函数

Sigmoid 函数也称为 Logistic 函数，其数学表达式为

$$f_{\mathrm{Sigmoid}}(x)=\frac{1}{1+\mathrm{e}^{-x}} \tag{9-10}$$

其导数表达式为

$$f'_{\mathrm{Sigmoid}}(x)=f_{\mathrm{Sigmoid}}(x)(1-f_{\mathrm{Sigmoid}}(x)) \tag{9-11}$$

Sigmoid 函数的图形是一个 S 形曲线，它是一个光滑函数且连续可导，如图 9-4 所示。Sigmoid 函数输出的取值范围为 $(0,1)$，可以将任意实数值映射到介于 0 和 1 之间的值，然后使用阈值分类器将 0 和 1 之间的值转换为 0 或 1，可以用来完成二分类任务。在其他激活函数出现之前，Sigmoid 函数曾经是一种十分流行的激活函数，但是由于它自身存在的一些缺点，导致近些年来逐渐被其他激活函数所取代。

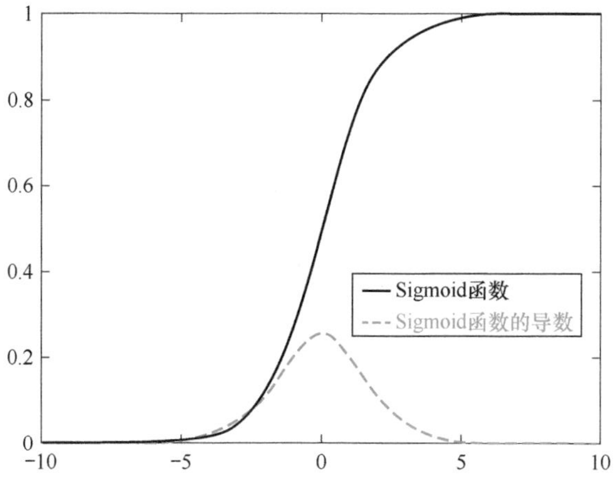

图 9-4　Sigmoid 函数及其导数

Sigmoid 函数的主要缺点表现在以下方面：

- 输出的值域不是以 0 为中心对称的，即 $f_{\text{Sigmoid}}(0)$ 的值不接近 0。非 0 中心对称的输出会使得其后一层的神经元的输入发生**偏置偏移**（Bias Shift），可能导致梯度下降的收敛速度变慢。
- Sigmoid 是一个挤压函数，即当输入的值非常大或者非常小时，导数值趋于 0，梯度也会趋于 0，发生饱和现象。在深度神经网络层数很多、网络结构很复杂的情况下，在反向传播的过程中，求多次梯度将会使梯度无限趋于 0，就会导致梯度消失。当误差梯度传播到第一层的神经元时，梯度已经趋于 0 或者等于 0，这样权重参数几乎无法进行更新，深度神经网络的训练变得困难。

2. Tanh 函数

Tanh 函数是双曲正切函数，其数学表达式为

$$f_{\text{Tanh}}(x) = \frac{\sinh(x)}{\cosh(x)} = \frac{e^x - e^{-x}}{e^x + e^{-x}} = \frac{2}{1 + e^{-2x}} - 1 \tag{9-12}$$

其导数为

$$f'_{\text{Tanh}}(x) = 1 - f^2_{\text{Tanh}}(x) \tag{9-13}$$

Tanh 函数也是一个光滑且连续可导的函数，形状与 Sigmoid 函数很相似。Tanh 函数及其导数的图形如图 9-5 所示，其取值范围为 [- 1,1] 。Tanh 函数区别于 Sigmoid 函数的重要一点是它的输出是均值为 0 的值，解决了 Sigmoid 函数导致后一层的神经元的输入发生**偏置偏移**的问题，使得梯度下降的收敛速度加快。但是，与 Sigmoid 函数类似，Tanh 函数两端的梯度也会趋于 0，梯度消失的问题依然没有解决，因此在深度网络中也无法得到有效的应用。

3. ReLU 函数

修正线性单元（Rectified Linear Unit，ReLU）函数，又称整流线性单元函数或线性整流函数。ReLU 函数是目前深层神经网络中广泛使用的激活函数。ReLU 函数首次大显身手是在 2012 年的 lmageNet 分类比赛中，比赛冠军深度神经网络模型 AlexNet 使用的激活函数正是 ReLU。

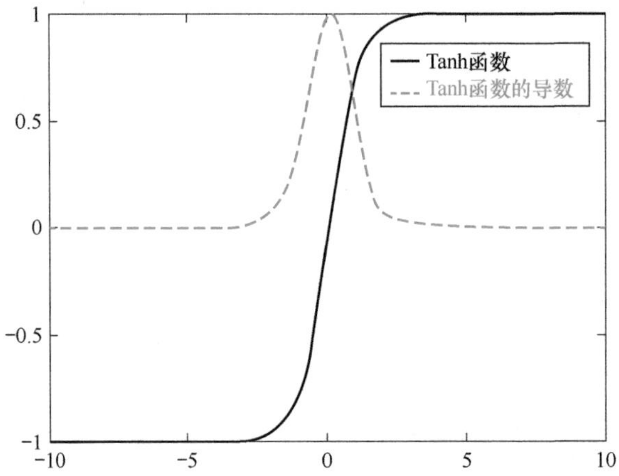

图 9-5　Tanh 函数及其导数

ReLU 函数的数学表达式为

$$
f_{\mathrm{ReLU}}(x) = \begin{cases} x, & x > 0 \\ 0, & x \leqslant 0 \end{cases} \tag{9-14}
$$

$$
= \max\{0, x\}
$$

ReLU 函数的图形如图 9-6 所示。当输入 $x \leqslant 0$ 时，输出为 0；当 $x > 0$ 时，输出为 x。ReLU 函数是分段可导的，并人为规定在 $x = 0$ 处其导数为 0，其导数为

$$
f'_{\mathrm{ReLU}}(x) = \begin{cases} 1, & x > 0 \\ 0, & x \leqslant 0 \end{cases} \tag{9-15}
$$

ReLU 函数导数的图形如图 9-7 所示。

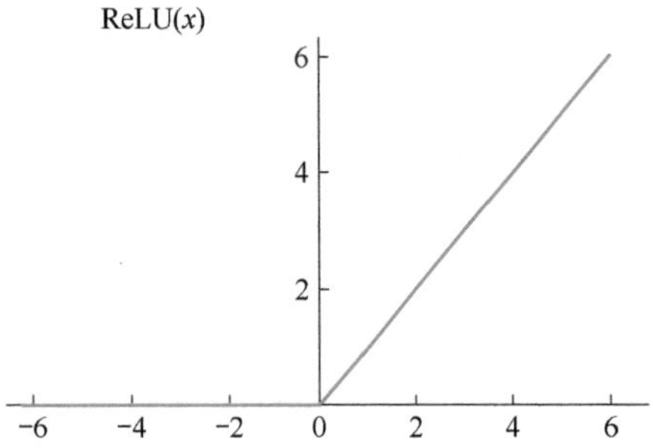

图 9-6　ReLU 函数

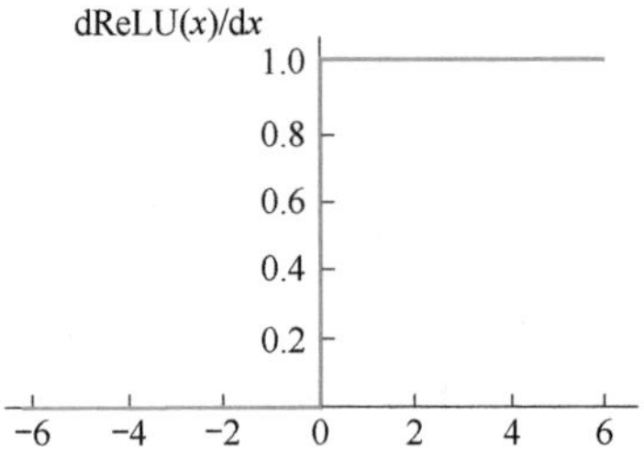

图 9-7　ReLU 函数的导数

实验表明，使用 ReLU 函数得到梯度下降的收敛速度要比使用 Sigmoid 或 Tanh 函数时快很多，这主要因为 ReLU 函数的导数在 $x > 0$ 时均为 1，且不会发生饱和。ReLU 函数可以有效地缓解梯度消失问题。此外，相比 Sigmoid 与 Tanh 函数的幂指数函数运算，ReLU 函数仅需要简单的阈值运算，计算速度快、开销小，因此，在目前的神经网络研究中得到广泛使用。

ReLU 函数具有生物上的可解释性，Lennie 等人的研究表明大脑中同一时刻大概只有 1% ~4% 的神经元处于激活状态，从信号上看神经元同时只对小部分输入信号进行响应，

屏蔽了大部分信号。Sigmoid 函数和 Tanh 函数会导致形成一个稠密的神经网络，ReLU 函数则有较好的稀疏性，大约有 50% 的神经元处于激活状态。ReLU 函数引入的稀疏激活性，让神经网络在训练时会有更好的表现。

ReLU 函数有着线性计算的性质，这样的性质使模型更容易优化。线性操作容易优化的性质不仅适用于卷积神经网络，也适用于其他的深度神经网络。在一些处理时间序列的深度网络中，当训练的网络含有线性操作时，信息会更容易在网络中进行传播。长短期记忆（LSTM）模型中对不同时间步中的信息累积求和，就是采用了线性操作。

ReLU 函数的缺点也很明显，同 Sigmoid 函数一样，它是非 0 中心化的，会给后一层的神经网络引入偏置偏移，影响梯度下降的效率。另外，ReLU 函数在训练的过程中十分脆弱，在某些情况下会将一个神经元变成“死亡神经元”（dead neuron）。一个很大的梯度值经过一个神经元，在更新权重参数之后，导致所有数据再经过这个神经元时的输出均为负值，之后经过 ReLU 函数的输出始终为 0，即这个神经元再也不会对任何输入数据产生激活现象。当这种情况发生时，这个神经元的梯度将会一直为 0。虽然这样可以使后续传播过程中的计算量降低，带来了计算效率的提升，但死亡神经元过多将会影响参数的优化精度，使得网络最终的表现较差。如果在参数更新的过程中将学习率设置得很大，就有可能导致网络的大部分神经元处于“死亡”状态。所以使用 ReLU 函数的网络，学习率不能设置太大。

针对 ReLU 函数的相关缺点，研究者们对 ReLU 函数进行了改进，提出了若干 ReLU 函数的变种，包括带泄露的修正线性单元（Leaky Rectified Linear Unit，LReLU）、参数化修正线性单元（Parametric Rectified Linear Unit，PReLU）、指数线性单元（Exponential Linear Unit，ELU）等。

4．LReLU 函数

带泄露的修正线性单元（LReLU）在 ReLU 梯度为 0 的区域保留了一个很小的梯度，以维持参数更新。

LReLU 函数的数学表达式为

$$f_{\mathrm{LReLU}}(x) = \begin{cases} x, & x > 0 \\ \alpha x, & x \leqslant 0 \end{cases} \tag{9-16}$$

LReLU 函数的图形如图 9-8 所示。

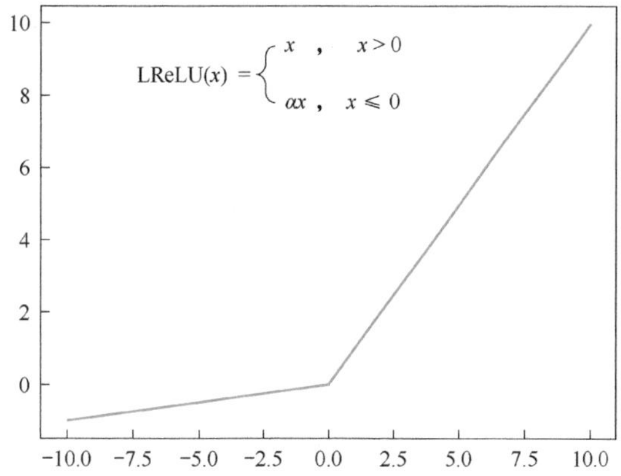

图 9-8 LReLU 函数

LReLU 函数导数的数学表达式为

$$f'_{\text{LReLU}}(x)=\begin{cases}1, & x>0\\ \alpha, & x\leqslant 0\end{cases} \tag{9-17}$$

LReLU 激活函数引入了一个参数 α 来解决“死亡神经元”的问题，在修正数据分布的同时保留了一部分负数区间的值，这样在负数区间内函数的导数始终为 α 。在实际应用中，α 的取值范围是 $[0,1]$ ，通常将其设为 0.01。

当 $\alpha<1$ 时，LReLU 函数也可以写成

$$f_{\text{LReLU}}(x)=\max\{\alpha x, x\} \tag{9-18}$$

5. PReLU 函数

对于 LReLU 函数中的 α ，基本上都是通过先验知识进行人工赋值的。然而，通过观察可以知道，代价函数对 α 的导数是可求的。何恺明等人在 ReLU 函数的基础上引入了一个可学习的参数，不同的神经元有不同的参数 α ，由此得到一种新的激活函数，称为参数化修正线性单元（PReLU）函数。

PReLU 函数的数学表达式为

$$\begin{aligned}f_{\text{PReLU}}(x)&=\begin{cases}x, & x>0\\ \alpha_i x, & x\leqslant 0\end{cases}\\ &=\max\{\alpha_i x, x\}\end{aligned} \tag{9-19}$$

PReLU 函数导数的数学表达式为

$$f'_{\text{PReLU}}(x)=\begin{cases}1, & x>0\\ \alpha_i, & x\leqslant 0\end{cases} \tag{9-20}$$

不同于 LReLU 函数，PReLU 函数神经元中的 α_i 不是一个固定的常数，而是每个神经元中可学习的参数，也可以是一组 PReLU 函数神经元共享的参数。当 $\alpha_i=0$ 时，PReLU 函数可以看成是 ReLU 函数，当 α_i 是一个很小的数时，PReLU 函数可以看成是 LReLU 函数。

6. ELU 函数

LReLU 函数和 PReLU 函数解决了 ReLU 函数“死亡神经元”问题，但 ReLU 函数非 0 中心化的问题依然存在，而**指数线性单元（ELU）**解决了这个问题。ELU 是一个近似的 0 中心化的非线性函数，输出的均值接近 0，其数学表达式为

$$\begin{aligned}f_{\text{ELU}}(x)&=\begin{cases}x, & x>0\\ \alpha(\mathrm{e}^x-1), & x\leqslant 0\end{cases}\\ &=\max\{0,x\}+\min\{0,\alpha(\mathrm{e}^x-1)\}\end{aligned} \tag{9-21}$$

式中，α 是一个可调整的参数，控制着 $x\leqslant 0$ 时的 ELU 函数的饱和。

ELU 函数导数的数学表达式为

$$f'_{\text{ELU}}(x)=\begin{cases}1, & x>0\\ \alpha\mathrm{e}^x, & x\leqslant 0\end{cases} \tag{9-22}$$

7. Maxout 函数

Maxout 函数是一种分段线性函数，理论上可以拟合任意的凸函数。最直观的解释就是任意的凸函数都可以由分段线性函数以任意精度拟合，而 Maxout 函数则是求取 k 个隐藏层

节点的最大值，这些“隐藏层”节点也是线性的，所以在不同的取值范围下，最大值也可以看作是分段线性的。与其他激活函数相比，它计算 k 次权值，从中选择最大值作权值，所以其计算量成 k 倍增加。当 k 为 2 时，可看成分成两段的线性函数。

Maxout 函数的数学表达式为

$$f_{\text{Maxout}}(x) = \max(\boldsymbol{w}_1^{\mathrm{T}}\boldsymbol{x} + b_1, \boldsymbol{w}_2^{\mathrm{T}}\boldsymbol{x} + b_2, \cdots, \boldsymbol{w}_k^{\mathrm{T}}\boldsymbol{x} + b_k) \tag{9-23}$$

Maxout 函数采用线性操作，所以其计算简单，不会出现梯度饱和问题，同时又不像 ReLU函数那样容易出现死亡神经元。Maxout 函数最大的问题是计算量成倍增长，模型训练过程较慢。

9.2 卷积神经网络

9.2.1 引言

卷积神经网络（CNN）是一种具有局部连接、权重共享等特性的前馈神经网络。对卷积神经网络的研究可追溯至 20 世纪 80 年代中期日本学者福岛邦彦等提出的“神经认知机”（Neocognition）模型，它是第一个基于神经元之间的局部连接性和层次结构组织的人工神经网络，可以视为卷积神经网络的雏形。1989 年，YannLeCun 等对权重进行随机初始化后使用了反向传播算法对网络进行训练，并首次使用了“卷积”一词，将卷积神经网络成功应用到美国邮局的手写字符识别系统中。1998 年，YannLeCun 等人在之前卷积神经网络的基础上构建了经典的卷积神经网络模型 LeNet-5，并再次提高了手写字符识别的准确率。2006 年逐层训练参数与预训练方法使得卷积神经网络可以设计得更复杂，训练效果更好。

2012 年，AlexNet 在 ImageNet 大规模视觉识别挑战赛（ILSVRC）中取得了当时最佳的分类性能，引起了人们对深度卷积神经网络的关注。此后，基于深度卷积神经网络的模型开始取代传统图像分类算法成为 ILSVRC 图像分类比赛参赛队伍所采用的主流方法。AlexNet 在增加网络深度的同时，采用了很多新技术：采用 ReLU 激活函数代替 Tanh 激活函数，降低了模型的计算复杂度，模型的训练速度也提升了几倍；通过 Dropout 技术在训练过程中将中间层的一些神经元随机设置为 0，使模型更具有鲁棒性，也减少了全连接层的过拟合；而且还通过图像平移、图像水平镜像变换、改变图像灰度等方式来增加训练样本，从而减少过拟合。

2014 年，Szegedy 等人大大增加了 CNN 的深度，提出了一个超过 20 层的 CNN 结构，称为 GoogleNet。在 GoogleNet 的结构中采用了 3 种类型的卷积操作，分别是 1 * 1、3 * 3、5 * 5,该结构的主要特点是提升了计算机资源的利用率，参数比 AlexNet 少了 12 倍，而准确率更高，在 ILSVRC-2014 中获得了图像分类“指定数据”组的第 1 名。

2014 年，Simonyan 等人在其发表的文章中探讨了“深度”对于 CNN 网络的重要性，该文通过在现有的网络结构中不断增加具有 3 * 3 卷积核的卷积层来增加网络的深度。实验结果表明，当权值层数达到 16 ~ 19 时，模型的性能能够得到有效的提升，该文中的模型也被称为 VGG 模型。VGG 模型用具有小卷积核的多个卷积层替换一个具有较大卷积核的卷积层，如用大小均为 3 * 3 卷积核的 3 层卷积层代替一层具有 7 * 7 卷积核的卷积层，这种替换方式减少了参数的数量，而且也能够使决策函数更具有判别性。VGG 模型在 ILSVRC-2014

竞赛中，得到了图像分类“指定数据”组的第 2 名，该模型证明了网络深度在视觉表示中的重要性。

然而，随着网络深度的增加，训练网络时由于会出现梯度消失或梯度爆炸的问题而使训练变得困难。为了解决上述问题，何恺明等人于 2015 年提出了深度残差网络 ResNet。该网络采用残差学习单元作为基本组成部分，在原始卷积层外部加入捷径连接（Shortcut connections）支路构成基本残差学习单元，通过顺序叠加残差学习单元成功地缓解了深度卷积神经网络（DCNN）难以训练和性能退化问题，在 2015 年的 ILSVRC 比赛中夺得冠军，将 Top-5 错误率降低至 3.57%。

近年来，CNN 的局部连接、权值共享、池化操作及多层结构等优良特性使其受到了许多研究者的关注。CNN 通过权值共享减少了需要训练的权值个数、降低了网络的计算复杂度，同时通过池化操作使得网络对输入的局部变换具有一定的不变性如平移不变性、缩放不变性等，提升了网络的泛化能力。虽然 CNN 所具有的这些特点使其在诸多领域得到了广泛应用，特别是在计算机视觉方面，深度卷积神经网络在图像分类、目标检测和语义分割等任务上表现优异，都取得了突破性的进展，但其优势并不意味着目前存在的网络没有瑕疵。如何有效地训练层级很深的深度网络模型仍旧是一个有待研究的问题。尽管图像分类任务能够受益于层级较深的卷积网络，但一些方法还是不能很好地处理遮挡或者运动模糊等问题。

9.2.2 视觉皮层的工作机理

卷积神经网络是一种包含卷积层的深度神经网络，其模型设计受人类视觉皮层结构的启发。卷积神经网络通过卷积和池化操作自动学习图像在各个层次上的特征，这符合人们理解图像的常识。人在认知图像时是分层抽象的，首先理解的是颜色和亮度，然后是边缘、角点、直线等局部细节特征，接下来是纹理、几何形状等更复杂的信息和结构，最后形成整个物体的概念。

视觉神经科学（Visual Neuroscience）对于视觉机理的研究验证了这一结论，动物大脑的视觉皮层具有分层结构。眼睛将看到的景象成像在视网膜上，视网膜把光学信号转换成电信号，传递到大脑的**视觉皮层（Visual Cortex）**，视觉皮层是大脑中负责处理视觉信号的部分。1958 年，神经生物学家 David Hubel 和 Torsten Wiesel 进行了一次实验，他们在猫的大脑初级视觉皮层内插入电极，在猫的眼前展示各种形状、空间位置、角度的光带，然后测量猫大脑神经元放出的电信号。实验发现，当光带处于某一位置和角度时，电信号最为强烈；不同的神经元对各种空间位置和方向偏好不同。实验证实了位于后脑皮层的神经元与视觉刺激之间存在某种对应关系。换句话说，一旦视觉受到了某种刺激，后脑皮层的特定部分的神经元就会被激活。他们的实验发现了一种被称为“方向选择性细胞”的神经元，当看到眼前物体的边缘，而且这个边缘指向某一个方向时，这种神经元就会被激活。例如，某些神经元会对垂直边缘做出响应，而其他的神经元则会对水平或者斜边缘做出反应。

人类的视觉皮层位于头骨后部的枕叶中，它是处理视觉信息的重要部分。目前已经证明，视觉皮层具有层次结构，如图 9-9 所示。来自眼睛视网膜的视觉信息通过一系列脑结构处理后到达视觉皮层。视觉皮层中接受视觉输入的部分被称为**初级视觉皮层**（Primary Visual Cortex），也称为 Vl 视觉区域。V1 视觉皮层简单神经元对一些细节、特定方向的图像信号敏感。V1 皮层处理之后，将信号传导到 V2 视觉区域。V2 视觉皮层将边缘和轮廓信息表示成简单形状，然后由 V4 视觉皮层中的神经元进行处理，它对颜色信息敏感。与物体识别相关的视觉区域称为腹侧流，由区域 V1、V2、V4 和颞下回皮层组成，这些区域是视觉信息处理的高级阶段，通过处理可以把所看到物体的复杂结构关联起来。

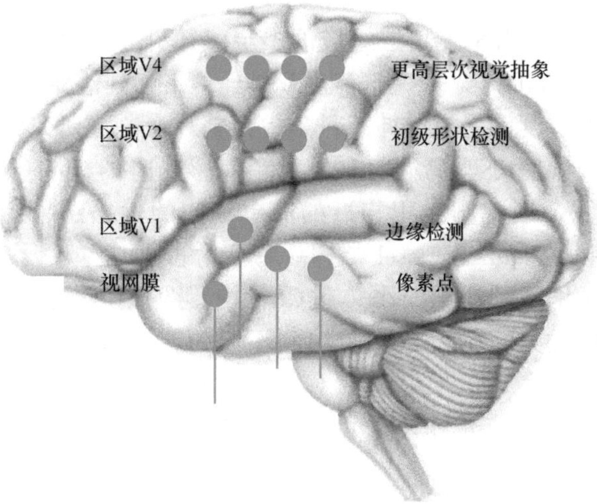

图 9-9　大脑视觉皮层的分层结构

各个视觉区域完成的信息处理功能如下。

1）V1 视觉区域主要完成物体边缘检测任务，边缘信号是具有较强局部对比度的区域信号，对物体识别起着重要作用。

2）V2 视觉区域是将视觉信号关联起来的第一个区域。它接收来自 V1 视觉区域的前馈信号，并向后继的区域发送强连接信号。V2 视觉区域中的神经元开始有选择地提取视觉信号中的信息，例如：方向、空间频率、颜色以及一些复杂的结构特征。

3）V4 视觉区域可以探测到观测物体更复杂的特征，例如：简单图形的几何结构、空间频率、位置等。V4 视觉区域可以调节信号，并可以通过捷径直接从 V1 视觉区域中获取信号。

4）颞下回皮层可以分辨物体颜色和形状。将当前信号与存储在记忆中的类似信号进行比较，以识别当前物体。通过颞下回皮层结构，人脑可以处理具有语义级的任务。

由于视觉皮层的神经元对视野中的小区域敏感，这些区域被称为**感受野**（**Receptive Field**）。人类视觉皮层对视觉图像信号的处理，有着较强的局部感受野特性。局部感受野特性指空间的局部性、方向性、信息的选择性。视觉皮层对信号的处理采用稀疏编码原则，不同层神经元之间的信号传递并不都是全连接传递，根据功能的需要，后一层的神经元选择性地与前一层的神经元连接。在大脑中存在的这种局部敏感和方向选择的神经元网络结构可以有效降低神经网络的复杂程度，这也就是卷积神经网络的生物理论基础。

很容易理解，大脑视觉皮层的神经元提取事物特征的能力与机器学习中寻找一个输入与输出的良好映射的目标是一致的，这也是卷积神经网络在图像识别中表现良好的一个原因。此外，研究人员还发现了两种基本细胞类型：简单细胞对其感受野内特定边缘模式最敏感；

复杂细胞具有较大的感受野，对模式的精确位置具有局部不变的感知。

David Hubel 和 Torsten Wiesel 由于发现了“视觉系统的信息处理机制”而荣获 1981 年的诺贝尔生理学或医学奖。

9.2.3 卷积神经网络的基本结构

卷积神经网络在经典的由全连接层组成的多层感知机（MLP）的基础上，添加了卷积层和池化层。采用卷积运算的卷积层是区别卷积神经网络和其他神经网络模型的重要特征。

卷积神经网络的模型设计受视觉神经科学中大脑视觉皮层研究的启发，模仿了视觉皮层中的简单细胞和复杂细胞处理视觉信息的过程及感受野的机制。简单细胞响应来自不同方向的边缘信息，复杂细胞则累积相近的简单细胞的输出结果，称为 Hubel-Wiesel 结构。CNN 包含了多阶段的 Hubel-Wiesel 结构。每个阶段通常包含了基本的模拟简单细胞的卷积操作和模拟复杂细胞的池化操作。在 CNN 中，图像中的子块（局部感受区域）作为层级结构的最底层的输入，信息依次传输到不同的层，每层通过一个过滤器获得观测数据的最显著的特征。这个方法能够获取对平移、缩放和旋转不变的观测数据的显著特征，因为图像的局部感受区域允许神经元或者处理单元可以访问到最基础的特征，例如定向边缘或者角点。

CNN 的基本结构由输入层、卷积层（Convolutional Layer）、池化层（Pooling Layer）、全连接层（FullyConnected Layer）及输出层构成。卷积层和池化层一般会取若干个，采用卷积层和池化层交替设置，即一个卷积层连接一个池化层，池化层后再连接一个卷积层，以此类推。由于卷积层中输出特征图的每个神经元与其输入进行局部连接，并通过对应的连接权值与局部输入进行加权求和再加上偏置值，得到该神经元输入值，该过程等同于卷积过程，“卷积神经网络”也由此而得名。

一个典型的卷积神经网络包括一个特征提取器和一个分类（回归）器。特征提取器由多个卷积模块堆叠而成，每个卷积模块通常包括一个卷积层和一个池化层。后一个卷积模块对前一个卷积模块传递来的特征进行加工，从输入层的原始数据中逐层提取出高层语义信息，从而获得更高阶的特征。最终获得的特征作为分类（回归）器的输入。分类（回归）器通常采用 2~4 层的全连接前馈神经网络，因此又称全连接层。在卷积层与全连接层后通常会接激活函数。卷积神经网络的最后一层将其目标任务（分类、回归等）形式化为目标函数。通过计算预测值与真实值之间的误差或损失，凭借反向传播算法将误差或损失由最后一层逐层向前反馈，更新网络模型参数。

图 9-10 所示是一个简单的用于人脸表情识别的卷积神经网络。不包括输入层，该网络由 7 层组成，其中包括 3 层卷积层（C1、C2 和 C3）、2 层池化层（S1 和 S2）、1 层全连接层和 1 层 Softmax 层。输入层是 96×96 的二维人脸图像数据。卷积层和池化层有若干个特征图（Feature Map），每个特征图都与其前一层特征图以局部连接的方式相连接。卷积层 C1、C2、C3 分别使用 32、64、128 个卷积核进行卷积操作，每个卷积层使用的卷积核的大小都为 5×5；池化层 S1、S2 使用的采样窗口的大小为 2×2；全连接层含有 300 个神经元，与池化层 S2 进行全连接；Softmax 层含有 7 个神经元，对全连接层输出的特征进行分类，将人脸表情分成高兴、惊讶、愤怒、悲伤、厌恶、恐惧、中性共 7 类。

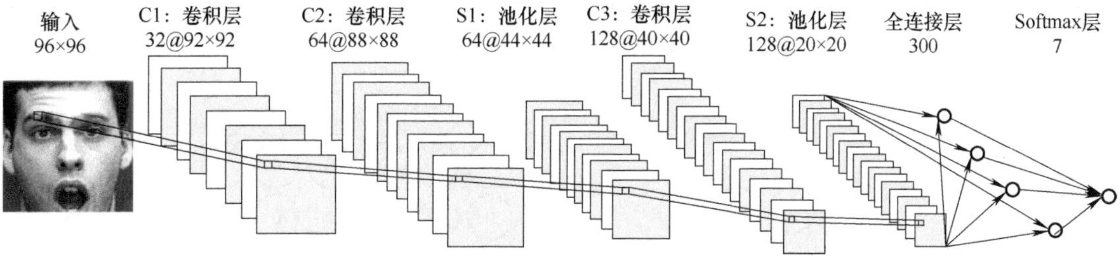

图 9-10　一种用于人脸表情识别的 CNN

1. 卷积层

卷积层是一个特征提取层，它往往采用多个不同的卷积核（权重参数不同）对输入的数据进行卷积操作，从输入数据中提取不同的特征。输入数据与卷积核进行卷积运算后的输出再通过激活函数后得到的结果称为**特征图**（Feature Map）。一个特征图中的特征由一个卷积核计算得到，不同特征图由不同的卷积核计算得到。卷积层中卷积核的个数是**超参数**，可以根据不同的需求设置。特征图中特征的提取受前一层特征图中的局部感受野影响。感受野是卷积神经网络每一层输出的特征图上的像素点在输入图片上映射的区域大小。相同的局部感受野范围内，不同的图像特征可以被不同的卷积核提取。经过多个卷积层的运算，最后得到图像在不同尺度的抽象表示。

自然图像中不同子块的统计特性通常具有一致性，这意味着可以将从图像某一子块学习到的特征作为探测器，然后遍历整幅图像的所有子块，来获得其他子块同一特征的激活值。CNN 中的卷积层就是利用图像的上述固有特性，用不同的可训练的卷积核分别与前一层所有的特征图进行卷积求和，并加上偏置，然后再将结果经过激活函数的输出形成当前层的神经元，从而构成当前层不同特征的特征图。一般地，卷积层的计算表达式为

$$\boldsymbol{y}_j^l = f\left(\sum_{i=1}^{N_j^{l-1}} \boldsymbol{w}_{i,j} * \boldsymbol{x}_i^{l-1} + b_j^l\right), \quad j = 1,2,\cdots,M \tag{9-24}$$

为表述方便，称第 l 层为当前层，第 $l-1$ 层为前一层；$\boldsymbol{y}_j^l$ 表示当前层第 j 个特征图；$\boldsymbol{w}_{i,j}$ 表示当前层第 j 个特征图与前一层第 i 个特征图的卷积核；$\boldsymbol{x}_i^{l-1}$ 表示前一层第 i 个特征图；b_j^l 表示当前层第 j 个特征图的偏置；N_j^{l-1} 表示与当前层第 j 个特征图连接的前一层所有特征图的数量；M 表示当前层特征图的数量；$f(\cdot)$ 表示激活函数，常用的激活函数有修正线性单元（ReLU）等。

为了更好地描述卷积操作，下面先介绍几个概念。

- 输入大小：彩色图像输入为三维的张量，其大小为图像的宽度 × 高度 × 深度；灰度图像输入为二维矩阵，其大小为图像的宽度 × 高度。
- 零填充（zero-padding）：用 0 值为图像添加新的像素。如图 9-11 所示，一个 3 × 3 的图像经零填充扩展后的输出结果，虚线圆圈代表 0 值填充图像像素，其中图 9-11a 所示的零填充大小为 1，图 9-11b 所示的零填充大小为 2。

零填充的作用：在卷积操作的时候，图像边缘像素值只参加过一次卷积运算，非边缘像素值重复地参加卷积运算。这样的运算导致卷积操作的不平衡，使图像的边缘信息被卷积操作忽略。加入零填充扩展，原有的图像边缘像素信息可以被卷积操作多次运算，解决了卷积

运算不平衡的问题。零填充还可以扩大卷积操作之后输出特征图的大小。为了保持经卷积操作之后输出的特征图大小与输入的原始图像或特征图一致，通常采用零填充扩展。

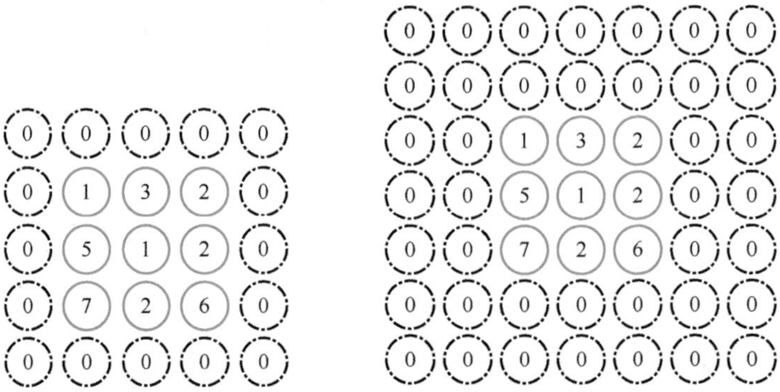

a)　　　　b)

图 9-11　零填充扩展示意图

a）零填充大小为 1 的扩展　b）零填充大小为 2 的扩展

- 卷积核大小：即卷积核的作用范围。在进行 3D 卷积操作时，卷积核是一个三维张量，其大小为卷积核的宽度 × 高度 × 深度，其中卷积核的深度与输入彩色图像的深度相同；在进行 2D 卷积操作时，卷积核是一个二维矩阵，其大小为卷积核的宽度 × 高度。
- 步长（stride）：卷积核在从左往右、从上往下遍历图像时，每次滑动的像素点的距离大小。
- 输出特征图大小：输出特征图是一个张量，其大小为宽度 × 高度 × 深度，其中宽度和高度由输入大小、零填充、卷积核大小、步长决定，深度为卷积核的个数。

假设输入为一个 $I \times I$ 的方阵图像，零填充大小设为 P，卷积核为 $K \times K$ 的方阵，步长设为 S，输出特征图为一个 $O \times O$ 的方阵，则

$$O = \left\lfloor \frac{I + 2P - K}{S} \right\rfloor + 1 \tag{9-25}$$

式中，$\lfloor\ \rfloor$ 符号表示向下取整。

图 9-12 给出了一个 7 × 7 大小的输入图像，经过零填充大小为 1 的扩展后，与一个 3 × 3 大小的卷积核进行步长为 2 的 2D 卷积操作的示意图。

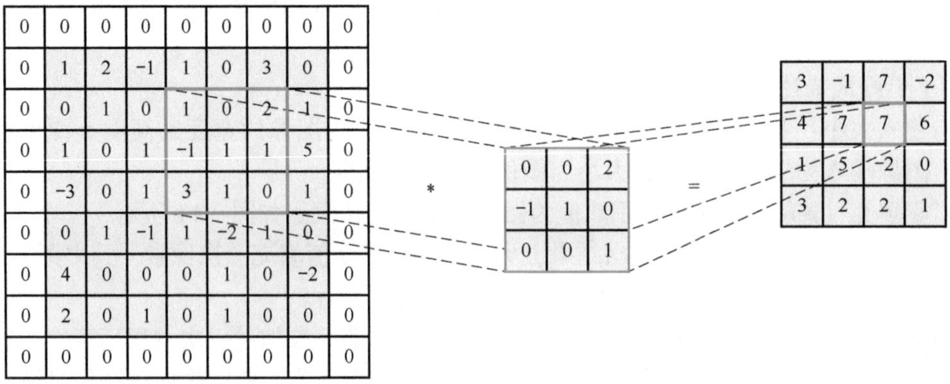

图 9-12　2D 卷积操作示意图

在图 9-10 中，卷积层 C1 采用 5×5 的卷积核对 96×96 像素的输入图像进行卷积操作，即每个神经元指定一个 5×5 局部感受野，所以经卷积操作以后得到的特征图大小为 $(96-5+1)\times(96-5+1)=92\times92$ 。通过 32 个不同卷积核的卷积操作，得到 32 个特征图，即提取了 32 个不同的局部表情特征。同一特征图的每一神经元共享权值（使用相同的卷积核），但它们接收来自不同局部感受野的输入。卷积层 C2 采用 64 个 5×5 的卷积核再对卷积层 C1 输出的特征图进行卷积操作，得到 64 个特征图，每个特征图的大小为 $(92-5+1)\times(92-5+1)=88\times88$ 。卷积层 C3 采用 128 个 5×5 的卷积核对池化层 S1 输出的特征图进行卷积操作，得到 128 个特征图，每个特征图的大小为 $(44-5+1)\times(44-5+1)=40\times40$ 。

卷积层是卷积神经网络的核心部分，卷积层的加入使得神经网络能够共享权重，能够进行局部感知，并开始层次化地对图像进行抽象理解。卷积层的卷积运算将在下一节进行介绍。

2. 池化层

特征图的个数随着卷积层层数的递增而增加，导致学习到的特征维数急速增加。如果直接利用所提取到的所有特征去训练分类（回归）器模型，则不免会带来维数灾难的问题，导致模型出现过拟合的情况。为了避免这样的问题，在卷积神经网络中，通常在卷积层之后加入池化层（Pooling layer）来降低特征维数。

池化（Pooling）是卷积神经网络中另一个重要的概念。池化层的作用是对上一个卷积层提取的特征图进行下采样（Down sampling）操作，所以，池化层也称为下采样层。池化操作独立作用于每个通道的特征图上，它并不改变特征图的数目，只是减少特征图的大小。如果池化窗口的大小为 $n\times n$ ，其滑动步长（Stride）为 n ，那么，经过一次池化操作后，输出特征图的大小是输入特征图的 $\frac{1}{n}\times\frac{1}{n}$ 。图 9-13 给出了池化窗口的大小为 2×2 、滑动步长为 2 时的池化操作示意图。

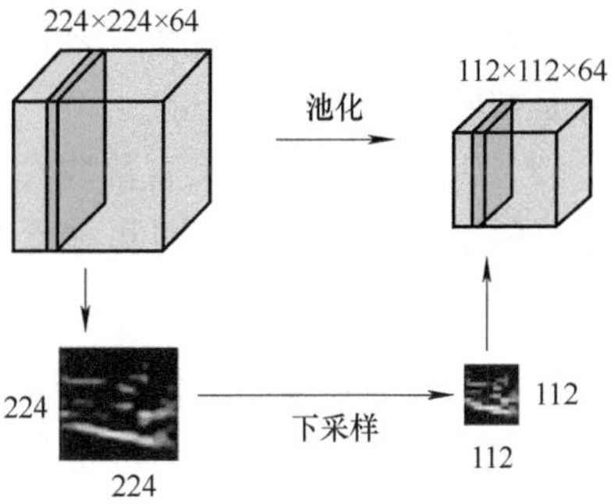

图 9-13　池化操作示意图

池化层的作用是使特征图的输出对平移、缩放、旋转等变换的敏感度下降，同时降低特征维数，从而减少模型参数数量和计算开销，也能起到防止过拟合的作用。

池化操作的一般表达式为

$$\boldsymbol{y}_j^l=f(\beta_j^l \mathrm{down}(\boldsymbol{y}_j^{l-1})+b_j^l) \tag{9-26}$$

式中，$\boldsymbol{y}_j^l$ 和 $\boldsymbol{y}_j^{l-1}$ 分别表示当前层和前一层的第 j 个特征图；$\mathrm{down}(\cdot)$ 表示一个下采样函数；β_j^l 和 b_j^l 分别表示当前层第 j 个特征图的乘性偏置和加性偏置，通常令 $\beta_j^l=1$ ，$b_j^l=0$ ；$f(\cdot)$ 为激活函数，一般采用恒等函数。

在图 9-10 中，池化层 S1 对卷积层 C2 输出的特征图采用 2×2 的窗口进行池化操作，得到的特征图大小为 44×44 ，池化操作并没有改变特征图的数目，所以特征图的个数还是 64 个。同理，池化层 S2 采用 2×2 的窗口对卷积层 C3 输出的特征图进行池化操作，得到 128 个特征图，每个特征图的大小为 20×20 。

常见的池化操作有两种：最大值池化（Max-pooling）和均值池化（Average-pooling）。最大值池化表示下采样时从池化窗口内选取最大的值作为输出，平均值池化表示将池化窗口内所有元素的平均值作为输出。最大值池化常设置在卷积层后，用于突出显著特征，去除冗余；均值池化常设置在第一个全连接层前，将特征图的每个通道进行融合，降低特征向量维数。计算时，池化窗口在特征图上滑动，对局部区域的各通道计算最大值或均值。在经典的CNN模型中，通常会将池化窗口的大小设置为2×2，滑动步长设置为2，使得输出特征图的大小变为输入特征图的$\frac{1}{2}\times\frac{1}{2}$。当输入图像大小为2的高次方倍数时，这种池化设置会更便于模型结构设计。图9-14和图9-15分别示意了池化窗口大小为2×2、滑动步长为2时的最大值池化和均值池化操作。

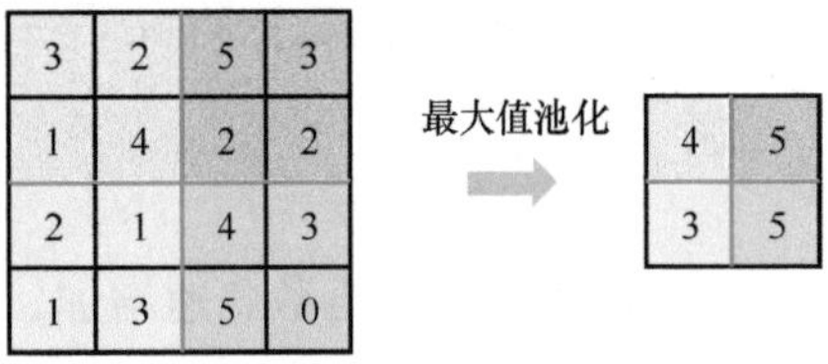

图9-14　最大值池化操作示意图

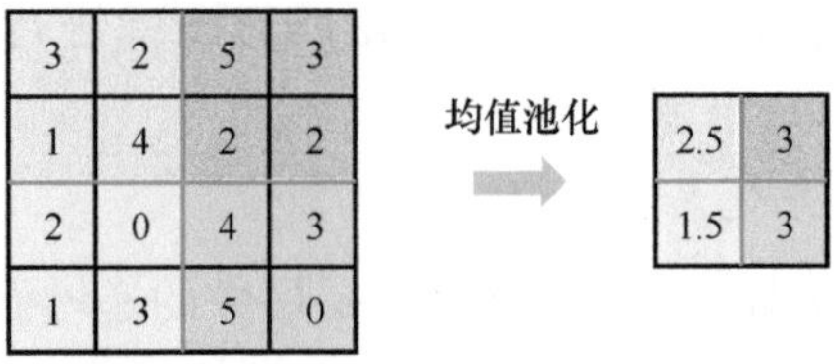

图9-15　均值池化操作示意图

池化层具有以下三个特性：

（1）没有需要学习的参数　池化层和卷积层不同，没有需要学习的参数，而只是从目标区域中取出最大值或平均值。

（2）通道数不发生变化　经过池化运算，输入数据和输出数据的通道数不会发生变化，计算是按照通道独立进行的。

（3）对微小的变化具有鲁棒性　在最大池化中，输入数据发生微小偏差时，池化操作的输出值不会发生改变，因此对输入数据的微小偏差具有鲁棒性。

3. 全连接层

卷积层和池化层的交替堆叠组成了一个简单的卷积神经网络，这样的神经网络可以提取输入图像的高阶特征。为了将卷积神经网络更好地应用在具体的任务上，通常在模型的卷积层和池化层之后添加全连接层，全连接层与池化层进行全连接。

卷积神经网络中的全连接层等价于传统前馈神经网络中的隐藏层。全连接层位于卷积神经网络隐藏层的最后部分，并只向其他全连接层传递信号。特征图在全连接层中会失去空间拓扑结构，被扁平化成单一的特征向量，如图9-16所示。

按照表征学习观点，卷积神经网络中的卷积层和池化层能够对输入数据进行特征提取，全连接层的作用则是对提取的特征进行非线性组合以得到输出，即全连接层本身不被期望具有特征提取能力，而是试图利用现有的高阶特征完成学习目标。

在一些卷积神经网络中，全连接层的功能可由全局均值池化（Global Average Pooling）取代。全局均值池化会将特征图每个通道的所有值取平均，即若有$7\times7\times256$的特征图，全局均值池化将返回一个256维的向量，其中每个元素都是7×7，步长为7，无填充的均值池化。

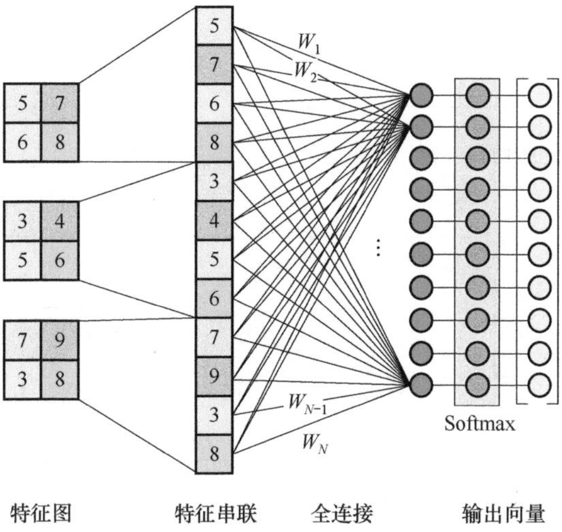

图 9-16　全连接层的作用

4. 输出层

卷积神经网络中输出层的上游通常是全连接层，因此其结构和工作原理与传统前馈神经网络中的输出层相同。对于图像分类问题，输出层使用 Softmax 函数输出类别标签。后来有研究者在网络的最后一层中插入径向基函数（Radial Basis Functions，RBF）。也有研究者发现用支持向量机替换 Softmax 可以提高分类的准确率。在目标检测（Object Detection）任务中，输出层可设计为输出目标的中心坐标、大小和类别。在图像语义分割中，输出层直接输出每个像素的分类结果。

9.2.4　卷积操作

在信号处理等领域，卷积是一种使用广泛的技术。在声学中，回声可以用原声与一个反映各种反射效应的函数相卷积来表示；在信号处理中，任意一个线性系统的输出都可以通过将输入信号与系统函数（系统的应激响应）进行卷积运算获得。但是，在深度学习领域中的“卷积”本质上是信号处理领域内的互相关（Cross-correlation）。这两种操作之间存在细微的差别。

在信号处理领域，卷积的定义为

$$f(t) * g(t) = \int_{-\infty}^{+\infty} f(\tau) g(t - \tau) \mathrm{d}\tau \tag{9-27}$$

函数 $f(t)$ 与 $g(t)$ 卷积运算的可视化过程如图 9-17 所示。其中，函数 $f(t)$ 表示输入；函数 $g(t)$ 表示卷积核函数，也称之为过滤器。$g(\tau)$ 经过翻转后再沿水平轴滑动，在每一个位置，我们都计算 $f(\tau)$ 和翻转后的 $g(t-\tau)$ 之间相交重叠区域的面积，这个相交区域的面积就是特定位置处的卷积值。

另一方面，互相关运算是两个函数之间的滑动点积或滑动内积。互相关运算中的过滤器 $g(\tau)$ 不经过翻转，而是直接滑过函数 $f(\tau)$，$f(\tau)$ 与 $g(\tau)$ 之间的交叉区域即是互相关系数。图 9-18 展示了卷积运算与互相关运算之间的差异。

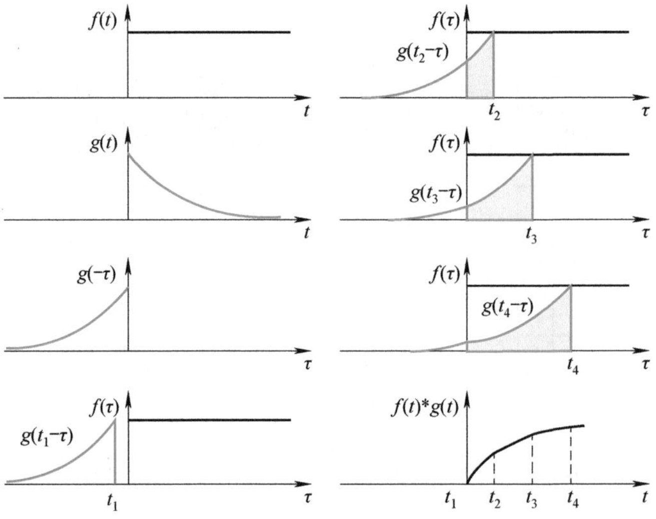

图 9-17　卷积运算的可视化过程

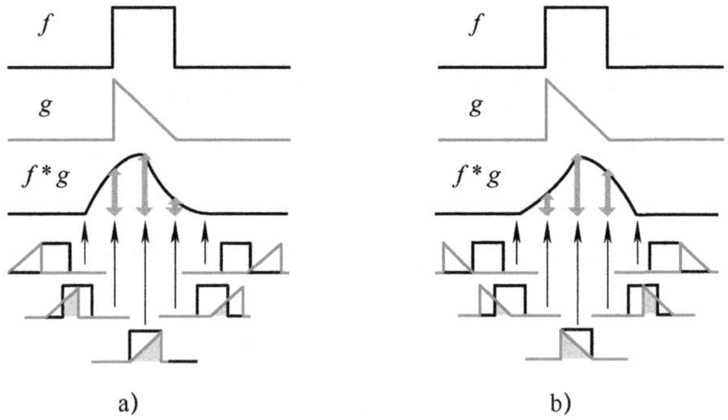

图 9-18　卷积运算与互相关运算之间的差异

a）卷积运算　b）互相关运算

严格来说，卷积神经网络中的“卷积”运算实际上计算的是相关系数，而不是数学意义上的卷积。之所以可以这么等效，是因为过滤器（卷积核）的参数是在网络训练阶段通过梯度下降算法学习得到的。过滤器（卷积核）的翻转可以看成是包含在卷积神经网络模型的训练算法中，这样不论过滤器（卷积核）是否进行翻转，训练算法都能够学到恰当的参数。因此，在训练之前，没必要像在真正的卷积运算中那样首先对过滤器进行翻转。总的来说，忽略翻转操作可以大大降低卷积神经网络的运算量，而且不影响卷积神经网络的性能。

在机器学习的应用中，输入数据通常是一个多维数组，卷积核（Kernel）通常是一个通过学习算法获得的多维的参数数组。我们将这些多维数组称为张量（Tensor）。例如，在图像处理中，图像中的所有像素点表示为二维矩阵 $\boldsymbol{I}(i,j)$，如果将一幅图像作为输入，使用一个二维的卷积核 $\boldsymbol{K}(m,n)$ 对该图像进行卷积运算，则卷积运算可以等价地表示为

$$\boldsymbol{C}(i,j) = (\boldsymbol{K} * \boldsymbol{I})(i,j) = \sum_m \sum_n \boldsymbol{I}(i+m,j+n)\boldsymbol{K}(m,n) \tag{9-28}$$

在对图像进行二维卷积操作时，卷积核以某个步长在输入的二维图像上自上而下、自左

向右滑动，将卷积核矩阵的各个元素与其在图像上覆盖的对应位置像素的值逐个相乘后再累加求和，得到当前位置的输出值。每做一次卷积运算，卷积核就滑动到下一次卷积的位置，滑动距离即为步长。如图 9-19 所示，输入的图像大小为 5×5，零填充大小为 0，卷积核大小为 3×3，步长为 1，输出特征图的大小为 3×3。

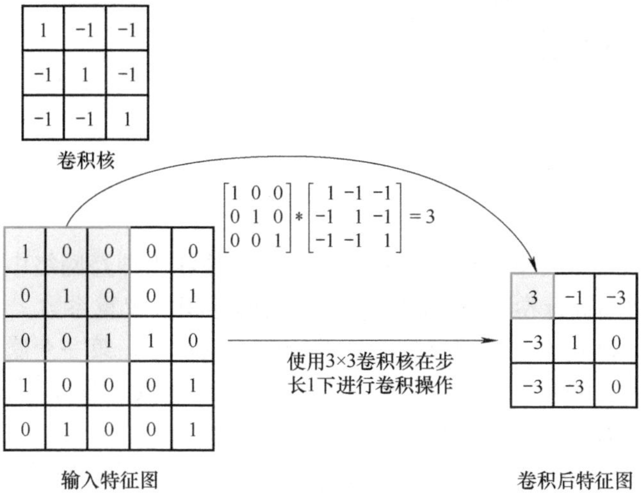

图 9-19　二维卷积运算的示意图

9.2.5　卷积神经网络的特点

受诺贝尔奖获得者 Hubel 和 Wiesel 对猫的大脑视觉皮层机理研究成果的启发，卷积神经网络已经成为深度学习在图像处理领域的重要技术。卷积神经网络具有以下一些主要特点：

（1）局部连接　局部连接的概念来源于视觉系统的结构，在视觉皮层中，神经元只接受局部感受野范围内的信息。在一幅图像中，某个像素与其周围像素的相关性较强，而与其相距较远像素的相关性较弱，甚至没有相关性。因此，在卷积操作时，可以在某一层仅对输入图像或特征图的局部区域（与卷积核大小相同）进行感知，然后在更高层融合局部信息以获得全局信息。

相比于前馈神经网络中的全连接，卷积层中的神经元仅与其相邻层的部分，而非全部神经元相连。具体地，卷积神经网络第 m 层特征图中的任意一个像素都仅是第 $m-1$ 层中卷积核所定义的感受野内的像素的线性组合。

如图 9-20 所示，假设输入图像的大小为 1000×1000 像素，若直接采用全连接前馈神经网络，那么输入层需要 $1000 \times 1000 = 10^6$ 个神经元节点。如果在第一个隐藏层设置有 1000 个神经元节点，那么在第一个隐藏层就有 $1000 \times 1000 \times 1000 = 10^9$ 个权重参数。然而，如果采用局部连接代替全连接，假设第一个隐藏层中的每个神经元节点与输入图像中的 10×10 大小的区域相连接，那么第一个隐藏层的权重参数个数就减少为 $10 \times 10 \times 1000 = 10^5$ 个。因此，局部连接可以有效降低神经网络所需训练的权重参数个数，有利于神经网络的快速学习，节省计算时的内存开销。

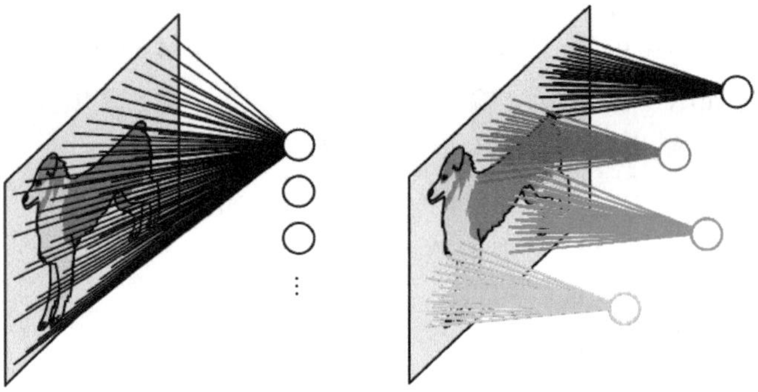

图 9-20 全连接（左图）与局部连接（右图）的对比示意图

（2）权重共享 权重共享（Weight Sharing）指的是卷积神经网络中的每个卷积核在输入图像或特征图上滑动进行卷积操作时，具有相同的卷积核权重系数。在图 9-20 中，每个神经元的卷积核大小为 10×10，即权重参数的个数为 100 个。第一个隐藏层中神经元的总数为 1000 个，如果这 1000 个神经元共用相同的连接权重参数，那么该层权重参数的总数就是 100 个，进一步降低了神经网络中的参数个数。

权重共享是卷积神经网络区别于其他局部连接神经网络的主要特征，虽然后者使用了局部连接，但不同连接的权重是不同的。

（3）表征学习 作为深度学习的代表算法，卷积神经网络具有表征学习能力，即能够从输入信息中提取高阶特征。具体地说，卷积神经网络中的卷积层和池化层能够响应输入特征的平移不变性，即能够识别位于空间不同位置的相近特征。能够提取平移不变特征是卷积神经网络在计算机视觉领域得到应用的原因之一。

平移不变特征在卷积神经网络内部的传递具有一般性的规律。在图像处理问题中，卷积神经网络前部的特征图通常会提取图像中有代表性的高频和低频特征；随后经过池化的特征图会显示出输入图像的边缘特征；当信号进入更深的隐藏层后，其更一般、更完整的特征会被提取。反卷积和反池化（Un-pooling）可以对卷积神经网络的隐藏层特征进行可视化。一个成功的卷积神经网络中，传递至全连接层的特征图会包含与学习目标相同的特征，例如图像分类中各个类别的完整图像。

（4）生物学相似性 卷积神经网络中基于感受野设定的局部连接有明确对应的神经科学过程——视觉神经系统中视觉皮层对视觉空间的组织。视觉皮层细胞从视网膜上的光感受器接收信号，但单个视觉皮层细胞不会接收光感受器的所有信号，而是只接受其所支配的刺激区域，即感受野内的信号。只有感受野内的刺激才能够激活该神经元。多个视觉皮层细胞通过系统地将感受野叠加完整接收视网膜传递的信号并建立视觉空间。事实上神经网络中的“感受野”一词即来自其对应的生物学研究。卷积神经网络中的权重共享的性质在生物学中没有明确证据，但在对与大脑学习密切相关的目标传播（Target-propagation，TP）和反馈调整（Feedback Alignment，FA）机制的研究中，权重共享提升了学习效果。

9.3 循环神经网络

循环神经网络（Recurrent Neural Network，RNN）是一类以序列（Sequence）数据为输

入，在序列的演进方向进行递归且所有节点（循环单元）按链式连接的递归神经网络（Recursive Neural Network）。

循环神经网络具有记忆性、参数共享等特性，在对序列的非线性特征进行学习时具有一定的优势 。循环神经网络在自然语言处理（Natural Language Processing，NLP），例如语音识别、语言建模、机器翻译等领域有应用，也用于各类时间序列预报。

9.3.1　基本的循环神经网络

在传统的全连接前馈神经网络中，从输入层到隐藏层，从隐藏层到输出层，层与层之间是全接的，同一层的节点之间是不存在连接的。这种传统的全连接前馈神经网络只能处理输入数据间没有关联关系的数据，对于处理像语音识别、自然语言处理（NLP）等涉及时间序列的任务就会遇到麻烦。比如说，当需要预测句子中接下来生成的一个单词是什么的时候，一般都会考虑到之前生成的单词，因为在一个句子中前后单词并不是相互独立的。

设计循环神经网络（RNN）的出发点就在于解决此类问题，其核心思想在于利用数据的序列信息。RNN 的循环特征体现在，网络对一个序列中的每个元素执行相同的任务，因为在序列中当前的输出与前面的输出均有关联。具体的表现形式为神经网络会对前面的信息进行“记忆”，捕获到目前为止所计算的信息，并将它应用在当前输出的计算过程中，即隐藏层之间的节点不再和之前一样是无连接的，而是存在连接性的，并且隐藏层的输入不仅包括输入层的输出还包括前一时间步隐藏层的输出。理论上，循环神经网络能够处理任意长度的序列数据。但是在模型训练中，为了降低复杂性，往往假设当前的状态只与之前的几个状态是相关的。

最基本的单隐藏层单向循环神经网络结构如图 9-21 所示，可以将它简单视为“输入层→隐藏层→输出层”的三层结构，但是当输入层的输出到达隐藏层之后，隐藏层会拥有一个闭环连接到自身，环环相扣，这也就是“循环”一词的由来。

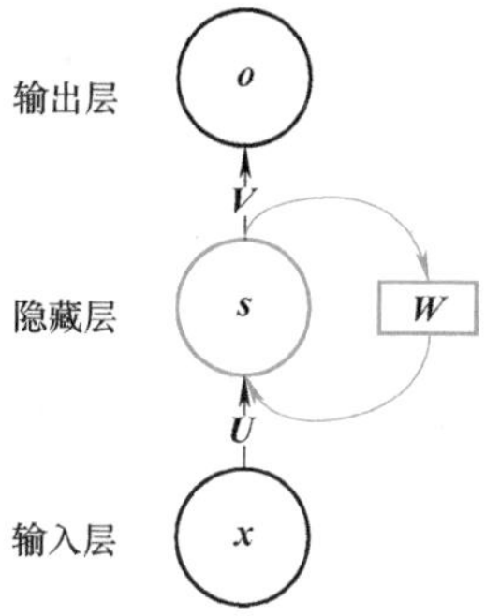

图 9-21　单隐藏层单向循环神经网络结构

在图 9-21 中，$\boldsymbol{x}$ 表示输入层的输入向量，$\boldsymbol{s}$ 表示隐藏层的输出向量，$\boldsymbol{o}$ 表示输出层的输出向量，$\boldsymbol{U}$ 表示从输入层神经元到隐藏层神经元的连接权重矩阵，$\boldsymbol{V}$ 表示从隐藏层神经元到输出层神经元的连接权重矩阵，$\boldsymbol{W}$ 表示从上一个时间步（前一个时间步）的隐藏层到当前时间步的隐藏层的连接权重矩阵，用来控制调度循环神经网络中的“记忆”。

图 9-21 的表现形式虽然很简洁，但它无法直观地表现出输入向量或输出向量的序列特性，因此，人们也常用图 9-22 所示的按时间序列展开形式来表示一个单隐藏层单向 RNN 结构。

在图 9-22 中，$\boldsymbol{x}_t$ 表示 RNN 中某一时间步的输入，与多层感知机的输入不同，循环神经网络的输入是整个序列，即序列 $\{\boldsymbol{x}_1,\boldsymbol{x}_2,\cdots,\boldsymbol{x}_{t-1},\boldsymbol{x}_t,\boldsymbol{x}_{t+1},\cdots,\boldsymbol{x}_T\}$ 。需要注意的是此处的“时间步”并不特指现实中的时间概念，它仅表示在序列中的次序。例如，在语言模型中，每一个 $\boldsymbol{x}_t$ 表示一个词向量，整个序列就表示一句话。$\boldsymbol{s}_t$ 表示的是第 t 时间步隐藏层的状态，$\boldsymbol{o}_t$ 表示的是第 t 时间步输出层的状态。

由图9-22可以清晰地看到上一时间步（第 $t-1$ 时间步）的隐藏层是如何影响当前时间步（第 $t-1$ 时间步）的隐藏层的。RNN中的这种环状结构，就是把同一个网络复制多次，以时序的形式将信息不断传递到下一网络，也正是这种具有循环结构的神经网络具备了“记忆”语义连续性的功能。

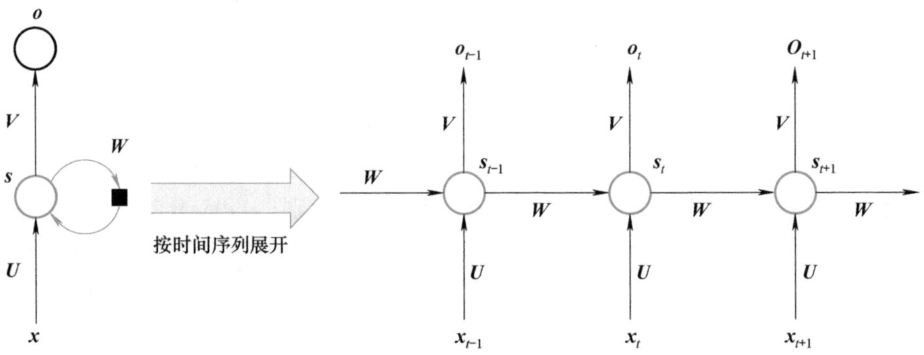

图9-22　按时间序列展开的单隐藏层单向RNN结构

从图9-22的展开过程可以看出RNN具有以下两个优点：

1）处理序列数据时，输入的序列长度是固定不变的，因为在RNN中是从一种状态到另外一种状态的转移，而不是在可变长度的历史状态上进行计算。

2）状态转移函数具有相同的参数，在传统神经网络中，同一网络层的参数是不共享的。而在循环神经网络中，输入层共享权重矩阵 $\boldsymbol{U}$，隐藏层共享权重矩阵 $\boldsymbol{W}$，输出层共享权重矩阵 $\boldsymbol{V}$，这反映了循环神经网络中的每一步都在重复做相同的事，只是输入有所不同，因此大大地减少了网络中需要学习的参数个数，降低了计算的复杂度。

1. RNN的输入层

输入层是对输入进行抽象，得到能够表示所有输入信息的向量，并将得到的向量传递给隐藏层进行计算。$\boldsymbol{x}_t$ 表示的是第 $t(t=1,2,3,\cdots)$ 时间步的输入，比如说，在处理文本数据时，$\boldsymbol{x}_t$ 为第 t 个单词的词向量。在输入层处理自然语言时，需要将自然语言转化为机器能够识别的符号，所以需要将自然语言转变为数值，而单词是构成自然语言的基础，所以在处理的时候可以将单词视为基本单元并对它进行数值化转化，为词向量。词向量主要有两种模式：one-hot词向量和Word2vec词向量。one-hot词向量是用一个指定长度的数值向量来表示一个单词，如果序列中单词的数量为 $|V|$，则生成的词向量的大小为 $|V|*1$，向量中只有一个元素为1，其余元素均为0。1的位置对应着这个单词在词典中的位置，因此该向量可以代表整个单词。Word2vec是通过神经网络或者深度学习对单词进行训练，输入为该单词的one-hot向量，然后需要通过嵌入矩阵将one-hot向量映射到嵌入向量，作为输入。

2. RNN的隐藏层

隐藏层的输入具有两个来源，分别是输入层的输出、隐藏层的输出。隐藏层的输出具有两个去向，分别为传递给隐藏层的自连接、传递给输出层作为输出层的输入。

RNN可以只包含1个隐藏层，也可以包含多个隐藏层。多隐藏层RNN指的是具有多个隐藏层的循环神经网络，在训练过程中，单一隐藏层的循环神经网络效果并不是很好，故而大多选择多隐藏层循环神经网络。多隐藏层 RNN 可以被视为深度循环神经网络。

3. RNN 的输出层

输出层对所有的隐藏层的输出进行加权和函数处理，然后得到的数值就是输出层的输出结果。$\boldsymbol{o}_t$ 表示第 t 时间步的输出，这是第 t 时间步的输入和之前所有的历史输出共同作用的结果，比如说，在处理自然语言时，如果想得到预测序列中下一步的输出，需要对下一个词出现的概率进行建模，想让神经网络输出概率，那么可以使用 Softmax 层作为神经网络的输出层。

Softmax 函数可以视为一种归一化操作，Softmax 层的输入和输出均是向量，两个向量具有相同的维数。输出向量具有以下特征：每一项的值域为 0 到 1，所有项相加之和为 1。由于这些特征符合概率的特征，因此可以将它视为输出概率。

4. RNN 的前向传播

由图 9-22 可知，循环神经网络在第 t 时间步接收到输入数据之后，隐藏层的输入值还受第 $t-1$ 时间步的输出数据及其权重影响。假设在输入层和隐藏层中都各自包含了一个偏置神经元，某个隐藏层神经元的阈值就可以等效为一个权值而计入连接权重矩阵 $\boldsymbol{U}$ 和 $\boldsymbol{W}$ 中，某个输出层神经元的阈值就可以等效为一个权值而计入连接权重矩阵 $\boldsymbol{V}$ 中（关于偏置神经元的描述，请参阅 9.1.2 节）。之所以做这样的假设，是为了后面呈现的一些数学表达式看起来更加简洁。另外，我们还假设图 9-22 所示的 RNN 已经完成了训练阶段，即权重矩阵 $\boldsymbol{U}$、$\boldsymbol{V}$、$\boldsymbol{W}$ 的值已经固定不变了，则 RNN 中隐藏层把当前时间步（第 t 时间步）输入层的结果和前一时间步（第 $t-1$ 时间步）隐藏层的结果作为输入进行计算，得到当前时间步隐藏层的结果，并将它传递给输出层，进行输出层的计算。

$$\boldsymbol{h}_t = \boldsymbol{U}\cdot\boldsymbol{x}_t + \boldsymbol{W}\cdot\boldsymbol{s}_{t-1} \tag{9-29}$$

$$\boldsymbol{s}_t = f(\boldsymbol{h}_t) \tag{9-30}$$

$$\boldsymbol{o}_t = \varphi(\boldsymbol{V}\cdot\boldsymbol{s}_t) \tag{9-31}$$

在接收到输入 $\boldsymbol{x}_t$ 后，隐藏层的值为 $\boldsymbol{s}_t$，输出层的值为 $\boldsymbol{o}_t$。

式（9-29）是隐藏层的计算公式，$\boldsymbol{h}_t$ 表示的是第 t 时间步隐藏层神经元的值，$\boldsymbol{U}$ 表示从输入层神经元到隐藏层神经元的连接权重矩阵，$\boldsymbol{W}$ 表示从上一个时间步（前一个时间步）的隐藏层到当前时间步的隐藏层的连接权重矩阵，即自连接的权重，$\boldsymbol{x}_t$ 是第 t 时间步每个输入单元的值，$\boldsymbol{s}_{t-1}$ 是第 $t-1$ 时间步每个隐藏层节点的值。由式（9-29）可以看出，第一项是接收来自输入层的数据，第二项是接收来自隐藏层的数据。由此可见，隐藏层的输出不仅取决于当前时间步输入层的输入 $\boldsymbol{x}_t$，还取决于上一时间步（第 $t-1$ 时间步）隐藏层的输出 $\boldsymbol{s}_{t-1}$。

式（9-30）表示的是对隐藏层神经元施加激活函数 $f(\cdot)$，产生隐藏层单元的最终激活值 s_t，$f(\cdot)$ 是隐藏层神经元的激活函数。

式（9-31）表示的是输出层的计算公式，输出层是一个全连接层，$\boldsymbol{o}_t$ 表示的是第 t 时间步输出单元的值，$\boldsymbol{V}$ 表示从隐藏层神经元到输出层神经元的连接权重矩阵，$\varphi(\cdot)$ 是输出层神经元的激活函数。

如果将式（9-29）和式（9-30）递归地代入式（9-31），就可以得到

$$
\begin{aligned}
\boldsymbol{o}_t &= \varphi(\boldsymbol{V}\cdot\boldsymbol{s}_t)\\
&= \varphi(\boldsymbol{V}\cdot f(\boldsymbol{U}\cdot\boldsymbol{x}_t+\boldsymbol{W}\cdot\boldsymbol{s}_{t-1}))\\
&= \varphi(\boldsymbol{V}\cdot f(\boldsymbol{U}\cdot\boldsymbol{x}_t+\boldsymbol{W}\cdot f(\boldsymbol{U}\cdot\boldsymbol{x}_{t-1}+\boldsymbol{W}\cdot\boldsymbol{s}_{t-2})))\\
&= \varphi(\boldsymbol{V}\cdot f(\boldsymbol{U}\cdot\boldsymbol{x}_t+\boldsymbol{W}\cdot f(\boldsymbol{U}\cdot\boldsymbol{x}_{t-1}+\boldsymbol{W}\cdot f(\boldsymbol{U}\cdot\boldsymbol{x}_{t-2}+\boldsymbol{W}\cdot\boldsymbol{s}_{t-3}))))\\
&= \varphi(\boldsymbol{V}\cdot f(\boldsymbol{U}\cdot\boldsymbol{x}_t+\boldsymbol{W}\cdot f(\boldsymbol{U}\cdot\boldsymbol{x}_{t-1}+\boldsymbol{W}\cdot f(\boldsymbol{U}\cdot\boldsymbol{x}_{t-2}+\boldsymbol{W}\cdot f(\boldsymbol{U}\cdot\boldsymbol{x}_{t-3}+\cdots)))))
\end{aligned}
\tag{9-32}
$$

从式（9-32）可以看到，在第 t 时间步的输出 $\boldsymbol{o}_t$ 是受 $\boldsymbol{x}_t$、$\boldsymbol{x}_{t-1}$、$\boldsymbol{x}_{t-2}$、$\boldsymbol{x}_{t-3}$、…影响的，也就是与第 t 时间步的输入以及第 t 时间步之前的每个时间步的输入相关的。其实，RNN 的最大特点在于它将时间序列的思想引入神经网络构建中，中间隐藏层不断地循环递归反馈，通过时间关系来不断加强数据间的影响关系，这就是 RNN 具有“记忆”的原因。

5. RNN 的训练

所谓 RNN 的训练，就是调整优化 RNN 的权重矩阵 $\boldsymbol{U}$、$\boldsymbol{V}$、$\boldsymbol{W}$ 的过程。对于多隐藏层单向 RNN，按照时间序列展开，输入层数据经过多个隐藏层前向传播到最后一层，然后，最后一层的输出反过来通过损失函数，采用反向传播的梯度下降法来调整各层的连接权重。RNN 的训练过程和传统神经网络类似，通常采用一种称为**随时间变化的反向传播（Back Propagation Through Time，BPTT）**算法，该算法非常类似于 BP 算法，只是更加复杂而已。如果将循环神经网络展开，那么权重矩阵 $\boldsymbol{U}$、$\boldsymbol{V}$、$\boldsymbol{W}$ 是共享的，而传统神经网络却不是。循环神经网络在使用梯度下降算法时，每一步的输出不仅依赖当前的网络，并且依赖前面若干步的网络。例如，在 $t=4$ 时，还需要向后传递三步，后面的三步都需要加上各步的梯度。由于 BPTT 算法的推导比较复杂，这里就不展开讨论。

需要注意的是，BPTT 算法无法解决**长期依赖**（Long-Term Dependencies）问题，即当输入序列比较长或网络结构较深时，前后序列的数据信息的关联性减小甚至消失，从而导致网络无法学习到前序序列或前序网络层的重要信息，BPTT 算法会带来**梯度消失**（Gradient Vanishing）或**梯度爆炸**（Gradient Exploding）问题（共享的 $\boldsymbol{W}$ 权值会反复与梯度相乘，若该值大于 1，则会出现梯度爆炸问题；若该值小于 1，则会出现梯度消失问题）。对于梯度爆炸，可以在 RNN 网络中通过添加梯度截断、添加正则项等措施来解决。梯度消失比梯度爆炸更难解决，它可通过长短期记忆神经网络（Long Short Term Memory network，LSTM）来解决。

9.3.2 长短期记忆网络

上一节介绍了循环神经网络的基本原理，指出其不能解决长期依赖的问题。本节主要讲解改进的循环神经网络——长短期记忆网络（LSTM），它克服了基本循环神经网络的不足，成功地应用在语音识别、自然语言处理、机器翻译、图像描述等领域。

1997 年，Sepp Hochreiter 和 Jurgen Schmidhuber 提出了 LSTM 模型。LSTM 在 RNN 基础上，通过引入线性链接和门控制单元建立了长时间的时延机制，来解决 RNN 中的长期依赖问题，通过在记忆单元中保持一个持续误差来避免**梯度消失**或**梯度爆炸**问题的发生。

基本的 RNN 中后面节点对前面节点感知力下降，也就是出现“记不住”的问题。而 LSTM 的核心技术是引入了一种块（block）结构的单元格（Cell），来判断信息是否有用，解决“记不住问题”。LSTM 的单元格结构如图 9-23 所示。

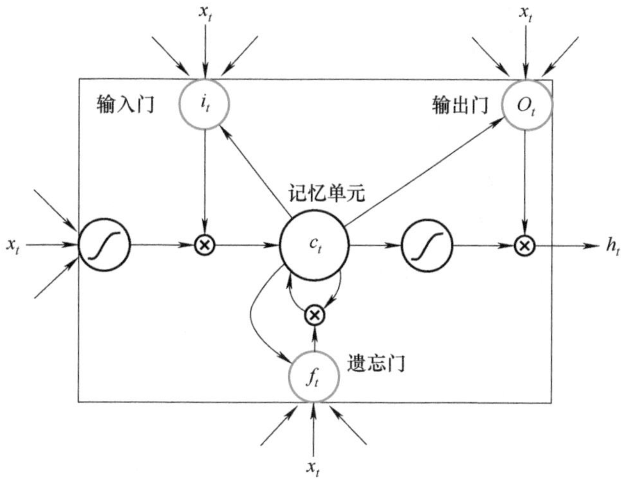

图 9-23　LSTM 的单元格（Cell）结构

LSTM 利用长期存储信息的记忆单元来学习长期的依赖关系，通过逻辑门来控制保存、写入和读取操作，也就是在神经元内部加入输入门（Input Gate）、遗忘门（Forget Gate）和输出门（Output Gate）三个门，来控制流入单元格（Cell）的信息，使得循环神经网络不仅能记忆过去的信息，同时还能选择性地忘记一些不重要的信息，从而对长期语境等关系进行建模。

在基本的 RNN 中，隐藏层只有一个状态，这一状态只对短时输入敏感，因此 LSTM 增加了一个保持长期记忆的状态，即单元格状态（Cell State）。所有现行的循环神经网络具有神经网络的递归链式结构，基本的 RNN 循环单元只包含一个简单激活层，例如，图 9-24 所示的 tanh 层。

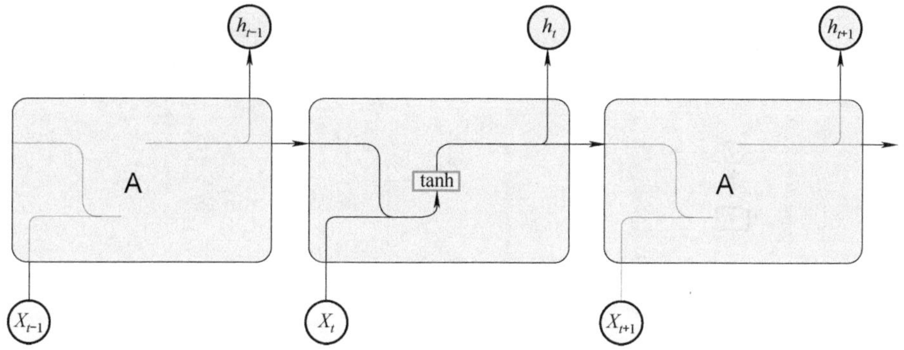

图 9-24　RNN 简化模型

LSTM 与 RNN 一样也是递归链式结构，但 LSTM 中循环单元的结构要比 RNN 循环单元复杂很多，包含 3 个 Sigmoid 层和 1 个 tanh 层，如图 9-25 所示。

在图 9-25 中，→ 代表整个数据向量从一个节点输出到另一个节点的流向，⊗ 代表点乘（pointwise multiplication）运算，⊕ 代表按位相加运算，σ 表示 Sigmoid 激活函数，tanh 表示

Tanh 激活函数。

LSTM 的关键是单元格状态（Cell State），即图 9-26 所示的那条位于顶部的水平线，类似于传送带，沿着整个链式网络传输，只有一些少量的线性交互。

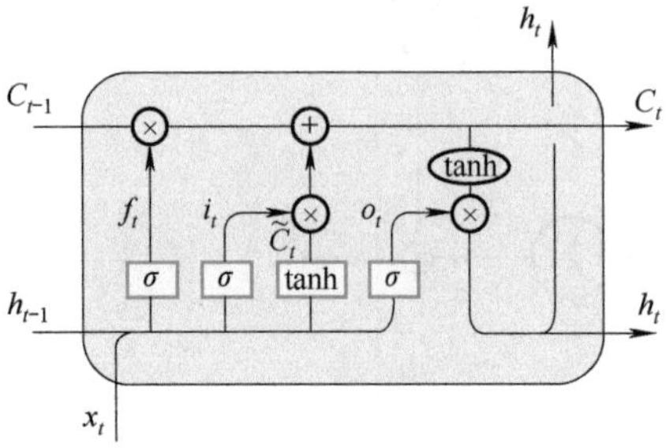

图 9-25 LSTM 单元结构图

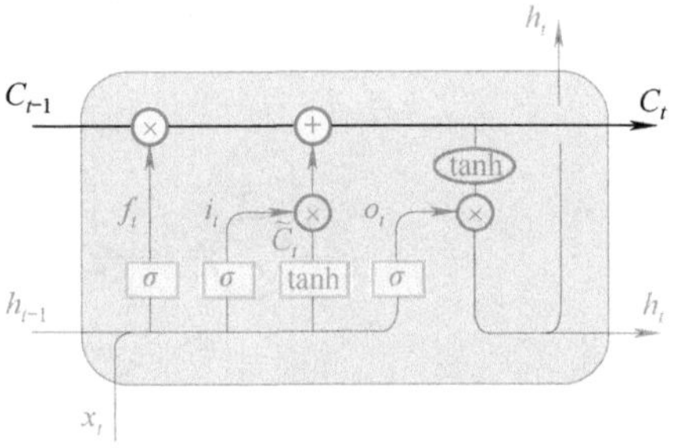

图 9-26 LSTM 中单元格状态

在 LSTM 中，通过门（Gate）的结构来控制单元格（Cell）状态。一般来讲，一个门可以由 Sigmoid 层和点乘作构成，如图 9-27 所示。

其中，Sigmoid 层的输出值介于 0 和 1 之间，输出为 0 表示门关闭，信息被完全阻断；输出为 1 表示门开启，信息全部通过。一个门可以看作一个全连接层，其输入是向量，输出是 0 到 1 区间的实数，其权重向量和偏置项依然为网络训练和学习的参数。

LSTM 的工作流程如下。

第一步：遗忘门工作，判断是否遗忘上一时间步单元格（Cell）传来的信息。

遗忘门可以理解为一种选择性忘记策略，它能以一定概率决定是否保留上一时间步的隐藏单元格状态，决定了从单元格状态中留下哪些信息以及丢弃哪些信息。遗忘门主要控制着对上一时间步单元格状态 C_{t-1} 的遗忘程度。

遗忘门的结构模型示意图如图 9-28 所示。

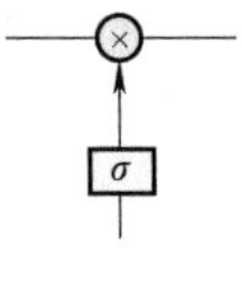

图 9-27 LSTM 中门的结构

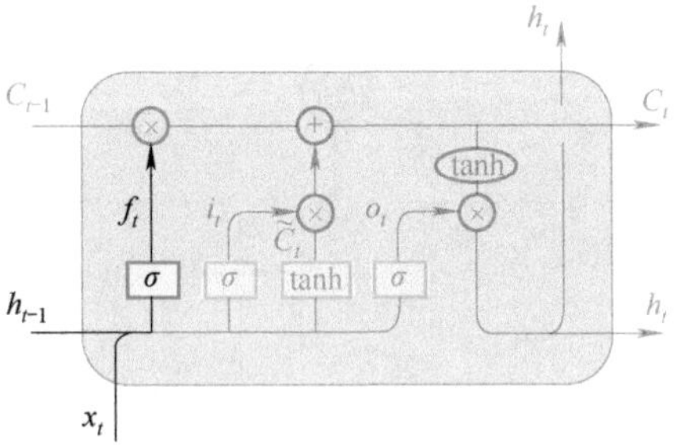

图 9-28 遗忘门结构

遗忘门读取 h_{t-1} 和 x_t，即上一时间步的输出和当前时间步的输入，通过 Sigmoid 函数激活，输出一个介于 0 和 1 之间的值。当遗忘门输出 1 时，代表“完全保留”上一时间步单元格状态 C_{t-1}；当遗忘门输出 0 时，代表“完全遗忘”上一时间步单元格状态 C_{t-1}。遗忘门输出的表达式为

$$f_t = \sigma(W_f \cdot [h_{t-1}, x_t] + b_f) \tag{9-33}$$

式中，f_t 表示遗忘门的输出；$\sigma(\cdot)$ 表示 Sigmoid 激活函数；W_f 表示权重；h_{t-1} 表示第 $t-1$ 时间

步隐藏层状态；x_t 表示第 t 时间步的输入；b_f 表示偏置。

第二步： 输入门工作，决定更新哪些信息。

输入门的作用是控制向单元格状态中添加哪些新的信息。首先，通过 Sigmoid 层决定哪些信息要被更新；然后，由 tanh 层创建一个新的候选值向量 $\tilde{C}_t$，这个向量将会被加入到单元格状态中。输入门的结构模型示意图如图 9-29 所示。

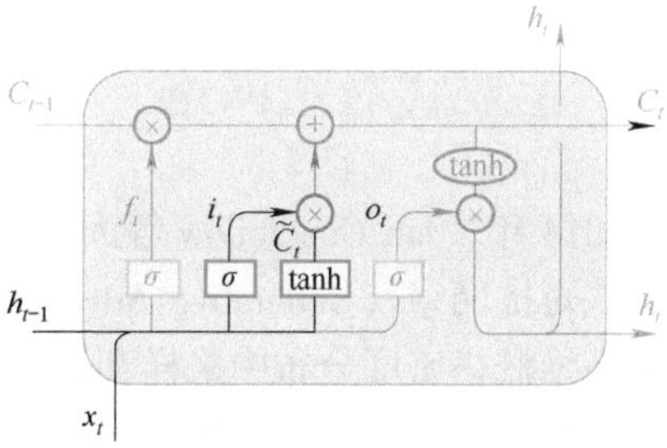

图 9-29　输入门结构

Sigmoid 层和 tanh 层共同作用决定了最终向单元格（Cell）状态中添加什么信息，它也是通过输入 h_{t-1} 和 x_t 计算得出要添加的新信息。

$$i_t = \sigma(W_i \cdot [h_{t-1}, x_t] + b_i) \tag{9-34}$$

$$\tilde{C}_t = \tanh(W_C \cdot [h_{t-1}, x_t] + b_C) \tag{9-35}$$

第三步： 更新单元格状态，将旧单元格状态 C_{t-1} 更新为新单元格状态 C_t。

将上一时间步单元格状态 C_{t-1} 与当前时间步遗忘门输出 f_t 进行点乘运算，再把输入门的输出 i_t 与当前时间步候选值向量 $\tilde{C}_t$ 进行点乘运算，然后将两个乘积相加得到当前时间步单元格状态 C_t。这样 LSTM 就能够将之前的记忆状态和当前的记忆状态结合到一起，形成新的单元格状态。由于有遗忘门的控制，单元格中可以保存很久之前的信息，也就是长期记忆，而由于有输入门的控制，又可以调控当前进入记忆的内容，避免当前无关紧要的内容进入记忆。

将 C_{t-1} 更新为 C_t 的过程如图 9-30 所示。更新单元格状态的表达式为

$$C_t = f_t C_{t-1} + i_t \tilde{C}_t \tag{9-36}$$

第四步： 输出门工作，确定输出什么值。

输出门先通过 Sigmoid 层确定要输出单元格状态的哪些部分以及对应的输出比例；输出门输出的表达式为

$$o_t = \sigma(W_o \cdot [h_{t-1}, x_t] + b_o) \tag{9-37}$$

式中，o_t 表示输出门的输出；$\sigma()$ 表示 Sigmoid 激活函数；W_o 表示权重；h_{t-1} 表示第 $t-1$ 时间步隐藏层状态；x_t 表示第 t 时间步的输入；b_o 表示偏置。然后，用 Tanh 激活函数将单元格状态映射到 $[-1,1]$ 区间，并将其与 Sigmoid 层输出的 o_t 进行点乘运算，得到第 t 时间步的隐藏层状态 h_t。h_t 的表达式为

$$h_t = o_t \mathrm{Tanh}(C_t) \tag{9-38}$$

输出门的结构如图 9-31 所示。

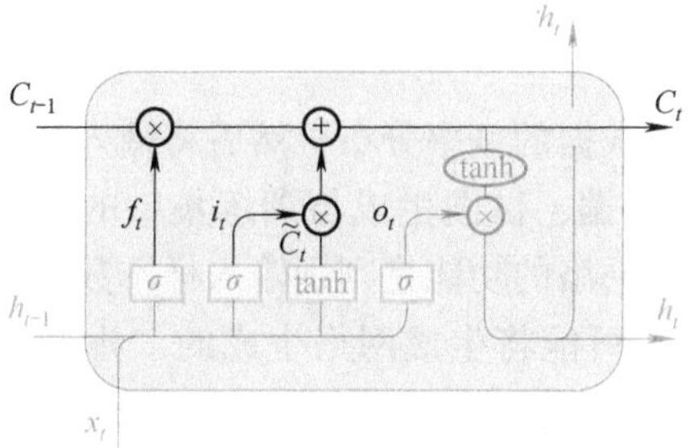

图 9-30　更新单元格状态

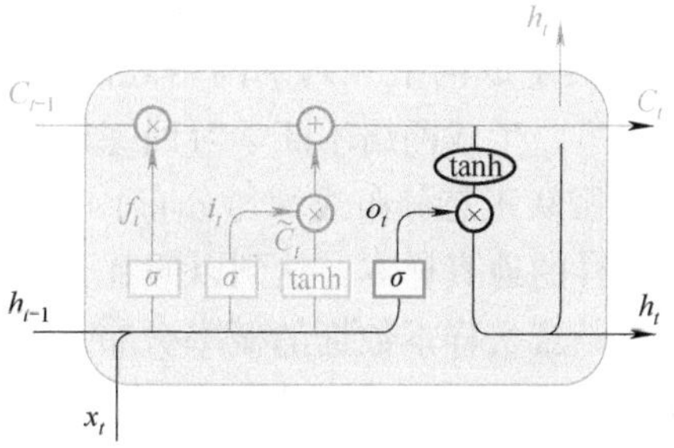

图 9-31　输出门结构

9.4 生成式对抗网络

2014 年，Ian Goodfellow 等人提出了一种通过对抗训练来评估生成式模型的新框架——生成式对抗网络（Generative Adversarial Network，GAN）。GAN 的出现为解决工程和数学领域中高维概率密度分布中采样和训练的问题提供了新的研究方向。在随后的几年中，生成式对抗网络成了深度学习领域的研究热点，在基本的生成式对抗网络基础上，发展出了很多改进的生成式对抗网络，如条件生成式对抗网络（Conditional Generative Adversarial Nets，CGAN）、深度卷积生成式对抗网络（Deep Convolutional Generative Adversarial Network，DCGAN）、循环一致性生成式对抗网络（Cycle-consistent Generative Adversarial Network，CycleGAN）、最小二乘生成式对抗网络（Least Squares Generative Adversarial Network，LSGAN）、半监督式生成式对抗网络（Semi-supervised Generative Adversarial Network，SGAN）等。美国《麻省理工科技评论》将生成式对抗网络评为 2018 年“全球十大突破性技术”。Yann LeCun 等许多学者都认为，生成式对抗网络的出现将会大大推进人工智能向非监督式机器学习发展。目前，GAN 越来越受到学术界和工业界的重视，已经被广泛应用于图像合成、图像风格转换、图像修复、视频预测等领域，并不断向其他领域延伸，具有广阔的发展前景。

9.4.1 生成式对抗网络基本原理

顾名思义，生成式对抗网络（GAN）是通过“对抗”的方式学习数据分布的“生成式”模型。生成式对抗网络由生成器 G（Generator）和判别器 D（Discriminator）两个相互对抗的模型组成，如图 9-32 所示。

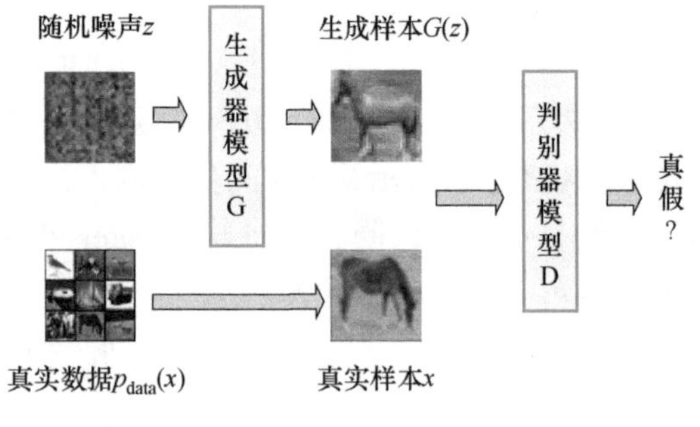

图 9-32 生成式对抗网络模型

受博弈论中纳什均衡点（Nash Equilibrium）的启发，生成式对抗网络的训练过程实际上是两个对抗模型之间的一场博弈。在原始理论中，生成式对抗网络并不要求生成器模型和判别器模型都是神经网络，只需要它们能拟合相应生成和判别的函数即可。但在实际应用中，一般都使用深度神经网络作为生成器模型和判别器模型，分别称为生成网络和判别网络。所谓“对抗”，指的是构成 GAN 模型的生成网络和判别网络之间的博弈式动态竞争。生成网络不断学习训练集中的真实样本数据的概率分布，然后将输入的随机噪声（通常服从正态分布或均匀分布）生成新的样本数据，试图生成与训练集中的真实样本尽可能一样的逼真样本，达到以假乱真的效果；判别网络的功能是判别输入样本数据的概率分布是不是真实样本数据的概率分布，其目标则是尽可能将生成网络生成的“虚假”样本与训练集中的“真实”样本区分开。由此，生成网络与判别网络在博弈中不断改进，在改进后继续博弈，用迭代方法在训练过程中通过相互竞争使得两个模型同时得到增强。最终由生成网络生成的样本数据越来越逼近真实样本的数据，达到以假乱真的效果，从博弈论方面来讲，就是生成网络与判别网络达到纳什均衡点。

在博弈论中，博弈双方的决策组合会形成一个纳什均衡点，在这个博弈平衡点下博弈中的任何一方将无法通过自身的行为而增加自己的收益。这里举一个经典的“囚徒困境”（Prisoner’s dilemma）例子来说明纳什均衡点。两名同案犯被警方分开单独审讯，他们被告知的信息如下：如果一个人招供而另一方不招供，则招供的一方将可以立即释放，而不招供的一方会被判处 10 年监禁；如果双方都招供，则每个人都被判处两年监禁；如果双方都不招供，则每个人都仅被判半年监禁。两名囚犯由于无法交流，必须做出对自己最有利的选择，从理性角度出发选择招供是个人的最优决策，对方做出任何决定对于招供方都会是一个相对较好的结果，我们称之为纳什均衡。

在生成式对抗网络中，生成器 G 生成新的样本数据，判别器 D 鉴别它们的真实性，即判别这些生成的样本是否属于训练数据集中的真实样本。设生成器 G 的输入为随机噪声 z ，输出数据为 $G(z)$ 。设判别器 D 的输入数据是 x ，判别器 D 的输出 $D(x)$ 表示 x 为真实数据的概率，如果 $D(x) = 1$ ，就表示 x 是真实数据；而如果 $D(x) = 0$ ，则表示 x 不可能是真实数据。在训练过程中，生成器 G 的目标是尽量让生成的数据与真实数据一致，去“欺骗”判别器 D；而判别器 D 的目标是尽量把生成器 G 生成的数据和真实数据区分开。这样不断循环交替地训练、优化生成器 G 和判别器 D，直到达到纳什均衡。所谓循环交替地训练、优化，就是先固定生成器 G、训练判别器 D，然后再固定判别器 D、训练生成器 G，不断重复上述过程，直到损失函数收敛。这样，生成器 G 和判别器 D 构成了一个动态的“博弈过程”。

博弈的最终结果是什么？在最理想的状态下，生成器 G 可以生成足以“以假乱真”的数据 $G(z)$ ；对于判别器 D 来说，它难以判别生成器 G 生成的数据究竟是不是真实的，因此 $D(G(z)) = 0.5$ 。

我们可以把生成器比喻成一个古玩赝品制作者，他的成长过程是从一个对古玩一窍不通的“菜鸟”慢慢成长为一个赝品制作高手；把判别器比喻成一个古玩鉴别专家，当然一开始也许他也只是一个初级鉴别师，在与赝品制作者的博弈中逐渐成长为一个技术超群的鉴别专家。起初赝品制作者不知道真实的古玩到底应该是什么样子，完全按自己的心意随意制作产品。面对如此粗糙的赝品，虽然自身的技术能力还有限，但是初级鉴别师还是能够分辨孰真孰假。在完成鉴别的同时，鉴别师会将自己的鉴别结果写成报告：如做工不精细、颜色不协调等。赝品制作者通过一些渠道，获得了鉴别师的鉴别报告，他认真研读了报告中的每一条信息，然后根据这些信息重新制作赝品。虽然他依然不知道真实古玩到底是什么样子，但他希望制作出来的赝品能够“欺骗”鉴别师。这一次制作的赝品与之前的相比确实要逼真一些。当鉴别师再次拿到赝品时，他也发现了赝品制作者的仿造能力有所提升了，为了区分真假作品，需要仔细观察，花费精力，最后在完成鉴别的同时也将鉴别结果写成报告……在经历了多次博弈以后，虽然赝品制作者还是没有见过真实的古玩是什么样子，但是对古玩应该具备什么样的特性已经了如指掌，几乎能制作出以假乱真的赝品；虽然鉴别师也练就了“火眼金睛”的本领，但也无可奈何，只能凭运气猜测是真是假。

下面进行数学推导。参照图 9-33 所示的 GAN 工作原理框图，设输入到生成器 G 的随机噪声 z 服从 $p_z(z)$ 分布，生成器 G 的输出数据为 $G(z) = x'$ 。输入到判别器 D 的数据可能是生成数据 $G(z)$ ，也可能是服从 $p_{\text{data}}(x)$ 分布的真实数据 x ，判别器 D 的输出函数 $D(x)$ 表示 x 为真实数据的概率。在生成式对抗网络中，我们要计算的纳什均衡点就是希望找到一个对于生成器来说最小而对判别器来说最大的代价函数 $V(D,G)$ ，我们可以把它定义成一个寻找极大极小值的问题，那么生成式对抗网络的优化目标为

$$\min_G \max_D V(D,G) = \min_G \max_D \{E_{x\sim p_{\text{data}}(x)}[\log D(x)] + E_{z\sim p_z(z)}[\log(1-D(G(z)))]\} \tag{9-39}$$

式中，$p_{\text{data}}(x)$ 表示真实数据 x 的概率分布；$p_z(z)$ 表示随机噪声 z 的概率分布；$D(x)$ 表示 x 为真实数据的概率；$D(G(z))$ 表示判别器 D 判断生成器 G 生成的数据为真实数据的概率；$E_{x\sim p_{\text{data}}(x)}[\cdot]$ 表示 x 服从真实数据分布取样的数学期望；$E_{z\sim p_z(z)}[\cdot]$ 表示 z 服从随机噪声分布取样的数学期望。生成器 G 与判别器 D 通过对抗学习，不断更新模型参数，最终达到纳什均衡。

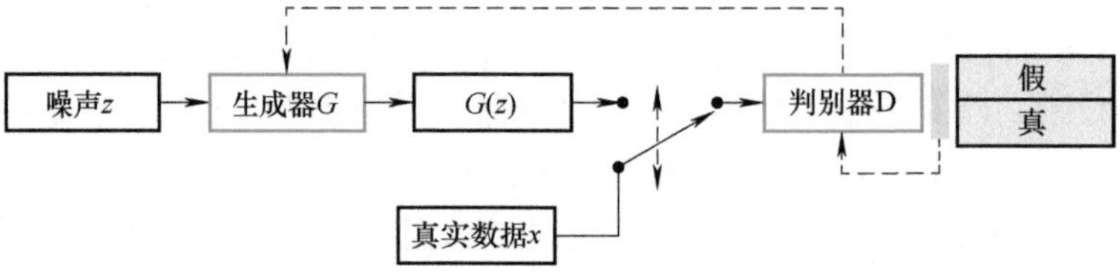

图 9-33　GAN 工作原理框图

对于判别器 D 来说，这是一个二分类问题，$V(D,G)$ 为二分类问题中常见的交叉熵损失，要使得判别器 D 具有较好的判别能力，那么对于真实的样本数据，希望最大化 $D(x)$ ，对于虚假的生成数据 $G(z)$ ，希望最小化 $D(G(z))$ ，即最大化 $\log(1-D(G(z)))$ ，所以判别器 D 想办法增加 $V(D,G)$ 的值，也就是最大化代价函数 $V(D,G)$ 。对于生成器 G 来说，由于 $D(G(z))$ 表示判别器 D 判断生成器 G 生成的数据是否真实的概率，为了尽可能欺骗判别器 D，那么目标函数应最大化 $D(G(z))$ ，即最小化 $\log(1-D(G(z)))$ ，而 $\log D(x)$ 一项与生成器 G 无关，可以忽略，所以生成器 G 想办法减小 $V(D,G)$ 的值，也就是最小化代价函数 $V(D,G)$ 。

因此，生成式对抗网络的优化目标对于判别器 D 来说是求整个代价函数的最大值，对于生成器 G 来说是求整个代价函数的最小值。

生成式对抗网络一般采用交替迭代的对抗方式进行训练，在一轮训练中，先固定生成器 G，通过误差的反向传播算法训练判别器 D，更新判别器 D 的模型参数，使得代价函数 $V(D,G)$ 最大化，即

$$\max_D \{E_{x\sim p_{\text{data}}(x)}[\log D(x)] + E_{z\sim p_z(z)}[\log(1-D(G(z)))]\} \tag{9-40}$$

然后，固定判别器 D，通过误差的反向传播算法训练生成器 G，更新生成器 G 的模型参数，使得代价函数 $V(D,G)$ 最小化，即

$$\begin{aligned}&\min_G \{E_{x\sim p_{\text{data}}(x)}[\log D(x)] + E_{z\sim p_z(z)}[\log(1-D(G(z)))]\}\\ &\Rightarrow \min_G E_{z\sim p_z(z)}[\log(1-D(G(z)))]\\ &\Rightarrow \max_G E_{z\sim p_z(z)}[\log D(G(z))]\end{aligned} \tag{9-41}$$

如此反复多轮训练，直至达到全局最优解。当生成数据与真实数据分布完全一致时，目标函数的最优解是 $V(D,G)$ 曲面上的一个**鞍点（Saddle Point）**，如图 9-34 所示。

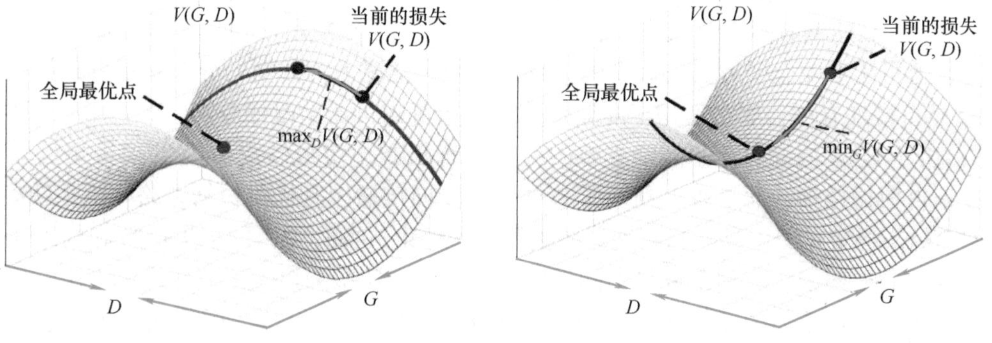

a) D的优化过程　　b) G的优化过程

图 9-34　GAN 训练过程的参数优化示意图

在生成式对抗网络的训练中一般采用误差反向传播、梯度下降的迭代算法来调整生成器和判别器的模型参数。在同一轮参数更新训练中，并不是对所有样本进行，而是对训练样本集里的一小批（mini-batch）样本进行处理。为了避免对判别器 D 的训练不够好，通过设置超参数 k 来进行弥补，一般在一轮训练中需对判别器 D 的模型参数更新 k 次再对生成器 G 的模型参数更新 1 次。

在训练中，对输入的数据或网络运行中层间传送的数据可进行批量规范化（Batch Normalization）处理，就是将输入到每一层或某几层的批量数据标准化为 0 均值、单位方差的规范化数据。这样，有助于解决初始化不良导致的训练问题，有助于“拉大”网络深层处的梯度数据的幅度，防止梯度信息在反向传播中逐渐消失。

9.4.2　生成式对抗网络的优点及问题

1. 生成式对抗网络的优点

相比较于以前的生成式模型框架，GAN 框架具有以下一些主要的优点。

1）典型的生成式模型往往涉及极大似然估计、马尔可夫链方法、近似法等。例如，受限玻尔兹曼机（Restricted Boltzmann Machine，RBM）及其扩展模型（如深度置信网络、深度玻尔兹曼机）采用极最大似然估计法，即令该参数下模型所表示的分布尽可能拟合训练数据的经验分布。最直接的方法是利用梯度上升法求得对数似然函数最大值，但由于样本分布未知且包含归一化函数（也称配分函数）而无法给出参数梯度的解析解，替代方法是基于采样构建以数据分布为平稳分布的马尔可夫链，以获得满足数据分布的样本，然后利用蒙特卡洛迭代对梯度进行近似，这种方法计算复杂。变分自编码器（Variational Auto-Encoder，VAE）采用近似法，其性能优劣取决于近似分布的好坏，而该近似分布的假设需要一定的先验知识，此外，由于受变分类方法的局限，VAE 对概率分布的估计是有偏差的，在学习过程中对目标函数下界而不是目标函数进行逼近。

GAN 的最大优势在于不需要对生成分布进行显式表达，既避免了传统生成式模型中计算复杂的马尔可夫链采样和推断，也没有复杂的变分下限。GAN 开创性地使用对抗训练机制对生成器 G 和判别器 D 进行训练，并可使用随机梯度下降（Stochastic Gradient Descent，

SGD）实现优化，在大大降低训练难度的同时，提高了训练效率。

2）GAN 在建模时不再要求一个假设的数据分布，而是使用一种分布直接进行采样和推断，理论上可生成完全逼近真实分布的数据。在很多情况下，数据的分布是不可知的，这时 GAN 就显得格外有用，非常适用于非监督式和半监督式机器学习任务。

3）由于 GAN 内部引入了非常有效的对抗训练机制，使得生成器 G 的参数更新驱动不是直接来自数据样本，而是来自判别器 D 的误差反向传播，其优化根据和路径都很明确。

4）GAN 框架对于生成器和判别器的模型不做约束，各种类型的损失函数和约束条件都可以整合到此框架中，有利于针对不同任务设计出不同类型的损失函数和优化方法，可应用在不同需求和噪声环境的场景下，例如风格迁移、图像生成/合成、图像超分辨率、图像去噪、图像语义分割等都能实现，在某种程度上避免了损失函数设计的困难。

5）GAN 可以和现有的卷积神经网络、循环神经网络等深度神经网络结合使用，逼近任何可微分函数，形成参数化生成式模型和判别模型。

2. 生成式对抗网络的问题

GAN 虽然解决了生成式模型中的一些问题，对其他生成式模型的发展具有一定的启发意义，但并非完美，在解决了已有问题的同时也产生了以下一些新的问题。

1）由于 GAN 采用对抗训练的方法，优化目标是达到纳什均衡，但是只有当梯度下降在凸函数的情况下才能保证实现纳什均衡。训练过程需要保证判别器 D 和生成器 G 的平衡和同步，判别器 D 和生成器 G 的训练过程是相辅相成的，任何一方都不能比另一方训练得太好，否则就会影响后期的优化方向，难以得到很好的训练效果。但在实际过程中，判别器 D 和生成器 G 的同步不易把控，当判别器 D 训练得越好，越接近最优判别器时，生成器 G 的梯度消失越严重，会导致生成器 G 的参数基本上不会变。因此训练过程可能不稳定，这就导致了模型训练很难收敛的问题。

2）由于 GAN 的训练模式主要是一个极小极大博弈（MinMax game），这使得在训练过程中难以对模型训练情况进行评价。GAN 的目标函数所优化的实质是真实数据分布与生成数据分布之间的 Jensen-Shannon 散度，当二者只有很少部分重叠甚至没有重叠时，Jensen-Shannon 散度是常数，从而导致优化梯度消失。而且，GAN 对多样性不足和准确性不足的惩罚并不平衡，导致生成器倾向生成重复但会被判别器认为“真实“的少数几种甚至一种样本，而不是丰富多样但有可能被判别器拒绝的样本，即出现模态崩塌（Mode Collapse）问题。模态崩塌是指生成器 G 生成的样本局限于真实样本分布的某一模态下的子分布，而无法覆盖全部真实样本分布。以图像样本为例，模态崩塌将导致生成器 G 生成的图像总是集中在少数几个甚至单一模态上，而缺乏图像的多样性。生成器 G 为了生成逼真的样本会陷入局部最优解或对判别器 D 过拟合，只能生成单一模态的样本，无法生成多样性的样本。例如对于一个包含猫、狗、兔、羊四种动物图像的数据集，通过训练后 GAN 生成的猫的图像效果特别好，但是生成的图像中只含有猫而没有其他三种动物，那么这就是模态崩塌的表现。

3）由于 GAN 是非监督式机器学习模型，在建模时没有一个假设的数据分布，只能通过训练样本数据来拟合真实样本的数据分布，理论上可生成完全逼近真实分布的样本数据，这是 GAN 的最大优势，但也正因为 GAN 不需要预先假设一个数据分布，使得生成器 G 生成的数据过于“自由”，导致模型不太可控，无法生成逼真的样本数据。

4）目前，对 GAN 生成的样本的质量优劣尚无统一有效的定量指标来衡量。

9.4.3　条件生成式对抗网络

GAN 的优势是可以直接对数据分布进行采样，不需要假设数据分布，从而理论上可以完全逼近真实数据的分布。但也正因为 GAN 不需要预先假设一个数据分布，使得生成网络生成的数据过于“自由”，对于尺寸较大的图片和复杂的数据，简单的 GAN 变得非常不可控，无法生成逼真的样本数据。为了解决上述问题，Mirza 和 Osindero 等人提出了条件生成式对抗网络（Conditional Generative Adversarial Nets，CGAN），对原始的 GAN 附加了约束条件，在生成网络和判别网络的模型中均引入条件变量 y，为模型引入了额外的辅助先验信息，以此对模型进行控制，指导生成网络生成具有特定意义的样本数据。理论上条件变量 y 可以是有意义的各种信息，如 one-hot 编码形式的类别标签、图像特征、文本描述等，甚至还可以是不同模态的数据。这样使得 GAN 能够更好地被应用在跨模态问题，如图像的自动标注。如果条件变量 y 是类别标签，则可以将无监督的 GAN 变成弱监督或者是有监督的 CGAN。

Mirza 等人的工作是在 MNIST 手写数字数据集上以类别标签为条件变量，生成指定类别的手写数字图像。这个简单、直接的改进非常有效，所生成的图像质量明显优于 GAN 的生成图像，并启示后续的 GAN 改进工作。

CGAN 也由生成网络和判别网络两部分组成，如图 9-35 所示。将随机噪声 z 以及条件变量 y 进行拼接组成联合隐藏层表征作为生成网络的输入，生成网络生成数据 $G(z \mid y)$；判别网络将 $G(z \mid y)$ 或真实数据 x 与条件变量 y 进行拼接后作为其输入，判别 $G(z \mid y)$ 与 y 拼接后的数据或 x 与 y 拼接后的数据是否为“真实”。

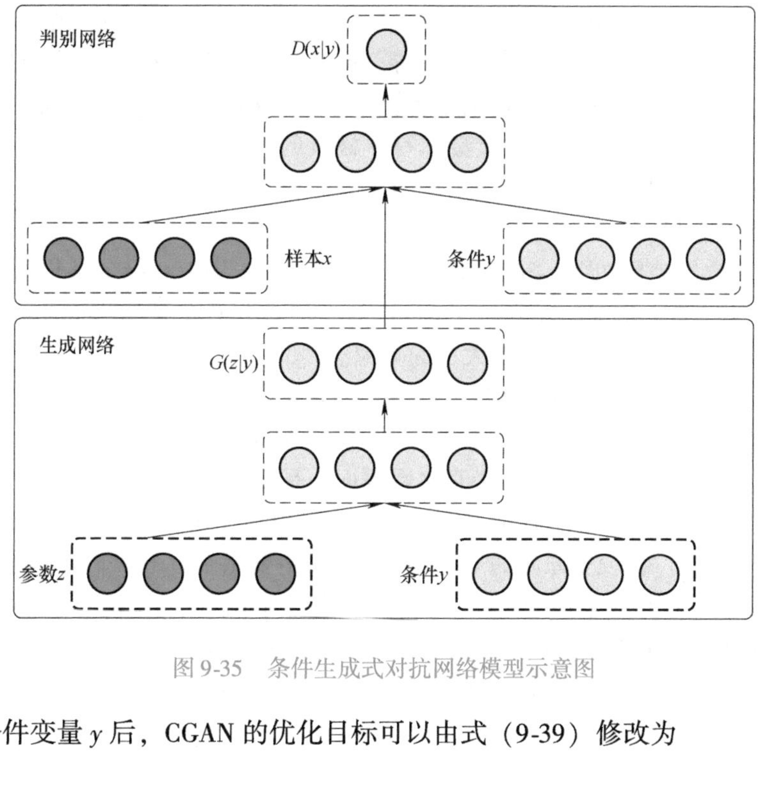

图 9-35　条件生成式对抗网络模型示意图

在引入条件变量 y 后，CGAN 的优化目标可以由式（9-39）修改为

$$\min_G \max_D V(D,G) = \min_G \max_D \{E_{x\sim p_{\text{data}}(x)}[\log D(x|y)] + E_{z\sim p_z(z)}[\log(1-D(G(z|y)|y))]\} \tag{9-42}$$

式中，y 表示约束条件；$D(x|y)$ 表示 x 与 y 拼接后的数据为真实数据的概率；$G(z|y)$ 表示生成网络生成的数据；$D(G(z|y)|y)$ 表示判别网络判断 $G(z|y)$ 与 y 拼接后的数据为真实数据的概率；其他符号的含义与式（9-39）中的符号含义相同。

从式（9-42）的损失函数可知，CGAN 只是为了生成满足约束条件的数据而增加了额外约束，并没有解决模型训练不稳定的问题。

9.4.4 深度卷积生成式对抗网络

原始 GAN 与 CGAN 虽然可以解决生成式模型的一些问题，但是仍然存在一些问题。理论上，生成式对抗网络通过生成器 G 与判别器 D 之间的博弈过程可以使得生成数据的分布与真实数据的分布相一致，即当生成器 G 与判别器 D 的对抗达到纳什均衡时，可以得到模型的最优解。然而，在实际应用中，生成器 G 与判别器 D 均是使用深度神经网络结构，然后通过随机梯度下降（SGD）算法进行模型优化，而生成式对抗网络是关于目标函数的极大极小化问题，因此这无法保证模型的收敛性能。

研究表明，设计合适的生成器与判别器的结构可以促使模型收敛到更优的解，从而保证了生成器生成数据的质量。Radford 等人于 2015 年提出了基于卷积神经网络的生成式对抗网络结构，即深度卷积生成式对抗网络（Deep Convolution GAN，DCGAN），将监督式机器学习中的卷积神经网络（CNN）应用到 GAN 的生成网络和判别网络中。这是卷积神经网络在 GAN 中的首次应用，是 GAN 发展早期比较典型的一类改进，对 GAN 的发展有着极大的推动作用。相比于使用多层感知机的生成式对抗网络，DCGAN 借助 CNN 更强的拟合与表达能力，使得生成的图像质量和多样性得到了改善。通过在不同训练集上训练表明，不论是判别器还是生成器，也不论是单个对象还是图像全局场景，DCGAN 都能学习到一系列特征，同时 GAN 训练的稳定性以及生成样本质量都有了极大的提升，DCGAN 也因此建立起了 CNN 在监督式机器学习和非监督式机器学习之间的桥梁。现如今，DCGAN 已成为大多数 GAN 衍生模型的基准框架。

DCGAN 的生成器结构如图 9-36 所示，生成器的输入 z 为 100 维的随机噪声向量，经过四层分数步长卷积（fractionally-strided convolution）完成上采样（up-sampling）功能后输出 $G(z)$，$G(z)$ 为生成的 3 通道 64×64 大小的图像。

DCGAN 的判别器和生成器的结构大致对称，如图 9-37 所示。输入的 3 通道 64×64 大小的图像经过四层常规卷积操作后，输出的特征图尺寸逐渐变小，最后，通过一个全连接层输出一个概率值，用来表示输入数据属于真实数据而不是生成样本的概率大小。

DCGAN 和原始 GAN 最大的区别在于 DCGAN 使用卷积神经网络（CNN）来代替原始 GAN 中的多层感知机。相较于原始的 GAN，DCGAN 主要做了以下四个方面的改进：

1）生成器与判别器均采用全卷积网络，去除了池化层。在生成器中使用步长小于 1 的分数步长卷积（fractionally-strided convolution），实现输入数据的上采样功能；在判别器中使用常规的步长大于 1 的整数步长卷积，实现输入数据的下采样（down-sampling）功能。

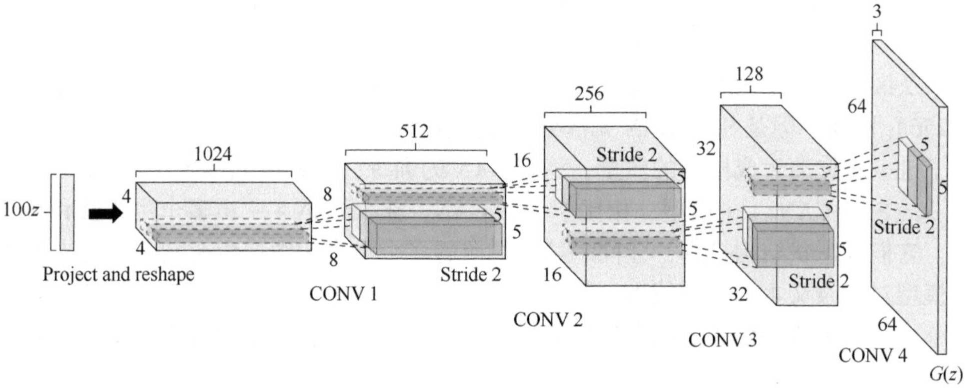

图 9-36　DCGAN 生成器结构示意图

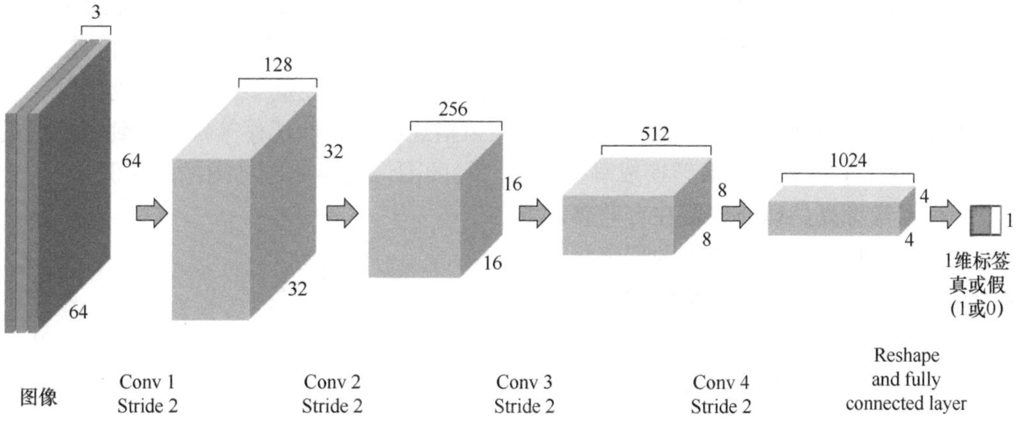

图 9-37　DCGAN 判别器结构示意图

2）除生成器的输出层和判别器的输入层之外，其他层均使用批量归一化。经过批量归一化的数据分布满足均值为 0、方差为 1 的特性，有助于降低模型对初始参数的过度依赖，防止梯度消失及生成器收敛到同一点，从而提高生成样本的多样性及模型训练的稳定性。

3）在生成器中，除了输出层使用 Tanh 激活函数外，其余层均使用 ReLU 激活函数，降低梯度消失风险；在判别器中，所有层均使用 Leaky ReLU 激活函数。

4）使用 Adam 优化算法代替原始 GAN 中的带动量的 SGD 算法来对模型进行优化。

相比于使用多层感知机的生成式对抗网络，DCGAN 借助 CNN 更强的拟合与表达能力，使得生成的图像质量和多样性得到了改善。然而，DCGAN 的损失函数仍然采用交叉熵损失，优化目标函数与式（9-39）是一致的，并没有从根本上解决训练稳定性的问题，在训练时仍然需要小心地平衡生成网络 G 和判别网络 D 的训练进程。

9.4.5　堆叠式的生成式对抗网络

张翰等人在 CGAN 的基础上提出了一种堆叠式的生成式对抗网络（StackGAN）来生成高质量的图像。StackGAN 实际上是多个 CGAN 的结合，将图像生成过程分解为两个较易处理的阶段。第一阶段的 CGAN 根据给定的文本描述提取出嵌入向量，粗略勾画物体主要的形状和颜色，生成低分辨率（64×64）的图像；第二阶段的 CGAN 以第一阶段生成的低分辨率图像以及嵌入向量作为输入，修正第一阶段生成的结果，生成具有更多细节的高分辨率（256×256）图像，但是 StackGAN 无法处理复杂文本。

为了进一步提高生成样本的质量，稳定 GAN 的训练，张翰等人提出了对 StackGAN 进一步改进后的 StackGAN++模型。相比于 StackGAN，StackGAN++由多个生成器和多个判别器组成，它们以树状结构排列，让同一场景对应的多个尺度的图像由树的不同分支生成，以此提升模型对复杂文本的处理能力。

这种多阶段生成图像的思想在后续的研究中被不断借鉴，用于提升生成图像的质量。

9.4.6 循环一致性生成式对抗网络

在计算机视觉领域中，将一幅图像的内容从一个域迁移到另一个域，得到目标域中对应的另一幅图像的任务称为"图像翻译"（Image-to-Image Translation）。图像翻译对于创造各种用途的合成图像是很有用的，可以将将黑白图像转换成彩色图像，将铅笔画转换成水粉画，将风景照片转换为莫奈、梵高等大家风格的画作，将边界轮廓图翻译成实物图等，在超分辨率图像增强、图像修补、图像彩色化、图像风格迁移、属性迁移等领域得到了广泛的应用。图 9-38 展示了将斑马图像转换成马的图像，马的图像转换成斑马图像的实例。

最初，图像翻译的研究停留在有监督的学习阶段，需要大量相互配对样本的训练集才能完成。但由于配对样本的训练集很难甚至根本无法收集，例如图 9-38 中相同背景、相同姿态站立的斑马和马，具有标签配对的训练集非常稀有，因此，利用配对样本训练集进行翻译的局限性太大，在训练和应用上有很大的限制。

斑马→马

马→斑马

图 9-38 图像翻译的实例

为了解决图像翻译需要配对样本训练数据的问题，朱俊彦等人提出了循环一致性生成式对抗网络（Cycle-consistent Generative Adversarial Network，CycleGAN），它是结合 GAN 与对偶学习的一种对抗式网络。

CycleGAN 的框架结构是由两个对称的生成式对抗网络构成的环形结构，如图 9-39 所示，两个 GAN 各有一个生成器和判别器。

如图 9-39a 所示，CycleGAN 由两个生成器（$G:X\rightarrow Y$ 和 $F:Y\rightarrow X$）和两个判别器（D_X 和 D_Y）组成。CycleGAN 模型的目标是实现图像在源域 X 和目标域 Y 之间的相互转换。生成器 $G:X\rightarrow Y$ 用于将源域 X 中的图像 x 转换成目标域 Y 中的图像 $G(x)$。对于生成的图像，还需要生成式对抗网络中的判别器来判别它是否为真实图像，据此与生成器构成对抗关系。对应于生成器 $G:X\rightarrow Y$ 的判别器记为 D_Y，用于判别生成图像 $G(x)$ 是否属于目标域 Y 中的真实图像，这就构成了一个前向单对抗过程。但是对于这样的一个单对抗过程，可能无法达到我们的期望训练效果。例如，生成器 $G:X\rightarrow Y$ 可能会把源域 X 中的多幅图像都映射成目标域

Y 中的同一幅图像，这不是我们希望得到的结果，整个转换效果是无效的。为了避免这种情况，基于对偶学习的思想，CycleGAN 需要另外的一个生成器 $F:Y \to X$ ，用于将目标域 Y 中的图像 y 转换回源域 X 中的图像 $F(y)$ ，对应于生成器 F 的判别器记为 D_X ，用于判别生成图像 $F(y)$ 是否属于源域 X 中的真实图像，这就构成了一个反向单对抗过程。

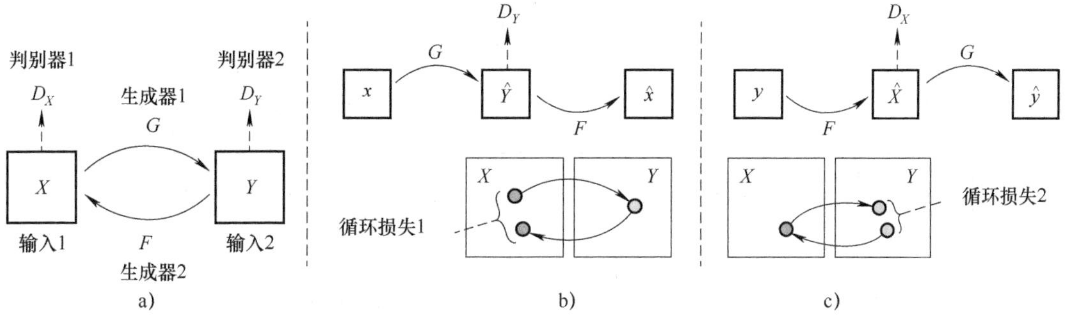

图 9-39　CycleGAN 结构示意图

生成器 $G:X \to Y$ 和对应的判别器 D_Y 之间的对抗损失函数表达式为

$$L_{\mathrm{GAN}}(G,D_Y,X,Y) = E_{y \sim p_{\mathrm{data}}(y)}[\log D_Y(y)] + E_{x \sim p_{\mathrm{data}}(x)}[\log(1 - D_Y(G(x)))] \quad (9\text{-}43)$$

生成器 $F:Y \to X$ 和对应的判别器 D_X 之间的对抗损失函数表达式为

$$L_{\mathrm{GAN}}(F,D_X,Y,X) = E_{x \sim p_{\mathrm{data}}(x)}[\log D_X(x)] + E_{y \sim p_{\mathrm{data}}(y)}[\log(1 - D_X(F(y)))] \quad (9\text{-}44)$$

CycleGAN 模型在整个训练过程中既要学习 $G:X \to Y$ 映射，又要学习 $F:Y \to X$ 映射关系。同时还要满足循环一致性约束条件：将源域 X 中的图像 x 转换成目标域 Y 中的图像 $G(x)$ 后，应该还可以转换回源域 X 中来，即 $x \to G(x) \to F(G(x)) \to x$ ，并要求 $F(G(x)) \approx x$ ；同理，要求 $G(F(y)) \approx y$ ，为此，CycleGAN 模型还加入了循环一致性损失（Cycle-consistency Loss），其表达式为

$$L_{\mathrm{cyc}}(G,F) = E_{x \sim p_{\mathrm{data}}(x)}[\| F(G(x)) - x \|_1] + E_{y \sim p_{\mathrm{data}}(y)}[\| G(F(y)) - y \|_1] \quad (9\text{-}45)$$

式（9-45）中的第一项为前向循环一致性损失，第二项为反向循环一致性损失，其中 $\| \cdot \|_1$ 表示 L_1 范数。前向循环一致性损失如图 9-40 所示，反向循环一致性损失如图 9-41 所示。

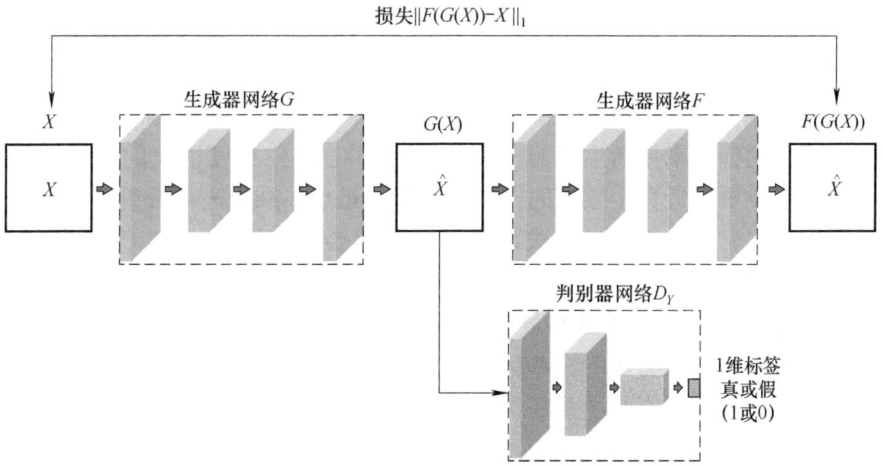

图 9-40　前向循环一致性损失示意图

CycleGAN 模型的总体损失函数表达式为

$$L(G,F,D_X,D_Y) = L_{\text{GAN}}(G,D_Y,X,Y) + L_{\text{GAN}}(F,D_X,Y,X) + \lambda L_{\text{cyc}}(G,F) \tag{9-46}$$

CycleGAN 模型的优化目标为

$$\min_{G,F} \max_{D_X,D_Y} L(G,F,D_X,D_Y) \tag{9-47}$$

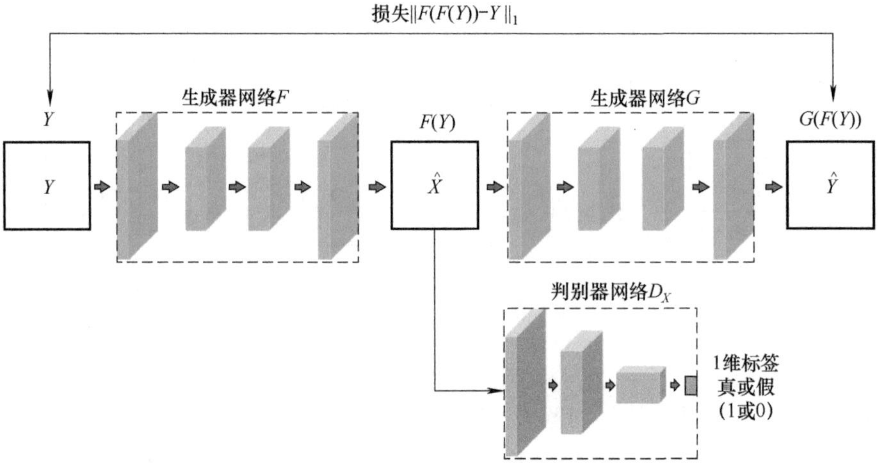

图 9-41　反向循环一致性损失示意图

9.4.7　最小二乘生成式对抗网络

原始 GAN 在训练过程中，判别网络采用的交叉熵损失函数只关注输入样本的分类是否正确，并不关心输入样本到决策边界的距离，对于被判定为“真实数据”的假样本（即使这个假样本远离决策边界）并不进行惩罚，这将会导致损失误差较小，使得生成网络不会被继续优化。为什么生成网络不会被继续优化呢？因为交叉熵损失函数已经很小了，生成网络已经完成了为它设定的目标——尽可能地欺骗了判别网络。当被判别网络判定为“真实数据”的假样本越来越多时，判别网络的梯度就会很快下降到零，从而出现梯度消失的问题。

针对以上问题，毛旭东等人提出了一种最小二乘生成式对抗网络，将原始 GAN 的代价函数中的交叉熵损失函数替换成最小二乘损失函数，并将最小二乘损失函数作为判别器，根据样本到决策边界的距离进行惩罚。要想让最小二乘损失函数比较小，生成样本在欺骗判别网络的前提下同时还需要让生成网络把距离决策边界比较远的假样本“拉向”决策边界，这样就会生成更多的梯度来更新生成器，以此解决了 GAN 中梯度消失的问题，使网络更加稳定，并且能够生成更接近真实数据的样本。为什么最小二乘损失函数可以使得生成式对抗网络的训练更稳定呢？因为交叉熵损失函数很容易就会达到饱和状态（饱和状态是指梯度为 0），而最小二乘损失函数只在 1 个点上达到饱和状态。

图 9-42 示意了交叉熵损失函数和最小二乘损失函数的区别，可以看出 GAN 采用的交叉熵损失函数在右侧存在梯度为 0 的饱和区域，当样本落入这个范围时，对生成器不再起到任何更新作用。而最小二乘损失函数只在 1 个点上达到饱和状态，这使得 LSGAN 的训练过程可以一直进行下去。

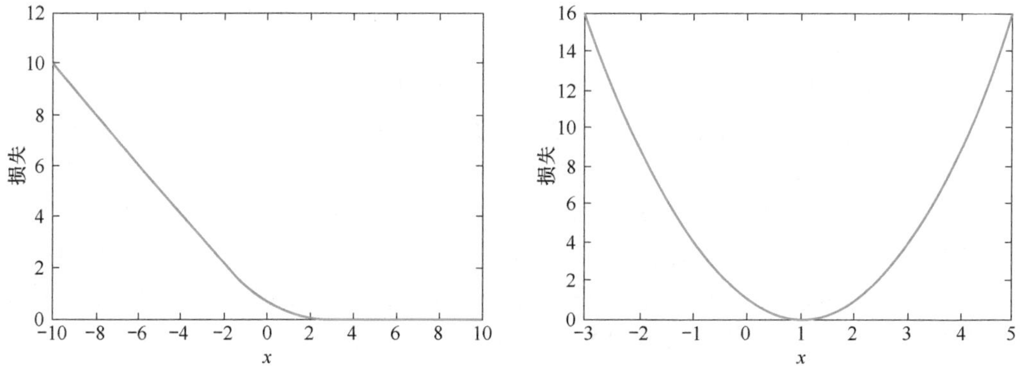

图 9-42　交叉熵损失函数和最小二乘损失函数曲线图

a）交叉熵损失函数　b）最小二乘损失函数

最小二乘生成式对抗网络的优化目标为

$$\begin{cases}\min\limits_{D}\left(\dfrac{1}{2}E_{x\sim p_{\text{data}}(x)}\left[D(x)-a\right]^2+\dfrac{1}{2}E_{z\sim p_z(z)}\left[D(G(z))-b\right]^2\right)\\ \min\limits_{G}\left(\dfrac{1}{2}E_{z\sim p_z(z)}\left[D(G(z))-c\right]^2\right)\end{cases} \tag{9-48}$$

式中，随机变量 z 服从标准正态分布。常数 a 、b 分别表示真实数据和生成数据的标记；c 是生成网络为了让判别网络认为生成数据是真实数据而设定的值。

9.4.8　半监督生成式对抗网络

GAN 作为一种非监督式机器学习方法被提出，可以对无标签数据进行特征学习。尽管在实际应用中难以获得海量的带标签数据，但获得少量带标签数据往往是可能的。半监督式机器学习所要做的事情就是结合监督式和非监督式机器学习方式，同时利用少量带标签数据与大量无标签数据进行训练，从而实现对于无标签数据的分类问题。因此，如何充分利用有限的带标签数据或对无标签数据自动添加标签，是 GAN 的理论研究中具有广阔研究前景的方向之一。在 GAN 训练中的真实数据可以被看作带标签数据，而由生成器生成的数据则可以被看作无标签数据。研究者们由此提出了一个问题：是否可以在训练生成器的同时也能够训练一个半监督式的分类模型？

在之前 DCGAN 的研究中我们看到，使用生成器特征抽取后形成的判别器已经可以实现分类的效果，但依然存在很多可以优化的方向。首先，由判别器 D 学习到的特征可以提升分类器 C 的效果，那么同样一个好的分类器也可以优化判别器的最终表现，之前的研究仅仅使用判别器的训练来最终实现分类效果，可以说忽略了这一优势。其次从效率层面来讲，现有的训练方式无法同时训练分类器 C 和生成器 G。更重要的是，优化判别器 D 可以提升分类器 C 的性能，而优化分类器 C 也可以提升判别器 D，通过前面的学习我们也知道，GAN 中如果提升了判别器 D 的能力，生成器 G 的性能也会随之变得更好，三者会在一个交替过程中趋向一个理想的平衡点。

基于上述分析，Odena 等人提出了一种半监督式生成式对抗网络，希望 SGAN 能够做到同时训练生成器与半监督式分类器，最终希望实现一个更优的半监督式分类器，以及一个成像质量更高的生成器。

传统的 GAN 在判别器网络的输出端会采用二分类的模式，分别代表“真”和“假”。而在 SGAN 中，最重要的一个转变是把这个二分类（如 Sigmoid 函数）转变成了多分类（如 Softmax 函数），类型数量为 $K+1$，分别指代 K 个带标签的数据和一个无标签的数据。

对于真实数据中带标签和无标签的部分，SGAN 的优化目标是不一样的。判别器对于带标签的数据，需要进行 K 类的分类任务，输出一个类别的预测值，将其和真实类别做对比，其误差用来调整网络参数；而对于无标签的数据，判别器只需要判断其真实与否，并使其被错分到生成类别的概率尽可能小。SGAN 的结构如图 9-43 所示。

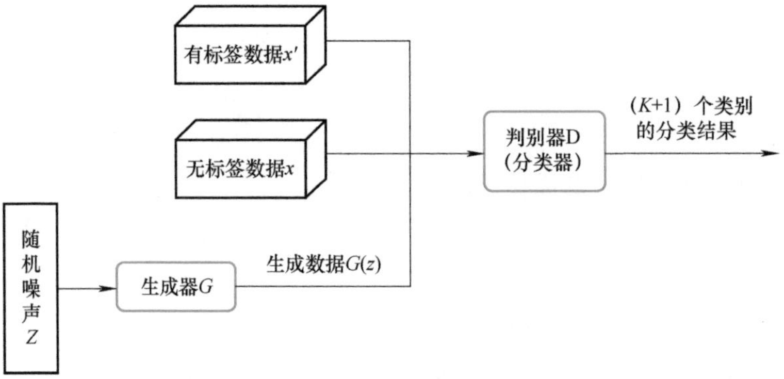

图 9-43　SGAN 结构示意图

9.5　小结

深度学习的概念源于人工神经网络的研究，自 2006 年提出后，受到学术界和工业界的高度关注，迅速成为机器学习领域最为活跃的一个分支。深度学习是一种基于对数据进行表征学习的方法，通过构建具有多个隐藏层的神经网络来学习有用的特征，通过组合低层特征形成更加抽象的高层表示属性类别或特征，从而实现更加准确高效的分类或预测。近年来，深度学习方法已经在计算机视觉、自然语言处理、语音识别、记忆网络等诸多领域中得到了广泛应用，取得了令人惊喜的应用成果。

在各种深度神经网络结构中，卷积神经网络（CNN）是一类具有代表性的深度神经网络，它是通过模拟人类视觉处理系统来识别图像的强有力的模型。相比于全连接的前馈神经网络，卷积神经网络具有局部连接、权重共享、表征学习等特性。卷积神经网络通过卷积和池化操作自动学习图像在各个层次上的特征，这符合人类理解图像的常识。

长短期记忆网络（LSTM）是一种改进的循环神经网络（RNN）。为了解决 RNN 在训练过程中容易出现的梯度消失或爆炸梯度问题，LSTM 单元增加了记忆单元、输入门、遗忘门及输出门等机制。这些门及记忆单元组合起来大大提升了循环神经网络处理长序列数据的能力。

生成式对抗网络（GAN）的核心思想源于博弈论中的二元零和博弈。GAN 的框架中包含一对相互对抗的模型：生成器和判别器。为了在博弈中胜出，二者需不断提高各自的生成能力和判别能力，优化的目标就是寻找二者间的纳什均衡。我们可以用“魔高一尺，道高一丈”来形容生成器和判别器。GAN 作为一种生成式模型，最直接的应用就是数据生成，即对真实数据进行建模并生成与真实数据分布一致的数据样本，如图像、视频、语音、自然语言文本等。目前，GAN 已在计算机视觉领域得到了广泛应用，包括图像和视频生成，如图像翻译、图像修复、图像超分辨率、图像彩色化、人脸图像编辑等。

应当指出的是，深度学习正处在蓬勃发展的阶段。本章介绍的内容只是深度学习的基础知识。对深度学习有兴趣的读者可以在本章的基础上，进一步学习更加前沿的深度学习理论。

9.6　习题

1. 请画出人工神经元模型，并简述其和人脑神经元是如何类比的。
2. 请简述感知机的基本原理。
3. 前馈神经网络有哪些特征？
4. 简述 BP 算法的基本思想。BP 神经网络有哪些常见应用？
5. 神经网络的激活函数有哪些？它们对神经网络的性能有何影响？画出 Sigmoid、Tanh 以及 ReLU 激活函数的曲线。
6. 请画出 CNN 的基本结构，并阐述各个模块的作用。
7. 请解释卷积神经网络的局部连接和权重共享。
8. 如何理解梯度消失与梯度爆炸？为什么 Sigmoid 和 Tanh 激活函数会导致梯度消失？如何解决梯度消失与梯度爆炸问题？
9. 常用的池化操作有哪些？池化的作用是什么？
10. 术语“深度学习”中的“深度”是什么意思？与浅层学习相比，深度学习有哪些不同？
11. 循环神经网络与前馈神经网络相比有什么特点？
12. LSTM 是如何实现长短期记忆功能的？
13. 简述 GAN 的基本思想和训练过程。
14. 说明 GAN 中生成器和判别器的作用。
15. 列举几种改进的 GAN，并说明其特点及应用。

附录　缩略语英汉对照

ANN	Artificial Neural Network，人工神经网络
AUC	Area Under the ROC Curve，ROC 曲线下面积
BBN	Bayesian Belief Network，贝叶斯信念网络
BGD	Batch Gradient Descent，批量梯度下降
BIRCH	Balanced Iterative Reducing and Clustering using Hierarchies，利用层次方法的平衡迭代规约和聚类
BP	BackPropagation，反向传播
BPTT	Back Propagation Through Time，随时间变化的反向传播
CART	Classification And Regression Tree，分类与回归树
CF	Clustering Feature，聚类特征
CF-Tree	Clustering Feature Tree，聚类特征树
CGAN	Conditional Generative Adversarial Nets，条件生成式对抗网络
CLIQUE	Clustering In QUEst
CLS	Concept Learning System，概念学习系统
CNN	Convolutional Neural Network，卷积神经网络
CPT	Conditional Probability Table，条件概率表
CURE	Clustering Using Representatives
CycleGAN	Cycle-consistent Generative Adversarial Network，循环一致性生成式对抗网络
DAG	Directed Acyclic Graph，有向无环图
DBI	Davise-Bouldin Index，DB 指数
DBN	Deep Belief Network，深度置信网络
DBSCAN	Density-Based Spatial Clustering of Application with Noise，基于密度的含噪声应用空间聚类
DCGAN	Deep Convolutional Generative Adversarial Network，深度卷积生成式对抗网络
DCNN	Deep Convolutional Neural Network，深度卷积神经网络
DNN	Deep Neural Network，深度神经网络
ELM	Extreme Learning Machine，极端学习机
ELU	Exponential Linear Unit，指数线性单元
EM	Expectation-maximization，期望最大化
ERM	EmpiricalRisk Minimization，经验风险最小化
FCN	Fully Convolutional Network，全卷积网络
FMI	Fowlkes and Mallows Index，FM 指数
FN	False Negative，假反例
FNN	Feedforward Neural Network，前馈神经网络
FP	False Positive，假正例
GAN	Generative Adversarial Network，生成对抗式网络
GBDT	Gradient Boosting Decision Tree，梯度提升决策树
GD	Gradient Descent，梯度下降
GLM	Generalized Linear Model，广义线性模型
GMM	Gaussian Mixture Model，高斯混合模型
ICA	Independent Component Analysis，独立成分分析
i. i. d.	independently and identically distributed，独立同分布
ILSVRC	ImageNet Large Scale Visual Recognition Challenge，ImageNet 大规模视觉识别挑战赛
ISOMAP	Isometric Mapping，等距映射
KICA	Kernel Independent Component Analysis，基于核函数的独立成分分析

KKT Karush-Kuhn-Tucker，卡罗需-库恩-塔克
kNN k - Nearest Neighbors，k -最近邻
KPCA Kernel Principal Component Analysis，基于核函数的主成分分析
KSVM Kernel Support Vector Machine，核支持向量机
LDA Linear Discriminant Analysis，线性判别分析
LE Laplacian Eigenmap，拉普拉斯特征值映射
LLE Locally Linear Embedding，局部线性嵌入
LReLU Leaky Rectified Linear Unit，带泄露的修正线性单元
LSGAN Least Squares Generative Adversarial Network，最小二乘生成式对抗网络
LSM Least Square Method，最小二乘法
LSR Least Squares Regression，最小二乘回归
LSTM Long Short-Term Memory network，长短期记忆网络
MAE Mean Absolute Error，平均绝对误差
MAP Maximum A Posteriori，最大后验概率
MBGD Mini-Batch Gradient Descent，批量梯度下降
ML Machine Learning，机器学习
MLE Maximum Likelihood Estimation，极大似然估计
MLP Multi-Layer Perceptron，多层感知机
MPE Most Probable Explanation，最大可能解释
MSE Mean Squared Error，均方误差
NLP Natural Language Processing，自然语言处理
NMI Normalized Mutual Information，标准化互信息
OPTICS Ordering PointsTo Identify the Clustering Structure
PAC ProbablyApproximately Correct，可能近似正确
PCA Principal Component Analysis，主成分分析
PLSR Partial Least Squares Regression，偏最小二乘回归
PReLU Parametric Rectified Linear Unit，参数化修正线性单元
RBF Radial Basis Function ，径向基函数
RBM Restricted Boltzmann Machine，受限玻尔兹曼机
ReLU Rectified Linear Unit，修正线性单元
RF Random Forest，随机森林
RI Rand Index，Rand 指数
RL Reinforcement Learning，强化学习
RMSE Root Mean Squared Error，均方根误差
RNN Recurrent Neural Network，循环神经网络
ROC Receiver Operating Characteristic，受试者工作特征
SMO Sequential Minimal Optimization，序列最小优化
SGAN Semi-supervised Generative Adversarial Network，半监督式生成式对抗网络
SGD Stochastic Gradient Descent，随机梯度下降
SOFM Self-Organizing Feature Mapping，自组织特征映射网络
SOM Self-Organizing Map，自组织映射
SRM Structural Risk Minimization，结构风险最小化
STING STatistical Information Grid，统计信息网格
SVM Support Vector Machine，支持向量机
TN True Negative，真反例
TP True Positive，真正例
VAE Variational Auto-Encoder，变分自动编码器
XGBoost eXtreme Gradient Boosting，极端梯度提升

参考文献

[1] 李航. 统计学习方法 [M]. 2 版. 北京：清华大学出版社，2020.

[2] 周志华. 机器学习 [M]. 北京：清华大学出版社，2016.

[3] 张宪超. 深度学习：上 [M]. 北京：科学出版社，2019.

[4] 胡欢武. 机器学习基础：从入门到求职 [M]. 北京：电子工业出版社，2019.

[5] 雷明. 机器学习原理、算法与应用 [M]. 北京：清华大学出版社，2019.

[6] 王磊，王晓东. 机器学习算法导论 [M]. 北京：清华大学出版社，2019.

[7] 汪荣贵，杨娟，薛丽霞. 机器学习及其应用 [M]. 北京：机械工业出版社，2019.

[8] 高随祥，文新，马艳军，等. 深度学习导论与应用实践 [M]. 北京：清华大学出版社，2019.

[9] 赵卫东，董亮. 机器学习 [M]. 北京：人民邮电出版社，2018.

[10] 史丹青. 生成对抗网络入门指南 [M]. 北京：机械工业出版社，2018.

[11] 王万良，李卓蓉. 生成式对抗网络研究进展 [J]. 通信学报，2018，39 (2)：135-148.

[12] 朱秀昌，唐贵进. 生成对抗网络图像处理综述 [J]. 南京邮电大学学报（自然科学版），2019，39 (3)：1-12.

[13] 梁俊杰，韦舰晶，蒋正锋. 生成对抗网络 GAN 综述 [J]. 计算机科学与探索，2020，14 (1)：1-17.

[14] 吴少乾，李西明. 生成对抗网络的研究进展综述 [J]. 计算机科学与探索，2020，14 (3)：377-388.

[15] 康文婧. 基于生成对抗网络的多视角表征学习和图像转换补全 [D]. 大连：大连理工大学，2019.

[16] 卢官明，何嘉利，闫静杰，等. 一种用于人脸表情识别的卷积神经网络 [J]. 南京邮电大学学报（自然科学版），2016，36 (1)：16-22.

[17] 卢官明，袁亮，杨文娟，等. 基于长短期记忆和卷积神经网络的语音情感识别 [J]. 南京邮电大学学报（自然科学版），2018，38 (5)：63-69.

[18] GOODFELLOW I J, POUGET-ABADIE J, MIRZA M, et al. Generative adversarial networks [J]. Communications of the ACM, 2020, 63 (11): 139-144.

[19] ZHANG H, XU T, LI H S, et al. StackGAN++: realistic image synthesis with stacked generative adversarial networks [J]. IEEE Transactions on Pattern Analysis and Machine Intelligence, 2019, 41 (8): 1947-1962.

[20] MAO X D, LI Q, XIE H R, et al. On the effectiveness of least squares generative adversarial networks [J]. IEEE Transactions on Pattern Analysis and Machine Intelligence, 2019, 41 (12): 2947-2960.